中国海洋大学教材建设基金资助

Coastal Engineering for Disaster Prevention

海岸防灾工程

董　胜　郑天立　张华昌　编著

中国海洋大学出版社
·青岛·

图书在版编目(CIP)数据

海岸防灾工程 / 董胜等编著. —青岛：中国海洋大学出版社，2011. 1

ISBN 979-7-81125-557-7

Ⅰ. ①海… Ⅱ. ①董… Ⅲ. ①海岸工程—灾害防治 Ⅳ. ①P753

中国版本图书馆 CIP 数据核字(2011)第 012792 号

出版发行 中国海洋大学出版社
社　　址 青岛市香港东路 23 号　　**邮政编码** 266071
出 版 人 杨立敏
网　　址 http://www.ouc-press.com
电子信箱 coupljz@126.com
订购电话 0532—82032573(传真)
责任编辑 李建筑　　**电　　话** 0532—85902505
印　　制 文登市印刷厂有限公司
版　　次 2011 年 1 月第 1 版
印　　次 2011 年 1 月第 1 次印刷
成品尺寸 170 mm×230 mm
印　　张 24.5
字　　数 450 千字
定　　价 38.00 元

前　言

据统计，我国沿海地区的面积占全国的17%，人口占全国的42%，而GDP占全国的73%，其中沿海低洼地区约占整个海岸地区的30%，有70%以上的大城市、50%以上的人口和近60%的国民经济集中在这些地区。在开发与整治海岸国土资源过程中，提高海岸防灾减灾能力，减少海岸灾害关系到沿海经济发达地区的稳定和可持续发展，对保障我国经济社会发展以及科技自身发展等具有重大的作用。

目前，"海岸防灾工程"在国内尚无此类教材。国外的相关书籍内容比较陈旧。随着我国海岸工程事业的迅速发展，涌现出许多新技术和新成果，亟待对海岸防灾的研究内容进行总结增补完善。中国海洋大学于20世纪90年代中期成立了海洋防灾研究所，在海洋灾害的工程防治领域进行了不懈的探索。中国海洋大学工程学院于2008年在研究生中开设了《海岸灾害及其工程防治》课程。本人在整理海洋工程环境与灾害防治研究成果的基础上，逐渐形成授课讲义。全书从海洋环境要素入手，提高学生的防灾减灾意识，注重理论、数值及试验的结合，培养学生对工程问题的分析、计算与动手能力。

本书介绍了海岸地区工程防灾的基本原理与方法。全书共分9章，主要包括绪论、海岸防灾工程潮位计算、波浪要素计算、波浪对建筑物的作用、海流、海岸工程泥沙、海堤的防御标准及其断面设计、海堤沉降与稳定性计算、海岸工程模型试验等内容。各章均附有例题、书后附有习题，以帮助读者巩固和加深对内容的理解与掌握。

本书第1～7章由董胜执笔，第8章由郑天立执笔，第9章由张华昌执笔。全书由董胜统稿、定稿。

在本书的出版过程中，作者得到中国海洋大学工程学院同事们的鼓励与支持；大连理工大学水利工程学院陈士荫教授和王永学教授在百忙之中审阅了初稿，并提出了宝贵意见；研究生宁萌、宁进进、纪巧玲、姚艳杰、张磊、侯鹏、田文华、迟坤、周冲完成了部分初稿的文字录入和插图绘制工作，在此表示衷心的感谢。在成书过程中，作者参阅了其他学者的论著，已列入书后的"参考文献"，在此对这些作者一并表示感谢。同时，要感谢中国海洋大学教务处等有关部门对本书编撰工作的大力支持，还要感谢中国海洋大学出版基金、国家自然科学基金(50879085)、国家863高技术研究发展计划(2006AA09Z344)和教育部新世纪优秀人才资助计划(NCET—07—0778)对本书出版的资助。

本书可作为海洋、海岸、港航、水利、环境、土木等专业硕士研究生及高年级本科生的教材，亦可作为相关专业科研人员及工程技术人员的参考书。

随着研究的深入，海岸防灾领域新的理论、方法与技术不断涌现，由于作者从事该领域研究的时间短，水平有限，书中难免存在不足甚至错误之处，敬请读者批评指正。

董胜

2011年1月

目　次

第1章 绪论

随着三峡大坝等水利工程设施的建成,我国水灾害主要来自海洋。海洋灾害是指发生在海上或沿岸地区的灾害,其类型多种多样,按其成因可分为海洋环境灾害、海洋地质灾害、海洋生物灾害等。海洋环境灾害主要包括热带气旋、寒潮大风、海雾、风暴潮、巨浪、海冰、海啸等;海洋地质灾害主要包括海岸侵蚀、港口与航道淤积、海水入侵、海平面上升与地面沉降、湿地退化、海底滑坡、地震等;海洋生物灾害主要包括赤潮、海洋病原生物和外来物种侵入等。自然因素引发的海洋灾害,有的具有原生灾害的性质,如热带气旋、海雾、厄尔尼诺等;有的则为次生灾害,如海浪、风暴潮、海冰、海啸等,这些灾害的形成在很大程度上是由原生性质的大风、冰冻、地震等引发的。

1.1 我国的主要海岸灾害

我国是世界上少数海洋灾害最严重的国家之一,相比之下,风暴潮、巨浪、海冰、海岸侵蚀、赤潮、海啸等灾害是影响我国的主要海洋灾害,它们给我国沿海地区的安全带来巨大的威胁。

1. 风暴潮

风暴潮系指由于强烈的大气扰动,如强风和气压骤变引起的海面异常升高现象。在我国,风暴潮产生的灾害居各种海洋灾害之首。风暴潮的周期为数小时至数天,与正常的天文潮周期相近,而波浪具有数秒的周期,三者结合引起的沿岸涨水常常酿成巨大潮灾。

我国东临的西太平洋是各大洋中生成热带气旋最多的地区。来自高纬地带的冷空气与来自海上的热带气旋或温带气旋的交互影响,使我国沿海大风与巨浪接连不断,并在沿岸形成灾害性的风暴潮。风暴潮按其成因分为台风风暴潮、温带风暴潮和寒潮或冷空气激发的风潮。

风暴潮几乎遍及我国沿海,成灾概率较高。风暴潮不仅可使海上船只沉没,破坏海上设施,而且严重侵袭沿岸地区,造成人员伤亡,破坏房屋与工程设施,淹没城镇、村庄及耕地,造成严重损失。我国的风暴潮虽遍及沿海,但由北到南，主要集中地段是山东莱州湾、江苏小洋河口至浙江北部的海门、温州、台州、沙埕及福建的闽江口、广东汕头至珠江口、雷州半岛东岸以及海南岛东北部沿海。

2. 海浪

海浪是指海面的波动现象，由此对物体造成破坏即为海浪灾害。海浪能够掀翻船只，破坏海洋工程和海岸工程，造成海岸侵蚀，并给海上航行、海上施工、海上军事行动、渔业捕捞、海洋养殖等造成直接危害。

海浪造成的灾害，通常不是波浪的独立作用造成的，而是几种力量共同作用的结果。不同强度的海浪对人类威胁的程度不同。海浪灾害的大小取决于波况与受灾体的相对脆弱性。南海石油平台在波高 20 多米的恶浪狂风中安然无恙，近海小船和小艇则在波高 2 m 的海浪里就有翻沉的危险。因此，只有在灾害性波况出现，同时，受灾体脆弱性达到极大时，才发生海浪灾害。

3. 海冰

我国海冰灾害主要发生于渤海、黄海北部。各海域的盛冰期一般为 1 月下旬至 2 月上旬。海冰可以推倒海洋平台，破坏其他海洋工程设施和船舶，阻碍航行，影响渔业生产和航运。

海冰的破坏力不仅大，而且形式多样。

(1)海冰的膨胀力

淡水随温度降低而密度增大，4℃时，水密度最大，体积最小，这符合热胀冷缩的一般规律。但 4℃以下，随温度的下降，水的体积却要加大，这就是水的反常膨胀。海水也有这个特性，只是海水呈现最大密度的温度不是 4℃，而是随海水盐度的高低而变化，一般在－2℃以下。以此为界，温度再下降就会引起海冰的体积膨胀。冰的膨胀力十分惊人，不但能把船体挤压变形，使船体破裂进水，甚至破坏港口、码头及石油平台等工程设施。

(2)海冰在风和海流作用下产生的推力

这种推力是海冰破坏力的主要形式，有些海洋建筑物在冰冻时被推倒，从而造成危害。

(3)移动的冰撞击物体时产生的冲击力

冰的质量越大，漂流的速度越快，冰撞击物体时产生的冲击力也越大。例如，一个厚 30 cm，面积为 1 000 m^2 的冰块，若漂移速度为 0.5 $m \cdot s^{-1}$，则撞击物体时可产生 100 t 的冲击力。当行驶的船舶与冰块或冰山相撞时，两者之间的撞击力会更大。2000 年 2 月渤海海冰解冻时，陆续裂开的浮冰随潮流向南流去，形成了近 70 km 长的浮冰带，浮冰如尖刀，割断、撞坏了许多海带浮筏，给海水养殖带来巨大损失。

4. 海岸侵蚀

海岸侵蚀是指海岸在海洋动力作用下，沿岸供沙少于沿岸输沙而引起的海岸后退的破坏性过程。我国沿岸70%的海岸遭受自然侵蚀，其中比较严重的有辽宁、河北、山东、江苏、福建和海南诸省。山东省80%的海岸后退，莱州市20世纪80年代初的海水入侵速度每年80 m。海南省清澜港近10年来岸线后退150～200 m。

5. 赤潮

赤潮是水体中某些微小的浮游植物、原生动物或细菌，在一定的环境条件下，突发性地增殖或聚集，引起一定范围内一段时间中水体变色的现象。通常水体颜色因赤潮生物的数量、种类而呈红、黄、绿和褐色等。随着工农业生产的迅速发展，水体污染日益严重，赤潮也日趋严重。

我国是世界上赤潮灾害的重灾国之一，自1933年首次报道以来，至1994年共有194次较大规模的赤潮，其中20世纪60年代以前只有4次，1990年以后则有157次。2003年我国海域共发现赤潮119次，其中渤海12次、黄海5次、东海86次、南海16次，累计面积约14 550 km^2，直接经济损失4 281万元。

赤潮大多发生在富含营养物质的内海、河口、海湾或有上升流的海域，尤以水体富营养化程度高或自身污染严重的海水养殖区发生频率最高。赤潮的发生季节随水温等环境因子和赤潮生物的种类而异，一般以春夏季为其盛发期，但在热带或亚热带海区，冬季亦有赤潮发生。我国沿海纵跨热带、亚热带和温带，赤潮的发生时间有明显随海区所处纬度高低，从南往北逐步推迟的趋势。在南海虽终年可见赤潮发生，但以3～5月份发生频率最高；东海区主要发生在5～8月份，但象山冬季也常发生；渤海、黄海海区大多发生在7～9月份。

赤潮由于发生的种类、季节、海区及成因的不同，其危害方式及危害程度有着很大的差异。主要危害是破坏海洋环境，造成大量海洋生物和海水养殖生物死亡，破坏养殖业，同时对人类健康甚至生命也有影响。赤潮对海洋生态环境的危害主要表现在以下几个方面：

1)分泌或产生黏液，黏附于鱼类等海洋动物的鳃上，妨碍其呼吸，导致窒息死亡。这种危害方式对养殖鱼类的危害较大。

2)分泌有害物质，如氨、硫化物等，危害水体生态环境并使其他生物中毒。

3)产生毒素，直接毒死养殖生物或者随食物链转移引起人类中毒死亡。

4)导致水体缺氧或造成水体有大量硫化氢和甲烷等，使养殖生物缺氧或中毒死亡。

5)吸收阳光，遮蔽海面。

6. 海啸

海啸在滨海区城的表现形式是海水陡涨，骤然形成向岸行进的“水墙”，伴随着隆隆巨响，瞬时侵入滨海陆地，吞没良田和城镇村庄，然后海水又骤然退去，或先退后涨，有时反复多次，造成生命、财产的巨大损失。海啸到达前，还常伴有地震灾害发生。

全球90%的海底地震发生在太平洋，但由海底地震引发的海啸灾害在我国属非频发性。1904～1968年西北太平洋发生350次大于7级的地震，其中有33次发生于我国沿海，有2次引发海啸，仅占地震频数的6%。值得注意的是，我国1992年在海南省西南部海域发生群震，海南省沿海5个验潮站均记录到海啸波，其中榆林港记录到最大海啸波78 cm。海啸灾害历史表明，在我国，海啸主要发生在台湾省和南海沿岸，其中台湾省沿岸是高发区。因此，必须在注意防御经常性的风暴潮灾害的同时，结合研究和防御地震海啸灾害。

7. 海平面上升

全球气候变暖导致海平面逐渐上升，由此产生海岸侵蚀与盐碱化灾害。在过去近百年中，全球海平面上升了10～20 cm，一些科学家推测，这种海平面上升趋势21世纪将有所加快。这种缓慢的海平面升高，以及许多城市地面下沉所导致的相对海平面升高现象，将使我国大河三角洲地区和沿海城镇附近低洼地被淹没，土地碱化，遇有强风暴潮，特别是发生在大高潮前后的强风暴潮，将大大加剧海岸侵蚀的危害。根据近50年资料，研究分析表明，我国沿岸海平面上升速度为1.4～2.0 $mm \cdot a^{-1}$。按海区划分，东海沿岸上升最大，南海和黄海次之。我国沿海地区的自然和人为海岸侵蚀日趋严重，已被人们关注。

8. 海雾

凡是大气中水汽凝结物使能见距离小于1 km时，称此天气现象为雾。若出现在海上，则称为海雾。按照种类分，我国沿岸有平流雾、辐射雾及锋面雾，其中以平流雾为最常见。年平均雾日数以黄海、东海沿岸较多，渤海和南海沿岸较少。从总的分布看，辽东半岛东部沿岸、山东半岛成山头至青岛沿岸、长江口至福建北菱沿岸及琼州海峡一带为多雾区。海雾浓重时，海面能见度只有几十米乃至几米，对海上交通构成极大威胁，对岸上交通也有很大的影响。据不完全统计，1950～1985年，山东沿岸及濒临海区（34°～39°N，125°E以西的广大海域），因海雾而造成的海事和海难达59起，死亡128人。

改革开放以来，我国社会经济发展迅猛，其中沿海地区的发展水平又远远高于内地，已成为我国经济最发达、人口最稠密、资产最集中的地区。我国沿海地区现有45个建制市和153个县（市、区），其面积占全国的17%，人口占全国的42%，而GDP占全国的73%。随着全球气候变化，如全球变暖、海平面上升、不可预料及更频繁的暴雨、飓风和洪水，海洋灾害更加频繁。在风暴潮、海浪、海冰、赤潮和海啸等海洋灾害中，对我国影响最大、发生频次最高，造成经济损失最严重的是风暴潮。2001～2007年，平均每年风暴潮灾害损失约161亿元,其中2005年和2007年经济损失总值分别达333亿元和298亿元。随着经济社会的发展和文明程度的提高,发展与安全的矛盾日益突出。风暴潮灾害正成为我国沿海对外开放和社会经济发展的一大制约因素。

1.2　我国的风暴潮灾害

1.2.1　风暴潮的诱因与成灾

目前,风暴潮是我国最大的海洋灾害。风暴潮的发生一般伴有狂风巨浪,如果与天文大潮相叠加,往往造成滨海区域潮水暴涨,从而酿成巨大灾难。有人称风暴潮为"风暴海啸"或"气象海啸",我国历史文献中称"海溢"、"海侵"、"海啸"及"大海潮"等,把风暴潮灾害称为"潮灾"。风暴潮灾害的空间范围一般为几十千米至上千千米,时间尺度或周期为1~100 h,介于地震海啸和低频天文潮波之间,但有时风暴潮影响区域随大气扰动因子的移动而移动,因而有时一次风暴潮过程可影响1~2 000 km的海岸区域,影响时间多达数天之久。表1.2.1显示了我国沿海增水的极值分布。

表1.2.1　我国沿海最大增水值分布统计

站名	最大增水值/m	备注	站名	最大增水值/m	备注
大　连	1.33		澉　浦	5.02	5612台风
营　口	1.77		宁　波	2.51	
葫芦岛	2.05		温　州	3.88	
秦皇岛	1.83		沙　埕	2.11	
塘　沽	2.27		马　尾	2.76	
羊角沟	3.55		平　潭	2.47	
龙　口	1.54		厦　门	1.79	
烟　台	1.20		东　山	1.52	
青　岛	1.47		妈　屿	3.14	
石臼所	2.15		汕　头	3.02	6903台风
吕　四	2.50		汕　尾	1.55	
吴　淞	3.53	4906台风	赤　湾	1.96	
乍　浦	4.34		黄　浦	2.52	

(续表)

站名	最大增水值/m	备注	站名	最大增水值/m	备注
北津港	2.55		三　亚	0.84	
湛　江	4.56		八　所	1.15	
南　渡	5.94	8007台风	石头埠	2.33	
海　口	2.49	8007台风	北　海	1.61	
港　北	1.67		白龙尾	1.86	

1. 产生风暴潮的天气系统

资料分析表明，热带气旋、寒潮及温带气旋是影响我国风暴变化的3类天气系统。

(1)热带气旋类

据统计，全世界平均每年约发生62个热带风暴，集中于8个特定的海域内(图1.2.1)，即东北太平洋、西北太平洋、孟加拉湾、阿拉伯海、西南印度洋、澳大利亚西北海面、西南太平洋及西北大西洋(包括墨西哥湾和加勒比海)。其中西北太平洋有22个，占全球的36%。该热带风暴主要发源于南海中北部海域、菲律宾群岛以东和琉球群岛附近洋面、马里亚纳群岛附近洋面以及马绍尔群岛附近洋面。

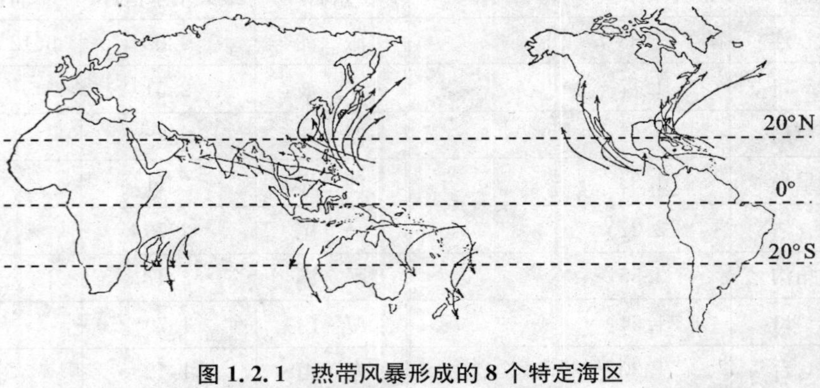

图1.2.1　热带风暴形成的8个特定海区

我国是世界上出现登陆热带气旋最多的国家之一。影响和登陆我国的热带气旋主要来自菲律宾以东洋面、关岛附近洋面和我国南海中部，孟加拉湾风暴对我国西南地区也有影响。据1949～1993年资料统计，影响中国的热带气旋共发生707个，年平均16个，其中造成沿岸风力在8级以上的热带风暴和台风共455个，年平均10个，占总数的64%。5～12月都有风暴和台风登陆我国，集中于夏季和秋季，而8月和9月出现频率最高，分别为 21.4%和18.9%。西北太平洋热带风暴的移动路径分为 3 种主要类型(图 1.2.2)。

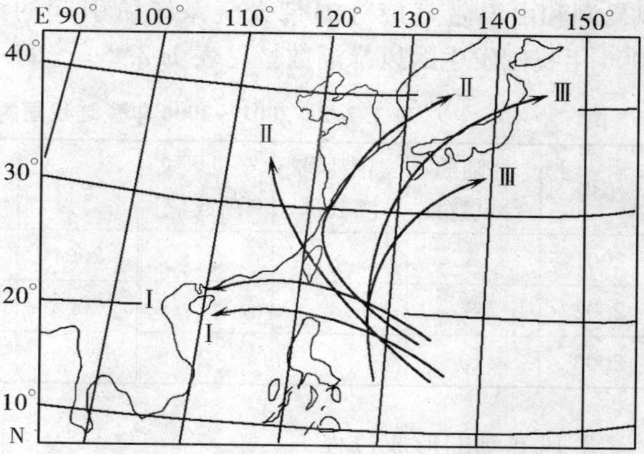

图 1.2.2　西北太平洋热带风暴路径示意图

1)西行型。形成后经菲律宾一直向西进入南海，一部分在我国广东省、广西壮族自治区登陆或在越南登陆，另一部分在南海海面上自行消亡。此类热带风暴对我国南海影响最大。

2)登陆型。形成后向西北偏西方向移动，到达我国台湾省以东海面后，转向北上，或横穿台湾海峡，在福建、浙江、江苏省沿海一带登陆。登陆后，其中多数于长江口—山东一带再度出海。此类热带风暴对我国渤海、黄海、东海影响很大。

3)转向型。形成后向西北方向移动，至北纬 20°～25°(盛夏可至 25°～30°)附近转向东北，再向日本移动。此类热带风暴如在琉球群岛以东转向，对我国影响不甚明显；如穿过琉球群岛后再转向东北，则对我国渤海、黄海、东海均有一定影响。

(2)寒潮类

我国渤海、北黄海地处中纬度地区，在冬季，是来自西伯利亚和蒙古等地的冷高压南下的必经之路；在春秋季节，又是冷、暖气团的交汇地区。在其运动过程中，可引起持续而强烈的大风天气，使渤海、黄海水位产生异常变化，这类风暴潮称为风潮或冷锋潮。

(3)温带气旋类

温带气旋引起的风暴潮主要发生于冬、春季，其水位变化持续而不剧烈。它由中国内陆低压造成，黄河低压在缓慢东移过程中不断加强，或江淮气旋发展，缓慢向东北方向移动入海。在偏东风到东北风的控制下，北方沿海水位增高。由于此类天气属单一系统，诱发增水不高，持续时间短，极少成灾。由温带气旋造成的增水过程和台风风暴潮一样具有初振、主振、余振三个阶段，当增水达一定幅度时，也有极大破坏性。

按照诱发风暴潮的大气扰动特性，把风暴潮分为由热带气旋所引起的台风风暴潮和由温带气旋等温带天气系统所引起的温带风暴潮两大类。2001～2006年我国发生的风暴潮数量见表1.2.2。

表1.2.2 2001～2006年登陆我国的台风情况表

年份	登陆的台风数量	温带风暴潮数量	罕见天文潮数量	年份	登陆的台风数量	温带风暴潮数量	罕见天文潮数量
2001	6			2004	4	8	3
2002	8			2005	11	9	
2003	10	2	2	2006	9	19	

2. 风暴潮的形成过程

从海洋波谱观点来看，风暴潮可表征为海面的波动现象，其显著周期范围大致为10^3～10^5 s，介于地震、海啸和低频天文潮的周期范围之间。在风暴作用下，它在浅海陆架区得到发展和传播，形成特有的波动性质，并派生出一系列“惯性重力波”。风暴中心的低压区将立刻引起海水上升，海面水体的升高与气压降低形成静压效应。同时，风暴中心周围的强风将以湍流切应力的作用使表层海水形成与风场同样的气旋式环流，但因地球自转产生的科氏力作用，海流在北半球将向右偏（南半球相反），形成表层海水的辐散。由于海水运动连续性的要求，深层水必然来补偿，这就形成了深层海水的辐合，开始是沿着径向流向中心，其后由于科氏力的作用，海流向右偏，于是，就建立了深层水中的气旋式环流。

海面受局部低气压的作用，以及深层流继而辐合所形成的部分海面隆起，似一个孤立波随着风暴的移动而传播，在传播过程中形成了由风暴中心向四面八方传播的自由长波，它们是以通常的长波速度移行的，因而自由波系远远领先到达海岸。当它们传播到陡峭的岸边将被反射。但是，当它们传播到如大陆架上浅水区域时，特别是风暴所携带的强迫风暴潮波爬上了大陆架浅水域，或进入边缘浅海、海湾或江河口的时候，由于水深变浅，再加上强风的直接作用、地形的缓坡影响，能量迅速集中，风暴潮也就迅速发展起来。

风暴潮是海洋能量传播到陆架上或港湾中所呈现的特有现象，它大致可分为3个阶段（图1.2.3）：

第1阶段：在台风、飓风还远在大洋或外海时，潮位已受到相当的影响，这种在风暴潮来临前趋岸的波称为先兆波。先兆波可以表现为海面的微小上升，有时也表现为海面的缓慢下降。

第2阶段：风暴已逼近或过境时，该地区将产生急剧的水位升高。风暴潮的发生主要是在这一阶段，潮高能达到数米，所以称之为主振阶段。

第3阶段：当风暴潮的主振阶段过去之后，往往仍然存在一系列振动——假潮或自由波，这一系列的振动称为余振。

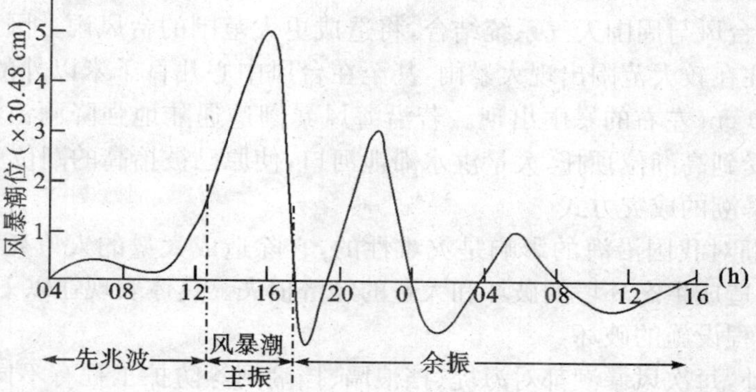

图1.2.3　典型的风暴潮过程曲线

3. 风暴潮的成灾机制

在风暴潮的主振阶段，我国沿海的潮高（理论深度基准以上）可达7～8 m，虽然时间不长，仅数小时的量级，但风暴潮积累的大量能量消耗于此阶段，因此它可在短时间内产生极强的破坏力。在下列情况发生时，风暴潮极有可能酿成极其严重的后果。

1）在风暴潮的主振阶段，由于天文大潮和台风风暴潮叠加以及短周期海浪的综合影响，会使风暴潮登陆地区在沿海大范围内增水值超过当地警戒水位，形成严重灾害。如1989年7月18日14时在广东省阳江县登陆的8908号台风暴潮恰和当地天文大潮高潮重叠，致使珠江口及其以西沿海发生了新中国成立以来最严重的一次风暴潮灾害，造成11.13亿元的直接经济损失。

2）在风暴潮的余振阶段最危险的情形在于它的高峰恰与天文潮高潮相遇，此时形成的实际水位（即余振曲线对应地叠加上潮汐预报曲线）完全有可能超过当地的警戒水位，从而再次泛滥成灾。由于这种情况往往出乎意料，更要特别警惕。

3）当风暴携带风暴潮的运行速度接近当地的重力长波的波速时，会发生共振现象，共振的结果将导致异常的高水位，波阵面非常陡峭，极易成灾。

4）与天文大潮遭遇形成组合灾害。农历初一至初三，或十五至十八天文大潮期间，若遇风暴潮袭击，风暴潮与天文大潮高潮位叠加，则造成比通常更高的风暴潮位。2005年8月6日台风“麦莎”（0509号）在浙江登陆，正逢农历七月大潮,受风暴潮和天文大潮的共同影响,沿岸有 10 多个站的风暴潮增水超过 100 cm,最大增水出现在浙江澉浦,达 241 cm。沿岸 10 多个站的潮位超过当地警戒潮位,浙江海门站超过值最大,达 71 cm。

5)伴随的台风暴雨形成次生灾害。由于台风生成于热带洋面,本身具有丰沛的水汽,台风与周围天气系统结合,将造成更大范围的台风雨。因此,一次台风过境往往在较大范围出现大暴雨,甚至在台风中心几百千米以外的广大地区也会有 100 cm 左右的暴雨出现。若沿海风暴潮遭遇陆地强降雨汇流,江河洪水入海会受到高潮位顶托,大量洪水滞泄河口,使原已被抬高的潮位更加升高。

4. 风暴潮的成灾方式

风暴潮对我国沿海的影响是灾难性的,它除造成大量的人口死亡、疫病流行外,还会造成生态环境的破坏和大量的经济损失。具体表现在以下方面:

(1)工程设施的破坏

据统计,每次风暴潮都对海堤、挡浪墙、挡潮闸等防护工程有不同程度的破坏,并会冲毁和破坏沿海的通讯设施、公路、桥梁、涵洞、码头和房屋。

(2)海岸湿地生态系统的破坏

风暴潮携带大量海水会淹没沿海大量农田、盐田,并冲毁各种海滩养殖场,加速海岸湿地生态系统自然资源的退化,使得区域生产力降低,阻碍了我国沿海经济的持续发展。

(3)盐水入侵

我国大河三角洲地区都是风暴潮频发地区,风暴潮会造成严重的盐水入侵现象,将使地下水遭到污染、耕地盐渍化。

(4)海滩侵蚀

暴风浪具有极其陡峭的波陡,当它抵达海滩时,巨大的水体源源不断地涌上滩面,海滩很快达到饱和,地下水位变得与滩面一致,因此,回流几乎等于上冲流,接近休止状态的滩面物质遭受大量侵蚀,而重力作用又加强了回流对滩面的侵蚀。风暴潮增水及表层水体向岸、底层水体向海的环流,扩大了暴风浪侵蚀的范围和能力,使近底部向海流动的回流的挟沙能量增大。

1.2.2 风暴潮灾害的特点

风暴潮灾害是集海洋灾害、气象灾害和暴雨洪水灾害为一体的综合性灾害,它区别于其他海洋灾害,具有以下特点。

1. 灾害强度大,出现频次高

台风登陆时台风中心附近最大风力可超过 12 级,造成的日最大降雨量可达 600 mm 以上,引发的最大风暴潮增水值可达 6 m。西北太平洋地区是全球台风发生次数最多、强度最高的一个海区，平均每年有28个台风生成，约占全世界平均每年生成台风总数的1/3。平均每年有7个台风正面登陆我国，约占每年西北太平洋台风总数的1/4，与其他海洋灾害相比，出现的概率高。

2. 灾害季节性明显

夏秋季节发生的热带气旋，引发的风暴潮主要集中在7～9月份，出现次数占全年总数的85%。特别是8月和9月，占全年总次数的60%以上。

冬春季节，温带风暴潮频发。温带风暴潮是由温带气旋、寒潮等温带风暴系统引起的潮位异常升高现象。温带风暴潮主要发生在黄海、渤海沿岸的山东、河北、天津，辽宁等地区。例如，1964年4月5日发生在渤海的温带气旋风暴潮，使海面异常壅高，海水涌入陆地20～30 km，造成了1949年以来渤海沿岸最严重的风暴潮灾害。黄河口受潮水顶托作用，使得灾情加重。1969年4月23日在渤海湾与莱州湾发生的特大温带风暴潮，使山东无棣至昌邑及莱州沿岸地区海水内侵达30～40 km。2003年11～12月份受北方强冷空气影响，渤海湾与莱州湾沿岸发生了近10年来最强的一次温带风暴潮。受其影响，天津塘沽潮位站最大增水160 cm，该站最高潮位533 cm，超过当地警戒水位43 cm；河北黄骅港潮位站最大增水200 cm以上，其最高潮位569 cm，超过当地警戒水位39 cm；山东羊角沟潮位站最大增水300 cm，其最高潮位624 cm(为历史第3高潮位)，超过当地警戒水位74 cm。此次温带风暴潮来势猛、强度大、持续时间长，成灾严重。

3. 灾害发生的区域性强，并带有转移性

我国的风暴潮灾害遍及沿海地区的11个省(自治区、直辖市)以及邻近地区。严重的风暴潮灾害主要集中在广东、海南、福建、浙江等省份。在统计的155次风暴潮灾害中，该4省累计发生较大风暴潮灾害114次，约占全国重大风暴潮灾害总次数的74%。台风由生成到减弱为低气压是在不断移动的，因此遭受风暴潮灾害的地区也随着致灾因子的转移而发展或转移。如9216号台风在福建登陆后，造成福建、浙江沿海普降大到暴雨，随后台风路径北移，致使江苏、上海、山东、河北、天津、辽宁等省(直辖市)均发生相应灾害；9711号台风在浙江登陆后，向西北方向横穿江苏、安徽、山东境内，从山东半岛入海后，又在辽宁沿岸登陆，使上述地区相继出现最高潮位，引发风暴潮灾害。

1.2.3 我国风暴潮灾害损失

我国风暴潮灾害损失居海洋灾害之首。世界上绝大多数强风暴引起的特大海岸灾害都是由风暴潮造成的。我国是世界上两类风暴潮灾害都非常严重的少数国家之一。据统计，汉代至1946年的2 000年间，我国沿海共发生特大潮灾576次，一次潮灾的死亡人数少则成百上千，多则上万甚至达10万之多。新中国成立以来的50多年中，曾多次遭到风暴潮的袭击，也造成了巨大的经济损失和人员伤亡。

2005年共发生9次温带风暴潮，其中，10月20～21日造成山东省部分沿海地区受灾。10月20～21日，山东省潍坊市寿光、寒亭、昌邑沿海受温带风暴潮影响，直接经济损失1.3亿元，受灾人口3.4万人，受伤24人。海洋水产养殖损失2.4万吨，受损面积190 hm^2，损毁房屋190间；损毁海塘堤防8 km；损毁船只23艘。2006年全年共发生19次温带风暴潮过程，沿海没有发生温带风暴潮灾害。

随着滨海城乡工农业的发展、社会经济的不断繁荣和沿海基础设施的迅速增加，同等条件下，潮灾造成的损失越来越大，虽然通过采取相应的工程措施和非工程措施，死于潮灾的人数已明显减少，但每次风暴潮的直接和间接损失值却趋于增加。据统计，我国风暴潮造成的经济损失已由20世纪50年代的年均1亿元左右，增至80年代后期的平均每年约20亿元，90年代前半期平均每年高达76亿元。1992年和1994年分别达到93.2亿元和157.9亿元。进入21世纪，灾害损失值进一步加大，详见表1.2.3。

表1.2.3　2001～2007年风暴潮灾害损失统计表

年份	影响省份	受灾人口/万人	受灾农作物/10^4 hm^2	受灾水产养殖/10^4 hm^2	损毁房屋/万间	损毁海岸工程及海堤	受损船只/艘	失踪和死亡人口/人	经济损失/亿元
2001	2	1 336	30.8	6.04			10 848	136	87
2002	4	1 059.5	37.1	0.45	4.4	589 km 3 523座	1 986	30	63.14
2003	6	2 080.5	79.8	1.599	3.97	518 km 2 038座	2 127	25	78.77
2004	6	1 614.2	167.2	1.43	2.27	600 km 8 843座	4 082	49	52.15
2005	11	2 317	147	38.9	7.95	711 km 3 074座	6 342	137	329.8
2006	5	2 688.3	95.4	12.14	14.97		6 980	327	217.11
2007	12	4 216.9	3 119.1		7.92			76	297.57

1989 年以来，历年海洋灾害造成的经济损失和死亡(含失踪)人数统计见图 1.2.4 和图 1.2.5。

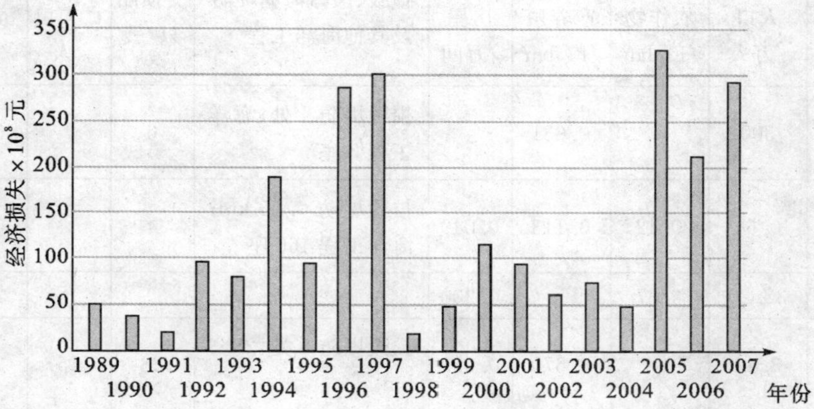

图 1.2.4　1989～2007 年海洋灾害经济损失

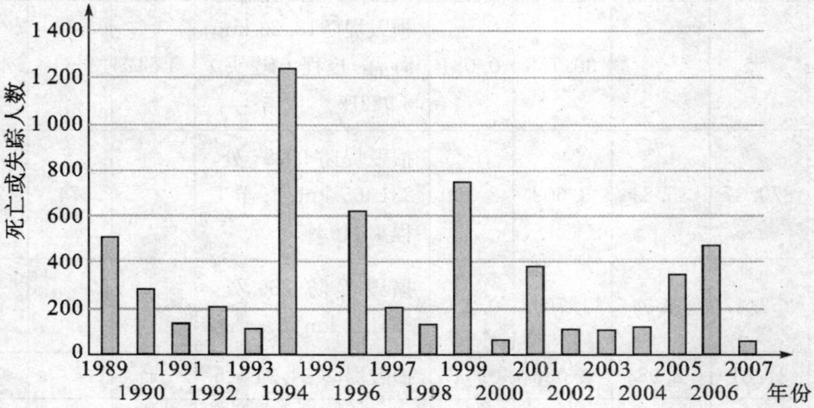

图 1.2.5　1989～2007 年海洋灾害死亡(含失踪)人数

2005 年、2006 年，由于风暴潮灾害造成的各项损失分省统计值分别见表 1.2.4和表 1.2.5。

表 1.2.4 2005 年风暴潮灾害(含近岸浪灾害)损失统计

潮灾害影响范围	受灾人口/万人	受灾农作物/10^4 hm^2	受灾水产养殖/10^4 hm^2	损毁房屋/万间	损毁、决口海塘堤防及其他海洋工程	受损船只/艘	失踪死亡人口/人	直接经济损失/亿元
辽宁	300		0.031		损毁堤防 4 处;海洋工程 5 座	6		0.70
河北	0.64	0.42	0.113	0.040	损毁堤防 0.15 km;海洋工程 466 座	4		0.92
天津	32.20	6.67		0.200				2.20
山东	3.40		0.670	0.019	损毁堤防 5 处,28.3 km	28	15	2.42
江苏	4.20	0.03	0.822	0.002		24		1.60
上海	114.32	7.76		1.640			7	17.28
浙江			30.758	0.084	损毁堤防18.23 km;海洋工程(码头)6 922座	5 542	3	40.29
福建	870.87	35.84	3.602	2.300	损毁堤防 9 287 处,231.65 km;海洋工程 1 440 座		74	138.20
广东	252.47	14.94	1.764	0.230	损毁堤防 869 处,284.02 km		1	7.94
广西	37.81	2.08	0.066	0.047	损毁堤防 34.31 km	4		0.58
海南	701.04	79.33	1.111	3.390	损毁堤防 101 处,4.03 km;海洋工程 10 座	734	37	117.67
合计	2 316.95	147.07	38.937	7.952	损毁堤防10 266处,600.7 km;海洋工程 8 843 座	6 342	137	329.80

表 1.2.5　2006年风暴潮灾害(含近岸浪灾害)损失统计

潮灾害影响范围	受灾人口/万人	受灾农作物/10^4 hm²	受灾水产养殖/10^4 hm²	损毁房屋/万间	损毁、决口海塘堤防及其他海洋工程	受损船只/艘	失踪死亡人口/人	直接经济损失/亿元
浙江	520.4	15.8	1.52	3.97	堤防决口827处、85.8 km,损坏5 447处、444.6 km,损毁护岸2 338处、塘坝736座	2 510	2	13.23
福建	748.4	24.5	0.60	7.85	不详	2 444	324	114.49
广东	1 251.7	55.1	9.45	2.98	堤防决口、损毁1 675处,144.89 km	2 026		82.32
广西	167.8		0.57	0.17	35.7 km		1	7.04
合计	2 688.3	95.4	12.14	14.97	损毁堤防7 949处、711.0 km,护岸2 338座,塘坝736座	6 980	327	217.08

1.3　风暴潮灾害防治与海堤建设

1.3.1　国外风暴潮灾害防治情况

1. 加强预警及预报工作

为抵御风暴潮灾害,受风暴潮影响比较严重的国家早在20世纪二三十年代,就已经在天气预报和潮汐预报的基础上,开始了风暴潮的预报研究工作,成立了预报机构。1936年以来,美国国会曾3次通过相关法案,责成有关部门开展风暴潮的研究与预报,并由美国国家飓风中心发布预报,沿海各州的气象机构也发布邻近海域的风暴潮预报。美国处理自然灾害的主要职责在州政府,为此,有关州政府运用税收和增加公益金等手段广泛筹集资金,从事广泛的灾害管理和应急自救等活动。日本是经常遭受风暴潮袭击和影响的国家之一,日本政府不仅加强了这方面的科学研究,还制定了一系列应急措施。荷兰早在1931年就成立了风暴潮警报机构,英国于1953年成立了风暴潮警报局。

近年来,美国不仅由所属海洋站的船只、浮标、卫星等自动化仪器实现对风暴潮的自动监测，还通过世界卫星通信系统定时进行传输，提高了时效，整个预警过程的时间间隔不超过 3 h。近几年美国遭到几次较大的飓风风暴潮的侵袭，有关州政府都能掌握其动向，在短时间内组织数十万人有序转移，大大地减轻了灾害损失。

2. 强化法律和技术标准

最近几十年，随着沿海地区人口的增长、生活水平的提高及城市化和工业化的进程，基础设施与财产的价值不断增加。欧美一些国家在风暴潮灾害防治和相关技术研究的基础上，更新了有关法律和技术标准，协调沿海地区防洪与地区发展问题。详见表 1.3.1。

表 1.3.1　20 世纪 70 年代以来欧美一些国家的部分技术规定

国家	年份	有关技术内容
美国	1972,1976	海岸带管理法
	1984,2003	海岸防护手册
	2000	防洪减灾研究——风险分析和不确定性
	2006	国家洪水保险项目鉴定导则
荷兰	1990	堤防工程风险分析技术导则
	1995,2007	海岸和河道防洪(潮)工程设计石材手册
	1999	海堤和湖堤导则
	2002	堤防波浪爬高和越浪技术导则
英国	2004	洪水和海岸工程风险评价
	2006	管理洪水风险堤防状态评价手册
德国	1996,2000	滨水建筑、港口和水道工程设计建议
西班牙	1999	海上建筑物指南

3. 整体推进风暴潮灾害防治工作

2005 年美国新奥尔良的“卡特里娜”飓风造成的灾害促使各国相关部门重新考虑和研究防洪(潮)战略问题，调整风暴潮灾害防御政策。除进一步健全灾害防救体系，加强化应急管理系统，加强抢险救灾演练，以及强化基础研究，出台技术标准外，还重点强化以下 5 方面的工作。

1)整体推进海岸防护工程的规划、设计和建设工作。

2)完善风险区的土地管理政策，把风暴潮和洪水风险控制在一个可接受的水平。

3)提高房屋建基面高程,降低风暴潮带来的损失,减少保险费用的支付。

4)加强工程安全评价和除险加固工程建设,注意设计施工、配套设施及堤基处理等工程系统的连续性和一致性。

5)建立健全保险制度。

英国在实施保险制度方面有相当成熟的经验。当保护对象需要采取工程措施实现防潮安全时,海岸防护工程的防护标准是按照不同的防护对象以及遭受风暴潮灾害的风险程度确定的。各类防护对象遭受风暴潮灾害的风险程度,是根据风暴潮灾害风险区划图确定的。当发生风暴潮灾害时,位于风险区划图不同风险位置上的防护对象,所遭受的侵袭或造成灾害的经济损失值是不同的,对遭受损失防护对象所要支付的保险费用也不相同。

1.3.2　我国风暴潮灾害防治工作进展与成效

1.政府重视,部门联动

我国政府历来高度重视风暴潮防御工作,提出了抗潮与避潮并重、防灾与减灾并举的原则。灾害期间,水利、气象、民政、国土资源、海洋、卫生、建设、信息产业、交通、电力、财政、公安、农业、教育等部门按照职责分工,通力合作,有效地提高了防御台风灾害的综合能力。灾害过后,通过加强非工程措施和工程措施建设,使得沿海保护区抵御风暴潮灾害的能力不断提高,最大限度地减少了人员伤亡和灾害损失。

2.加大非工程措施建设

非工程措施建设主要包括预报预警系统和生物防浪工程建设,规划和应急预案管理,防洪保险制度和有关政策的研究和制定。

(1)预报预警系统的建立

国家气象局承担着气象预报预警的重要任务,天气预报预警及时提供气象监测预报成果,加大了气象与水文信息共享力度。准确的气象预报和预警信息为各级指挥决策提供了技术支持。我国风暴潮预报业务始于 20 世纪 70 年代初,国家海洋环境预报中心(原国家海洋水文气象预报总台),国家海洋局北海、东海与南海分局预报区台,海南省海洋局预报区台以及部分海洋站,水利部所属的沿海部分省(自治区、直辖市)水文总站,海军气象台等单位形成了全国性的预报网络。在沿海已建立了由 280 多个海洋站、验潮站组成的监测网络,配备比较先进的仪器和计算机设备,利用电话、无线电、电视和基层广播网等传媒手段,有效地进行灾害信息的传输。风暴潮预报业务系统发展迅速,经长期统计其平均时效为 12.4 h,高潮位预报误差为 25.5 cm,高潮时平均误差为 19.8

min,已能较好地发布有关特大风暴潮的预报和警报。

(2)减灾规划和应急预案管理

2006 年国家减灾委员会修订了《国家"十一五"减灾规划》,提出了国家减灾目标。为减轻风暴潮等海洋灾害损失,国家海洋局 2006 年 10 月颁布了《风暴潮、海浪、海啸和海冰灾害应急预案》。该预案明确了应急组织体系和各部门的工作职责,提出了风暴潮、海浪、海啸和海冰灾害调查评估的标准,明确了保障措施。国家防总 2006 年上半年印发了《防御台风预案编制导则》,在组织方面,指导沿海各省(自治区、直辖市)编制合理可行的防台风预案。2007 年,又发布了《台风防御工作评估大纲》,要求开展台风防御工作评估,在单次台风警报解除后 10 d 内完成编制评估报告。

(3)防洪保险制度建设

国家防总和水利部开展了预报预警系统以及防洪保险制度与有关政策的研究和制定。有些地方政府部门根据当地社会经济发展状况,结合历来风暴潮侵袭资料,绘制风暴潮灾害风险图,让当地居民全面了解所在区域遭受风暴潮侵袭的概率,不同强度风暴潮对当地农业、养殖业或城乡海岸工程可能造成的经济损失。探索建立防潮保险制度,充分发挥非工程措施与工程措施在抗御风暴潮灾害时的共同作用,将风暴潮损失降低到最小范围和最低程度。

3.加强海堤工程建设

海堤是海岸防护的主要工程措施,是保护海岸与河口地区不受风暴潮、风浪、洪水侵袭的一种水工建筑物,是沿海地区防风暴潮体系中的最直接、最有效的工程措施。在我国江浙一带亦称海塘,而河北与天津一带则称海挡。我国已建成海堤总长 13 580 多千米。

我国沿海,特别是华南、华东沿海是常遭台风袭击的地区,其中广东、海南、台湾和福建台风登陆次数约占全部登陆次数的 85%,风力超过 10 级。台风常伴随暴雨、巨浪和风暴潮,当风暴潮增水与天文大潮相遇时,往往水位猛涨,巨浪翻滚,常冲毁堤防或使海水漫溢堤顶,造成严重灾害。

20 世纪 90 年代以来,我国沿海经济发展较快,风暴潮灾害造成的经济损失比过去更大,且呈增长趋势。例如,9216 号强热带风暴在天文大潮期登陆,南起福建北至辽宁 8 个省(直辖市)全线出现特大潮灾,毁坏海堤 1 170 km,直接经济损失 92 亿元。9417 号台风于 8 月 21 日(农历七月十五)在温州登陆,浙江沿海形成百年不遇的特大风暴潮,全省损坏海塘堤防 520.7 km,其中决口 3 421 处,计长 243 km,直接经济损失 124.4 亿元。1996 年有 3 次台风风暴潮给浙江、福建、广东、海南、广西 5 省(自治区)造成严重灾害,共计损害堤防 876 km,直接经济损失 290 亿元。9711 号和 9713 号台风对广东到辽宁等 9 省(直辖市)

造成严重灾害，损坏堤防 1 792 km，直接经济损失 308 亿元。

海堤破坏，除由于发生超设计标准、超历史纪录的台风、暴潮、巨浪的袭击外，海堤标准低、质量差也是一个重要的原因。20 世纪 80 年代以后经过维修加固后“达标”，或按“标准”新建的重要围垦海堤，毁坏的较少（表 1.3.2）。可见符合标准的海堤是保卫沿海地区免遭潮浪侵袭的屏障，它对保护沿海地区城乡工农业生产和人民生命财产的安全极其重要。

表 1.3.2　我国沿海海堤工程现状表

单位：km

省（自治区、直辖市）	岸线		海堤			海堤与岸线比值/%
	陆域	岛屿	大陆海堤	河口堤	岛屿堤	
辽宁	1 792	649	1 120			61
河北	421	178	378	9		90
天津	154		119	21		78
山东	3 122	611	1 184	360		38
江苏	953	58	775	80		81
上海	172	277	200		308	100
浙江	1 840	4 301	1 634		500	89
福建	3 051	1 779	1 603			53
广东	3 368	3 460	4 032			90 以上
广西	1 083	354	685	235		63
海南	1 618	122	259			16
合计	17 574	11 789	11 989	705	808	68

海堤与江（河）堤不同：首先是海堤保护对象的多样化，包括农耕、水产养殖、盐业、蓄淡、潮汐发电和城市、工业用地等，这些防护对象对海堤的要求和工作条件也有所不同。如对一般围垦工程，海堤主要是挡潮防浪，而对滩涂水库则海堤同时要起水库拦河坝的作用。其次是海堤所处自然条件差。海堤位于海、陆交界处，迎海面直接受风浪、暴潮、水流的作用，动力因素复杂。如若台风、暴雨与天文大潮相遇，对海堤危害很大。同时围海工程的海堤多建于淤泥质海涂上，地基条件差、强度低，堤身断面在很大程度上受地基稳定条件限制。再次是海堤的施工条件困难。在沿海地区，每天潮涨潮落，没有一般江河堤防可利用枯水季施工的条件，且海堤施工一般不用围堰，需要抢潮作业，施工期间

受潮汐与风浪影响,施工有效时间短,施工交通不便。堤身土料多为沿堤线附近就地取材,常用的是海淤泥,含水量大,在水中填筑质量更难以控制,密实度差。在海涂软土地基上筑堤,施工期容易丧失稳定,发生沉滑事故。

针对现状海堤存在的问题,我国政府主管部门提出了重点海堤工程建设的主要内容:确定各区域海堤工程防御风暴潮标准,重点加高加固未达标的海堤工程,提高现有海堤防风暴潮能力;根据地区经济发展要求,新建部分海堤;加固整修或新建防潮排涝建筑物;加强非工程措施建设,完善防风暴潮工程体系。规划工程全部实施后,将有效提高我国沿海重点地区防灾减灾的能力。

1.4 海堤工程研究的主要内容和方法

1.4.1 主要技术问题

新中国成立以来,沿海各地区都非常重视海堤工程的建设。随着全球气候变暖趋势的逐渐显现,海平面的抬升趋势对沿海地区的自然影响加剧。随着沿海地区经济社会的发展,保护区内的经济总量越来越高,在区域经济发展中所发挥的作用越来越重要,对海堤工程建设提出了新的更高的要求。水利部和有关部委、沿海有关省份开展了相关的专题研究和调研工作,加强了对海洋灾害防治技术的研究和治理工程建设。例如,浙江省组织开展的"钱塘江超标准风暴潮的灾害影响"专题,重点研究在钱塘江沿岸发生类似美国"卡特里娜"飓风情况下,对该区域社会经济的灾害及其影响程度,水利部组织有关单位和专家,通过广泛收集国内外海堤工程技术资料、实地考察、与设计和管理人员座谈等多种形式的调研工作,认为海堤工程在设计、施工、建设与管理等方面存在以下问题亟待解决。

1. 海堤工程设防标准

与江河堤防一样,海堤工程的设防标准是以保护区防护对象的防洪标准为基础的,按照《防洪标准》(GB 50201—94)的规定,不同的防护对象根据其规模、重要程度,经过技术经济比较选定相应的防洪标准。海堤工程应当按照防护区的防洪防潮要求,选定正常运用情况下的设计标准,以达到在出现或发生设计标准内的潮水位时,保证防护区内的防洪防潮安全;当出现超过设计标准的潮水位时,减少防护区内经济损失的目的。

在海堤工程建设中,各地区基本是以当地的社会经济状况、财力状况、风暴潮特点、地理位置等实际情况为基础确定海堤的设防标准。在各地颁布的海堤工程建设的技术标准或规定中,有些参考了国家标准的规定,有些与国家标准出入较大。由此带来设防标准中的两个问题:一是同样规模的保护对象,按照各省(自治区、直辖市)的技术标准,选定的海堤防潮标准即潮水位重现期不完全相同甚至有较大差别;二是潮位与风浪组合频率不同。海堤工程设计中,设防标准确定后,影响设计标准的重要因家就是风潮组合。目前各地在海堤工程设计中采用的潮位与风浪频率组合各不相同。同样是100年一遇的潮位,有些是与12级风浪组合,有些是与10级风浪组合,还有的是同频率风浪组合。风潮组合不同造成各地海堤的标准实际上存在很大差异。这种状况对于规范和指导全国海堤工程建设与管理带来一定的问题。

2.允许部分越浪的理念

海堤工程与江河堤防的一个重要区别是海堤允许部分越浪。在江河堤防的设计中,确定堤顶高程的一个基本原则是不允许河水越过堤顶。在《堤防工程设计规范》(GB 50286—98)中也是以此规定了堤顶高程的设计原则。但对海堤来讲,应当说允许海堤发生部分越浪是符合客观实际的。

1)海潮总是伴随着风暴潮,在天文潮没有达到高潮位的时候,风暴潮仍然可能在堤防工程的前沿形成高潮位,不允许海堤发生越浪的情况在现实中需要极高的工程投资为代价才能换来。

2)我国位于河口地区的海底以软土为主,若海堤的堤顶高程太高,软土地基的承载力不足,将导致软土地基的处理费用加大,甚至有可能因地基承载力达不到上部荷载的限度而无法施工。因此,引入允许部分越浪海堤的理念是工程设计的必然。

3)随着经济的发展,人们对海岸的景观要求越来越高,要求尽可能地降低海堤高度,以实现防潮与景观的和谐统一;为了有效降低海堤高度,探索经济实用的消浪措施来减少波浪爬高是十分必要的。

应认真总结实际工程中的成功经验,在科学实验的基础上,重点研究海堤工程堤顶高程的确定原则,研究各类海堤工程的消浪措施,探索各类海堤工程的允许越浪量以及相应的计算方法。

3.软基及侵蚀性海岸的海堤建设

我国沿海海堤中软土堤基占相当大的比例。软基具有含水量大、强度低以及埋藏深、处理难度大等特点,导致软土堤基工程性质差。在海堤工程建设中,通常采取改善软土地基性能和优化上部结构两类加固方法。前者包括加密土体、固结、加筋、爆破挤淤、用化学方法加固土体、电热加固、生物加固等;后者包括采用桩基础、箱式结构等。作为垫层和反滤结构的土工合成材料加筋技术得到广泛应用。

侵蚀性海岸的土地蚀退涉及国土资源流失,建于侵蚀性海岸的海堤不仅保护堤后人民群众的正常生产生活，同时也是保护国土资源的需要。在侵蚀性海岸上建设海堤，防侵蚀、防淘刷是关键环节。各地在建设实践中已摸索出一些成功经验，如在海堤工程的临海侧种植防浪林等，发挥其防浪促淤的功能。

应开展软基施工及对侵蚀性海岸的蚀退机理和控制措施的研究，提出切实可行的能够起到消浪、抗冲刷作用的工程措施。

4. 海堤工程建设应因地制宜，保护和改善生态环境

我国幅员辽阔，海岸线长，南北情况各异，沿海各地的水文气象情况、地基条件、社会经济状况和资源条件等各不相同，沿海各地在进行海堤工程建设中积累了许多好的经验，如辽宁海堤的冻土施工，河北唐山丰南海堤的就地取淤泥质土筑堤，天津市海堤护坡用的混凝土灌浆砌石，山东东营胜利油田孤东海堤、江苏滨海六合庄海堤的防侵蚀工程措施，以及各地海堤建设中所采用的扭王字块、扭工字块、栅栏板、四脚空心块、消浪平台、反弧形防浪墙等有效防浪设施等，为海堤工程建设提供了许多经过实践检验的科学有效的工程措施及设计理念。

在海堤工程的规划、设计和建设中，不仅要关注防护工程的布置和设计，还要综合考虑，统筹规划，在发挥海堤工程挡潮防浪作用的同时兼顾其他功能与目标。如城市段的海堤工程规划，要紧密结合城市规划，将海堤与城市道路建设、市民的休闲与生活、生态与环境保护、自然景观的保护和修复等统一纳入整体规划，以体现时代进步和人与自然和谐的理念和要求。

1.4.2 研究方法

对于海岸防灾工程的研究方法主要有以下几种。

1. 调查统计法

风暴潮灾害损失的调查统计是风暴潮防灾决策的基础。第一手的海洋环境资料及已有工程设计资料的调查与收集是进行可靠性海堤结构设计的基本前提。

2. 理论分析法

根据海洋环境的观测现象，建立起现象各要素之间的数学力学关系。由于涉及因素的多样性，往往对自然条件做出不同程度的简化，在数学上做出近似处理，使得现有理论在不同程度上与客观现实存在偏离。许多问题有待进一步探索研究。

3. 现场观测法

由于自然条件的复杂性，它是揭示物理现象、各物理因素之间相互关系的主要途径，也是确定数学力学公式中经验系数的必要手段。虽然如此，现场观

测需要耗费巨大的人力、物力和财力，有时还存在测量上的困难，而且现场研究遇到的因素掺合在一起，不容易把感兴趣的因素分离出来。

4. 物理模型试验法

由于现场观测法存在不足，在实验室里模拟各种自然现象成为科学研究的主要途径。虽然科学工作者通过努力，已经在此方面取得很大的发展，但是“比尺效应”的困难，使得在小比尺下建立的理论关系应用到自然条件中存在疑问。

5. 数值模拟法

数值模拟法随着计算机的飞速发展而日益成为解决各种科学问题的重要手段。如不规则波越浪计算、风暴潮的数值模拟等。与物理模型相比，它避免了比尺效应问题，可以处理很大的空间范围问题，容易实现不同设计方案的快速比选。即便如此，数值模拟的基础是正确的物理模式和力学关系，否则其结果是没有实际意义的。

需要说明的是，上述方法是相互关联、彼此补充的，不能强调某一方法而忽略了其他方法，只有通过多种方式的研究才能确定海洋环境条件对海岸堤防工程的影响，提出客观合理的海岸防灾工程理论与方法。

第 2 章　海岸防灾工程潮位计算

2.1　潮汐的观测和预报

2.1.1　潮汐现象及其观测

1. 潮汐现象

潮汐现象是月球、太阳等天体对地球上各处的吸引力不同所引起的海水运动。其运动形式为波动,但其周期比波浪周期要长得多。后者以秒为单位进行计算,而潮波的周期则以小时为单位进行计算。海洋潮汐是在天体引潮力作用下形成的长周期波动现象;它在竖直方向上表现为潮位的升降,在水平方向上表现为潮流的进退。

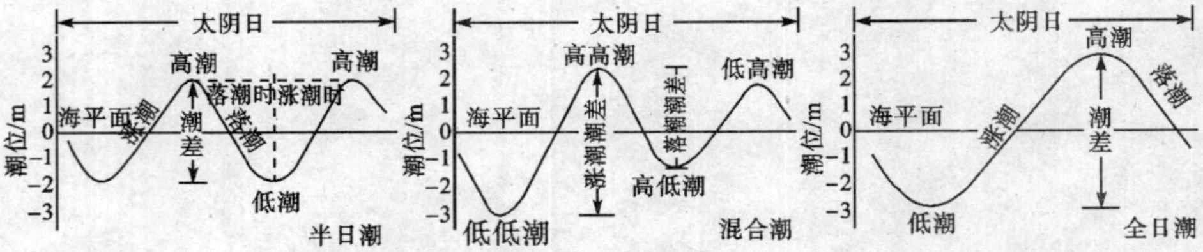

图 2.1.1　潮汐的类型及要素示意图

如图 2.1.1 所示,海面上升到最高点时称为高潮,又叫满潮;海面下降至最低点时称为低潮,又叫枯潮。在潮汐升降的一个周期之内,涨落的时间称为历时,可分为涨潮历时和落潮历时。在满潮和枯潮之间,潮位短暂的不再升降称为停潮。相邻的高潮与低潮之间的水位差称作落潮潮差,相邻的低潮与高潮之间的水位差称作涨潮潮差。

潮位的时程变化曲线随着时间、地域的不同而显著变化,潮汐现象可以划分为三种类型。

1)半日潮:在一个太阴日内发生两次高潮和两次低潮。其两次的高低潮位接近相等,涨潮与落潮时也相差不大。

2)全日潮:在一个太阴月内多数太阴日内只有一次高潮和一次低潮,其余的日子里则为一天两次潮。我国南海有许多地点的潮汐属全日潮类型,其中北部湾是世界上最典型的全日潮海区之一。

3)混合潮:混合潮分为不规则半日潮和不规则日潮。不规则半日潮在一个太阴日内虽有两次高潮和低潮,但是相邻的两个高潮或低潮的潮高相差很大,涨潮历时和落潮历时也不相等。不规则日潮指在一个太阴月内的大多数日子为不规则半日潮,但有时也发生一天一次高潮和一次低潮的日潮现象,然而日潮的总天数少于7天。

潮汐存在不等现象,现简述如下:

1)日不等:指半日潮地区每天出现的第一、二次高潮的高度不等,涨落潮历时也不相等的现象。这是由于月球的赤纬变化引起的。

2)半月不等:由月球引起的潮汐称为太阴潮,由太阳引起的潮汐称为太阳潮。在每月朔(初一)和望(十五)时,太阳、地球、月球处在同一方向上,月球和太阳的作用相互叠加,形成了朔望大潮。到了每月的初七、初八(上弦)和二十二、二十三(下弦)时,太阳、地球、月球的中心连线互成直角,月球和太阳的作用相互抵消,形成半月中最小的潮差,即方照潮。由此产生潮汐的半月不等现象。

3)月不等:由于月球绕地球作椭圆形轨道公转,当月球位于近地点时潮差较大,位于远地点时潮差较小,产生潮汐的月不等现象。

4)年不等:地球绕太阳公转的轨道是椭圆形。当地球位于近日点出现的潮差大于地球位于远日点的潮差,形成潮差的年周期变化,称潮汐年不等现象。

5)多年不等:月球绕地球运行的椭圆轨道长轴随着天体的运动不断变化,其近地点每年向东移动约40°,每8.85年完成一周;黄道与白道的交点也存在自东向西的移动,周期为18.61年。由此产生潮汐的多年不等现象。

2.潮位观测

为了了解我国沿海的潮位变化资料,各地一般都设有验潮站,进行长期的潮位观测。如果工程地点没有这些资料可以利用,则必须进行短期的潮位观测,将其与相邻观测站的长期资料进行对比分析,找出相关关系,进而推断出工程地点的潮位变化。

潮位的观测主要利用自记验潮仪和水尺进行。为了便于校测潮高以及检查井内、外潮位是否一致,必须设立井内、外水尺。

(1)自记验潮仪

在进行长期观测的验潮站,一般采用自记验潮仪(图2.1.2)。在与外海通畅、风浪不直接冲击、最低低潮时有1 m以上水深和底质坚实平坦的地方设置验潮井。验潮井常选在码头、防波堤和栈桥等隐蔽处。自记验潮仪设于其中，以避免风浪对潮位观测值的影响。

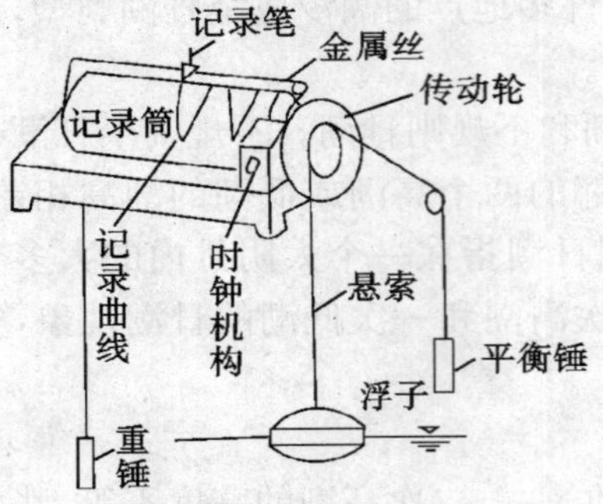

图 2.1.2 验潮仪示意图

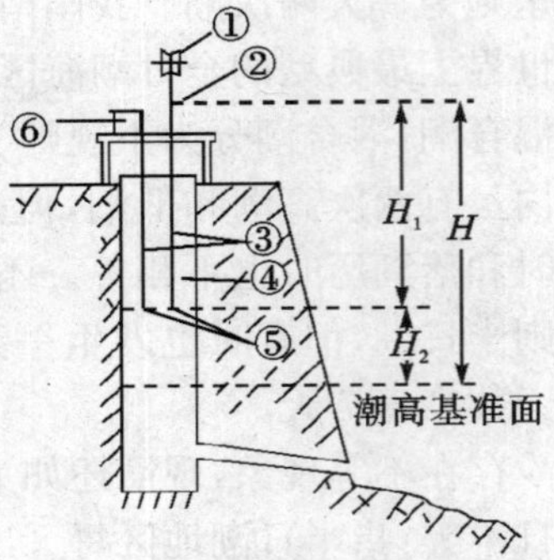

①滑轮；②读数指针；③平衡锤；④带尺；⑤浮子；⑥验潮仪

图 2.1.3 井内水尺示意图

验潮仪由浮子、平衡锤、传递绳、传动轮组成的浮子系统和记录装置两个基本部分组成。利用放在验潮井内的浮子随水的升降，通过传递绳带动传动轮和记录筒转动，实现潮高的记录；同时，由时钟控制记录笔尖做水平匀速移动，实现潮时记录。

(2)井内水尺

井内水尺通常采用带形玻璃纤维软尺，如图 2.1.3 所示。潮高 H_1 由井内水尺读取，读数指针到潮高基准面的距离为 H，读数指针到水面的距离为 H_2，则有

$$H_1 = H - H_2 \tag{2.1.1}$$

井内水尺的浮子系统要避免与验潮仪的浮子系统相碰撞。安装完毕后，按照国家四等水准测量要求与校核水准点连测，确定指针的高程，以后每隔半年复测一次。

(3)井外水尺

井外水尺通常分为木质水尺和搪瓷水尺两种。木质水尺一般采用形变小、不易伸缩的杉木或其他坚硬木材制成，厚为 5～10 cm，宽为 10～15 cm，尺面涂有白色油漆，其上用红、蓝油漆标有刻度和数值。搪瓷水尺具有刻度清晰、不易附着海洋生物及便于清洗、维护、更换的优点，一般采用木螺丝固定于木质尺桩上。

安装水尺要求垂直、牢固、安全和观测方便。尺上端要高出可能最高潮位 1

m,尺下端低于可能最低潮位 0.5～1.0 m。测点若设在有护木的码头上,可将水尺直接固定在护木上,也可在建筑物或岩壁上打眼,再用混凝土将金属构件进行固定,最后用螺丝将水尺装在金属构件上(图 2.1.4)。测点底质松软时,可将尺桩打入海底。若底质坚硬,可打洞固定尺桩或在预制的混凝土墩上留孔将尺桩插入孔内,用铅丝固定,最后将水尺固定在尺桩上。

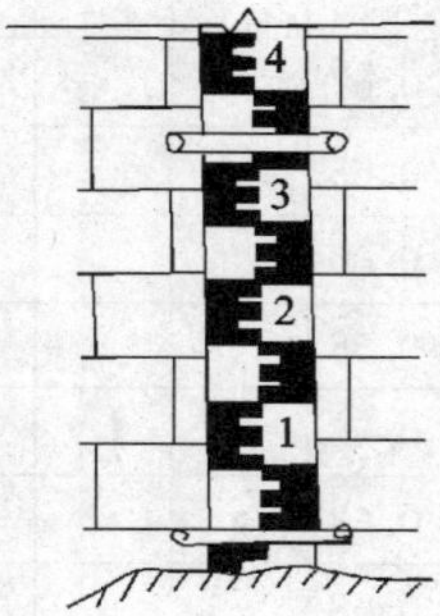

图 2.1.4　水尺固定

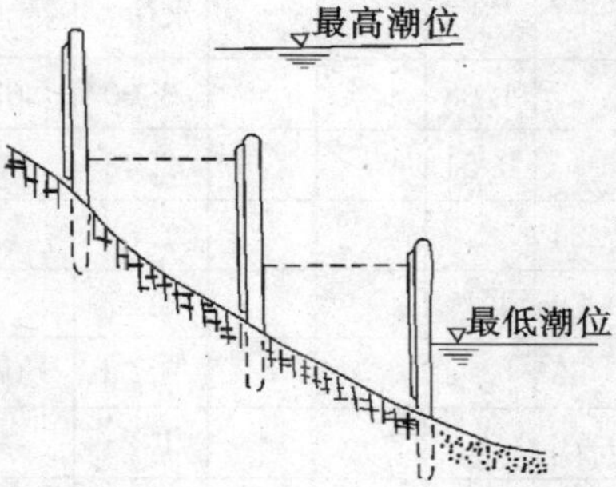

图 2.1.5　水尺组

若潮间带坡度小、宽度大,一支水尺难以观测,应设立水尺组(图 2.1.5)。水尺组相邻的两支水尺刻度交叉重复部分不得小于 0.2 m,并对水尺组中的各水尺统一编号。

水尺安装完毕,应用水准仪根据岸上的水准点测出水尺零点的高程。观测海水面与水尺相交的刻度值——水尺读数,采用下式计算当时的水位。

$$\text{潮位}=\text{水尺读数}+\text{水尺零点高程} \tag{2.1.2}$$

观测时,水尺读数应准确到 1 cm,潮时观测应准确到 1 min。当海面有波动,用连续读取三次水尺读数(每次读取海浪经过水尺的最高点和最低点的中间值),取其平均作为观测值。

一般潮位观测应昼夜连续进行,每小时观测一次,在接近满潮和枯潮时,观测的时间间隔应缩短,每 10 min 测读一次,以免漏测高低潮位及其相应的出现时间。

观测到的潮位资料应记入“潮位观测记录表”(表 2.1.1)中,并绘制潮位过程线,必要时进行圆滑修正。

表 2.1.1　潮位观测记录表

××××年××月××日　天气:阴

水位观测						平潮观测					
水尺名称	Ⅰ	Ⅱ			验潮站零点上水位	水尺名称	Ⅰ	Ⅱ			验潮站零点上水位
至验潮站零点改正	0.48	1.92				至验潮站零点改正	0.48	1.92			
00 00		1.08			3.00	03 20	0.67				1.15
01 00		0.51			2.43	30	0.65				1.13
02 00	1.34				1.82	40	0.60				1.08
03 00	0.79				1.27	50	0.58				1.06
04 00	0.55				1.03	04 00	0.55				1.03
05 00	0.76				1.24	10	0.63				1.11
06 00	1.26				1.74	20	0.63				1.11
07 00		0.46			2.38						
08 00		1.15			3.07						
09 00		1.68			3.60						
10 00		2.00			3.92	10 00		2.00			3.92
11 00		1.94			3.86	10		2.01			3.93
12 00		1.61			3.53	20		2.04			3.96
13 00	2.40				2.88	30		2.08			4.00
14 00	1.65				2.13	40		2.02			3.94
15 00	1.06				1.54	50		1.98			3.90
16 00	0.74				1.22	16 00	0.74				1.22
17 00	0.77				1.25	10	0.70				1.18
18 00	1.01				1.49	20	0.70				1.18
19 00	1.60				2.08	30	0.71				1.19
20 00		0.75			2.67	40	0.74				1.22
21 00		1.46			3.38	50	0.76				1.23
22 00		1.83			3.75						
23 00		1.82			3.74						

(续表)

验潮站零点上潮位总和：$\sum 24$	59.02				
日平均海面在验潮站零点上：$(\sum 24)/24$	2.46				

气象观测				备注
	风向	风速	浪	北京时间 20 时 00 分 工作表　19 时 58 分 表慢　　2 分 拨快　　2 分
02 00				
08 00				
14 00				
20 00				

2.1.2　潮汐的调和分析

观测表明，沿海地区某一固定点的潮位变化呈现一定的周期性。不同地点的潮位变化各不相同，原因在于：除日、月等运动具有相同的周期外，各地的气候、水文、地形、水深等条件各不相同。数学分析已经证实，潮位曲线可以用许多余弦曲线的叠合而成，即看做由许多振幅、周期、位相不同的分潮所组成。假定几个在天球赤道面上做等速圆周运动的天体代替实际的月球运动，这些天体变化周期综合反映了月球赤纬、月地距离的非均匀的、复杂的变化周期。由于实际上并不存在这些天体，因此称之为假想天体。由各假想天体所引起的潮汐称为分潮。同理，各分潮也可推广到太阳所引起的潮汐。

根据某地点潮位的长期观测资料，将潮位曲线分解为各个分潮的余弦曲线，求出每个分潮的振幅、相位，这种方法称为调和分析。由于每一地点给定的各分潮的振幅和相位不随时间而变化，因此称为调和常数。这些常数反映该地点的地理特征对潮汐的影响。这样，只要算出今后日、月、地的相对位置，利用该地点的调和常数，就可预报未来任何时刻的潮汐，《潮汐表》就是根据这个原理推算出来的。

从理论上讲，分潮的数目很多，但大部分影响不大，在实用上不必计算。在潮汐预报中，一般采用 11 个分潮或 63 个分潮进行计算。由于采用计算机进行分潮的分析，其计算速度和预报精度有了显著的提高。

表 2.1.2 11个分潮的角速度和周期

种类	名称	符号	速度 /(°·h^{-1})	周期 /h
半日分潮	主太阴半日分潮	M_2	29.98	12.42
	主太阴椭圆率半日分潮	N_2	28.44	12.66
	主太阳半日分潮	S_2	30.00	12.00
	太阴太阳赤纬半日分潮	K_2	30.82	11.97
日分潮	主太阴日分潮	O_1	13.94	25.82
	主太阴椭圆率日分潮	Q_1	13.40	26.87
	主太阳日分潮	P_1	14.96	24.07
	太阴太阳赤纬日分潮	K_1	15.04	23.93
浅海分潮	太阴浅海分潮	M_4	57.96	6.21
	太阴太阳浅海分潮	MS_4	58.98	6.10
	太阳浅海分潮	M_6	86.94	4.14

由实测潮汐分解出来的每一个分潮的一般形式为 $fR'\cos(qt+V_0+u-K)$，任一地点的潮高可表示为

$$h = A_0 + \sum fR'\cos(qt+V_0+u-K) \tag{2.1.3}$$

式中，A_0 表示平均海面；t 为平均地方时；q 为分潮的角速度；f 为分潮的交点因子；(V_0+u)表示分潮的临时天文相角；R'为分潮平均半潮差（振幅）；K 为分潮迟角（相位）。

通常可以用三个主要分潮振幅 R'_{K_1}，R'_{O_1}，R'_{M_2} 来组合潮汐类型。令潮汐类型系数 $R=\dfrac{R'_{K_1}+R'_{O_1}}{R'_{M_2}}$，我国目前划分潮汐类型的具体标准如下：

表 2.1.3 我国潮汐类型划分标准

潮汐类型	划分标准
规则半日潮	$0<R\leqslant 0.5$
不规则半日潮	$0.5<R\leqslant 2.0$
不规则日潮	$2.0<R\leqslant 4.0$
规则日潮	$R>4.0$

如图 2.1.6 所示，我国沿岸潮汐类型分布总的特点是：渤海沿岸大多属不规则半日潮；黄海、东海沿岸大多属规则半日潮；南海沿岸较为复杂，规则日潮、不规则日潮和不规则半日潮都存在。

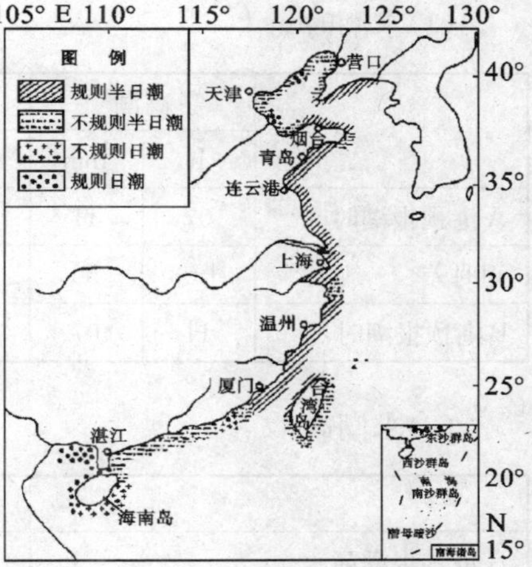

图 2.1.6　我国沿海潮汐类型分布示意图

2.1.3　基于潮汐表的潮位预报

查《潮汐表》，其中“潮汐差比数和潮信表”中潮时差栏内所列数字是副港和主港的潮时差数。要预报某副港某日潮时，可由表中查出副港的潮时差，按照正负号与所属主港该日高潮和低潮的潮时相加减，即得某副港该日高潮和低潮的潮时。

“潮汐差比数和潮信表”中潮差比率栏内所列数字是副港潮差与主港潮差的比率。要预报某副港某日高潮与低潮的潮高时，可先由某主港的潮汐预报表内查出所需预报的某日高潮和低潮的潮高，减去该主港经季节改正后的平均海平面，然后将减得的数值乘以从表中查出的该副港的潮差比率。将所得乘积再与表中查出的该副港经季节改正的平均海平面相加，即得该副港某日高潮和低潮的潮高。

例 2.1.1　已知 A 港（主港）的潮位参数，求 B 港（副港）来年某日的高潮与低潮的潮时和潮高。

解　查《潮汐表》中“潮汐差比数和潮信表”，知 A 港（主港）的高潮时差为＋0356，低潮时差为＋0356；两港的潮差比率为 0.47；A 港的平均海平面＋4.7 m，B 港的平均海平面＋2.3 m；A，B 港平均海平面的季节改正数均为－0.2 m。则 A，B 港经季节改正后的海平面分别为＋4.5 m 和＋2.1 m。来年 A 港的潮时和潮高为

高潮			低潮		
潮时		潮高	潮时		潮高
h	min	m	h	min	m
07	11	8.3	01	03	0.1
19	45	9.2	13	12	－0.6

(1)求潮时

	高潮		高潮		低潮		低潮	
	h	min	h	min	h	min	h	min
A港预报潮时	07	11	19	45	01	03	13	12
潮时差	+03	56	+03	56	+03	56	+03	56
B港预报潮时	11	07	23	41	04	59	17	08

(2)求潮高

	高潮/m	高潮/m	低潮/m	低潮/m
A港预报潮高	8.3	9.2	0.1	-0.6
减A港经季节改正的平均海平面	-4.5	-4.5	-4.5	-4.5
A港平均海平面上的潮高	3.8	4.7	-4.4	-5.1
乘潮差比率	×0.47	×0.47	×0.47	×0.47
B港平均海平面上的潮高	1.8	2.2	-2.1	-2.4
加B港经季节改正的平均海平面	+2.1	+2.1	+2.1	+2.1
B港预报潮高	3.9	4.3	0.0	-0.3

2.2　风暴潮的推算

在天文潮的高潮阶段，如果适逢强风和气压骤变，往往引起海面的异常升高现象，致使台风经过海域水位暴涨，海水浸溢内陆，酿成巨灾。

风暴潮指的是由强烈大气扰动如热带气旋、温带气旋或寒潮等引起的海面异常升高现象。风暴潮往往伴有狂风巨浪，如果与天文大潮相叠加，往往造成滨海区域潮水暴涨，从而酿成巨大灾难。

由于风暴潮的巨大致灾性，它已经引起许多国家和学者的重视，美、日、英、法、荷兰、澳大利亚、印度尼西亚、泰国和菲律宾等国，都开展了风暴潮预报服务业务。我国有关单位和科学工作者也进行了大量调查研究，在风暴潮生成、发展的机制及预报等方面取得了一定成果。

风暴潮推算和预报的方法主要有三类。

2.2.1　经验统计法

此法主要依据历史资料，利用统计相关分析，建立气象因子与具体地区风暴增水之间的相关关系，用以推算该地区的增水极值与过程。国家海洋环境预报中心曾用的方法有两种。

1. 台风风暴潮单站最大增水值推算方法

$$\Delta H_{max}=a\cdot\Delta p(1-e^{-R_0/R})+b \tag{2.2.1}$$

式中，ΔH_{max}为最大增水值(cm)；$\Delta p=(p_\infty-p_0)$，其中 p_∞ 为正常气压，p_0 为台风中的气压，均以 hPa 计；R_0 为台风最大风速半径，R 为最大增水发生时，台风中心到测站的距离，均以纬距(°)计；a 及 b 为常数。

2. 台风风暴潮单站增水过程方法

一般认为当台风尺度、移动路径及速度不变时，同一测站的增水仅与台风中心气压示度成正比。因而，对准备计算的实际台风的逐时增水值 ΔH_j 来进行对比计算：

$$\Delta H_i=\Delta H_j\left(\frac{\Delta p_{oi}}{\Delta p_{oj}}\right) \tag{2.2.2}$$

式中，Δp_{oi} 为实际台风中心逐时气压示度(hPa)；Δp_{oj} 为历史上相似台风中心逐时气压示度(hPa)。

2.2.2　诺谟图法

在数值计算的基础上，通过对大量假想台风进行逐时风暴潮位计算，建立了计算我国沿海风暴潮的诺谟图。此类方法主要有两种。

1. 开敞海岸台风风暴潮推算诺谟图法

台风过程的最大增水值为

$$\Delta H_{max}=H_p\cdot F_M\cdot F_D \tag{2.2.3}$$

式中，ΔH_{max}为最大增水值(cm)；H_p 为最大增水的初始值(cm)，由台风中心气压示度 Δp 和台风最大半径 R 确定；F_M 为矢量风暴运动修正因子，由台风移动速度 V、移动方向 θ 确定；F_D 为海底地形修正因子。

2. 半封闭海台风风暴潮推算诺谟图法

此方法适用于渤海地区，最大风暴潮值为

$$\Delta H_{imax}=\Delta H_{jmax}\left(\frac{\Delta p_i}{\Delta p_j}\right) \tag{2.2.4}$$

式中，ΔH_{imax}为最大风暴潮位值(cm)；ΔH_{jmax}为标准台风过程中测站最大风暴潮位值(cm)；Δp_i 为推算台风的气压示度(hPa)；Δp_j 为标准台风的气压示度

(hPa)。

2.2.3 数值模拟方法

目前，数值模式种类很多，多数都是二维的。在我国，国家海洋环境预报中心所采用的模式主要有以下 3 种。

1. 五区块模式

这是由国家海洋环境预报中心于 20 世纪 80 年代末开发的我国沿海的二维台风风暴潮模式，它将我国沿海分为五个区块，如图 2.2.1 所示。

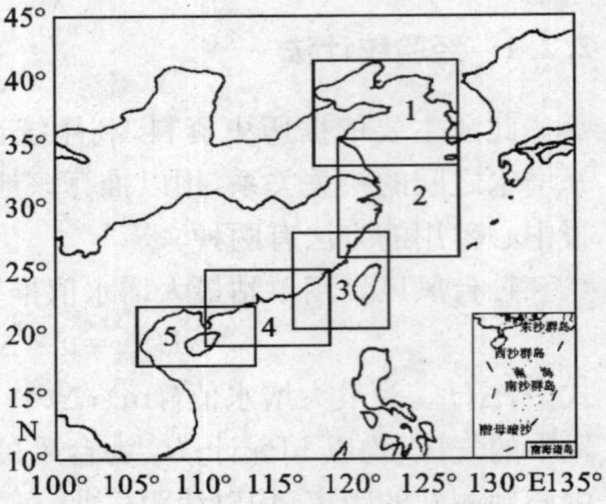

图 2.2.1 我国沿海风暴潮计算的五个区域划分

五区块模式的基本方程组如下：

$$\frac{\partial U}{\partial t}=-g(d+\zeta)\frac{\partial \zeta}{\partial x}-\frac{1}{\rho}(d+\zeta)\frac{\partial p_a}{\partial x}+\frac{\tau_{ax}-\tau_{bx}}{\rho}+fV \qquad (2.2.5a)$$

$$\frac{\partial V}{\partial t}=-g(d+\zeta)\frac{\partial \zeta}{\partial y}-\frac{1}{\rho}(d+\zeta)\frac{\partial p_a}{\partial x}+\frac{\tau_{ay}-\tau_{by}}{\rho}+fUg \qquad (2.2.5b)$$

$$\frac{\partial \zeta}{\partial t}=-\frac{\partial U}{\partial x}-\frac{\partial V}{\partial y} \qquad (2.2.5c)$$

式中，xOy 平面取于静水面；z 轴垂直向下为正；t 为时间；p_a 为大气压力；g 为重力加速度；ρ 为海水密度；ζ 为从静水面起算的风暴潮位；d 为静水面下的水深；f 为科氏力参数。全流 U,V 定义如下：

$$(U,V)=\int_{-\zeta}^{d}(u,v)\mathrm{d}j \qquad (2.2.6)$$

式中，u 及 v 分别表示流速的 x 方向和 y 方向的分量。

$$\boldsymbol{\tau}_a=\rho_a r_a^2|\boldsymbol{W}|\boldsymbol{W} \qquad (2.2.7)$$

$$\boldsymbol{\tau}_b=\rho_a r_b^2|\boldsymbol{V}|\boldsymbol{V}-\beta\boldsymbol{\tau}_a \qquad (2.2.8)$$

式中，$\boldsymbol{\tau}_a$ 和 $\boldsymbol{\tau}_b$ 分别为海面风应力和底摩擦应力；τ_{ax}，τ_{ay} 及 τ_{bx}，τ_{by} 分别为式中 $\boldsymbol{\tau}_a$ 和 $\boldsymbol{\tau}_b$ 在 x 和 y 方向的分量；$\boldsymbol{W}$ 为风力表高度的风矢量；ρ_a 为大气密度；r_a^2 为风的拖曳力系数；r_b^2 为底摩擦系数，两者均等于 2.6×10^{-3}；β 为常数(0.35)；$\boldsymbol{V}$ 为深度平均矢量，按下式计算：

$$\boldsymbol{V}=u\boldsymbol{i}+v\boldsymbol{j}=\frac{U}{(d+\zeta)}\boldsymbol{i}+\frac{V}{(d+\zeta)}\boldsymbol{j} \qquad (2.2.9)$$

采用 Fischer(1959)的差分格式。边界条件岸界取法向全流(U 或 V)为零，水边界内风暴潮值 ζ 等于海面对气压降低静力响应的平衡高度。该模式在我国诸海域应用后获得令人满意的结果。

2. SLOSH 模式

在美国首先提出的二维模式(Sea, Lake and Overland Surges from Hurricans),不计运动方程中的对流项,采用数值方法求解考虑有限振幅效应的流体运动方程。在笛卡尔坐标系中表示的运动方程和连续方程如下:

$$\frac{\partial U}{\partial t}=-g(d+\zeta)\left[B_{\mathrm{r}}\frac{\partial(\zeta-\zeta_0)}{\partial x}-B_{\mathrm{i}}\frac{\partial(\zeta-\zeta_0)}{\partial y}\right]+f(A_{\mathrm{r}}V+A_{\mathrm{i}}U)+C_{\mathrm{r}}X_{\tau}-C_{\mathrm{i}}Y_{\tau} \tag{2.2.10a}$$

$$\frac{\partial V}{\partial t}=-g(d+\zeta)\left[B_{\mathrm{r}}\frac{\partial(\zeta-\zeta_0)}{\partial x}+B_{\mathrm{i}}\frac{\partial(\zeta-\zeta_0)}{\partial y}\right]-f(A_{\mathrm{r}}V+A_{\mathrm{i}}U)+C_{\mathrm{r}}X_{\tau}+C_{\mathrm{i}}Y_{\tau} \tag{2.2.10b}$$

$$\frac{\partial \zeta}{\partial t}=-\frac{\partial U}{\partial x}-\frac{\partial V}{\partial y} \tag{2.2.10c}$$

式中,下标 r 和 i 分别表示实部和虚部;U 及 V 为水平质量输送(全流的 x 和 y 方向的水平分量);g 为重力加速度;d 为由基面起算的水深;ζ 为由基面起算的风暴潮位;ζ_0 为静压高度;f 为科氏力参数;X_{τ} 及 Y_{τ} 为表面应力分量;A,B 及 C 为底应力项,是总深度$(d+\zeta)$的函数。

上式组成了求解风暴潮位 ζ 和水平质量输送 U 及 V 的封闭方程组。该模式未考虑风浪和波浪增水等现象。在求解过程中将笛卡尔坐标系表示为极坐标方程,在输出结果时又转换为方形网格。它采用 B 型有限差分格式求解,在处理侧向边界时,是按水深分段处理的。该模式在国内应用获得较好的结果。

3. 国家海洋预报中心模式

这是近年来我国新发展的一种模式,可考虑风暴潮与天文潮的相互作用,应用于渤海效果较好。该模式在球坐标系下,控制潮汐和风暴潮运动的深度平均流,其方程可表述如下:

$$\frac{\partial \zeta}{\partial t}+\frac{1}{R\cos\varphi}\left[\frac{\partial(du)}{\partial\theta}+\frac{\partial(dv\cos\varphi)}{\partial\varphi}\right]=0 \tag{2.2.11a}$$

$$\frac{\partial u}{\partial t}+\frac{u}{R\cos\varphi}\frac{\partial u}{\partial\varphi}+\frac{v}{R}\frac{\partial u}{\partial\varphi}-\frac{uv\tan\varphi}{R}-fv=-\frac{g}{R\cos\varphi}\frac{\partial\zeta}{\partial\theta}-\frac{1}{\rho R\cos\varphi}\frac{\partial p_{\mathrm{a}}}{\partial\theta}+\frac{1}{\rho d}(F_{\mathrm{s}}-F_{\mathrm{b}}) \tag{2.2.11b}$$

$$\frac{\partial v}{\partial t}+\frac{u}{R\cos\varphi}\frac{\partial v}{\partial\varphi}+\frac{v}{R}\frac{\partial v}{\partial\varphi}-\frac{u^2\tan\varphi}{R}+fv=-\frac{g}{R}\frac{\partial\zeta}{\partial\varphi}-\frac{1}{\rho R}\frac{\partial p_{\mathrm{a}}}{\partial\varphi}+\frac{1}{\rho d}(G_{\mathrm{s}}-G_{\mathrm{b}}) \tag{2.2.11c}$$

式中,θ,φ 分别为经度和纬度;ζ 表示从平均海平面起算的水位高度;u,v 分别为深度平均流的经向及纬向分量;F_{s},G_{s} 分别为海表面风应力 $\boldsymbol{\tau}_{\mathrm{s}}$ 的经向及纬向分量;F_{b},G_{b} 分别为海表面风应力 $\boldsymbol{\tau}_{\mathrm{b}}$ 的经向及纬向分量;p_{a} 表示海面大气压;d 为

总水深；ρ 为海水密度，视为均匀；R 为地球半径；f 表示科氏力参数（$f=2\omega\sin\varphi$）。

模式中底摩擦力 $\boldsymbol{\tau}_b$ 与深度平均流 $\mathbf{V}$ 的关系为

$$\boldsymbol{\tau}_b=C_b\rho\boldsymbol{V}|\boldsymbol{V}|-\beta\boldsymbol{\tau}_s \tag{2.2.12}$$

式中，$C_b=2.6\times10^{-3}$，$\beta=0.35$。海面风应力 $\boldsymbol{\tau}_s$ 与风速 $\boldsymbol{W}$ 的关系为

$$\boldsymbol{\tau}_s=C_b\rho_a\boldsymbol{W}|\boldsymbol{W}| \tag{2.2.13}$$

式中，ρ_a 为空气密度，$C_d=2.6\times10^{-3}$。求解时采用 Arakawa C 型网格和 ADI 差分法，为了提高精度和适用尽可能大的水域，采用多重网格法，每个区采用不同的时间和空间步长。该模式在实际应用中取得较好的结果。

上述 3 种方法中，目前已趋于采用数值模式方法进行风暴潮的预报和推算。至于预报方法，不仅将注意潮位与风暴潮的耦合影响，还将注意波浪增水对水位结果的影响，尤其在浅水区域；对于工程推算而言，将采用联合概率法来研究沿海极值水位的实际分布与可能出现的分布，以选取工程所需的合理而安全的设计水位。

2.3 工程设计潮位的推算

2.3.1 基准面与特征潮位

海岸及海洋工程中，高程测量和水深测量的起算面（零面）称为基准面。

1. 平均海平面

平均海平面根据分析的时程不同，分为日平均海平面、月平均海平面、年平均海平面和多年平均海平面。1956 年以前，我国各地区的测绘部门采用的基准面并不统一，如青岛零点、吴淞零点、大沽零点、珠江零点等。从 1956 年起，全国统一采用“黄海平均海平面”作为陆地高程起算面，它是青岛验潮站多年（19 年）的每小时潮位观测记录的平均潮平面。随着观测资料的积累，重新核算的“1985 国家高程基准”比 1956 年黄海基面高 0.038 9 m。

2. 海图深度基准面

平均海平面是确定陆地高程的起算面。为了确定海洋的深度，就要以海图深度基准面为起算面。由于潮位的升降，实际海平面大约有一半时间低于平均海平面，如以平均海平面作为深度起算面，那么实际水深将有一半左右时间小于海图中标出的水深。为了保证航海安全，海图中标出的深度最好近似最小深度，即在绝大部分时间内，实际水深大于海图水深。为此，海图深度基准面即为

潮汐可能到达的最低潮面，可根据理论计算得出。由于各海区潮差大小不同，海度深度基准面距平均海面的高度亦不相同。确定海图深度基准面的理论很多，各国所采用的标准亦各不相同，主要有可能最低潮位面、实测最低潮位面、平均大潮低潮面。1956 年以后，我国统一采用“理论（深度）基准面”作为海图深度基准面，它是用 8 个分潮（M_2，S_2，N_2，K_2，K_1，O_1，P_1，Q_1）进行组合计算获得的理论上潮汐可能达到的最低潮面。

3. 潮高基准面

潮汐表上所预报的潮位值也有一个起算面，这个起算面称为潮高基准面。它是平均海平面下的一个面，在潮汐表中都有注明，它与海图深度基准面不一定一致，因此任何时刻某海区某处的实际水深就等于海图深度加上这两个基准面之间的差值和该海区潮汐表上的潮位预报值。对于港口工程建设而言，总是希望水深和潮位都从一个基准面起算。在新的地区建设海港时，潮高基准面可以采用理论深度基准面。

4. 筑港零点

在附近地区已经建有港口时，由于这些港口建设初期已经规定了一个零点，而且一些历史资料都以这个零点为基准，所以把它称为筑港零点。通常它是当地验潮站的潮高起算面（水尺零点），但有时两者也有差别。

上面介绍了几种基准面，在进行港口工程建设前，必须弄清楚该地区几个基准面的关系，并将各种标高换算到同一基准面上。通常是以当地理论深度基准面或当地筑港零点作为统一的基准面。

5. 特征潮位

潮汐现象对港口海岸及近海工程的设计和施工影响很大。工程上常用的特征潮位有最高潮位和最低潮位、平均最高潮位和平均最低潮位、平均大潮高潮位和平均大潮低潮位、平均小潮高潮位和平均小潮低潮位。其中，最高潮位和最低潮位是指历史上曾经观测到的潮位最高值和最低值。如在多年潮位资料中，取每年最高潮位和最低潮位并分别求其平均值，即为平均最高潮位和平均最低潮位。取每月两次大潮（小潮）的高潮位和低潮位的多年平均值，即为平均大潮（小潮）高潮和平均大潮（小潮）低潮位。

2.3.2　设计潮位的标准

设计潮位是海岸防灾工程设计中的一个重要水文数据，它不仅直接影响着堤防工程高程的确定，而且影响到建筑物类型的选择以及结构计算等。海岸防灾工程的规模、等级和使用情况不同，选用的设计潮位也不同。设计潮位通常包括设计高、低水位。

海岸地区的水位通常不是由单纯的天文因素造成的，而是由于寒潮、热带气旋、地震、海啸所造成的增减水与天文潮组合而成的，在河口地区往往还要受到上游来水的影响。

过去，我国一些单位在设计中，堤防工程的设计高水位采用历年最高潮位，在实测资料的年限较短的情况下，历年最高潮位则根据调查和论证确定。设计低水位一般采用历年最低潮位。从全国各海岸地区的验潮资料来看，随着年数的增多，历年最高、最低潮位的数值有较大的差异。由调查而来的历史最高、最低潮位，同样存在着这个问题，而且数值更不可靠。对特高与特低潮位的取舍，更无一定的标准。

为了克服上述缺点，我国有关单位经过大量潮位资料分析比较后，建议采用年频率统计的方法来确定设计水位。在具有连续 20 年以上高、低潮位的地点，用频率分析法推求 50 年一遇的高、低潮位作为堤防工程的设计水位。这样确定的潮位具有明确的统计含义，而对于其他一些特殊水位也可在规定重现期的基础上予以推算。

2.3.3 设计潮位的推算

1. 频率分析法

设计潮位频率分析的线型，在受径流影响的潮汐河口地区往往采用 Pearson-Ⅲ（皮尔逊Ⅲ型）分布曲线，在海岸地区则多采用 Gumbel（冈贝尔）分布曲线。下面介绍这两种频率分析方法。

(1)Pearson-Ⅲ型分布

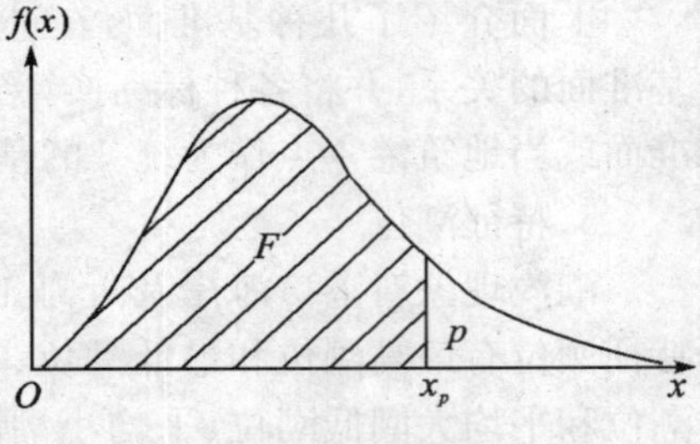

图 2.3.1 密度分布曲线图

在海岸防灾工程设计中常以某一重现期的潮位特征值作为设计标准，如 50 年一遇最大潮位或 100 年一遇最大潮位。设潮位年最大值 X 的概率密度函数为 $f(x)$，如图 2.3.1 所示，其概率分布函数为

$$F=\int_0^{x_p} f(x)\mathrm{d}x \tag{2.3.1}$$

其相应的出现概率为

$$P=1-F \tag{2.3.2}$$

若期望 X 大于或等于某一特定值的潮位在 T 年内出现一次，则称 T 为此特定值的重现期，且 $T=1/P$。上式中，x_p 为 T 年一遇潮位的特征值；P 为大于或等于 x_p 值的出现频率。根据工程设计要求而提出的某一特定频率称为设计

频率，根据设计频率可找到相应的特征值 x_p。例如，$P=2\%$，则 $T=1/P=50$，那么 $x_{0.02}$ 即为 50 年一遇设计特征值。在海岸防灾工程中，一般选取 n 年最大潮位值，构成极值统计样本，选配适合的理论频率曲线，从而推算出潮位设计值。

英国生物学家皮尔逊统计分析了大量实测资料，提出了 13 种经验分布曲线。其中第Ⅲ型分布常被用于我国计算最大波高、最大潮位等极值水文气象要素的统计中，称之为皮尔逊Ⅲ型曲线(简称 P-Ⅲ型曲线)。下面介绍 P-Ⅲ型分布的适线方法。

P-Ⅲ型曲线的概率密度函数为

$$f(x)=\frac{\beta^{\alpha}}{\Gamma(\alpha)}(x-a_0)^{\alpha-1}\exp[-\beta(x-a_0)] \tag{2.3.3}$$

式中，$\Gamma(\alpha)$ 为 α 的伽马函数；α,β 和 a_0 分别为形状参数、尺度参数和位置参数，三者与统计系列的均值 $\overline{x}$、变差系数 c_v 和偏态系数 c_s 之间的关系为

$$\alpha=\frac{4}{c_s^2},\beta=\frac{2}{\overline{x}c_v c_s},a_0=\overline{x}(1-\frac{2c_v}{c_s}) \tag{2.3.4}$$

令 $k_i=\frac{x_i}{\overline{x}}$，样本统计参数 $\overline{x},c_v,c_s$ 可按以下公式估计：

$$\overline{x}=\frac{1}{n}\sum x_i \tag{2.3.5}$$

$$c_v=\sqrt{\frac{1}{n-1}\sum(k_i-1)^2} \tag{2.3.6}$$

$$c_s=\frac{\sum(k_i-1)^3}{(n-3){c_v}^3} \tag{2.3.7}$$

式中，n 为样本中个体总数。由式(2.3.3)积分，可得 P-Ⅲ型分布曲线，即

$$P(X\geqslant x)=\int_x^{+\infty}f(x)\mathrm{d}x \tag{2.3.8}$$

由上式可知，$\overline{x},c_v,c_s$ 一经确定，则 x 仅与 P 有关，即可计算与 P 对应的 x_p。

在潮位的极值统计分析时，指定设计频率，则与之对应的设计值可由式(2.3.8)计算得到，也可以通过专用表格查算获得，其原理与方法如下：

定义标准化变量

$$\Phi=\frac{x-\overline{x}}{\overline{x}\cdot c_v} \tag{2.3.9}$$

为离均系数，其平均值为 0，标准差为 1。将其代入式(2.3.8)，得

$$P(\Phi\geqslant\Phi_p)=\int_{\Phi_p}^{+\infty}f(\Phi,c_s)\mathrm{d}\Phi \tag{2.3.10}$$

给定 c_s 就可以计算 Φ_p 和 P 的对应值，由此可确定P-Ⅲ型分布曲线的离均系数 Φ_p 值(附表1)。当给定 c_s 和 P 值，可以查出 Φ_p，按下式计算 x_p，即

$$x_p=(\Phi_p\cdot c_v+1)\overline{x} \tag{2.3.11}$$

定义模比系数

$$K_p=\Phi_p\cdot c_v+1 \tag{2.3.12}$$

若已知(c_s/c_v)值，由附表1查得模比系数 K_p，代入下式：

$$x_p=K_p\cdot\overline{x} \tag{2.3.13}$$

可以求出不同概率 P 对应的 x_p 值，从而绘制出P-Ⅲ型理论分布曲线。

例 2.3.1 采用P-Ⅲ型曲线计算多年一遇设计潮位。

某验潮站1970～1999年连续30年的年最大潮位值见表2.3.1，试采用P-Ⅲ型曲线推算该站50年一遇和100年一遇的设计潮位值。

表 2.3.1 某验潮站连续30年年最大潮位值

序号	潮位/cm	经验频率/%	序号	潮位/cm	经验频率/%	序号	潮位/cm	经验频率/%
1	553	3.70	10	519	37.04	19	510	70.37
2	552	7.41	11	519	40.74	20	510	74.07
3	544	11.11	12	519	44.44	21	508	77.78
4	539	14.81	13	518	48.15	22	505	81.48
5	534	18.52	14	515	51.85	23	503	85.19
6	534	22.22	15	513	55.56	24	499	88.89
7	525	25.93	16	513	59.26	25	498	92.59
8	522	29.63	17	512	62.96	26	487	96.30
9	521	33.33	18	510	66.67	—	—	—

解 (1)将观测潮位值按递减顺序排列，计算得平均值 $\overline{x}=518.54$ cm，及标准差 $s=16.23$ cm。

(2)按 $p=\dfrac{m}{n+1}\times100\%$ 计算各潮位值对应的经验频率值 p，填入表2.3.1。

(3)计算潮位样本的离差系数 $c_v=s/\overline{x}=0.031\,3$。

(4)根据参数 $\overline{x}$，c_v 和 c_s 查P-Ⅲ型曲线 k_p 值表(附表1)，分别得到 $c_s=1.0c_v$，$2.0c_v$，$3.0c_v$ 值时各频率相对应的 K_p 值，再代入式(2.3.13)求出相应的 x_p 值，见表2.3.2。

表 2.3.2　k_p 值表

$P/\%$	1	2	5	10	20	50	80	90	95	98	99
$c_s=2c_v$	1.074	1.065	1.052	1.040	1.026	1.000	0.974	0.960	0.949	0.937	0.929

(5)将观测潮位值的经验频率点绘于海森概率格纸上(以·表示)。并将拟合的理论分布曲线绘于同一格纸上,如图 2.3.2 所示。若理论分布曲线与经验频率点配合不理想,可以改变 c_s 与 c_v 的比值,绘制多条理论频率曲线,从中选优。本题取 $c_v=0.0313$,$c_s=3.0c_v$ 的理论曲线进行重现值估计。

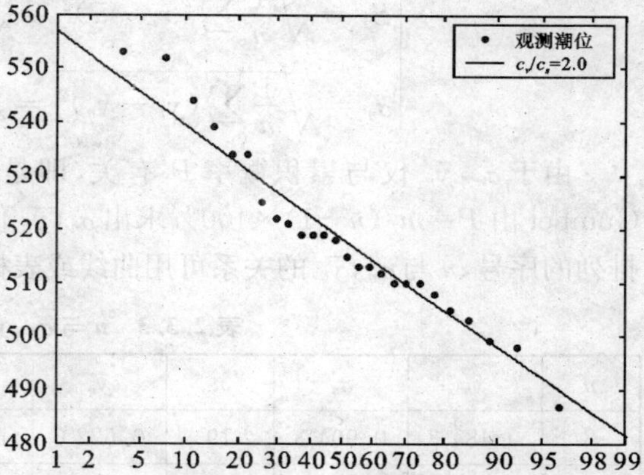

图 2.3.2　某种年极值潮位 P-Ⅲ型分布拟合曲线图

(6)从配合最佳的理论频率曲线上读取 50 年一遇最大潮位($x_{2\%}$)为 553 cm,100 年一遇最大潮位($x_{1\%}$)为 559 cm。

(2)Gumbel 分布

在海岸防灾工程设计中,设计高、低水位的确定是按照频率分析方法进行的。依据建筑物的等级和重要性,按照地区的设计标准推求一定频率的高、低水位。通常要推求重现期 50 年一遇的高、低水位,应有不少于连续 20 年的年最高潮位或最低潮位实测资料,并应调查历史上出现的特殊水位。

Gumbel 分布常用于工程潮位的计算。Gumbel 分布又称为极值Ⅰ型分布,由 Fisher 首先导出,Gumbel 于 1941 年首次把它用在洪水分析计算中,其概率分布函数为

$$F(x)=\exp\{-\exp[-\alpha(x-\beta)]\} \tag{2.3.14}$$

Gumbel 采用最小二乘法估计分布参数 α 和 β。令 $y=\alpha(x-\beta)$,则计算公式为

$$\begin{cases}\alpha=\dfrac{\sigma_n}{S_x}\\ \beta=\overline{x}-\dfrac{\overline{y}_n}{\alpha}\end{cases} \tag{2.3.15}$$

式中，

$$
\begin{cases}
\overline{x} = \dfrac{1}{n}\sum x_i \\
\overline{y}_n = \dfrac{1}{n}\sum y_i \\
S_x = \sqrt{\dfrac{1}{n}\sum (x_i - \overline{x})^2} = \sqrt{\dfrac{1}{n}\sum x_i^{\,2} - \overline{x}^2} \\
\sigma_n = \sqrt{\dfrac{1}{n}\sum (y_i - \overline{y}_n)^2} = \sqrt{\dfrac{1}{n}\sum y_i^{\,2} - \overline{y}_n^{\,2}}
\end{cases}
\tag{2.3.16}
$$

由于σ_n，$\overline{y}_n$ 仅与累积概率 P 有关，即是项数 n 的函数。当 n 确定之后，Gumbel 由 $P=m/(n+1)\times100\%$求出σ_n，$\overline{y}_n$ 值，其中 m 为变量 x 按照递减次序排列的序号，n 与σ_n，$\overline{y}_n$ 的关系可用曲线或表格形式给出，见表 2.3.3。

表 2.3.3　n 与σ_n，y_n 关系

n	y_n	σ_n	n	y_n	σ_n	n	y_n	σ_n
8	0.484 3	0.904 3	19	0.522 0	1.056 6	60	0.552 1	1.174 7
9	0.490 2	0.928 8	20	0.523 6	1.062 8	70	0.554 8	1.185 4
10	0.495 2	0.949 7	22	0.526 8	1.075 4	80	0.556 9	1.193 8
11	0.499 6	0.967 6	24	0.529 6	1.086 4	90	0.558 6	1.200 7
12	0.503 5	0.983 3	26	0.532 0	1.096 1	100	0.560 0	1.206 5
13	0.507 0	0.997 2	28	0.534 3	1.104 7	200	0.567 2	1.236 0
14	0.510 0	1.009 5	30	0.536 2	1.112 4	500	0.572 4	1.258 8
15	0.512 8	1.020 6	35	0.540 3	1.128 5	1 000	0.574 5	1.268 5
16	0.515 7	1.031 6	40	0.543 6	1.141 3	∞	0.577 2	1.282 6
17	0.518 1	1.041 1	45	0.546 3	1.151 9			
18	0.520 2	1.049 3	50	0.548 5	1.160 7			

将式(2.3.15)代入式(2.3.14)，由于 $P=1-F$，对应于累积概率 P，其变量 x_p 值为

$$x_p=\overline{x}+\frac{1}{\sigma_n}\{-\ln[-\ln(1-P)]-\overline{y}_n\}S_x \tag{2.3.17}$$

令

$$\lambda_{pn}=\frac{1}{\sigma_n}\{-\ln[-\ln(1-P)]-\overline{y}_n\} \tag{2.3.18}$$

式中，λ_{pn}仅与 P 和 n 有关(见附表 2)，可得推算极端高、低水位的计算式如下：

$$x_p=\overline{x}+\lambda_{pn}\cdot S_x \tag{2.3.19}$$

若在 n 年验潮资料之内或之外出现过历史特高或特低潮位，在计算极端水位时应进行特大值的处理，主要是调查确定特大潮位的量值 X_N 及其重现期 N。按照下式计算 T 年($T=1/P$)一遇的极端高、低潮位。

$$X_p=\overline{X}_N\pm\lambda_{PN}S_{XN} \tag{2.3.20}$$

式中，$\overline{X}_N$，S_{XN} 是考虑特大值后的年最高、低潮位观测序列的均值和均方差；λ_{PN} 是考虑特大值重现期 N 之后的系数值，按式(2.3.18)计算。

考虑 n 年观测潮位资料具有代表性，则可以假定特大潮位与观测序列之间的缺测年份的均值与 n 年观测资料的均值和均方差相等。若观测潮位资料之内有 l 个特大值，之外有 b 个特大值，令 $a=l+b$，则包括特大值及一般观测潮位的 N 年序列的均值和均方差分别为

$$\overline{X}_N=\frac{1}{N}\left[\sum_{j=1}^{a}x_i+\frac{N-a}{n-l}\sum_{i=l+1}^{n}x_i\right] \tag{2.3.21}$$

$$S_{XN}=\sqrt{\frac{1}{N}\left[\sum_{j=1}^{a}(x_i-\overline{X}_N)^2+\frac{N-a}{n-l}\sum_{i=l+1}^{n}(x_i-\overline{X}_N)^2\right]} \tag{2.3.22}$$

在年极值潮位的长期统计分析中，除了 P-Ⅲ型分布和 Gumbel 分布，常用的理论线型还有 Weibull(威布尔)分布、Log-normal(对数正态)分布等，经过论证，也可以用于潮位频率分析计算。

例 2.3.2　已知按某工程海区连续 20 年最高潮位观测序列(见表 2.3.4)，要求推算 50 年一遇的高潮位。

表 2.3.4　某海区连续 20 年最高潮位值

序号	1	2	3	4	5	6	7	8	9	10
年最高潮位/cm	376	365	356	352	351	351	350	350	349	340
经验频率 P/%	4.76	9.52	14.29	19.05	23.81	28.57	33.33	38.10	42.86	47.62
年最高潮位/cm	336	334	333	330	326	326	323	322	320	317
经验频率 P/%	52.38	57.14	61.90	66.67	71.42	76.19	80.95	85.71	90.48	95.24

解　(1)将资料依次由大到小排列，由 $P=\dfrac{m}{n+1}\times100\%$ 计算各潮位经验频率填入表 2.3.4。

(2) 求平均值 $\overline{x}=\dfrac{1}{n}\sum\limits_{i=1}^{n}x_i=\dfrac{1}{20}\times6\,807=340.35$ cm。

(3) 计算均方差 $S_x=\sqrt{\dfrac{1}{n}\sum x_i^2-\left(\dfrac{1}{n}\sum x_i\right)^2}$

$$=\sqrt{\frac{1}{20}\times 2\,321\,739-(340.35)^2}=15.77\text{ cm}。$$

(4)采用 Gumbel 分布进行适线，理论值见表 2.3.5。

表 2.3.5　例 2.3.2 计算结果

$P/\%$	1	2	4	5	10	25	50	75	90	95	99
$\lambda_{p,20}$	3.836	3.179	2.517	2.302	1.625	0.680	−0.148	−0.8	−1.277	−1.525	−1.93
x_p/cm	401	391	380	377	366	351	338	328	320	316	310

(5)50 年一遇高潮位：$T=50$ 年，$P=2\%$，$x_{2\%}=\overline{x}+3.179S_x=391$ cm。

例 2.3.3　潮位观测序列同例 2.3.1，据调查在此序列之前曾出现 +494 cm 的特高潮位，重现期为 36 年，进行特大值处理后，推算 50 年一遇高潮位。

解　(1)自 1940～1975，$N=36$ 年，考虑特大值序列的均值为

$$\overline{H}=\frac{1}{N}\left[H_N+(N-1)\frac{1}{n}\sum_{i=1}^{n}H_i\right]=\frac{1}{36}\left[494+\frac{35}{20}\times 6\,808\right]=344.67\text{ cm}。$$

(2) $\overline{H^2}=\frac{1}{N}\left[H_N^2+(N-1)\frac{1}{n}\sum_{i=1}^{n}H_i^2\right]=\frac{1}{36}\left[494^2+\frac{35}{20}\times 2\,322\,444\right]$

$$=119\,675.4\text{ cm}^2。$$

(3)均方差 $S=\sqrt{\overline{H^2}-\overline{H}^2}=\sqrt{119\,675.4-118\,797.4}=\sqrt{878}=29.63$ cm。

(4)经验频率点除对应于特大值 H_N(=494 cm)的 $P=\frac{1}{N+1}\times 100\%=$ 2.70%外，其他对应于 H_i 的经验频率仍为 $P=\frac{1}{n+1}\times 100\%=\frac{m}{21}\times 100\%$。

(5)根据 $H_p=\overline{H}+\lambda_{p,N}\cdot S$ 计算不同重现设计潮位；查附表 2，确定 $\lambda_{p,N}$ 值，列入表 2.3.6，其中 n 采用 N 值。

(6)50 年一遇高潮位为 433 cm。

表 2.3.6　例 2.3.3 计算结果

$P/\%$	1	2	4	5	10	25	50	75	90	95	99
$\lambda_{p,20}$	3.547	2.972	2.350	2.148	1.511	0.623	−0.154	−0.767	−1.216	−1.448	−1.828
x_p/cm	450	433	414	408	389	363	340	322	309	302	291

2. 极值同步差比法

对于有不少于连续 5 年的最高潮位或最低潮位的港口，极端高、低水位可

与附件有不少于连续 20 年资料的港口或验潮站进行同步相关分析，计算相当于 50 年一遇年极值高潮位或低潮位，此法称为极值同步差比法。

进行差比计算时，要求两个港口或验潮站符合下列条件：①潮汐性质相似；②地理位置邻近；③受河流径流包括汛期径流的影响相似；④受增减水影响相似。

采用短期同步差比法，计算公式如下：

$$h_{JY}=A_{NY}+\frac{R_Y}{R_X}(h_{JX}-A_{NX}) \tag{2.3.23}$$

式中，h_{JX} 和 h_{JY} 分别为已有港口和拟建港口的极端高水位或低水位；R_X 和 R_Y 分别为已有港口和拟建港口的同期各年年最高潮位或最低潮位的平均值与平均海平面的差值；A_{NX} 和 A_{NY} 分别为已有港口和拟建港口的年平均海平面。

3. 其他近似计算方法

对于不具备用极值同步差比法进行计算的港口，可按下式计算极端高、低水位：

$$h_J=h_S\pm K \tag{2.3.24}$$

式中，h_J 和 h_S 分别为已有港口和拟建港口的极端高、低水位与设计高、低水位；K 为常数，采用与表 2.3.7 中潮汐性质、潮差大小、河流影响以及增减水影响都较相似的附近港口相应的数值，高、低水位分别用正、负值。

表 2.3.7　极端水位近似计算方法中的常数 K 值(m)

站位	不同水位下 K 值		站位	不同水位下 K 值		站位	不同水位下 K 值	
	极端高水位	极端低水位		极端高水位	极端低水位		极端高水位	极端低水位
海洋岛	0.8	1.4	乳山口	0.9	1.3	大戴山	1.0	1.1
大连	1.0	1.6	威海	1.1	1.1	绿华山	1.0	0.9
鲅鱼圈*	1.0	1.3	青岛	1.2	1.3	金山嘴*	1.2	1.4
营口	1.1	1.5	石臼所	1.2	1.2	滩浒*	1.5	1.4
葫芦岛	1.0	1.5	连云港	1.5	1.2	镇海	1.5	0.9
秦皇岛	1.0	1.6	燕尾	1.1	1.2	长涂*	1.1	1.0
塘沽	1.6	1.8	吴淞	1.6	1.0	沈家门*	0.8	1.0
龙口	1.6	1.5	高桥*	1.4	1.0	西洋	1.2	1.1
烟台	1.1	1.2	中浚	1.3	1.0	海门(浙)	1.4	0.8

(续表)

站位	不同水位下 K 值		站位	不同水位下 K 值		站位	不同水位下 K 值	
	极端高水位	极端低水位		极端高水位	极端低水位		极端高水位	极端低水位
大陈*	0.9	1.0	汕头	2.3	0.7	闸坡*	1.2	0.8
坎门	1.6	0.9	汕尾	1.3	0.7	湛江	2.4	0.9
龙湾(闽)	1.4	0.9	赤湾	1.1	1.0	硇洲*	1.3	0.9
沙埕*	1.1	1.3	泗盛圈*	1.1	0.7	秀英	1.8	0.7
三沙*	1.1	1.3	黄埔	1.0	0.7	清洪*	1.2	0.6
梅花*	1.0	1.1	横门*	1.3	0.6	榆林*	0.9	0.6
马尾	1.4	1.0	灯笼山	1.2	0.6	八所	0.9	0.8
平潭*	1.3	1.0	大万山*	0.9	0.7	湘洲*	1.0	1.1
崇武	1.3	1.0	黄冲*	1.3	1.0	石头埠*	1.1	1.4
厦门	1.5	1.0	黄金*	1.2	0.8	北海	1.1	0.9
东山	1.0	0.9	三灶*	1.1	0.8	白龙尾*	1.3	1.1

注:“*”表示该站采用条件分布联合概率法的计算结果。

2.3.4 天文潮与风暴潮联合设计潮位

我国《海港水文规范》(JTJ 213—1998)中规定,采用年频率统计的方法推求 50 年一遇的高、低潮位作为极端水位。实际上,水位的高低受制于天文与气象两种因素。正常条件下,天体运行导致的潮汐起了主要作用;而异常的天气条件,如热带气旋、温带气旋、寒潮等亦可产生较大的增减水。如果较大的增水与天文高潮相遇或较大的减水与天文低潮相遇,往往对港口与海岸工程造成较大的影响。《海港水文规范》中采用的依据总水位进行统计分析的方法,忽略了上述两种致灾因素的联合作用,难以明确不同组分对设计重现值的影响程度。

针对单一水位确定重现值的不足,国内外学者提出了天文潮与风暴潮增水组合求解极端水位的思路。例如,将风暴潮增水和平均高潮位叠加以确定极端水位,这是一种经验的方法。也有学者将风暴潮增水极值与天文潮极值看做独立的随机变量,在确定其各自符合某种分布规律的基础上建立联合分布函数式,从而得出各种风暴潮增水与天文潮相组合的设计水位值及重现期。该法的不足之处在于:把增水与天文潮当做不相关的独立事件来考虑,这与工程实际不符。

本书对龙口港年风暴潮增水和天文潮位序列进行边缘统计分析，应用二维对数正态分布（简称 BLD）对二维序列进行联合概率的计算，给出 50 年一遇的风暴潮增水和天文潮位设计值的不同推算准则，并对结果进行比较分析，所得设计参数可供工程部门参考。

1. 龙口港风暴潮概况

莱州湾是我国北部沿海风暴潮影响比较严重的海区，由于其湾口开向东北，每当渤海海面上出现东北大风时，该海区则出现明显增水现象。1949 年以来，莱州湾沿岸就发生了 3 次强风暴潮灾，分别发生在 1964 年 4 月 5 日、1969 年 4 月 23 日、1980 年 4 月 5 日。龙口港位于莱州湾东岸，当东北大风急转西北大风时，龙口港增水尤为显著，往往形成海水倒灌现象。据 1961～1979 年的资料统计结果，大于 70 cm 的增水过程有 156 次，平均每年 8.2 次。不同增水值出现频率见表 2.3.8。

表 2.3.8　龙口港增水频率统计

增水范围/cm	71～100	101～120	121～150	＞150
次数	121	24	7	4
频率/%	78	15	5	3
年平均次数	6.4	1.3	0.4	0.2

风暴潮增水叠加在天文最高潮位时，往往形成灾害性水位。对 1961～1985 年逐月最高潮位时的增水值进行统计分析（见表 2.3.9）。由表 2.3.9 可见，月最高潮位时的增水值在全年中的变化，与实测的最高潮位有着明显的同步性，最大增水发生在 7 月份，其值为 143 cm，对应的最高潮位为 340 cm。

表 2.3.9　龙口港月最高潮位时增水值

月份	1	2	3	4	5	6	7	8	9	10	11	12
增水值/cm	128	132	120	135	73	127	143	125	81	122	86	111
最高水位/cm	252	239	229	245	223	294	340	299	250	272	246	255

2. 风暴潮增水与天文潮极值序列的边缘分析

选取某港口 1961～1985 年的年极大水位观测序列，同时刻的天文潮位可以通过调和分析获得，对应的风暴潮增水值等于极端总水位减去天文潮位。由此可得样本的 3 个序列：极端总水位、天文潮位值及其相应的增水值。

采用最小二乘法估计 Log-normal 分布，分别对年极端总水位、天文潮位及其相应的增水进行拟合。采用 K-S 法验证年极大水位、增水及其相应的天文潮位的边缘分布是否服从 Log-normal 分布。计算结果表明：在显著性水平为 0.05时，风暴潮增水和天文潮位的边缘分布都能通过假设检验（见表 2.3.10），二者的 Log-normal 分布拟合如图 2.3.3 和图 2.3.4 所示。

表 2.3.10 龙口港天文潮、增水与极端水位的 Log-normal 分布拟合结果

变量	极值分布 K-S 检验		分布拟合结果		
				重现值/cm	
	D_n	$D_n(0.05)$	Q	100 a	50 a
年极端总水位	0.169	0.27	0.041 19	321	313
天文潮位	0.148	0.27	0.062 19	218	209
增水值	0.130	0.27	0.072 94	185	172

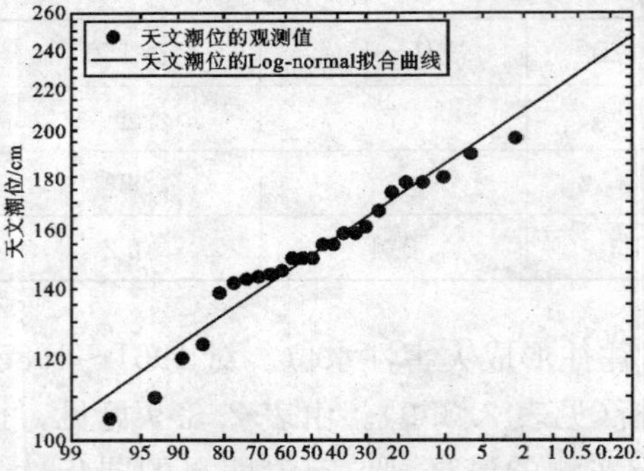

图 2.3.3 天文潮位的 Log-normal 分布

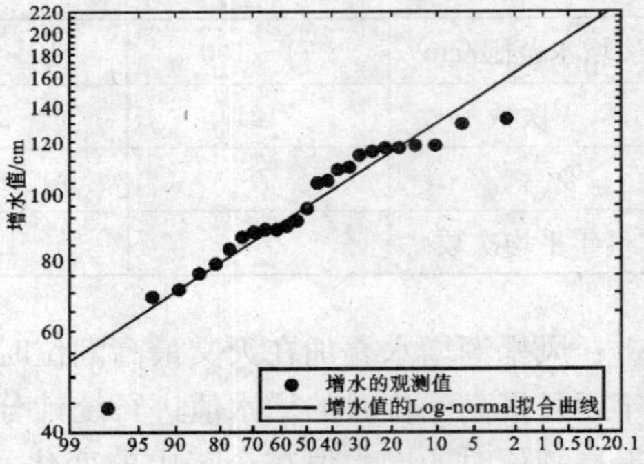

图 2.3.4 增水值的 Log-normal 分布

3. 联合设计值的推算

在确定极端总水位的设计值时，传统的方法需要对天文潮位和增水值分别进行统计计算，如计算 50 年一遇的天文潮位和 50 年一遇的增水值，然后进行迭加。由于二者同时出现的概率极小，它们的联合重现期将超过 50 年，因此，往往过高地估计了极端总水位的设计值，从而增大了海岸防护工程的投资成本。由表 2.3.11 可知，当天文潮位和增水值各自的出现概率为 2%时，应用 BLD 计算得到的两者的联合概率只有 0.854 4%，重现期为 117 年，远大于 50 年，但却小于两者相互独立条件下的联合重现期 2 500 年。说明实际工程采用的单因素设计法偏于保守。

表 2.3.11　天文潮与增水不同组合下的联合概率值

组合	增水			相同出现概率的天文潮/cm	二者的联合出现概率/%	联合重现期/a
	值/cm	出现概率/%	相当重现期/a			
Ⅰ	187.012	1	100	217.75	0.440 5	227
Ⅱ	173.63	2	50	208.62	0.854 4	117
Ⅲ	155.32	5	20	195.64	1.690 9	59
Ⅳ	140.69	10	10	184.79	1.893 5	53
Ⅴ	124.79	20	5	172.45	4.798 0	21

4. 基于联合概率分布法的极端设计水位计算

采用 BLD 对天文潮位和风暴潮增水的二维序列进行联合概率计算，得到的天文潮位和风暴潮增水的联合概率等值线图如图 2.3.5 所示。

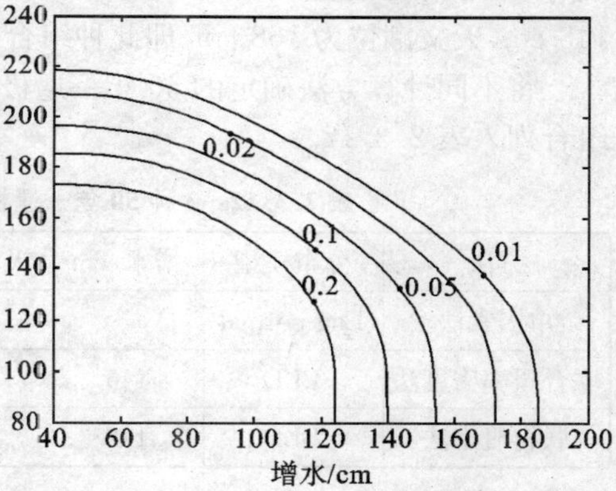

图 2.3.5　天文潮与增水的联合概率

极端水位的高低由两个因素制约，一是风暴潮增水，二是天文潮位。即使某次发生极大的增水，如果遇上的是天文低潮，总水位也未必高；反之，不大的增水如果遇上天文高潮，总水位也可能很高；当显著的增水与天文大潮相遇时，往往造成大的灾害。所以，合理地确定极端水位，需要分别分析增水值与天文潮位值，总水位 Z 可按下式计算：

$$Z = X + Y \tag{2.3.25}$$

式中，X 和 Y 分别表示增水值和天文潮位值。

提取图 2.3.5 中联合概率为 2%的 X 与 Y 的组合，计算总水位 Z。其中最大的 Z 值为 296.5 cm，相应的 X 与 Y 分别为 141.5 cm 与 155.0 cm。类似可得 1%曲线上，最大的 Z 值为 308.2 cm，相应的 X 与 Y 分别为 153.2 cm 与 155.0 cm。

5. 不同计算方法所得极端设计水位的比较

使用 BLD 对天文潮位和风暴潮增水的二维序列进行联合概率计算。计算得到的天文潮位和风暴潮增水的联合概率密度等值线图，如图 2.3.6 中的闭合曲线所示。

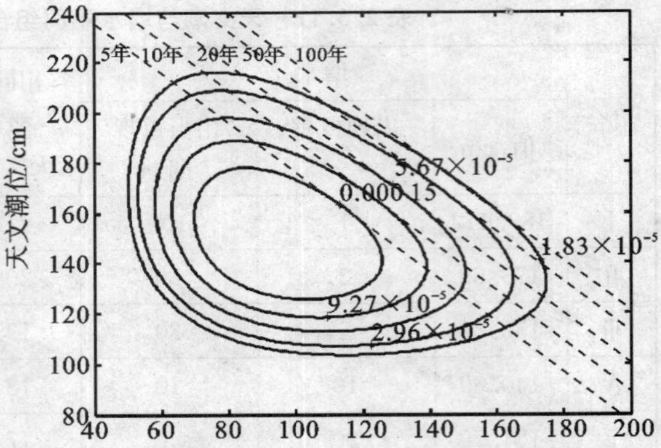

图 2.3.6 概率密度等值线与极端设计水位等值线

采用对数正态分布对总水位进行分布拟合，得到重现期为 100 年、50 年、20 年、10 年和 5 年的重现值。将水位曲线绘于图 2.3.6，与联合概率密度等值线相切。计算可得：50 年一遇的极端总水位与联合概率密度等值线相切的点的增水为 145 cm，天文潮位为 168 cm，即此种组合最可能产生 50 年一遇的总水位。

将不同计算方法确定的 50 年一遇极端设计水位的天文潮位与风暴潮增水组合列入表 2.3.12。

表 2.3.12 3 种 50 年一遇极端水位选取标准的比较

方法	分布模型	增水/cm	天文潮位/cm	联合概率/%	极端水位/cm
单因素法	Log-normal	—	—	—	313
联合概率密度法	BLD	145	168	0.69	313
联合概率法	BLD	142	155	2.00	297

由表 2.3.12 可见，①采用 Log-normal 分布对总水位样本进行统计，计算得到 50 年一遇的极端水位设计值为 313 cm。②根据 50 年一遇的极端总水位统计值和联合概率密度曲线，求解最可能发生 50 年一遇的极端总水位的增水、天文潮组合，两者的联合概率为 0.69%，低于 2%。③由联合概率曲线，可求得天文潮位与风暴潮增水联合出现概率为 2%的极端设计水位 297 cm。

利用龙口港连续 25 年的风暴潮增水和天文潮位资料，采用 BLD 联合概率法确定的极端水位，比《海港水文规范》所规定的单一因素设计法降低 5.2%。说明运用二维分布模型能够反映增水和天文潮位对极端水位的联合作用，所得的设计参数概率含义清楚，对于合理确定海岸堤防工程与港口工程设计标高有重要意义。

第3章　波浪要素计算

3.1　海浪观测与数据管理

3.1.1　海浪的观测

为了获知工程地点的波浪状况，最好进行波浪的现场观测。目前，我国沿海波浪观测大多使用岸用光学测波仪。

1. 波浪观测的项目

我国国家海洋局颁布的《海滨观测规范》(GB/T 14914—2006)规定：海浪观测的项目有海况、波形、波向、波高和周期，同时观测风速、风向和水深。海况是指在风力作用下海面外貌特征，共分为十级，根据图、表与海面对照确定，如表3.1.1所示。

表3.1.1　海况等级表

海况等级	海面征状
0	海面光滑如镜，或仅有涌浪存在
1	波纹或涌浪和波纹同时存在
2	波浪很小，波峰开始破裂，浪花不呈白色而呈玻璃色
3	波浪不大，但很触目，波峰破裂，其中有些形成白色浪花——白浪
4	波浪具有明显的形状，到处形成白浪
5	出现高大的波峰，浪花占了波峰上很大的面积，风开始削去波峰上的浪花
6	波峰上被风削去的浪花，开始沿着波浪斜面伸长成带状，有时波峰出现风暴波的长波形状
7	风削去的浪花带布满了波浪斜面，并且有些地方达到波谷，波峰上布满了浪花层
8	稠密的浪花布满了波浪斜面，海面变成白色，只有波谷内某些地方没有浪花
9	整个海面布满了稠密的浪花，空气中布满了水滴和飞沫，能见度显著降低

波形分为风浪、涌浪和混合浪 3 类。在记录表中风浪记为 F，涌浪记为 U，混合浪以风浪为主时记为 F/U，以涌浪为主时记为 U/F，风、涌浪并存，相差不大时记为 FU，无浪时记为 C 或空白。

波向是波浪的来向，用 16 个方向记录。当海面有浪，但浪向难以辨别时，记为 *。风浪和涌浪并存时，需对两者的波向分别观测记录。

2. 波浪观测的要求

采用岸用光学测波仪对波浪进行连续观测记录时，首先分 3 次连续进行波浪周期的观测，每次用秒表测出 10 个连续波经过测波浮筒顶端的时间，将 3 次观测得的时间之和除以 30，得到平均周期，单位为秒(s)，精确到 0.1 s。取平均周期的 100 倍，作为该次波高的观测时间长度，在此时间段内，记录下 15～20 个大波波高，从中选出 10 个最大者加以平均，得到平均波高，记作$\bar{H}$，单位为米(m)，精确到 0.1 m，最后从这 10 个波中选出最大值记录下来。观测记录填入日报表中，经统计计算填入月报表中，再经分析汇总至年报表中。工程设计中常需查阅的是月报表。

3. 观测方法

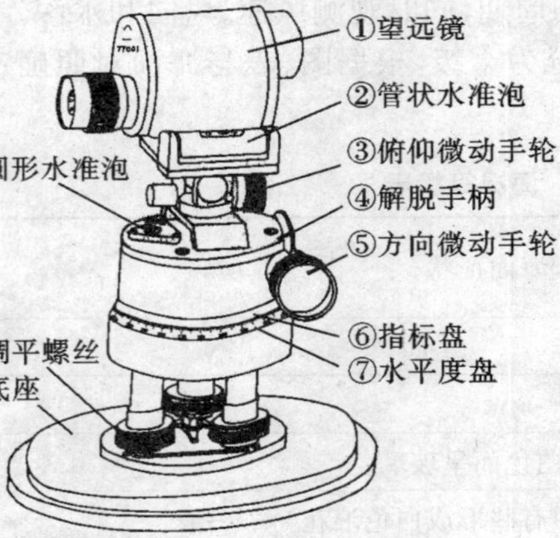

图 3.1.1　岸用测波仪

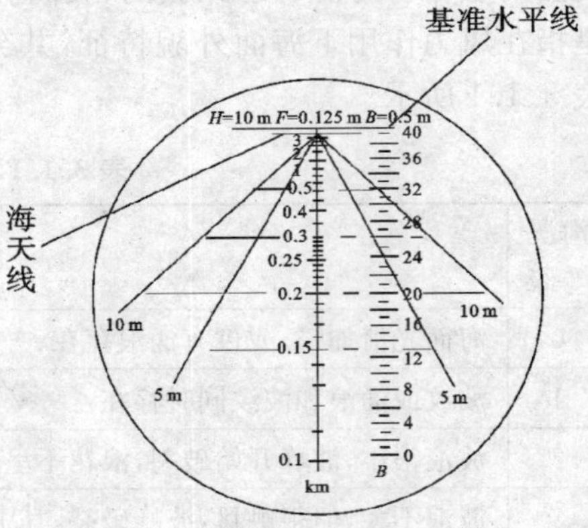

图 3.1.2　岸用测波仪透视网格

架设在岸坡上的岸用光学测波仪(图 3.1.1)由配有透视网格的单筒望远镜和带有水准仪的分度盘组成，透视网格见图 3.1.2。透视网格正中垂线为测距标尺，以 km 表示；B 为波高标尺，B＝0.5 指每格代表 0.5 m；H＝10 m 指要求仪器的光学轴高离海平面的设置高度为 10 m；上端横线与海天分界线重合；F 为物镜焦距；斜线供测漂流速用。

测波浮筒设置在水深足够且海面开阔的海滨地区。浮筒与岸上测波仪的水平距离一般应为仪器要求的设置高度的 20 倍左右。我国生产的岸用测波仪有 3 种，其设置高度分别为 10 m，20 m 和 40 m。有的浮筒顶上装有照明灯，可定时点亮用于晚间观测。

观测时，浮筒跳动一次的时间间隔为一个周期；浮筒杆顶端在波高标尺上的跳动格数乘以波高标尺 B 值就是波高；使视线平行于波峰线，转动 90°，即为波向线，由罗盘读取波向。

岸用光学测波仪每天定时观测 4 次(北京时 08，11，14，17)。该类仪器结构简单、操作方便、价格低廉，我国沿岸台站 30 余年的波浪资料基本上都是用它观测的。缺点在于不能自动记录，如大浪出现在夜间或雾天就有可能漏测；岸上表层海流和风都能使测波浮筒发生偏移，从而影响测量精度。

4. 其他类型的测波仪

测波仪的种类很多，除了岸用光学测波仪，下面简介能够连续自动记录的遥测重力测波仪以及压力式测波仪。

遥测重力测波仪分为船用和浮标用两类，它由海上、陆上两大部分组成。海上部分主要是浮标主体和弹性的锚系系统，包括浮标体、加速度计、闪光灯、电子线路、组合电池、发射天线及锚系等，统称为发射系统。陆上部分由接收天线、接收机、检频器、时控电路、记录仪、调制解调器、磁带式磁盘记录器及附属的后处理系统，如计算机等组成。其工作原理是利用测量波面水质点运动的加速度的办法来实现测量波高的，它利用安装在浮标内或浮标下的重力加速度计来反映海面水质点的运动。浮标在不同的时刻具有不同的重力加速度，为此只需把测得的反映重力加速度大小的频率信号经过二次电路积分，就可获得相应的波浪高度信号。积分器输出的相应于波高的电压信号，输入到压控振荡器，从而得到相应于波高的频率输出，并作为调制信号来调制发射机载波，再通过发射天线把信号发到岸站。陆上接收机收到波浪信号，再把频率信号转换回到电压值，由记录仪描绘出波浪曲线图形，波浪信号同时输送到收录机的磁盘或磁带上。磁盘或磁带通过回放，经解调和模数转换后成为数字量输入到计算机里进行各种处理，也可以事后磁盘或磁带回放处理。遥测重力测波仪由时钟控制定时记录，如每 3 h，4 h 或 6 h 记录一次，每次 15～30 min，亦可根据需要，启动机器进行连续记录。它测量的最大波高可达 20～30 m，遥控距离 10～50 km 不等，是光学测波仪无法比拟的。浮标内蓄电池工作寿命可达 6～10 个月。优点是自动化程度高、适应性强、不受天气影响，可获得大风浪时的资料。缺点是成本高、维修费用大、浮标易丢失或受损、有些仪器尚不能给出波向。典型产品有荷兰的“波浪骑士”测波浮标、美国恩迪科 956 型遥控测波仪以及我国 SBF1-1 型近海遥测波浪仪。

压力式测波仪则是利用海面波动时所形成的不同的水柱压力差来测定波高的。这类仪器的特点是采用差动式压力变换器。在它的一侧感受总的静力，其时各种周期性的波动由低通过滤器滤去，而另一侧则感受总的水柱压力加上波浪压力，两者之差即为波浪信息，该信息与由潮汐变化、大气压力变化等所引起的水柱变化无关。仪器采用硅半导体应变计式传感器，电子设备中采用集成电路，压力传感器由一个充满油的膜盒与水隔离，故不受阻塞、生物污损及泥沙淤积影响。压力传感器可装在海底以上 0～60 m 的范围内，可嵌装在结构物上，也可系于缆绳上，但波浪感应压力随水深增加而衰减，故仪器最大安置水深以不超过 15 m 为宜。仪器的平均无故障工作时间比其他仪器高。不足之处在于无法记录波向，而且波浪中的高频短波会随着传感器设置水深的增加而更多地被滤掉。代表性产品有美国 Inter Ocean 公司的 WG/7500 型系列产品。

5. 我国主要的海洋水文站

20 世纪 60 年代以来，国家海洋局在沿海各地陆续建立了一系列海洋水文气象观测台、站，进行系统的观测以积累资料，图 3.1.3 即为我国沿海海洋水文站的分布图。

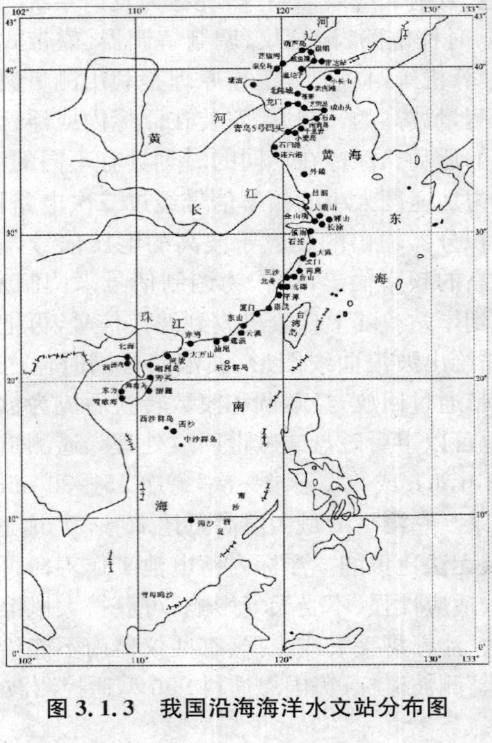

图 3.1.3　我国沿海海洋水文站分布图

6. 其他的波浪观测方式

为弥补沿岸台站的不足，海浪观测还有其他方式。如在筑港地区的现场，根据需要设立了不少临时观测站；在沿海航行的我国船舶每天 4 次定时将所在水域的水文气象资料向岸台发报，称为船舶报。船舶报的内容包括：观测时船舶所在海域的经、纬度、风速和风向、波高、周期和波向。如船上备有测波仪，则能分别给出风浪波高、涌浪波高和各自的波向；如无测波仪器，则采用目测，即按海面征象，根据风力等级表，按波级记录。各个波级的波高范围见表 3.1.2。船舶报资料的优点是地域范围广泛；缺点是观测不定点、不连续、不定期。

表 3.1.2　波级表

波级	波高范围/m		波浪名称
0	0	0	无浪
1	$H_{1/3}<0.1$	$H_{1/10}<0.1$	微浪
2	$0.1\leqslant H_{1/3}<0.5$	$0.1\leqslant H_{1/10}<0.5$	小浪
3	$0.5\leqslant H_{1/3}<1.25$	$0.5\leqslant H_{1/10}<1.5$	轻浪
4	$1.25\leqslant H_{1/3}<2.5$	$1.5\leqslant H_{1/10}<3.0$	中浪
5	$2.5\leqslant H_{1/3}<4.0$	$3.0\leqslant H_{1/10}<5.0$	大浪
6	$4.0\leqslant H_{1/3}<6.0$	$5.0\leqslant H_{1/10}<7.5$	巨浪
7	$6.0\leqslant H_{1/3}<9.0$	$7.5\leqslant H_{1/10}<11.5$	狂浪
8	$9.0\leqslant H_{1/3}<14.0$	$11.5\leqslant H_{1/10}<18.0$	狂涛
9	$H_{1/3}\geqslant 14.0$	$H_{1/10}\geqslant 18.0$	怒涛

注：表中 $H_{1/3}$ 表示有效波高，$H_{1/10}$ 表示显著波高。其定义见本章 3.2.1。

7. 波况玫瑰图

与风玫瑰图相似，用于表示某海面区各向各级波浪出现频率及其大小的图称为波浪玫瑰图。其绘制方法为：先将波高或周期分级，一般可每间隔 0.5～1.0 m 为一级，周期每间隔 1 s 为一级，从月报表中统计各向各级波高或周期的出现次数，利用公式 $P=m/n\times 100\%$ 来计算各向各级波浪出现的频率，其中 n 为所有方向的所有各级波浪在统计期间出现的总次数，m 为某一方向某一级波浪在该期间出现的次数。

根据目前我国的波浪观测方法，常常选取有代表性的年份来进行统计分析，以减少计算量。为了得到比较可靠的结果，一般需要1～3年的资料。

表3.1.3为某观测站10年的各向波高出现频率统计，其中C表示海面上无海浪。依此表可以绘制波高玫瑰图。波浪玫瑰图有多种绘制方法，图3.1.4所示为其中一种。

波浪玫瑰图也可以根据工程施工、营运等需要，分别按月或季节绘制。

表3.1.3　某观测站各向波高出现频率统计(%)

波向	0.1～0.5 m	0.6～1.0 m	1.1～1.5 m	1.6～2.0 m	2.1～2.5 m	2.6～3.0 m	≥3.1 m	$\sum$
N	3.21	0.75	0.06					4.02
NNE	0.79	0.55	0.33	0.03				1.70
NE	1.19	0.60	0.23	0.06			0.01	2.09
ENE	1.40	0.41	0.40	0.04	0.01			2.26
E	1.08	0.37	0.24	0.10	0.04			1.83
ESE	1.35	0.74	0.23	0.03	0.01			2.36
SE	2.41	1.30	0.77	0.06				4.54
SSE	4.32	3.04	1.26	0.22			0.01	8.85
S	2.52	1.45	0.91	0.12			0.04	5.04
SSW	5.77	3.10	1.67	0.16	0.01	0.03		10.74
SW	5.00	3.76	1.00	0.07	0.01			9.84
WSW	1.81	0.73	0.21	0.09				2.84
W	0.90	0.35	0.12	0.06				1.43
WNW	1.28	0.50	0.13	0.03				1.94
NW	1.36	0.27	0.08	0.01				1.72
NNW	6.10	0.62	0.08					6.80
C								32.00
$\sum$	40.49	18.54	7.72	1.08	0.08	0.03	0.06	100.00

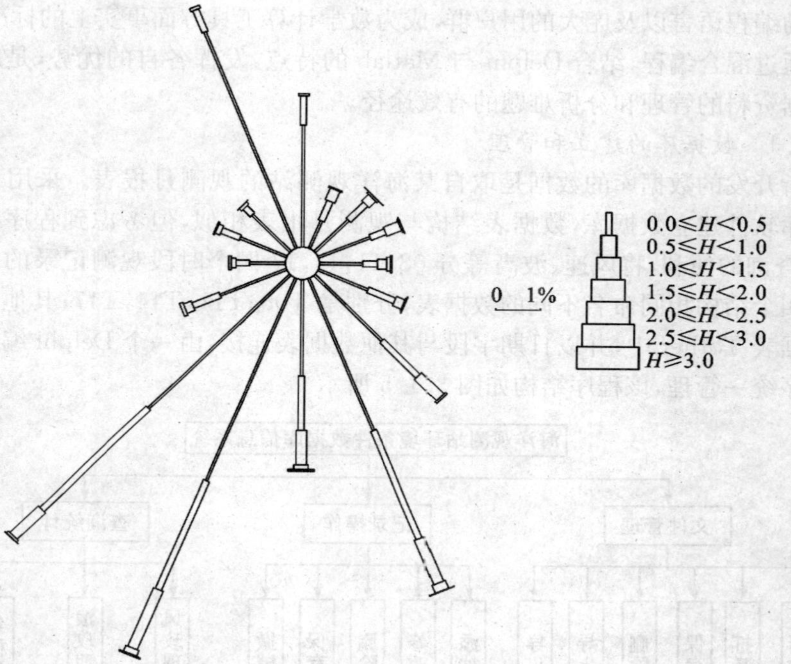

图 3.1.4　波高玫瑰图

3.1.2　波浪观测数据管理

海岸工程中需要收集整理大量的水文观测资料，并分析处理以得到工程建设所需要的设计要素和依据。由于水文观测资料涉及风、波浪、潮汐、海流等多种要素以及多时段观测，得到的数据量很大，统计计算繁琐，结果要求可靠性强、有较高的精度。因此，对数据的管理及其以后的分析处理造成不小的麻烦。传统的手工整理方法是一项繁琐费力的工作，不仅效率低，而且计算精度也无法保证。随着计算机技术的发展，数据库应用的普及，越来越多的水文观测资料的录入整理工作可以通过数据库软件进行。

Delphi 是由 Inprise 公司推出的可视化编程环境，它提供了一种方便、快捷的 Windows 应用程序开发工具。具有先进特性和设计思想，可使编写的代码降至最少，尤其是它拥有易学易用的特点和强大的数据库技术，一直备受数据库开发者的青睐。

Matlab 是 MathWorks 公司开发的“演算纸”式的程序计算语言，是一个跨平台的科学计算环境，以强大的计算和绘图功能、大量稳定可靠的算法库、简洁高效的编程语言以及庞大的用户群，成为数学计算工具方面事实上的标准。

通过混合编程，结合 Delphi 与 Matlab 的特点，发挥各自的优势，是解决水文数据资料的管理和分析难题的有效途径。

3.1.2.1 数据库的建立和管理

所开发的数据库的数据是取自某海洋观测站的观测月报表。采用 Access 数据库软件建立数据库，数据表结构与观测月报表相似，但考虑到程序编制及 SQL 查询的便利，将风速、波高等分 08，11，14，17 四个时段观测记录的字段分拆成四个结构相同命名不同的数据表，分别是 T08，T11，T14，T17；其他字段存入数据表 Tother 中，并以日期字段与其他数据表连接，由一个 Delphi 编制的管理程序统一管理，该程序结构如图 3.1.5 所示。

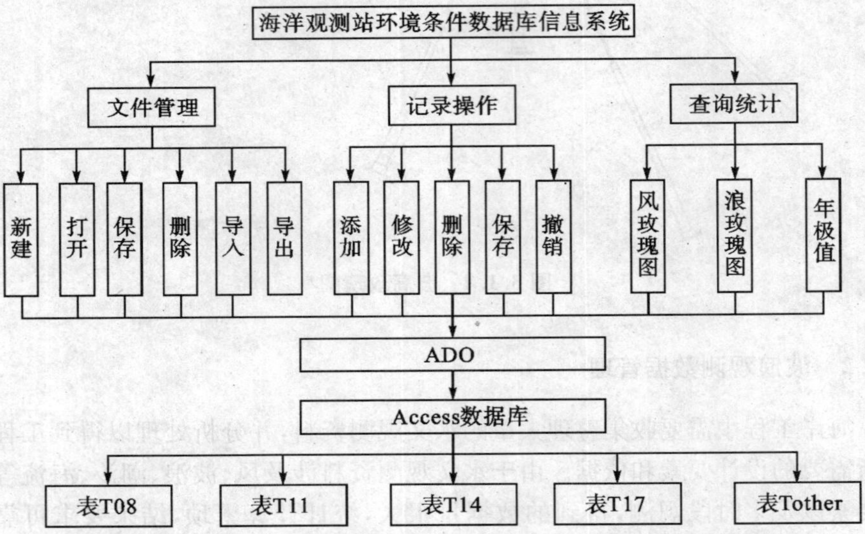

图 3.1.5 海洋观测站环境条件数据库信息系统程序结构图

3.1.2.2 混合编程的实现

Matlab 的混合编程属于 Matlab 的高级应用，涉及多种高级编程技术、编译技术以及程序接口技术，相对于众多工程技术人员来说较难，所以应用不广。通过查阅资料、在线帮助以及试验比较，找到了两种较易实现的 Matlab 与 Delphi 混合编程的方法。较易实现的是通过 Matlab Database Toolbox 工具箱实现，简单易学、易用，针对性强，适合于编程基础不强的程序设计人员完成数据处理次数不多的任务；较复杂的是通过 COM Builder 生成 TLB 类型库实现自动化服务来实现混合编程，有可移植性强、自动化程度高、独立便携、集成高效、扩展性好等优势，适合具有一定编程基础的程序设计人员使用。

1. 通过 Database Toolbox 实现混合编程

Database Toolbox 通过 ODBC 取得数据库句柄从而实现与数据库的连接，所以数据库必须在 ODBC 中注册。在 ODBC 中注册数据库别名，设置用户名、密码，即可按以下步骤连接数据库，并将所需数据提取到 Matlab 环境中存入某个变量，此时便可调用变量中的数据进行计算分析。

(1)通过 database 语句获得数据库的句柄，它返回一个连接结构给变量 connection。

connection＝database('数据库别名','用户名','密码')

(2)若要对数据操作，则先要获取指针。

curs＝exec(connection,'SQL 语句')

(3)提取数据。

curs＝fetch(curs,n)

其中 n 为一次提取数据的最大行数。

(4)显示数据或存入变量。

变量＝curs. Data

为了方便使用，本例进一步利用 Matlab 自带的 GUI 设计出简捷易用的风玫瑰图交互界面(浪玫瑰图类似，如图 3.1.6 所示)，自动绘制玫瑰图。执行后生成的风、浪玫瑰图如图 3.1.7 和图 3.1.8 所示。

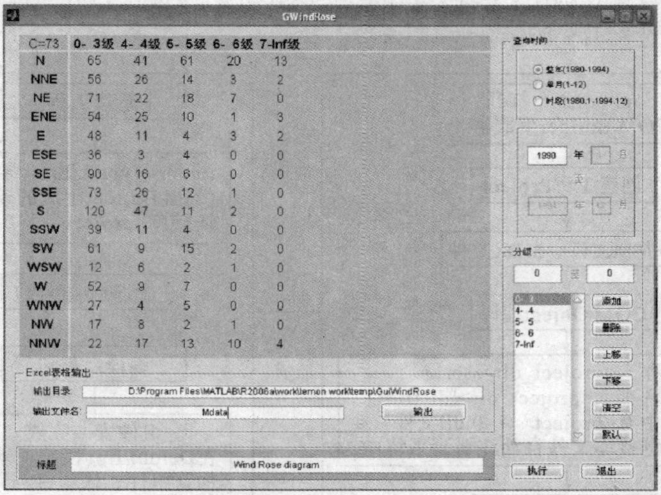

图 3.1.6　风玫瑰图 GUI 交互界面

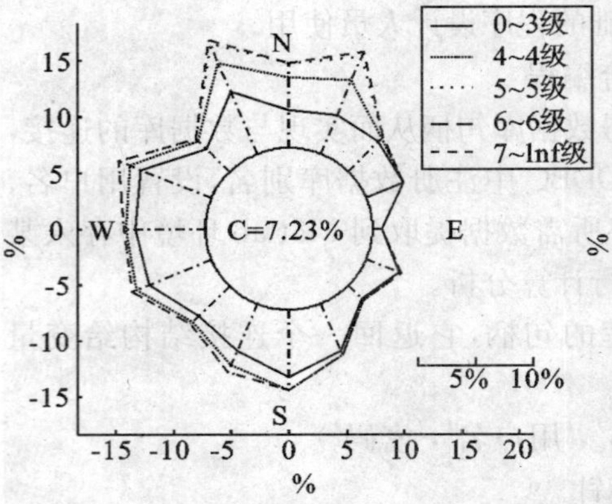

图 3.1.7 风玫瑰图

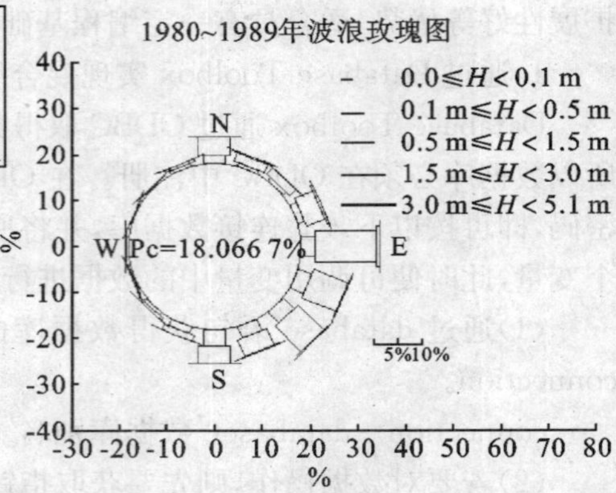

图 3.1.8 浪玫瑰图

2. 通过 COM Builder 生成 TLB 类型库实现自动化服务

从 6.5 版本开始，Matlab 提供了 COM 生成器。它提供了实现 Matlab 独立应用的一种新途径，能把 Matlab 开发的算法、程序作成独立的 COM 组件，使这些组件可以直接被 Visual Basic，Visual C＋＋，Delphi 等支持 COM 的语言所引用，编译生成独立的可执行文件，从而脱离 Matlab 环境的限制，可移植到其他未安装 Matlab 的计算机上，大大扩展了程序的应用范围。

先由 Matlab 中的 COM Builder 生成器生成可被调用的动态链接库 DLL 文件，再通过 Delphi 中的 Import Type Library 选项导入 Delphi 开发环境中，从而完成组件的安装调用，实现 Matlab 与 Delphi 的连接，达到混合编程的目的，具体步骤如图 3.1.9 所示。

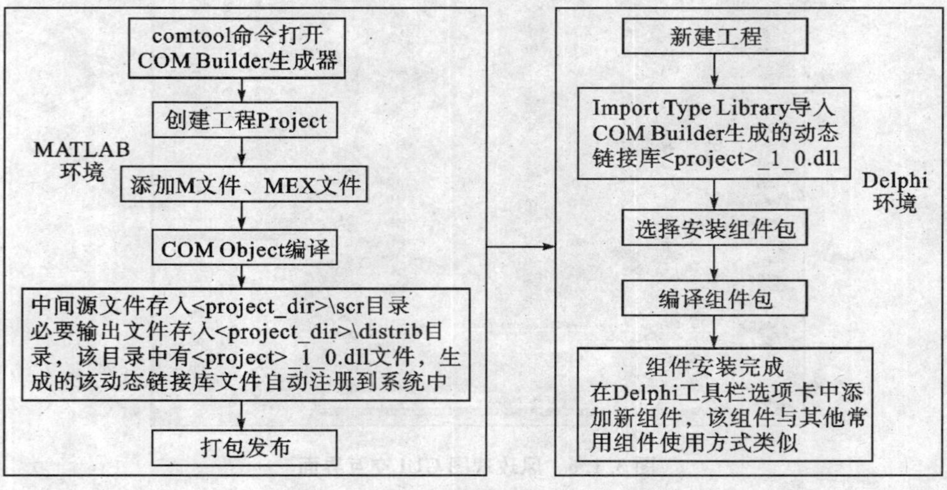

图 3.1.9 COM 组件的生成与调用

应用该方法，可以完成从数据库提取数据，绘制风、浪玫瑰图，多种极值统计分布的拟合等多种功能。界面如图 3.1.10～3.1.13 所示。

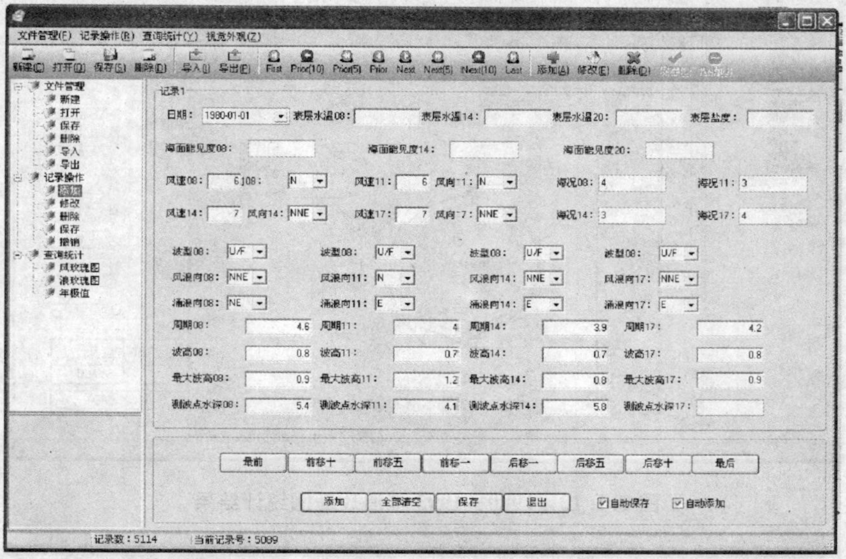

图 3.1.10　主程序界面

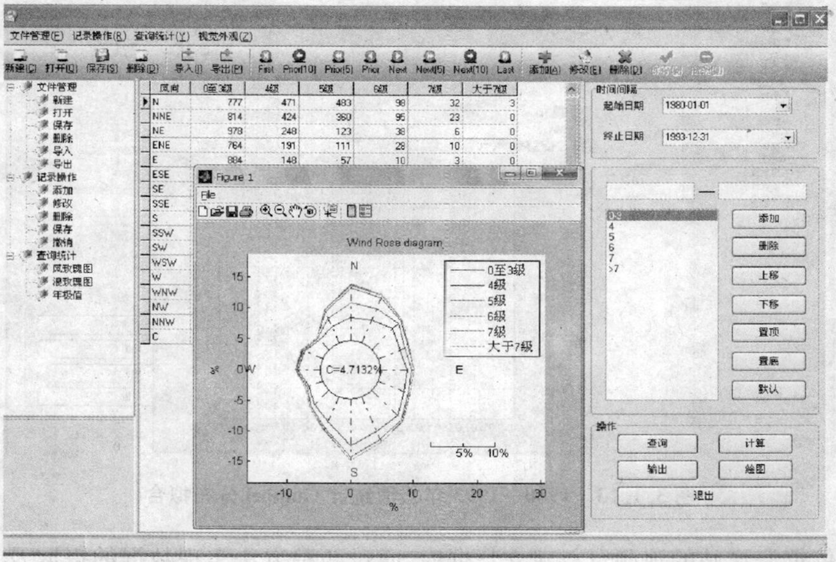

图 3.1.11　1980～1993 年风玫瑰图统计结果

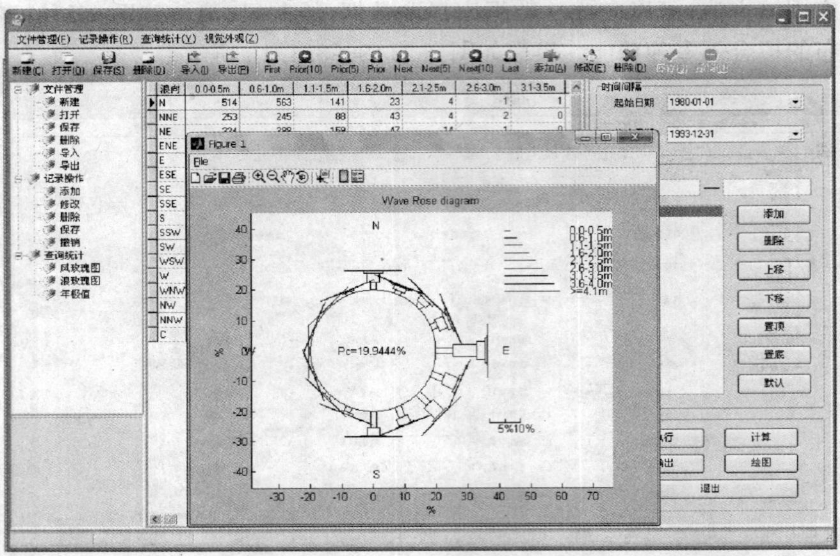

图 3.1.12 1980～1993 年浪玫瑰图统计结果

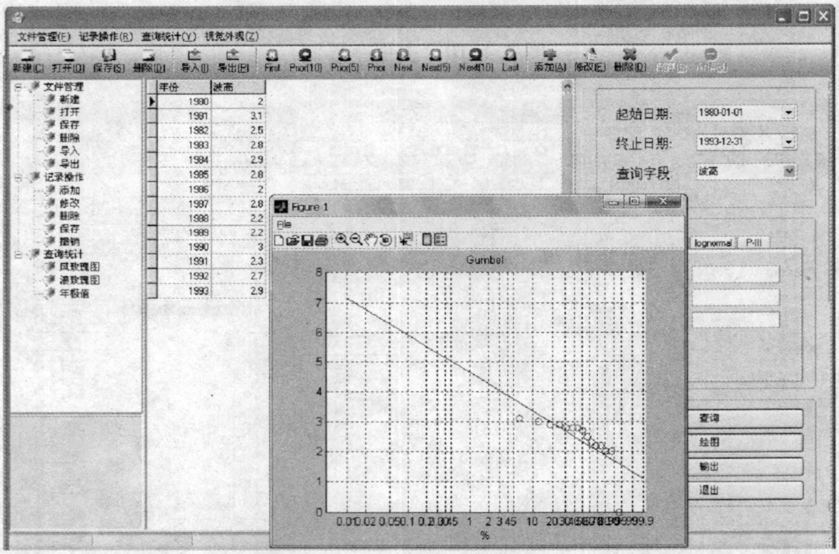

图 3.1.13 1980～1993 年极值统计 Gumbel 分布拟合

依据海洋站的观测资料建立数据库，通过两种方法实现数据的提取及其工程应用。一种是通过 Matlab 的 Database Toolbox 工具箱将数据提取进 Matlab空间的变量中，再通过编程完成数据分析处理工作，并完成风、浪玫瑰图的绘制。另一种则是通过COM Builder将已编好的M文件生成COM组件，导入Delphi中编程完成需要的数据分布拟合及潮位历时累积频率的绘制等功能。

前者优点是方法简易，针对性强，但可移植性差、依赖专业软件、程序集约性不强，适合于编程基础不强的程序设计人员完成数据处理次数不多的任务。后者则有可移植性强、自动化程度高、独立便携、集成高效、扩展性好等优势，适合更多情况下使用。

3.2　波浪要素的短期统计

3.2.1　波高的分布

我国沿海某站波浪观测的实例见表3.2.1，按照上跨零点法取值得到了连续100个波的波浪系列。从中可以看出，在一个波浪系列中，各个波浪不仅大小各不相同，而且它们的出现次序也是随机的。如果在这场风浪中（风浪处于定常稳定状态下）再连续读取100个波，则这个波列波高和周期的次序和大小与上一个波列又会有所不同，反映了波浪要素具有偶然性，可以看做一个随机事件。同时，由于它们所反映的是同一海浪状态，当我们对这次风浪中的整个波系进行连续长时间观测，则整个波系中的各波高值对应统计出的出现机会将趋向一个稳定数值，呈现出一定的统计规律。

表3.2.1　我国沿海某测站波浪观测序列

H/m	T/s	H/m	T/s	H/m	T/s	H/m	T/s	H/m	T/s
2.0	9.2	1.3	5.3	0.8	4.5	0.6	11.4	2.1	9.2
3.0	6.6	3.2	7.3	2.5	6.6	1.4	6.6	2.7	9.8
2.5	6.6	5.3	6.8	4.1	7.3	1.6	6.5	3.2	8.6
3.1	6.9	3.3	6.9	3.8	7.9	1.1	5.3	1.9	5.6
1.6	8.6	1.5	8.3	1.7	6.9	1.6	8.3	0.2	4.1
1.9	7.1	1.2	8.6	1.0	5.3	2.1	6.0	1.4	7.9
2.2	5.4	1.9	6.6	2.0	5.8	1.1	23.0	2.1	5.6
3.3	7.1	1.5	5.6	1.8	5.8	3.0	6.9	3.3	6.6

(续表)

H/m	T/s	H/m	T/s	H/m	T/s	H/m	T/s	H/m	T/s
3.0	6.6	3.1	6.6	2.0	9.4	2.6	6.9	2.2	7.9
4.9	7.5	1.8	6.4	1.8	8.3	1.7	8.8	2.1	6.4
1.6	8.1	1.4	4.5	1.3	9.6	1.5	4.5	1.6	7.5
1.5	8.1	1.8	5.8	1.3	6.8	3.9	7.1	1.3	8.3
0.9	4.3	1.8	6.2	1.5	5.4	3.0	8.1	2.4	7.5
1.1	5.4	1.5	4.3	1.0	4.1	2.4	16.1	3.7	7.3
3.1	7.5	4.3	6.6	2.0	5.8	3.3	6.2	3.8	6.4
3.2	6.8	4.8	7.1	1.4	7.5	2.0	6.4	2.4	6.2
2.3	6.6	4.1	6.9	0.3	3.6	1.1	6.2	2.6	7.3
1.2	4.5	3.9	6.6	1.3	10.5	2.5	5.8	1.3	4.3
1.5	4.9	2.9	6.4	2.0	8.4	2.1	5.3	2.2	6.8
2.7	6.2	0.7	4.1	2.0	8.1	3.5	7.1	3.3	8.1

波列中大小不同的波高或周期就是随机事件中的随机变量，而风浪处于稳定状态过程中所有的波高或周期就是总体，从中任意取出的连续的100个波就是样本。可以通过对样本的研究来估计总体的变化规律。

1. 特征波高

海面上的波浪状态通常用波浪要素作为特征量来描述。在各个波浪要素中波高是最重要的，但是如上所述，海面上的波浪，其波高是大小不等的，因此当我们说某场海浪的波高是多少时，应指明该波高在统计意义上的含义，这就是所谓特征波高。

(1)平均波高。将观测到的所有波高值累加，除以波高的总个数，得到的波高称为平均波高，它反映了波列总体的大小。若样本总个数为 N，平均波高为 $\overline{H}$，则

$$\overline{H}=\frac{1}{N}\sum_{i=1}^{N}H_i \tag{3.2.1}$$

(2)累积频率波高。在波列中选取某一累积频率对应的波高作为特征波高，即 H_P，如 $H_{1\%}$，$H_{5\%}$ 等。这种特征波高反映出某给定波高值在波列中出现的可能性，如 $H_{1\%}$ 表示在波列中大小等于该波高的出现概率为1%，依此类推。

(3)部分大波的平均波高。将波列中的波高由大到小依次排列，其中最大

的 P 部分波高的平均值就称为 P 部分大波的平均波高，记为 H_P。其计算公式为

$$H_P=\frac{1}{N\cdot P}\sum_{i=1}^{N\cdot P}H_i \tag{3.2.2}$$

工程设计中常用的有：连续 100 个波中最大的 10 个波的平均波高称为 1/10大波的平均波高，记为 $H_{1/10}$，又称为显著波高；波列中最大的 1/3 大波的平均值，记为 $H_{1/3}$，又称为有效波高。

(4)均方根波高。将波列中的所有波高的平方之和，求平均值后再开平方，得到的波高称为均方根波高，记为 H_{rms}。其计算公式为

$$H_{rms}=\left(\frac{1}{N}\sum_{i=1}^{N}H_i^{\ 2}\right)^{\frac{1}{2}} \tag{3.2.3}$$

由于波浪的能量比例于波高的平方，故均方根波高反映了波能量的平均状态。

2. 波高的经验概率分布

为了探求波高的分布规律，必须绘制频率直方图。以表 3.2.1 所示的波浪观测序列为例简述其绘制方法。

(1)模比系数。计算表 3.2.1 所示波浪序列的平均波高 $\overline{H}$ 为 2.2 m，定义波高的模比系数 K_i，即

$$K_i=\frac{H_i}{\overline{H}} \tag{3.2.4}$$

(2)波高分组。按照适当的组距 $\frac{\Delta H}{\overline{H}}$，本例中取组距为 0.2，将波列分成若干组，计算出各间距上、下限对应的波高，列入表 3.2.2 第①和②栏。

(3)区间频率。统计各组波高的出现次数，见表 3.2.2 中第③栏，除以总次数 N，得各组波高出现的区间频率

$$f_i=n_i/N \tag{3.2.5}$$

结果见表 3.2.2 中第④栏。由此可见，各组波高出现的频率不同，在模比系数等于 1.0，即平均波高附近出现的波高次数多，而在两端出现频率较小。

为求各组距内任何一个波高可能出现的频率，即平均频率，假定组距内任一波高出现的机会均等，且组距内所有波高出现的总频率应等于区间频率。于是平均频率就是区间频率除以组距，即 $\frac{f_i}{\frac{\Delta H}{\overline{H}}}$，见表 3.2.2 中第⑤栏。

(4)频率直方图。以模比系数为纵坐标，平均频率为横坐标，绘制波高平均频率直方图(图 3.2.1)。图上各个矩形的面积正是各组的区间频率 f_i，其面积

之和为1.0。当组距趋于无限小时，直方图近于曲线，该曲线与纵轴包围的面积就是1.0，此时横坐标转化为频率密度，而曲线即为频率密度曲线。该曲线的特点是“中间大、两头小”，即平均值附近的波高出现机会最多。

表 3.2.2　波高频率直方图与累积频率图绘制数据表

波高模比系数 $k_i=\frac{H_i}{\overline{H}}$	波高分组 H_i	出现次数 n_i	区间频率 f_i	平均频率 $\frac{f_i}{\frac{\Delta H}{\overline{H}}}$	累积次数 $\sum n_i$	累积频率 $F/\%$
①	②	③	④	⑤	⑥	⑦
2.4～2.2	5.3≥H>4.8	2	0.02	0.10	2	2
2.2～2.0	4.8≥H>4.4	1	0.01	0.05	3	3
2.0～1.8	4.4≥H>4.0	3	0.03	0.15	6	6
1.8～1.6	4.0≥H>3.5	5	0.05	0.25	11	11
1.6～1.4	3.5≥H>3.1	9	0.09	0.45	20	20
1.4～1.2	3.1≥H>2.6	10	0.10	0.50	30	30
1.2～1.0	2.6≥H>2.2	9	0.09	0.45	39	39
1.0～0.8	2.2≥H>1.8	18	0.18	0.90	57	57
0.8～0.6	1.8≥H>1.3	23	0.23	1.15	80	80
0.6～0.4	1.3≥H>0.9	14	0.14	0.70	94	94
0.4～0.2	0.9≥H>0.4	4	0.04	0.20	98	98
0.2～0.0	0.4≥H>0.0	2	0.02	0.10	100	100
		100	1.0			

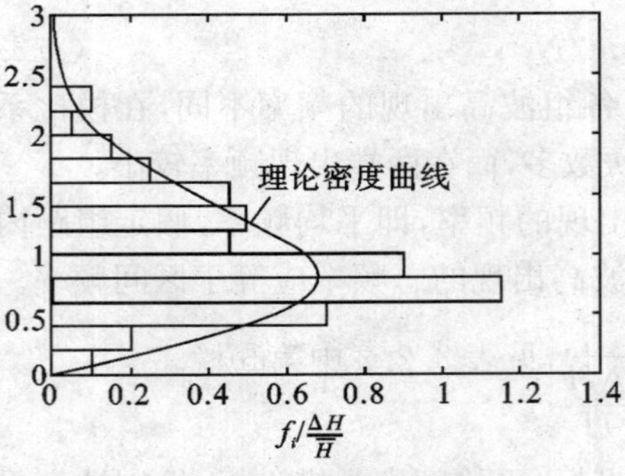

图 3.2.1　波高平均频率直方图

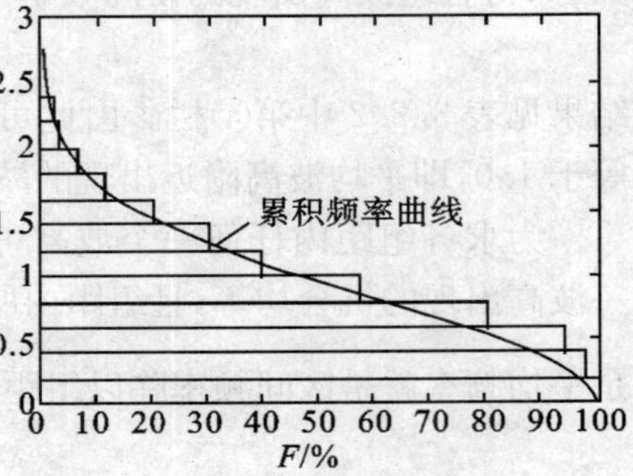

图 3.2.2　波高累积频率图

(5)累积频率图。工程设计通常要求知道波列中某一波高的累积频率，或要求知道给定某一累积频率的波高值。可按表 3.2.2 中第⑥栏求出累积频率 F_i。

$$F_i = \frac{\sum n_i}{N} \times 100\% \tag{3.2.6}$$

按表 3.2.2 中第①及第⑦栏则可绘出波高的经验累积频率图，当组距趋于无限小时，得累积频率曲线，见图 3.2.2。

经验表明，取用连续的 100～150 个波进行统计，已能充分准确地反映波浪的统计特征，这些波的历时为 10～20 min。如果取的波数太少，则不能保证样本的代表性，使统计结果不稳定；反之，波数取得太多，又不能保证波浪处于定常状态，难以保证采样的一致性，影响结果的可靠性。

3. 波高的理论分布函数

研究表明，复杂的海浪可以假定是由很多个振幅不等、频率不同、位相杂乱的简谐波迭加而成。基于上述假定，海上某固定点的波面方程可写为

$$\zeta(t) = \sum_{n=1}^{\infty} \zeta_n = \sum_{n=1}^{\infty} a_n \cos(\omega_n t + \varepsilon_n) \tag{3.2.7}$$

式中，ζ 为波面在静水面上的高度；t 表示时间；a_n 为第 n 个组成波的振幅；ε_n 为初相位；ω_n 为圆频率，$\omega_n = \frac{2\pi}{T_n}$，其中 T_n 为组成波的周期。

各组成波的初相位是随机的，其余弦函数值也是一个随机量，因而波面 ζ 就是无数个随机量之和，根据概率论中的李雅普诺夫定理，波面 ζ 服从正态分布，其概率密度函数为

$$f(\zeta) = \frac{1}{\sigma\sqrt{2\pi}} \exp\left(-\frac{\zeta^2}{2\sigma^2}\right) \tag{3.2.8}$$

式中，σ 为波面高度的均方差。由于波面的平均位置就是静水面，对于标准化状态分布，平均值 $\bar{\zeta} = 0$。实测资料表明，经验频率直方图与式(3.2.8)确定的理论概率密度曲线极为相似。

基于式(3.2.8)，Longuet-Higgins 利用包络线理论推导出波面振幅 a 的概率密度函数为

$$f(a) = \frac{a}{\sigma^2} \exp\left(-\frac{a^2}{2\sigma^2}\right) \tag{3.2.9}$$

进而可得平均振幅 $\bar{a}$ 与均方差 σ 的关系

$$\overline{a}=\int_0^{\infty}af(a)\mathrm{d}a=\sqrt{\frac{\pi}{2}}\sigma\text{ 或 }\sigma=\sqrt{\frac{2}{\pi}}\overline{a} \tag{3.2.10}$$

将 $H=2a$ 代入式(3.2.10)，得到波高理论分布的概率密度函数式

$$f(H)=\frac{\pi}{2}\frac{H}{\overline{H}^2}\exp\left[-\frac{\pi}{4}\left(\frac{H}{\overline{H}}\right)^2\right] \tag{3.2.11}$$

式中，$\overline{H}$为波列的平均波高，其值等于 2 倍的平均振幅$\overline{a}$。上述分布即为 Rayleigh 分布，其概率密度曲线是单峰的，令$\frac{\mathrm{d}f(H)}{\mathrm{d}H}=0$，可得最大概率密度所对应的波高为

$$H_m=\sqrt{\frac{2}{\pi}}\overline{H}\approx 0.798\overline{H} \tag{3.2.12}$$

对式(3.2.11)从 H 积分至$+\infty$，得 Rayleigh 分布函数

$$F(H)=\int_H^{+\infty}f(H)\mathrm{d}H=\exp\left[-\frac{\pi}{4}\left(\frac{H}{\overline{H}}\right)^2\right] \tag{3.2.13}$$

变化上式，可得指定累积频率 F 的波高与平均波高的关系为

$$\frac{H_F}{\overline{H}}=\left(\frac{4}{\pi}\ln\frac{1}{F}\right)^{\frac{1}{2}} \tag{3.2.13$'$}$$

由于 Rayleigh 分布是在深水条件下推导出来的，格鲁霍夫斯基给出了适用于浅水区的波高分布。令$\frac{\overline{H}}{d}=H^*$，波高的分布函数可表示为

$$F(H)=\exp\left[-\frac{\pi}{4\left(1+\frac{H^*}{\sqrt{2\pi}}\right)}\cdot\left(\frac{H}{\overline{H}}\right)^{\frac{2}{1-H^*}}\right] \tag{3.2.14}$$

或

$$\frac{H_F}{\overline{H}}=\left[\frac{4}{\pi}\left(1+\frac{H^*}{\sqrt{2\pi}}\right)\ln\frac{1}{F}\right]^{\frac{1-H^*}{2}} \tag{3.2.14$'$}$$

该分布函数称为格鲁霍夫斯基分布。需要指出的是：式(3.2.14)是经验公式，由于其计算结果与观测资料吻合，而且当水很深时，它可以转化为式(3.2.13)，因而得到工程应用。

为了便于使用，表 3.2.3 给出了各种累积频率波高 H_F 与平均波高$\overline{H}$的模比系数。

表 3.2.3 $\frac{H_F}{\overline{H}}$ 值表

$F/\%$ \ $H^*=\frac{\overline{H}}{d}$	0（深水）	0.1	0.2	0.3	0.4	0.5（破碎）
0.5	2.597	2.403	2.213	2.029	1.854	1.687
1	2.421	2.256	2.092	1.932	1.777	1.628
2	2.232	2.096	1.960	1.825	1.692	1.563
5	1.953	1.859	1.762	1.662	1.562	1.463
10	1.712	1.651	1.586	1.516	1.444	1.369
20	1.432	1.406	1.374	1.337	1.296	1.252
30	1.238	1.233	1.223	1.208	1.188	1.164
40	1.080	1.091	1.097	1.098	1.095	1.088
50	0.939	0.962	0.981	0.996	1.007	1.014
60	0.806	0.839	0.868	0.895	0.919	0.940
70	0.674	0.713	0.752	0.789	0.825	0.859
80	0.533	0.578	0.623	0.670	0.717	0.764
90	0.366	0.412	0.462	0.515	0.572	0.633
95	0.256	0.298	0.346	0.400	0.461	0.529

根据概率论，深水海区连续 N 个波中最大波高 H_{max} 的数学期望与波数 N 的近似关系为

$$\frac{H_{max}}{\overline{H}}=\frac{2}{\sqrt{\pi}}(\ln N)^{\frac{1}{2}} \tag{3.2.15}$$

在浅水区域，H_{max} 还受 H^* 的影响，其值可由下式计算：

$$\frac{H_{max}}{\overline{H}}=\left[1+\frac{H^*(1-H^*)}{2\sqrt{2\pi}}\right]\cdot\left[\frac{4}{\pi}\ln N\right]^{\frac{1-H^*}{2}} \tag{3.2.16}$$

4. 两种特征波高的关系

若波高服从一定的分布规律，已知波列中任一累积频率的波高，就可换算成所要求的累积频率波高，如表 3.2.3 所示。平均波高是各种累积频率波高间的换算桥梁，它是一种最常用的特征波高。

部分大波的平均波高与累积频率波高一样，是海岸工程设计中经常使用的

特征波高。由于波高服从某种概率分布,因此,二者存在一定的关系。下面以深水波高为例,进行理论关系的推导。

令 $P=F, x=\dfrac{H_F}{\overline{H}}$,考虑式(3.2.13′),按部分大波的平均波高的模比系数可写为

$$\frac{H_P}{\overline{H}}=\frac{1}{F}\int_0^F x\mathrm{d}F=\frac{1}{F}\int_0^F\left(\frac{4}{\pi}\ln\frac{1}{F}\right)^{\frac{1}{2}}\mathrm{d}F \tag{3.2.17}$$

利用分部积分原理,并将 F 用式(3.2.13)代入,上式变为

$$\frac{H_P}{\overline{H}}=\frac{H_F}{\overline{H}}+\frac{1}{F}\left[1-\mathrm{erf}\left(\ln\frac{1}{F}\right)^{\frac{1}{2}}\right] \tag{3.2.18}$$

式中,$\mathrm{erf}(x)$表示误差函数,其值变化于 0~1 之间。

同理,将式(3.2.14′)代入式(3.2.17),可以推导出浅水海域中部分大波的平均波高与累积频率波高之间的关系,计算结果列入表 3.2.4。

表 3.2.4 $\dfrac{H_P}{\overline{H}}$值

P \ $\dfrac{\overline{H}}{d}$	0(深水)	0.1	0.2	0.3	0.4	0.5(破碎)
1/100	2.662	2.444	2.239	2.045	1.864	1.693
1/50	2.490	2.301	2.121	1.950	1.789	1.636
1/20	2.241	2.092	1.949	1.811	1.679	1.552
1/10	2.031	1.915	1.801	1.690	1.582	1.477
1/5	1.795	1.713	1.630	1.548	1.467	1.386
3/10	1.641	1.578	1.515	1.452	1.388	1.324
1/3	1.598	1.540	1.483	1.424	1.366	1.306
2/5	1.520	1.473	1.424	1.375	1.323	1.272
1/2	1.418	1.382	1.346	1.307	1.269	1.227
3/5	1.327	1.302	1.274	1.246	1.215	1.184
7/10	1.243	1.226	1.207	1.186	1.165	1.142
4/5	1.163	1.153	1.141	1.129	1.115	1.101
9/10	1.084	1.080	1.075	1.069	1.063	1.056
100/100	1.0	1.0	1.0	1.0	1.0	1.0

由于式(3.2.18)中等号右端的第二项为一个正小数，因此，若 $P=F$，则 $\dfrac{H_P}{\overline{H}}$ 总是大于 $\dfrac{H_F}{\overline{H}}$，例如 $H_{1/10}>H_{10\%}$，$H_{1/3}>H_{33\%}$。

比较表 3.2.3 与表 3.2.4，可以得到如下重要的近似关系：$H_{1/100}\approx H_{0.4\%}$，$H_{1/10}\approx H_{4\%}$，$H_{1/3}\approx H_{13\%}$。

表 3.2.3 与表 3.2.4 都表明了波列中任一特征波高 H_F（或 H_P）与平均波高 $\overline{H}$ 的转换关系。由于观测波高往往不是平均波高 $\overline{H}$，而是 $H_{1/10}$ 或 $H_{1/3}$，因而制作图 3.2.3 和图 3.2.4，以便在已知当地水深时，进行不同特征波高之间的换算。

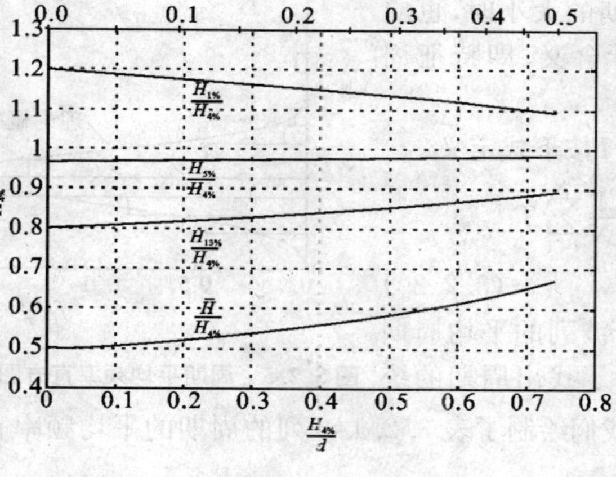

图 3.2.3　$\dfrac{H_F}{H_{4\%}}$ 与 $\dfrac{H_{4\%}}{d}$ 关系图

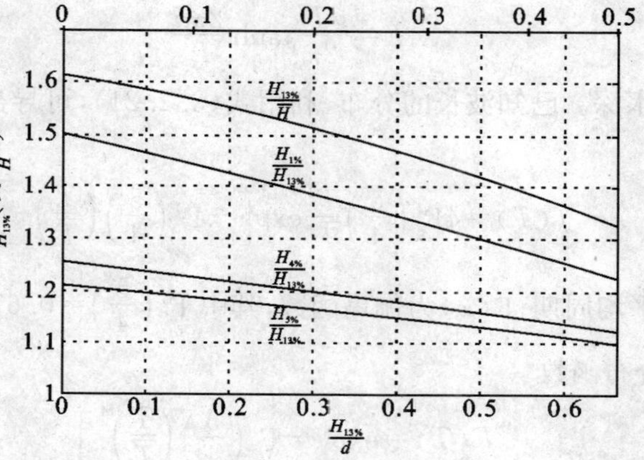

图 3.2.4　$\dfrac{H_F}{H_{13\%}}$（或 $\dfrac{H_{13\%}}{\overline{H}}$）与 $\dfrac{H_{13\%}}{d}$ 关系图

3.2.2 波长的统计分布

采用与波高同样的办法可推导出波长 L 的分布，其形式与波高分布一样，也服从 Rayleigh 分布，且与实际观测资料相符，即

$$f(L)=\frac{\pi}{2}\frac{L}{\overline{L}^2}\exp\left[-\frac{\pi}{4}\left(\frac{L}{\overline{L}}\right)^2\right] \tag{3.2.19}$$

3.2.3 周期的统计分布

除了波高，反映海浪大小的另一个重要波要素是周期。同样，在表示周期的大小时，也应该指明其统计含义，即特征周期。

平均周期 $\overline{T}$ 按下式定义：

$$\overline{T}=\frac{1}{N}\sum_{i=1}^{N}T_i \tag{3.2.20}$$

表 3.2.1 波列的平均周期 $\overline{T}=7.0$ s。为了找出周期的统计分布规律，我们绘制了表 3.2.1 波列的周期的平均频率直方图，如图 3.2.5 所示。

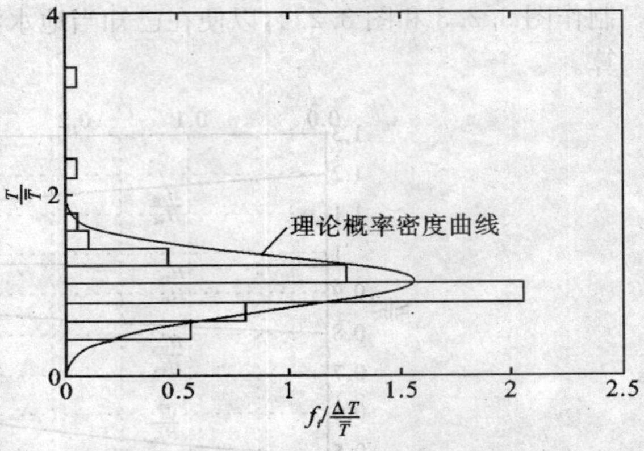

图 3.2.5 周期平均频率直方图与理论概率密度曲线

微幅波理论中周期 T 与波长 L 的关系式为

$$L=\frac{gT^2}{2\pi}\tanh\frac{2\pi d}{L} \tag{3.2.21}$$

式中，d 表示水深。已知波长的分布，利用式(3.2.21)，可导出周期的概率密度函数为

$$f(T)=4\Gamma^4\left(\frac{5}{4}\right)\frac{T^3}{\overline{T}^4}\exp\left[-\Gamma^4\left(\frac{5}{4}\right)\left(\frac{T}{\overline{T}}\right)^4\right] \tag{3.2.22}$$

式中，$\overline{T}$ 表示平均周期；$\Gamma(x)$ 为伽玛函数，其中 $\Gamma^4\left(\frac{5}{4}\right)=0.675$。由式(3.2.22)可得周期的分布函数

$$F(T)=\exp\left[-\Gamma^4\left(\frac{5}{4}\right)\left(\frac{T}{\overline{T}}\right)^4\right] \tag{3.2.23}$$

利用 $f(T)$ 的二次及三次中心矩得到周期分布的离差函数 $c_v\approx 0.283$，偏态

系数 $c_s \approx 0$。说明周期的分布比波高的分布更集中，且几乎是对称的，因而出现机会最多的周期就是平均周期，即 $T_m \approx \overline{T}$。

实测结果显示，波浪由深水进入浅水后，平均周期几乎不变。浅水周期的分布规律与水深无关，且变化很小，格鲁霍夫斯基提出的概率密度函数为

$$f(T)=\frac{\pi}{1.2}\frac{T^3}{\overline{T}^4}\exp\left[-\frac{\pi}{4.8}\left(\frac{T}{\overline{T}}\right)^4\right] \tag{3.2.24}$$

其分布函数为

$$F(T)=\exp\left[-\frac{\pi}{4.8}\left(\frac{T}{\overline{T}}\right)^4\right] \tag{3.2.25}$$

比较式(3.2.22)至(3.2.25)的两组公式可知：深水周期和浅水周期的理论分布极为接近。为了工程使用方便，按照式(3.2.25)计算出不同累积频率周期与平均周期的模比系数，列入表 3.2.5。

表 3.2.5　不同累积频率周期与平均周期的模比系数

F/%	$\frac{T}{\overline{T}}$	F/%	$\frac{T}{\overline{T}}$	F/%	$\frac{T}{\overline{T}}$
0.5	1.67	20	1.25	70	0.85
1	1.62	30	1.16	80	0.76
2	1.56	40	1.08	90	0.62
5	1.46	50	1.01	95	0.52
10	1.36	60	0.94		

3.2.4　波高与周期的联合分布

对于海岸工程，波高与周期的联合概率分布具有重要意义。波浪对于水工建筑物的作用力不仅仅取决于波高，周期的影响也是显著的。尤其是波浪的周期与结构物的自振周期接近时，会产生共振现象，极大地威胁着结构的安全。此外，波高与周期的联合分布对于研究波浪破碎、波群、波浪爬高以及越浪现象也是十分重要的。

20 世纪 50 年代，苏联学者假定波高与周期是相互独立的，其联合概率密度函数由各自的联合概率密度函数相乘而得。由于波高与周期之间存在相关性，计算结果与实测资料相差较大。

Longuet-Higgins 于 1975 年在 Rice 线性噪声理论的基础上，引入窄谱的假设，首次提出了波高与周期的联合分布模式。设平均波高为$\overline{H}$，平均周期为$\overline{T}$，取无因次波高 $h=H/\overline{H}$，无因次周期 $t=T/\overline{T}$，则二者的联合概率密度函数为

$$f(h,t)=\frac{\pi h^2}{4\nu}\exp\{-\frac{\pi}{4}h^2[1+\frac{(t-1)^2}{\nu^2}]\} \tag{3.2.25}$$

式中，ν 表示谱宽参数，$\nu=[m_0m_2/m_1{}^2-1]^{1/2}$，其中 m_n 为海浪谱的各阶矩，其通式为

$$m_n=\int_0^{\infty}\omega^n S(\omega)\mathrm{d}\omega \tag{3.2.26}$$

由式(3.2.25)所得波高与周期的联合概率密度等值线图见图 3.2.6(ν=0.26)。

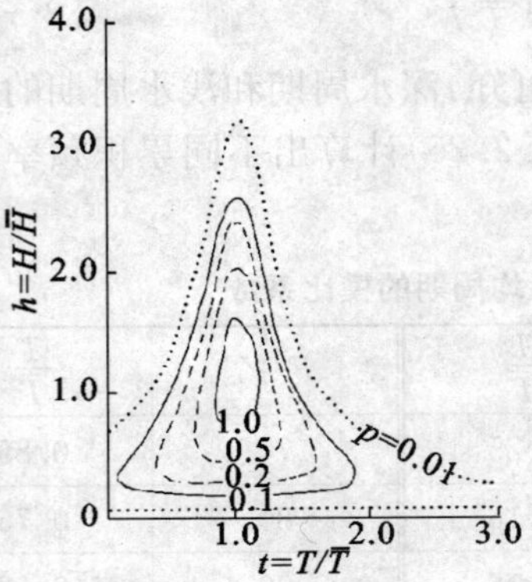

图 3.2.6　Longuet-Higgins1975 年模式的波高与周期联合概率密度(ν=0.26)

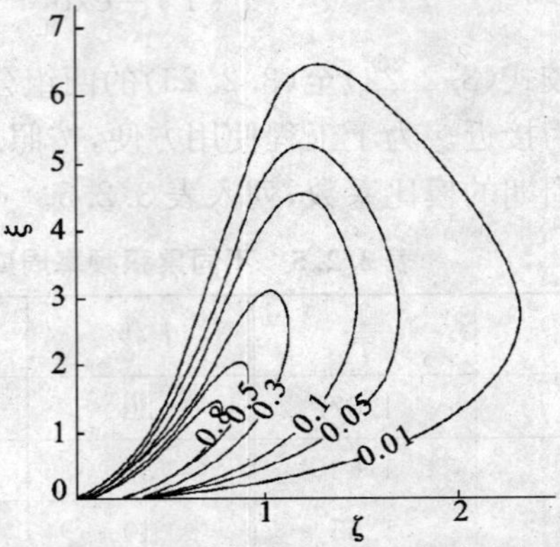

图 3.2.7　CNEXO 模式的波高与周期联合概率密度(ε=0.865)

从图 3.2.6 可以看到，Longuet-Higgins 所得联合概率密度曲线关于 $t=1$ 对称，且周期 t 取负值时，$f(h,t)$不为零。为了克服上述不足，法国国家海洋开发中心(CNEXO)提出了如下模式：

$$f(\xi,\zeta)=\frac{\alpha^3\xi^2}{4\sqrt{2\pi}\varepsilon(1-\varepsilon^2)\zeta^5}\exp\{-\frac{\xi^2}{8\varepsilon^2\zeta^4}[(\xi^2-\alpha^2)^2+\alpha^4\beta^2]\} \tag{3.2.27}$$

式中，无因次波高 ξ，无因次周期 ζ，α，β 和谱宽参数 ε 分别由下列各式计算：

$$\xi=H/\sqrt{m_0} \tag{3.2.28}$$

$$\zeta=\overline{\zeta}\cdot\tau=\overline{\zeta}\cdot T/\overline{T} \tag{3.2.29}$$

$$\alpha=\frac{1}{2}(1+\sqrt{1-\varepsilon^2}) \tag{3.2.30}$$

$$\beta=\varepsilon/\sqrt{1-\varepsilon^2} \tag{3.2.31}$$

$$\varepsilon=[1-\frac{m_2{}^2}{m_0\cdot m_4}]^{1/2}=\varepsilon_s \tag{3.2.32}$$

无因次波浪平均周期$\overline{\zeta}$可由下列波浪周期边缘分布进行数值计算获得：

$$f(\zeta)=\frac{\alpha^3\beta^2\zeta}{[(\zeta^2-\alpha^2)^2+\alpha^4\beta^2]^{3/2}} \tag{3.2.33}$$

实际计算时,CNEXO 建议采用下式估计谱宽参数:

$$\varepsilon=[1-(N_0/N_c)^2]^{1/2}=\varepsilon_t \tag{3.2.34}$$

式中,N_0 和 N_c 分别表示测波记录中上跨零点和波峰最大值个数。

图 3.2.7 为 $\varepsilon=0.865$ 时,CNEXO 模式的联合概率密度图,它克服了 Longuet-Higgins(1975)模式的 2 个缺点,成为比较接近于实际的不对称图形。

1978 年 Goda 利用日本海沿岸及太平洋日本沿岸若干观测站,包括深、浅水风浪及涌浪在内的 89 组实测资料,按波高与周期的相关系数 $R(H,T)$ 分成 5 组,得到波高与周期的联合概率密度等值线图(图 3.2.8)。其中 $R(H,T)$ 按照下式计算:

$$R(H,T)=\frac{1}{\delta_H\delta_T N}\sum_{i=1}^{N}(H_i-\overline{H})(T_i-\overline{T}) \tag{3.2.35}$$

式中,δ_H 和 δ_T 分别表示波高与周期的标准差;N 表示上跨零点方式统计的波个数。

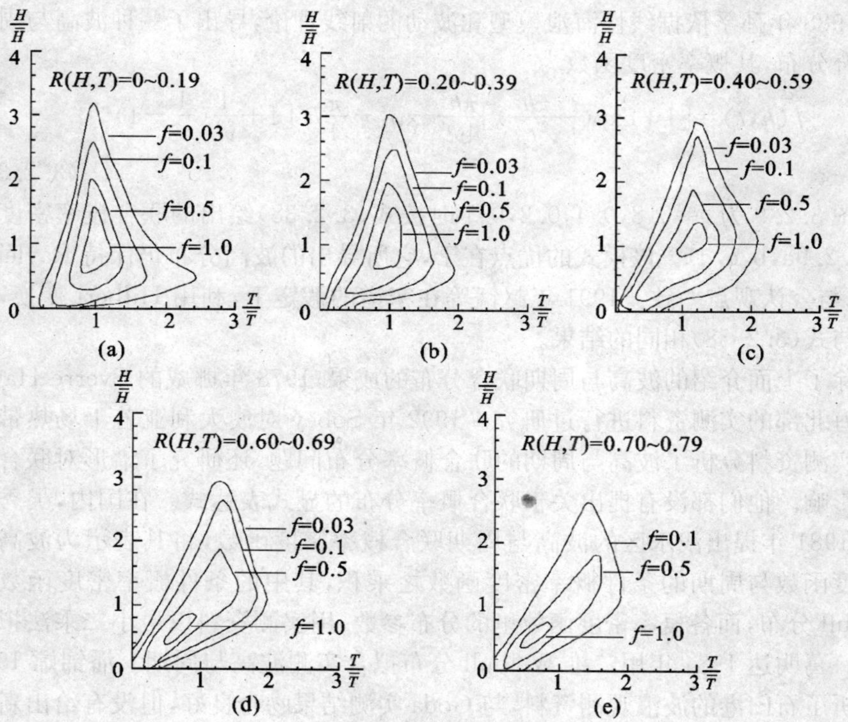

图 3.2.8　波高与周期的联合分布图

通过与 Longuet-Higgins(1975)模式及 CNEXO 模式的比较，Goda 得到如下结论：①超过某一界限的波高，其周期与波高无关，为一常值，它比谱峰周期略小；②随 R 值的增大，联合概率密度曲线向 τ 轴倾斜，对 τ 轴的不对称性越来越明显；③Longuet-Higgins(1975)模式的联合概率密度图仅上面部分(波高较大时)与实测结果尚能吻合，而下面部分(波高较小时)则与实测结果出入较大。CNEXO 模式仅能定性预测 ε 对联合概率密度变化的影响。

1983 年 Longuet-Higgins 改进模式，其无因次波高 $h=H/H_{rms}$，无因次周期 $t=T/\overline{T}$，则二者的联合概率密度函数为

$$f(h,t)=\frac{2h^2}{\pi^{1/2}\nu t^2}\exp\{-h^2[1+(1-\frac{1}{t})^2/\nu^2]\}\cdot L(\nu) \qquad (3.2.36)$$

式中，$\overline{T}$等于 $2\pi m_0/m_1$；$L(\nu)$表示正则因子，按下式计算：

$$L(\nu)=2/[1+(1+\nu^2)^{-\frac{1}{2}}] \qquad (3.2.37)$$

当 ν 值很小时，$L(\nu)=1+\nu^2/4$。该模式克服了 1975 年模式的缺点，但由式(3.2.36)推导出的波高分布，已经不再是 Rayleigh 分布，与公认的观点相矛盾。

1988 年孙孚依据线性海浪模型和波动的射线理论，导出了一种波高与周期的联合分布，其概率密度函数为

$$f(h,t)=[1+\exp(\frac{-\pi h^2}{\nu^2 t})]\frac{\pi h^2}{4\nu t^2}\exp\{-\frac{\pi}{4}h^2[1+\frac{1}{\nu^2}(\frac{1}{t}-1)^2]\} \qquad (3.2.38)$$

图 3.2.9 为 $\nu=0.8,0.4,0.2,0.1$ 时按式(3.2.38)绘出的联合概率密度图(图 3.2.9a,b,c,d)。该模式的优点在于，它所导出的波高分布仍保持 Rayleigh 分布，与公认观点一致。1991 年赵锰等在窄谱的假定下，利用 Hilbert 变换，导出了与式(3.2.38)相同的结果。

除了上面介绍的波高与周期联合分布的成果，1978 年挪威的 Sverre Haver 对北海北部的实测资料进行过研究。1992 年 Sobey 对澳大利亚若干场热带风暴的实测资料分析了波高与周期的联合概率分布问题，还研究了谱形对联合分布的影响。他们都没有提出关于联合概率分布的显式表达式。在国内，吴秀杰等人 1981 年提出浅水区的波高与周期联合概率密度函数，将其表示为波高概率密度函数与周期的条件概率密度函数之乘积，其中的条件概率密度函数为 Weibull 分布，而各概率密度函数里的分布参数，用实测资料以最小二乘法拟合求得。葛明达 1984 年用二维 Weibull 分布拟合实测波高与周期。潘锦嫦 1996 年分析了石臼港的波浪观测资料，与 Goda 实测结果吻合良好，但没有给出新的分布模式。迄今，研究得出的联合概率密度函数都有明显的地区局限性，无法推广使用。普遍适用的波高与周期的联合分布模式仍需深入探索。

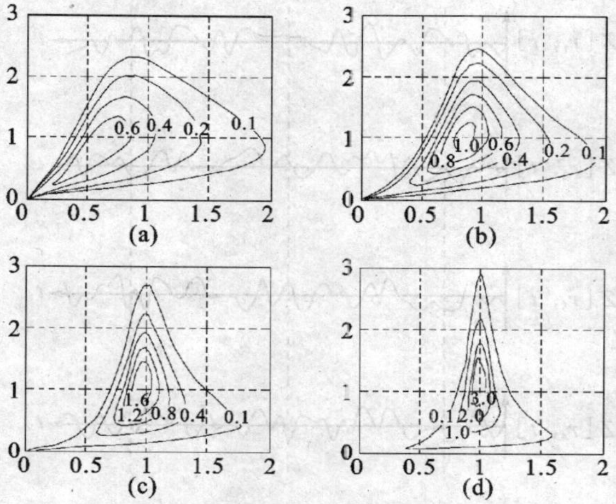

(a)ν＝0.8；(b)ν＝0.4；(c)ν＝0.2；(d)ν＝0.1

图3.2.9　按式(3.2.38)绘出的联合概率密度等值线

3.3 海浪谱及其估计

3.3.1 随机海面的描述

波浪理论能够采用确定的函数形式描述波浪运动的变化，然而，直接应用这些理论来描述实际海浪是困难的。海面上产生的海浪高低长短不齐，杂乱无章，此起彼伏，瞬息万变，海浪具有明显的随机性。如何研究复杂而随机的海浪呢？20世纪50年代初，人们已将许多振幅、频率、方向、位相不同的简单的波动迭加起来以代表海浪，此处规定组成波的振幅或位相是随机量，从而迭加的结果为随机函数，它反映了海浪的随机性。这种研究方法现已成为研究海浪的主要手段。

海浪既为随机现象，我们观测到的海浪性质将随时间与位置而呈现不同的数值，从而可将此视为随机过程。

设某一水域处于同一天气形势下，风场的宏观结构相同，且水深足够大，水深对风浪的影响可以忽略，则于风区下沿不同点 1，2，…，k 记录的波面 $\eta^{(1)}(t)$，$\eta^{(2)}(t)$，…，$\eta^{(k)}(t)$可示意地如图3.3.1所示。这些记录的外观复杂，没有能够互相重合的，但所反映的为同一海浪状态。它们构成一随机过程 $\eta(t)$的总称，每一段记录为此过程的一次现象。

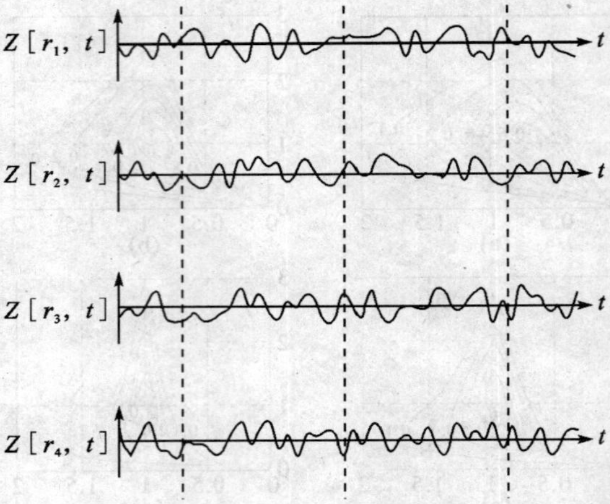

图 3.3.1 波面记录时程曲线

如何从这些记录中得到海浪的统计特征？首先我们把海浪的过程看做各态历经的平稳随机过程，此性质能保证我们可用随机海浪过程的一次现象代替它的总体进行计算，而且，对于一次现象，计算的起点不影响计算的结果。其次，海浪过程具有正态性。这样计算手续大为简化。迄今为止已提出的描述波面的模型，都是基于此性质得出的。经过验证，实际海浪现象能够满足这些理论性质的要求。

目前已提出的海浪模型有多种，现以较早且常用的 Longuet-Higgins 模型为例进行讨论。

Longuet-Higgins 采用 Rice 分析电子管噪音电流的方法，将多数随机的正弦波迭加起来，以描述以固定点的波面，其表达式为

$$\eta(t) = \sum_{n=1}^{\infty} a_n \cos(\omega_n t + \varepsilon_n) \tag{3.3.1}$$

式中，a 为振幅；ω 为圆频率；ε 规定为均匀分布的随机位相，它在 $0 \sim 2\pi$ 的范围内出现于间隔 α 至 $\alpha + \mathrm{d}\alpha$ 的概率为

$$P(\alpha < \varepsilon < \alpha + \mathrm{d}\alpha) = \frac{\mathrm{d}\alpha}{2\pi} \tag{3.3.2}$$

在式(3.3.1)中还规定：

$$\sum_{\omega}^{\omega+\mathrm{d}\omega} \frac{1}{2} a_n^2 = s(\omega)\mathrm{d}\omega \tag{3.3.3}$$

式(3.3.3)左侧的含义是：将频率介于$(\omega, \omega + \mathrm{d}\omega)$范围的各组成波的振幅平方之和，乘以 1/2。右侧 s 为 ω 的函数。

为了说明函数 $s(\omega)$ 的物理意义，我们考察量

$$\frac{1}{d\omega}\sum_{\omega}^{\omega+d\omega}\frac{1}{2}\rho g a_n^2=\rho g s(\omega) \tag{3.3.4}$$

从线性波能量表达式可知，式(3.3.4)左侧代表频率介于 $(\omega,\omega+d\omega)$ 范围内各组成波的能量的和除以 $d\omega$，即 $d\omega$ 频率间隔内的平均能量，也就是单位频率间隔内的能量。$s(\omega)$ 显然比例于此能量密度。重力加速度 g 及水体密度 ρ 在特定场合下为不变量，故 $s(\omega)$ 即可代表海浪能量相对于组成波的频率的分布，它给出了能量密度，$s(\omega)$ 称为谱。由于它反映能量密度，故称为能谱。又由于它给出能量相对于频率的分布，故也称为频谱。

由于式(3.3.1)中每一组成波的初相 ε_n 为随机量，从而组成波的波面铅直位移 η_n 及合成的波面铅直位移 η 均为随机量。令 $\bar{\eta}_n$ 及 σ^2 分别代表 η_n 的平均值及方差，则 η 的平均值及方差分别为

$$\bar{\eta}=\sum_{n=1}^{\infty}\bar{\eta}_n=\sum_{n=1}^{\infty}\frac{1}{2\pi}\int_0^{2\pi}a_n\cos(\omega_n t+\varepsilon)d\varepsilon=0 \tag{3.3.5}$$

$$\sigma^2=\sum_{n=1}^{\infty}\sigma_n^2=\sum_{n=1}^{\infty}\frac{1}{2\pi}\int_0^{2\pi}a_n^2\cos^2(\omega_n t+\varepsilon)d\varepsilon=\sum_{n=1}^{\infty}\frac{1}{2}a_n^2 \tag{3.3.6}$$

将组成波的频率范围分为许多间隔 $d\omega$，依式(3.3.3)可将式(3.3.6)写成

$$\sigma^2=\sum_{n=1}^{\infty}s(\omega_n)d\omega \tag{3.3.7}$$

或取极限

$$\sigma^2=\int_0^{\infty}s(\omega)d\omega \tag{3.3.8}$$

上式表明，海浪波面 $\eta(t)$ 的方差 $\sigma^2(=\overline{\eta^2})$ 比例于波动的总能量。此一事实，也可用另一方式说明：单位断面积的铅直水柱内的平均势能等于 $\frac{1}{2}\rho g\overline{\eta^2}$。

下面我们计算波面的协方差函数。

兹以 M 代表数学期望，由式(3.3.1)得波面的协方差函数

$$M[\eta(t),\eta(t+\tau)]=M\left\{\left[\sum_{n=1}^{\infty}a_n\cos(\omega_n t+\varepsilon_n)\right]\times\left[\sum_{n=1}^{\infty}a_n\cos(\omega_n(t+\tau)+\varepsilon_n)\right]\right\}$$
$$=\sum_{n=1}^{\infty}\frac{1}{2}a_n^2\cos\omega_n\tau \tag{3.3.9}$$

式(3.3.9)与时间 t 无关，而只取决于间隔 τ。故协方差函数可写为积分的形式

$$R(\tau)=\int_0^{\infty}s(\omega)\cos\omega\tau d\omega \tag{3.3.10}$$

以上讨论表明,Longuet-Higgins 提出的海浪模型代表一平稳的各态历经的正态过程。

3.3.2 海浪谱的形式

上述讨论认为海浪是平稳、各态历经的正态随机过程,并引入谱的概念。可以看出,为了描述海浪并在此基础上研究海浪,必须知道它的谱,海浪谱已构成海浪研究的重要课题。海浪本身的理论研究与实际应用都与谱存在密切关系,比如海浪生成的机制、海浪观测与分析、海浪预报及海洋环境等问题研究都要以海浪谱为主要工具。在海岸工程设计中,20 世纪 50 年代以来,谱成为描述复杂海浪的有效手段,在工程应用中逐渐取代简单波动方法。

寻求海浪谱,不论在理论上还是在应用上,均具有重要意义。迄今已提出许多风浪频谱,其中相当大的一部分具备 Neumann 最先于 1952 年得到的形式

$$S(\omega)=\frac{A}{\omega^{P}}\exp\left[-B\frac{1}{\omega^{q}}\right] \tag{3.3.11}$$

式中,指数 P 常取 5～6,q 常取 2～4,量 A 及 B 中包含风要素(风速、风时、风区)或波浪要素(波高、周期)作为参考。此种形式的谱主要优点是结构简单、使用方便。谱式中包括 P,q,A,B 四个可以调整的量,故反映外部因素对谱的影响具有较大的灵活性。

这种谱形式的主要缺点是理论依据不充分,在很大程度上它是一个经验公式,其次,它的高阶谱矩不存在,成为深入研究的障碍。我们定义谱的 γ 阶谱矩为

$$m_{\gamma}=\int_{0}^{\infty}\omega^{\gamma}S(\omega)\mathrm{d}\omega \tag{3.3.12}$$

将式(3.3.11)代入式(3.3.12)得

$$m_{\gamma}=AB^{\frac{\gamma-P+1}{q}}\times\frac{1}{q}\Gamma\left(\frac{P-\gamma-1}{q}\right) \tag{3.3.13}$$

式中,Γ 为伽马函数,m_{γ} 之值不为负。故须使 $P-\gamma-1>0$,由此

$$\gamma<P-1 \tag{3.3.14}$$

如果式(3.3.11)中的谱取 $P=5$,则此谱就不具有 4 阶和 4 阶以上的关系,如取 $P=6$,谱仅具有 5 阶以下矩。并且,依式(3.3.11)计算得到所谓“谱宽度”参量仅决定于 P,q 而与 A,B 无关,此显然与实际不符。

下面讨论几种已提出的谱的形式及其特性。

1. Neumann 谱

Neumann 谱是最先提出的谱形式,迄今仍不失其应用意义,它于 20 世纪

50 年代至 60 年代初应用最广。此谱是根据观测到的不同风速下波高与周期的关系并作出一些假定后导出的，它是半理论半经验的谱，适用于成长的风浪，其形式为

$$S(\omega)=c\,\frac{\pi}{2}\frac{1}{\omega^6}\exp\left(-\frac{2g^2}{U^2\omega^2}\right) \tag{3.3.15}$$

式中，$c=3.05\ \mathrm{m^2\cdot s^{-5}}$，$U$ 为海上 7.5 m 高度处的风速。在深水中，充分成长的风浪状态仅决定于风速，故 Neumann 谱中只包含参量 U。图 3.3.2 表示 $U=15$ 及 $20\ \mathrm{m\cdot s^{-1}}$ 下的 Neumann 谱。由图可知：①谱虽理论上包括频率为 0 至无限的各组成波，但谱的显著部分集中于一狭窄的频率段内；②随着风速的增加，谱曲线下面的总面积增大，谱的显著部分涉及的频率范围也扩大，对应风浪的波高及周期范围增大；③随着风速的增加，谱的显著部分沿低频率方向推移，极大值对应的频率为

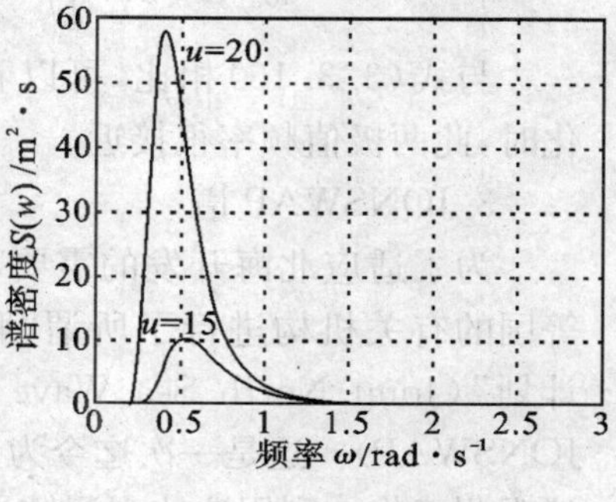

图 3.3.2　Neumann 谱

$$\omega_0=\sqrt{\frac{2}{3}}\frac{g}{U}\approx 0.817\frac{g}{U} \tag{3.3.16}$$

由式(3.3.16)可知，ω 随风速的增大而减小。

2. P-M 谱

Pierson-Moscowitz 于 1964 年对北大西洋上 1955～1960 年的观测资料进行 460 次谱分析，从中挑出属于充分成长情形的 54 个谱，并依次分成 5 组，各组代表的风速分别为 10.29，12.87，15.47，18.01，20.58 $\mathrm{m\cdot s^{-1}}$（指海面上19.5 m 高度处的风速），就各组的谱求一次平均谱，又将这些谱无量纲化，最后得到有量纲谱

$$S(\omega)=\frac{\alpha g^2}{\omega^5}\exp\left[-\beta\left(\frac{g}{U\omega}\right)^4\right] \tag{3.3.17}$$

式中，无量纲常数 $\alpha=8.10\times10^{-3}$，$\beta=0.74$。上式谱即为 P-M 谱，它代表充分成长的风浪。与 Neumann 谱相比，它具有较充分的观测资料的依据，分析方法也较为有效，故 P-M 谱在海浪研究及有关工程问题中得到了广泛应用，逐渐取代了 Neumann 谱。

图 3.3.3 表示在 $U_{10}=15\ \mathrm{m\cdot s^{-1}}$ 情形下 P-M 谱与 Neumann 谱的比较。与各谱相适应的高度风速分别为 $U_{19.5}=16.24\ \mathrm{m\cdot s^{-1}}$ 及 $U_{7.5}=14.46\ \mathrm{m\cdot s^{-1}}$，Neumann 谱随风速的成长较 P-M 谱为快.如在同一风速下，我们对两种谱进行

比较，于低风速 Neumann 谱低于 P-M 谱，于高风速（>20 m·s^{-1}）极值对应的频率

$$\omega_0=0.877\frac{g}{U} \tag{3.3.18}$$

与式(3.3.16)相比，可以看出当风速变化时，此两极值频率很接近。

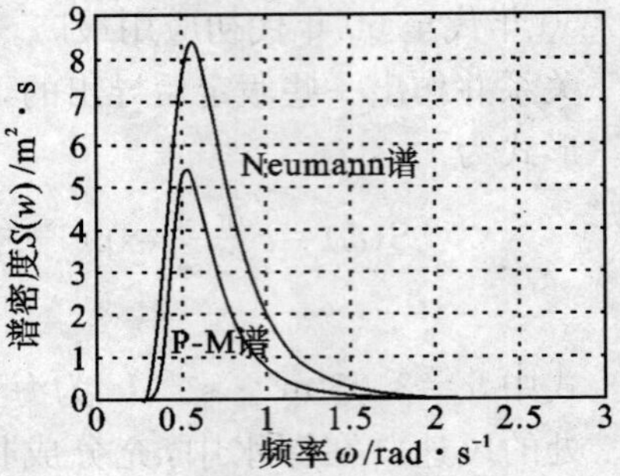

图 3.3.3 P-M 谱与 Neumann 谱的比较

3. JONSWAP 谱

为了适应北海开发的需要，英、荷、美、德等国的有关机构进行了所谓“联合北海波浪计划”(Jonit North Sea Wave Project，简称 JONSWAP)。这是一次迄今为止最系统的海浪观测工作。利用这些观测结果，提出了如下的风浪频谱：

$$S(\omega)=\frac{\alpha g^2}{\omega^5}\exp\left[-\frac{5}{4}\left(\frac{\omega_0}{\omega}\right)^4\right]\gamma^{\exp\left[-\frac{1}{2}\left(\frac{\omega-\omega_0}{\lambda\omega_0}\right)^2\right]} \tag{3.3.19}$$

式中，ω_0 为谱峰频率，γ 为峰升高因子，其定义为

$$\gamma=\frac{E_{max}}{E_{max}^{PM}} \tag{3.3.20}$$

式中，E_{max} 为谱峰值，E_{max}^{PM} 为 P-M 谱的峰值(γ 的观测值介于 1.5～6，平均 3.3)。λ 又称为峰形参量，其值等于

$$\lambda=\begin{cases}0.07, & \omega\leqslant\omega_0\\ 0.09, & \omega>\omega_0\end{cases} \tag{3.3.21}$$

无量纲常数 α 为无量纲风区 $\widetilde{X}=gX^2/U^2$（X 为风距，U 为 10 m 高处的风速）的函数，对于 $\widetilde{X}=10^{-1}\sim10^5$，

$$\alpha=0.07\widetilde{X}^{-0.22} \tag{3.3.22}$$

（对于较狭的范围 $\widetilde{X}=10^2\sim10^4$，上式中指数约为 −0.4)；对于无量纲频率 $\widetilde{\omega}_0=U\omega_0/g$，当 $\widetilde{X}=10^{-1}\sim10^5$，有

$$\widetilde{\omega}_0=22\widetilde{X}^{-0.33} \tag{3.3.23}$$

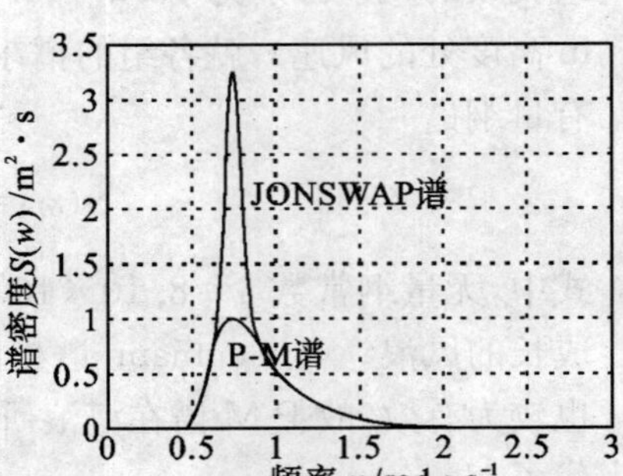

图 3.3.4 JONSWAP 谱与 P-M 谱的比较

式(3.3.19)表示的谱称为 JONSWAP 谱。它的高频率部分与 P-M 谱很接近；对于大风区，γ 趋于 1，此谱也与 P-M 谱接近，于峰频率附近，它比 P-M 谱显著地高。图

3.3.4表示平均 JONSWAP 谱($\gamma=3.3$)与 P-M 谱的比较,纵轴表示频率 $f(=\omega/2\pi)$。图中二谱峰对应的周期均为 10 s,而谱对应的有效波高分别等于5.3 m 及 4.0 m。

JONSWAP 谱适用于风浪成长的整个过程。其结果因其峰值高,能量高度集中于峰值附近,由此谱通过传递函数计算得到的作用力谱必受到这种能量集中的影响,这对于工程设计是非常重要的。

4. Bretschneider-光易谱

Bretschneider-光易谱是日本学者光易恒在原有 Bretschneider 谱的基础上修正得到的,形式如下:

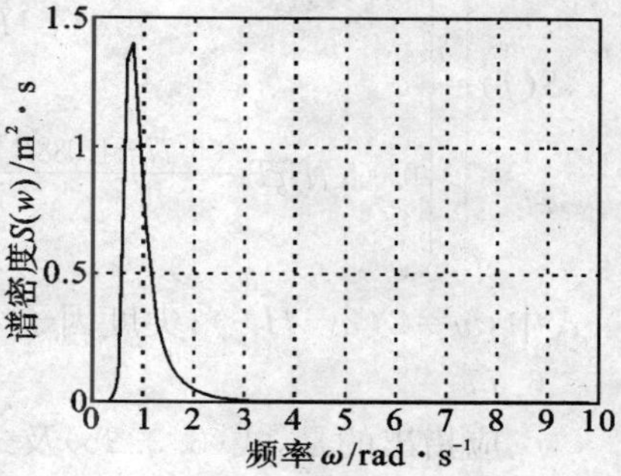

图 3.3.5 Bretschneider-光易谱

$$S(f)=0.257H_s^2T_s(T_sf)^{-5}\exp[-1.03(T_sf)^{-4}] \tag{3.2.24}$$

式中,T_s 为有效波周期,统计得到 $T_s\approx1.11\,\overline{T}$。

Bretschneider-光易谱适用于风浪成长阶段,在工程上得到了广泛的应用。

5. 文氏谱

1989 年中国海洋大学文圣常教授提出了文氏谱。此谱是由理论导出的,谱中包含的参数很容易求得,精确度高于 JONSWAP 谱,且适用于深、浅水,并通过检验证明与实测资料相符合。该谱已被列入我国《海港水文规范》,作为规范谱使用。谱函数中引入尖度因子 P 和浅水因子 H^*,当已知有效波高 H_s(m)和有效波周期 T_s(s)时,其表达式为:

(1)对于深水水域,当水域深度 d 满足 $H^*=0.626H_s/d\leqslant0.1$ 的条件时,风浪频谱的形式为

$$S(f)=\begin{cases}0.068\,7H_s^2T_sP\cdot\exp\left\{-95\left[\ln\dfrac{P}{1.522-0.245P+0.002\,92P^2}\right]\times(1.1T_sf-1)^{\frac{12}{5}}\right\} & \text{当 } 0\leqslant f\leqslant1.05/T_s\\ 0.082\,4H_s^2T_s^{-3}(1.522-0.245P+0.002\,92P^2)\cdot f^{-4} & \text{当 } f>1.05/T_s\end{cases} \tag{3.3.25}$$

式中,P 为谱尖度因子,按下式计算:

$$P=95.3H_s^{1.35}/T_s^{2.7} \tag{3.3.26}$$

此外,P 还应满足 $1.54\leqslant P<6.77$ 的条件。

(2)对于浅水水域,当 $0.5\geqslant H^*>0.1$ 时,风浪频谱中引入浅水因子 $H^*=$

$\overline{H}/d$,频谱的表达式为

$$S(f)=\begin{cases}0.068\,7H_s^2T_sP\cdot\exp\left\{-95\left[\ln\dfrac{P(5.813-5.137H^*)}{(6.77-1.088P+0.013P^2)(1.037-1.426H^*)}\right]\times(1.1T_sf-1)^{\frac{12}{5}}\right\} & \text{当 } 0\leqslant f\leqslant 1.05/T_s\\[2ex] 0.068\,7H_s^2T_s\dfrac{(6.77-1.088P+0.013P^2)(1.307-1.426H^*)}{(5.813-5.137H^*)}\left(\dfrac{1.05}{T_sf}\right)^m & \text{当 } f>1.05/T_s\end{cases}\tag{3.3.27}$$

式中,$m=2(2-H^*)$;尖度因子 P 仍由式(3.3.26)计算,其值应满足 $1.27\leqslant P<6.77$。

应指出的是,式(3.3.25)及式(3.3.27)中的圆括号 $(1.1T_sf-1)$ 的值,当 f 较小时,它是负值,此时应先取平方,然后再取 $\frac{6}{5}$ 次方,以保证谱密度不出现负值。

图 3.4.2 为使用表 3.2.1 中的统计值 $\overline{H}=2.2$ m,$\overline{T}=7.0$ s 绘制出的文氏谱密度曲线,细实线为深水波进入浅水区变形后的谱密度曲线。由图可见,文氏谱谱形的特点是左侧随 f 的增加,谱密度从 0 迅速增大,而当 f 大于谱峰频后就缓慢衰减至 0。

国内外提出的波浪频谱还有很多,此处不再作介绍。而获得频谱的途径主要有两种:一是利用固定点观测的波面随时间变化的记录,通过谱分析方法求得;二是利用观测的波高与周期的某些规律进行理论推导得出半理论、半经验形式的谱。

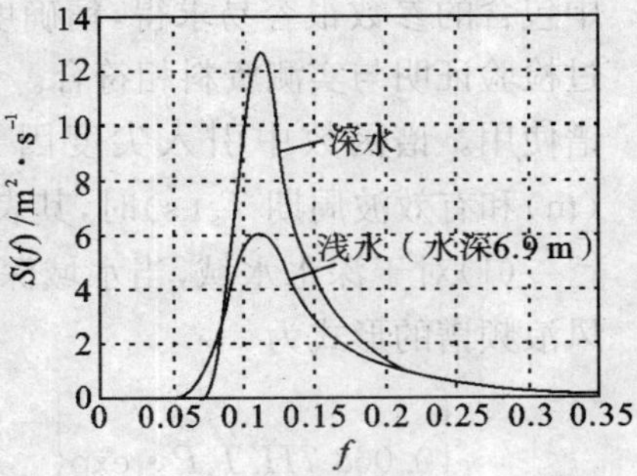

图 3.3.6 文氏谱

3.3.3 海浪频谱的估计

从以上讨论可以看出,利用谱来描述海浪和计算海浪要素具有重要意义。但如何得到海浪谱?本节将讨论利用定点波面记录通过有关的谱分析方法得到海浪频谱的估计谱。如前所述,海浪可视为随机过程。为了通过经验途径得到描述此过程的谱,可供利用的资料通常仅为定点的波面记录,使用这些记录的特点是:①记录次数是有限的;②记录长度是有限的;③计算时使用依一定间隔读取的波面数值。由于这些因素的存在,理论上可以证明,即使计算无误差,得到的结果并非谱的真值,而是对真值的某种估计,在已提出的谱估计过程中,存在着

一定程度的主观性。使用相同的资料和分析方法，得到的估计值不一定相同，故为了说明估计值接近真值的程度，尚需要用一些统计上的特征量如偏差、方差、置信度等。

于固定点的波面记录得到的资料，其记录长度 T_r 是有限的，它确定了波谱的基本周期或最低频率。在计算时，必须将连续记录依一定时间间隔 Δt 读取波面数值（即离散化采样数字化），此数字化采样步长 Δt 确定了波谱中的最高可分辨频率或最小周期。由图 3.3.7(a) 直观上我们看出，至少用 3 个点（3 个数字），即两个时间间隔（$=2\Delta t$），来确定一个周期所必需的最少信息。这意味着最短可分辨量的周期等于 $2\Delta t$，或者最高频率为 $\frac{1}{2\Delta t}$，这个计算波谱的频率极限称为折叠频率或 Nyguist 频率，对于高于此折叠频率的波就无法分辨。

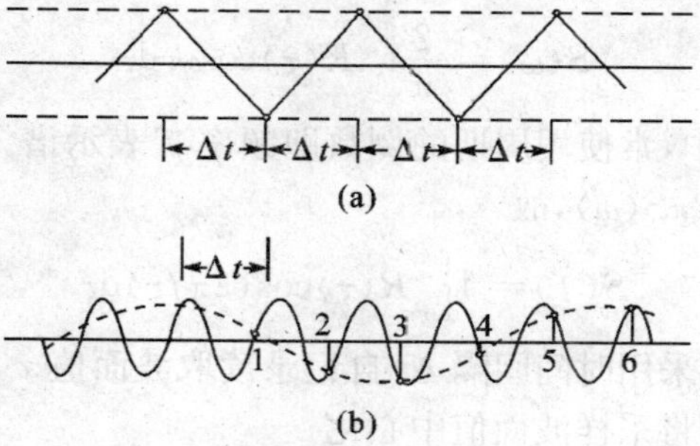

图 3.3.7

图 3.3.7(b) 中实线代表谱中频率为 $\omega_1\left(=\frac{5\pi}{3\Delta t}\right)$ 的组成波，读取波面的间隔若为 Δt，而虚线代表圆频率 $\omega_2\left(=\frac{\pi}{3\Delta t}\right)$ 的波动。由图可以看出，由于采样时间间隔取得过大，ω_1 与小于 ω_N 的 ω_2 混淆，即频率高于 ω_N 的组成波分量会混淆于频率低于 ω_N 的波谱组成波分量中，而且这种混淆是以 Nyguist 频率 ω_N 对称的频率分别相互影响，比如图 3.3.7(b) 中的两频率组成波混淆，其频率有关系

$$\omega_1-\omega_N=\omega_N-\omega_2 \tag{3.3.28}$$

对于海浪谱估计，上述折叠现象所造成的困难是可以克服的。因为我们所讨论的海浪谱的显著部分集中于一狭窄的频率带内，分布于某一频率以上的能量可以忽略。如果此频率为 f_c，则只要满足条件

$$f_N=\frac{1}{2\Delta t}\geqslant f_c \tag{3.3.29}$$

就可以看出，尽管折叠现象还存在，但在频率 f_N 之外，折叠到频率 f_N 之内的能

量是可以忽略的，即不影响谱形，而此范围内的谱值已是满足应用问题的需要了。

Δt 的选择是很重要的，此值如选得偏大，所得的谱形显著失真，如果偏小，将增大计算工作量。在实际选取过程中无法直接利用式(3.3.29)选取，因为无法提前知道 f_c，只有预先选取一 f_N，由计算的结果看，如果 f_N 附近估计谱值明显地不为 0，应缩小 Δt，如果在远小于 f_N 处谱值已接近于 0，可适当地加大 Δt。

下面我们将着重以 Tukey 方法进行谱估计计算，此法是于 20 世纪 40 年代末基于讨论无线电通讯问题的需要而提出，于 50 年代开始应用于海浪的研究，至今仍为一种常用的主要谱估计手段。

由式(3.3.10)可以看出协方差函数 $R(\tau)$ 是以谱 $S(\omega)$ 的广义傅里叶展开式，则其反变换由偶函数性可得

$$S(\omega)=\frac{2}{\pi}\int_0^{\infty}R(\tau)\cos\omega\tau\,\mathrm{d}\tau \tag{3.3.30}$$

在海浪谱分析中，常使用周期的倒数即频率 f 表示谱。因为由 $S(\omega)\mathrm{d}\omega=S(f)\mathrm{d}f$ 得 $S(f)=2\pi S(\omega)$，故

$$S(f)=4\int_0^{\infty}R(\tau)\cos(2\pi f\tau)\,\mathrm{d}\tau \tag{3.3.31}$$

另一方面，如果采用时间间隔 Δt 自记录读取波面值 x，如果波面基线不在波面振动中心，则要将采样波面值中心化

$$x_n=\eta_n-\frac{1}{N}\sum_{j=0}^{N-1}\eta_j \tag{3.3.32}$$

以离散形式写出协方差函数

$$R(i\Delta t)=\frac{1}{N-i}\sum_{n=1}^{N-i}x(t_n+i\Delta t)\cdot x(t_n),\; i=0,1,2,\cdots,m \tag{3.3.33}$$

这样便得到 $R(\tau)$ 的 $m+1$ 个值。它们以间隔 Δt 分布着，则由此 $m+1$ 个协方差值，取 $m+1$ 个谱估计值 L_h，由式(3.3.33)的离散形式给出

$$L_h=4\Delta t\sum_{i=0}^{m}R(i\Delta t)\cos(2\pi f_N i\Delta t),$$

$$h=0,1,2,\cdots,m;f_0(=0),f_1,\cdots,f_m(=f_N) \tag{3.3.34}$$

如果数值积分采用梯度公式，谱值为

$$L_h=4\Delta t\left[\frac{1}{2}R(0)+\sum_{i=1}^{m-1}R(i\Delta t)\cos(2\pi f_h i\Delta t)+\frac{1}{2}R(m\Delta t)\cos(2\pi f_h m\Delta t)\right] \tag{3.3.35}$$

因此处取频率间隔

$$\Delta f=\frac{f_N}{m} \tag{3.3.36}$$

故

$$f_h=h\Delta f=h\frac{f_N}{m}=\frac{h}{m}\frac{1}{2\Delta t} \tag{3.3.37}$$

代入式(3.3.35)得

$$L_h=4\Delta t\left[\frac{1}{2}R(0)+\sum_{i=1}^{m-1}R(i\Delta t)\cos\frac{\pi ih}{m}+\frac{1}{2}R(m\Delta t)\cos\pi h\right],h=0,1,2,\cdots,m \tag{3.3.38}$$

以上估计出的谱值 L_h 的精确度是不高的，由它们给出的谱曲线参差不齐，这首先因为，我们所使用的记录长度即样本容量 N 是有限的，故依式(3.3.33)计算协方差函数时，对于小的 i，乘积个数较大，$R(i\Delta t)$ 的值较可靠；对于大的 i，$R(i\Delta t)$ 的可靠性较差。为了改进精确度，可令不同的 $R(i\Delta t)$ 值具有不同的权，使小的所对应的协方差函数起较大作用。为此，在谱估计中将协方差函数乘以某种权函数，这种函数的形式很多，其中一种常用的函数形式为

$$D(\tau)=\begin{cases}0.54+0.46\cos\dfrac{\pi\tau}{T_m}, & |\tau|<T_m\\ 0, & |\tau|>T_m\end{cases} \tag{3.3.39}$$

式中，$T_m=m\Delta t$。以此权函数乘以式(3.3.34)得

$$\begin{aligned}s(2\pi f_h)&=4\Delta t\sum_{i=0}^{m}R(i\Delta t)\cos(2\pi f_h i\Delta t)[0.46\cos(2\pi i\Delta t\Delta f)+0.54]\\&=0.54\cdot 4\Delta t\sum_{i=0}^{m}R(i\Delta t)\cos(2\pi f_h i\Delta t)\\&\quad+0.23\cdot 4\Delta t\sum_{i=0}^{m}R(i\Delta t)\cos[2\pi i\Delta t(f_h+\Delta f)]\\&\quad+0.23\cdot 4\Delta t\sum_{i=0}^{m}R(i\Delta t)\cos[2\pi i\Delta t(f_h-\Delta f)]\end{aligned} \tag{3.3.40}$$

式中，$\Delta f=f_N/m=\dfrac{1}{m}\cdot\dfrac{1}{2\Delta t}$。

上式表明为了得到精确度较高的频率 f_n 对应的谱值，可将相邻的 3 个频率 $f_h-\Delta f$，f_h，$f_h+\Delta f$ 对应的极值分别乘以 0.23，0.54，0.23 并相加之，即

$$S(2\pi f_h)=0.23L_{h-1}+0.54L_h+0.23L_{h+1},h=1,2,\cdots,m-1 \tag{3.3.41}$$

对应两个端点频率，可取

$$\begin{cases}S(2\pi f_0)=0.54L_0+0.46L_1\\ S(2\pi f_N)=0.46L_{m-1}+0.54L_m\end{cases} \tag{3.3.42}$$

而另一种权函数

$$D(\tau)=\begin{cases}\frac{1}{2}\left(1+\cos\frac{\pi\tau}{T_m}\right), & |\tau|<T_m \\ 0, & |\tau|>T_m\end{cases} \tag{3.3.43}$$

其对应的谱值为

$$S(2\pi f_h)=0.25L_{h-1}+0.5L_h+0.25L_{h+1} \tag{3.3.44}$$

至此,我们已由协方向差函数得到谱的粗估计值并利用延时窗或谱窗予以平滑,设平滑后的谱值为 $\hat{S}(f)$,谱真值为 $S(f)$。可以证明随机量 $2T_R\cdot d\cdot\hat{S}(f)/S(f)$ 遵从自由度等于

$$k=2T_R d \tag{3.3.45}$$

的 χ^2 分布,此处 $T_R=N\Delta t$ 代表记录长度,d 代表谱窗的带宽度,其表达式为

$$d=\frac{1}{\int_{-\infty}^{\infty}D^2(\tau)\mathrm{d}\tau} \tag{3.3.46}$$

根据谱估计值的概率分布可进一步讨论估计值的可靠性。设给定置信水平为 β,则由可估计的概率分布确定一个上界和下界,使估计值落入此界内的概率为 β,则有

$$P\{a\leqslant\chi^2(k)\leqslant b\}=\beta \tag{3.3.47}$$

可查表求出 a,b 的值,有

$$P\left\{\frac{k}{b}\hat{S}(f)\leqslant S(f)\leqslant\frac{k}{a}\hat{S}(f)\right\}=\beta \tag{3.3.48}$$

则上界和下界分别为

$$\hat{S}_1=\frac{k}{b}\hat{S}(f) \tag{3.3.49}$$

$$\hat{S}_2=\frac{k}{a}\hat{S}(f) \tag{3.3.50}$$

以上为频率 f 对应的置信界限,各频率的置信界限构成置信带。

式(3.3.45)中的自由度,因使用的谱窗函数的不同而异,在海浪谱估计工作中,常使用 Tukey 导出的结果

$$k=2\left(\frac{N}{m}-\frac{1}{4}\right) \tag{3.3.51}$$

谱估计过程中,涉及一系列参量的选取,如样本容量 N、取样间隔 Δt、推移乘积系数 m 等,它们的选取影响估计的质量。Δt 的选取前面已讨论过,此处关键是 m 的选取。

如果我们采取估计值相对于真值的均方差作为估计质量的量度,则有

$$M[\hat{S}(f)-S(f)]^2=b^2(f)+D[\hat{S}(f)] \tag{3.3.52}$$

其中

$$b(f)=M[\hat{S}(f)]-S(f) \tag{3.3.53}$$

$$D[\hat{S}(f)]=M[\hat{S}(f)-M\hat{S}(f)]^2 \tag{3.3.54}$$

b,D 分别代表偏度和方差，一般情况下有

$$b\propto\frac{1}{m^2},D\propto\frac{m}{N} \tag{3.3.55}$$

故增大 m 有助于减少偏差，但却加大了方差，即有利于估计的无偏性而不利于估计的稳定性，无偏性和稳定性对 m 的要求是矛盾的。另一方面，频率间隔 Δf 随 m 的增大而减少，从而 m 的增大可提高估计的分辨率，可是自由度亦随 m 减少，从而加宽了置信带。如何能正确地选取 m 呢？

我们可逐渐增大 m，谱的一部分较细致结构逐渐呈现出来，谱大致收敛于某一形状，如果再增大 m 而谱形开始发散，即选定此时的 m 值。

因上述方法是比较困难的，一种较好的经验公式是取 $m\leqslant 0.1N$。

至于样本容量 N 的选取有一定的主观性，有时为了得到适当的分辨率或自由度，对 N 的选取值进行调整。

3.3.4　频谱与海浪要素的关系

前面通过随机波迭加建立了海浪模型，这种迭加不仅反映出海浪的内部结构，同时也必然导致海浪对外表现出随机性。实际上的外部观测到的海浪波面高度的极大值、波高、周期、波长等要素，都是随机量。本章将讨论这些要素的统计性质，并以谱的概念加以说明。此种讨论在理论上或工程实际应用都是重要的。

在上述海浪模型中，海浪被视为正态过程，与不同时刻的波面高度符合如下分布：

$$f(\eta)=\frac{1}{(2\pi\lambda^2)^{\frac{1}{2}}}\exp\left(-\frac{\eta^2}{2\lambda^2}\right) \tag{3.3.56}$$

式中，$\lambda^2(=\overline{\eta}^2)$ 代表波面坐标的方差。

任取一波面记录曲线 $\eta(t)$，应用 Longuet-Higgins 的海浪模型，讨论曲线上的极大值及峰值的统计分布和规律。

波面坐标 $\eta(t)$ 为一随机函数，设以 η_1 表示，波面相对于时间的一阶与二阶导数 $\eta'(t)$ 及 $\eta''(t)$ 亦为随机函数，现分别以 η_2 和 η_3 表示，则有

$$\begin{cases} \eta_1 = \sum_n a_n \cos(\omega_n t + \varepsilon_n) \\ \eta_2 = -\sum_n a_n \omega_n \sin(\omega_n t + \varepsilon_n) \\ \eta_3 = -\sum_n a_n \omega_n^2 \cos(\omega_n t + \varepsilon_n) \end{cases} \tag{3.3.57}$$

利用谱矩

$$M_n = \int_0^{\infty} s(\omega)\omega^n \mathrm{d}\omega \tag{3.3.58}$$

计算行列式

$$D = \begin{vmatrix} M_0 & 0 & -M_2 \\ 0 & M_2 & 0 \\ -M_2 & 0 & M_4 \end{vmatrix} \tag{3.3.59}$$

将其代入 η_1, η_2, η_3 的正态联合分布函数，得

$$f(\eta_1, \eta_2, \eta_3) = \frac{1}{(2\pi)^{\frac{3}{2}}(\Delta M_2)^{\frac{1}{2}}} \times \exp\left[-\frac{1}{2}\left(\frac{\eta_2^2}{M^2} + \frac{M_4\eta_1^2 + 2M_2\eta_1\eta_3 + M_0\eta_3^2}{\Delta}\right)\right] \tag{3.3.60}$$

其中

$$\Delta = M_0 M_4 - M_2^2 \tag{3.3.61}$$

如果 $\eta(t)$ 于间隔 $(t, t+\mathrm{d}t)$ 内存有一极值则 $\eta' = 0$，$\mathrm{d}\eta' = |\eta''|\mathrm{d}t$，那么出现此事件 η 同时落在 $(\eta, \eta+\mathrm{d}\eta)$ 内的概率等于

$$\int_{-\infty}^{0} [f(\eta_1, 0, \eta_3)\mathrm{d}\eta_1 \cdot |\eta_3|\mathrm{d}t]\mathrm{d}\eta_3 \tag{3.3.62}$$

其平均频率为

$$F(\eta_1)\mathrm{d}\eta_1 = \int_{-\infty}^{0} [f(\eta_1, 0, \eta_3) \cdot |\eta_3|\mathrm{d}\eta_1]\mathrm{d}\eta_3 \tag{3.3.63}$$

极大值的总平均频率为

$$N = \int_{-\infty}^{0}\int_{-\infty}^{0} f(\eta_1, 0, \eta_3) \cdot |\eta_3|\mathrm{d}\eta_1\mathrm{d}\eta_3 \tag{3.3.64}$$

极大值位于 $(\eta, \eta+\mathrm{d}\eta)$ 范围内的概率为

$$f(\eta_1)\mathrm{d}\eta_1 = \frac{F(\eta_1)\mathrm{d}\eta_1}{N} \tag{3.3.65}$$

则计算式(3.3.65)可得无量纲极大值分布

$$f(\xi) = \frac{1}{(2\pi)^{1/2}}\left[\varepsilon e^{-\frac{1}{2}\frac{\xi^2}{\varepsilon^2}} + (1-\varepsilon^2) \cdot \xi \cdot e^{-\frac{1}{2}\xi^2} \cdot \int_{-\infty}^{\eta(1-\varepsilon^2)^{\frac{1}{2}}/\varepsilon} e^{-\frac{1}{2}x^2}\mathrm{d}x\right] \tag{3.3.66}$$

式中，$\xi=\frac{\eta_1}{M_0^{1/2}}$，即

$$\xi=\frac{\eta_{max}}{M_0^{1/2}} \tag{3.3.67}$$

而

$$\varepsilon^2=\frac{\Delta}{m_0m_4}=\frac{m_0m_4-m_2^2}{m_0m_4} \tag{3.3.68}$$

ε 为以谱宽度量，其值介于 0～1，小的 ε 值对应于窄谱，能量集中，大的 ε 值对应于宽谱，能量分布于较宽的频率带内。当 $\varepsilon\to0$ 时，式(3.3.66)化为瑞利分布

$$f(\xi)=\begin{cases}\xi e^{-\frac{1}{2}\xi^2}, & \xi>0\\ 0, & \xi<0\end{cases} \tag{3.3.69}$$

而当 $\varepsilon\to1$ 时，有正态分布

$$f(\xi)=\frac{1}{(2\pi)^{1/2}}e^{-\frac{1}{2}\xi^2} \tag{3.3.70}$$

图(3.3.8)表示不同的 ε 值对应的概率密度函数。

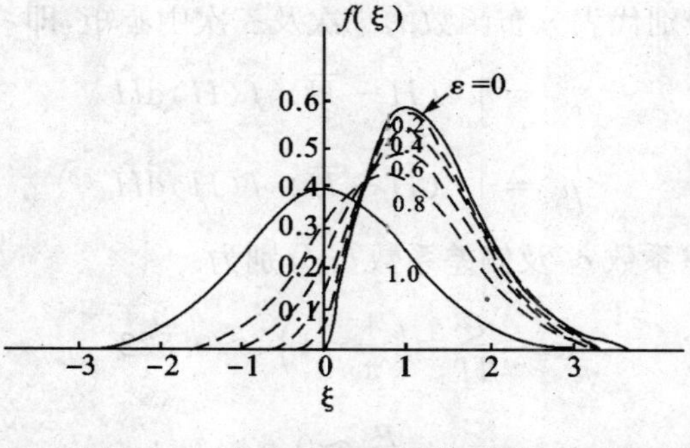

图 3.3.8　式(3.3.66)代表的无因次波面极大值概率密度函数

利用式(3.3.66)可得极大值的平均值

$$\bar{\xi}=\int_{-\infty}^{\infty}\xi f(\xi)d\xi=\left[\frac{\pi}{2}(1-\varepsilon^2)\right]^{\frac{1}{2}}m_0^{\frac{1}{2}}f(\xi) \tag{3.3.71}$$

利用上面的结果可导出 N 个极大值 ξ 中极大值的期望值

$$\bar{\xi}_{max}=2^{\frac{1}{2}}\left\{\left[\ln((1-\varepsilon^2)^{\frac{1}{2}}N)\right]^{\frac{1}{2}}+\frac{1}{2}\gamma\left[\ln((1-\varepsilon^2)^{\frac{1}{2}}N)\right]^{-\frac{1}{2}}\right\} \tag{3.3.72}$$

式中，γ 为尤拉常数(=0.577 22)。

对于不规则波，通常根据上跨零点的方式来定义波高。但是，这种方法只有在窄谱的情形中能够得到具有实际意义的结果。窄谱的能量集中于某一频

率附近，波动内部结构比较简单，由图 3.3.8 可以看出，在 $\varepsilon=0$ 时，波面极大值不小于 0 的情况。按照波动的对称性，波极大值不同时出现在两相邻上跨零点之间。则此时，两种定义波要素的方式是一致的。这样，我们可以认为波面极大值的两倍为波高 H，即

$$H=2\eta_{\max} \tag{3.3.73}$$

则由式(3.3.69)得波高分布

$$f(H)=\frac{H}{4M_0}\exp\left(-\frac{H^2}{8M_0}\right) \tag{3.3.74}$$

由式(3.3.71)得

$$\overline{H}=\sqrt{2\pi M_0} \tag{3.3.75}$$

则式(3.3.74)亦可表示为

$$f(H)=\frac{\pi}{2}\frac{H}{\overline{H}^2}\exp\left(-\frac{\pi}{4}\frac{H^2}{\overline{H}^2}\right) \tag{3.3.76}$$

对应的累积概率为

$$F(H)=\exp\left(-\frac{\pi}{4}\frac{H^2}{\overline{H}^2}\right) \tag{3.3.77}$$

以 μ_2 及 μ_3 分别代表分布函数的二次及三次中心矩，即

$$\mu_2=\int_0^{\infty}(H-\overline{H})^2 f(H)\mathrm{d}H \tag{3.3.78}$$

$$\mu_3=\int_0^{\infty}(H-\overline{H})^3 f(H)\mathrm{d}H \tag{3.3.79}$$

则波高分布的离差系数 c_v 及偏差系数 c_s 分别为

$$c_v=\frac{\mu_2^{\frac{1}{2}}}{\overline{H}}=\left(\frac{4}{\pi}-1\right)^{\frac{1}{2}}\approx 0.522 \tag{3.3.80}$$

$$c_s=\frac{\mu_3}{\mu_2^{\frac{3}{2}}}\approx 0.635 \tag{3.3.81}$$

由分布函数式(3.3.76)的最大值对应的波高 H_m 称为最可能波高，且可由 $\mathrm{d}f/\mathrm{d}H=0$ 得

$$H_m\approx 0.8\,\overline{H} \tag{3.3.82}$$

其他有关波高与平均波高的关系为

$$H_{\mathrm{rms}}=\frac{2}{\sqrt{\pi}}\overline{H}\approx 1.129\,\overline{H} \tag{3.3.83}$$

式中，H_{rms} 为均方根波高。

$$\frac{H_F}{\overline{H}}=\frac{\pi}{4}\left(\ln\frac{1}{F}\right)^{\frac{1}{2}} \tag{3.3.84}$$

H_F 为与累积率 F 对应的波高，其中 $H_{1\%}\approx 2.42\,\overline{H}$，$H_{5\%}\approx 1.95\,\overline{H}$等。

H_P 为将波高按大小次序排列，其中最高的 P 部分的波高平均值，称为 P 部分大波平均波高。$H_{1/3}$ 又称为有效波高，记为 H_s。$H_{1/10}$ 又称为显著波高，它们与平均波高的关系如下：

$$H_{1/3}\approx 1.598\,\overline{H} \tag{3.3.85}$$

$$H_{1/10}\approx 2.032\,\overline{H} \tag{3.3.86}$$

以上我们讨论了波高的分布情况，对于周期和波高分布情况，我们采用一种半经验公式进行讨论。

经过大量资料验证，海浪波长 L 的概率密度与波高一样满足瑞利分布。参照式(3.3.76)可写为

$$f(L)=\frac{\pi}{2}\frac{L}{\overline{L}^2}\exp\left(-\frac{\pi}{4}\frac{L}{\overline{L}^2}\right) \tag{3.3.87}$$

式中，$\overline{L}$为平均波长。

利用线性波理论有 $L=\dfrac{gT^2}{2\pi}$，则可导出周期分布

$$f(T)=\pi\frac{T}{T'^4}\exp\left(-\frac{\pi}{4}\frac{T^4}{T'^4}\right) \tag{3.3.88}$$

其中

$$T'=\sqrt{\frac{2\pi\overline{L}}{g}} \tag{3.3.89}$$

而周期的平均值为

$$\overline{T}=\int_0^\infty Tf(T)\mathrm{d}T=\left(\frac{4}{\pi}\right)^{\frac{1}{4}}\Gamma\left(\frac{5}{4}\right)T' \tag{3.3.90}$$

以$\overline{T}$为参量时，周期分布函数

$$Re=[LT^{-1}]\cdot[L]\cdot\frac{[ML^{-3}]}{[ML^{-1}T^{-1}]} \tag{3.3.91}$$

则极大值对应的最可能周期

$$T_{\max}=\left(\frac{3}{4}\right)^{\frac{1}{4}}\frac{\overline{T}}{\Gamma\left(\frac{5}{4}\right)}=\overline{T} \tag{3.3.92}$$

由概率密度计算得到的离差系数及偏差系数分别为

$$\begin{cases}c_v=0.283\\ c_s=0\end{cases} \tag{3.3.93}$$

以上讨论了波要素于深水，即不受海底影响条件下的分布情况。如果考虑水深 d 的影响，对于波高概率密度(经验上的)有

$$f(H)=\frac{\pi}{2\overline{H}(1-H^*)(1+H^*/\sqrt{2\pi})}\left(\frac{H}{\overline{H}}\right)^{\frac{1+H^*}{1-H^*}}\exp\left[-\frac{\pi}{4(1+H^*/\sqrt{2\pi})}\left(\frac{H}{\overline{H}}\right)^{-\frac{2}{1-H^*}}\right] \tag{3.3.94}$$

式中，$H^*=\dfrac{\overline{H}}{d}$。

波浪传入浅水中周期几乎不变，则周期分布与深度无关，但波长随深度变化，以线性波理论有

$$L=\frac{gT^2}{2\pi}\tanh\frac{2\pi d}{L} \tag{3.3.95}$$

我们得到波长于浅水中的累积分布为

$$F(L)=\exp\left[-\frac{\pi}{4.8}\left(\frac{L}{L_1}\right)^2\tanh^{-2}\frac{2\pi d}{L}\right] \tag{3.3.96}$$

式中，$L_1=\dfrac{g}{2\pi}\overline{T}^2$。

由式(3.3.74)可看出，波高分布与谱的零阶矩 M_0 有关。由式(3.3.75)可利用波高特征与平均波之间的关系导出与谱矩 M_0 之间的关系为

$$H_{rms}=\sqrt{8M_0} \tag{3.3.97}$$

则

$$\begin{cases} H_{1/3}\approx 4.005\sqrt{M_0} \\ H_{1/10}\approx 5.091\sqrt{M_0} \\ H_{1/100}\approx 6.672\sqrt{M_0} \end{cases} \tag{3.3.98}$$

如果令 $f_1(\eta)$ 及 $f_2(\eta')$ 分别代表随机量 η 与 η' 的概率密度，则 η 与 η' 无关，且都满足正态分布。在时间间隔 $(t, t+dt)$ 内，η 以各种可能速度 η' 穿过零线的概率为

$$\int_{-\infty}^{\infty} f_1(0)f_2(\eta')|\eta'|d\eta'dt \tag{3.3.99}$$

则单位时间零点的平均个数为

$$N_0=\int_{-\infty}^{\infty} f_1(0)f_2(\eta')|\eta'|d\eta=\frac{1}{\pi}\frac{\lambda_2}{\lambda_1} \tag{3.3.100}$$

上跨零点定义的周期为

$$\overline{T}=\frac{2}{N_0}=2\pi\frac{\lambda_1}{\lambda_2} \tag{3.3.101}$$

式中，λ_1，λ_2 分别为 η 与 η' 的均方差，其值前面讨论已给出

$$\begin{cases}\lambda_1^2 = \int_0^\infty s(\omega)\,\mathrm{d}\omega = M_0 \\ \lambda_2^2 = \int_0^\infty \omega^2 s(\omega)\,\mathrm{d}\omega = M_2\end{cases} \tag{3.3.102}$$

以谱矩表示时，平均周期为

$$\overline{T} = 2\pi\left(\frac{M_0}{M_2}\right)^{\frac{1}{2}} \tag{3.3.103}$$

而对于波长，由线性理论得到的关系 $L=\frac{g}{2\pi}T^2$ 不能直接应用到平均值上。利用 Neumann 谱按波的谱的方式可导出

$$\overline{L} = \frac{2}{3}\frac{g}{2\pi}\overline{T}^2 \tag{3.3.104}$$

3.3.5　海浪的方向谱

实际海面的波浪场是三维的，波能不但分布在一定的频率范围内，而且也分布在不同的传播方向上。在频谱的基础上进一步研究海浪的谱结构时，应将海浪看做由很多振幅为 a_n，频率为 f_n，初相位为 ε_n，并在 xOy 平面上沿与 x 轴成 θ_n 角方向传播的简谐波迭加而成的。若在 xOy 平面上与 x 轴成斜向的简谐波可写作

$$\zeta(x,y,t) = a\cos[k(x\cos\theta + y\sin\theta) - 2\pi ft + \varepsilon] \tag{3.3.105}$$

式中，k 表示波数。则多向不规则波可由无限个斜向简谐波组成，即

$$\zeta(x,y,t) = \sum_{n=1}^{\infty} a_n\cos[k_n(x\cos\theta_n + y\sin\theta_n) - 2\pi f_n t + \varepsilon_n] \tag{3.3.106}$$

其中，$\theta_n\in[-\pi,\pi]$。如果任何频率间隔 δ_f 和方向间隔 δ_θ 内的组成波能量为 $\frac{1}{2}a_n^2$，则方向谱密度函数 $S(f,\theta)$ 可表示为

$$S(f,\theta)\,\mathrm{d}f\mathrm{d}\theta = \sum_{\delta\omega}\sum_{\delta\theta}\frac{1}{2}a_n^2 \tag{3.3.107}$$

方向谱 $S(f,\theta)$ 给出了不同方向上各组成波的能量相对于频率的分布，或者说在给定频率条件下，$S(f,\theta)$ 表征了组成波能量相对于方向的分布，见示意图 3.3.9。在理论上方向角 θ 的变化范围在 $-\pi\sim+\pi$ 之间，实

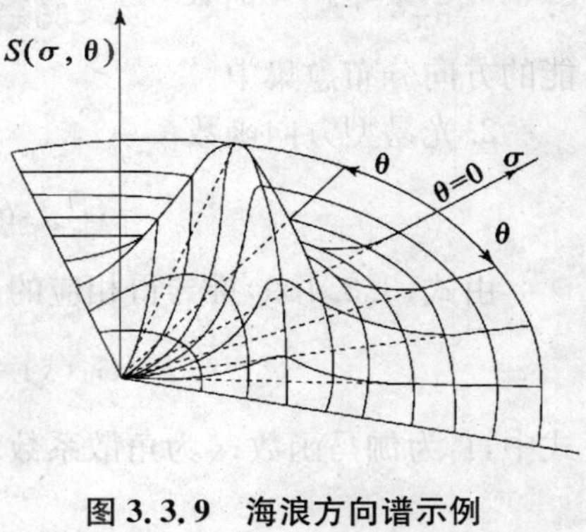

图 3.3.9　海浪方向谱示例

际波浪能量多分布在主波向两侧 $\pm\frac{\pi}{2}$ 甚至更窄的范围内。

海浪方向谱函数一般可写成下列形式：

$$S(f,\theta)=S(f)\cdot G(f,\theta) \tag{3.3.108}$$

式中，$S(f,\theta)$ 为频率谱；$G(f,\theta)$ 为方向分布函数，简称方向函数，它必须符合下列条件：

$$\int_{-\pi}^{\pi} G(f,\theta)\mathrm{d}\theta = 1.0 \tag{3.3.109}$$

研究方向谱主要是确定方向函数，下面介绍几种常用的方向函数。为便于比较，绘制方向谱时采用的波浪要素为 $\overline{H}=2.2$ m，$\overline{T}=7.0$ s。工程应用时，均取 $H_s=1.598\,\overline{H}$，$T_s=1.15\,\overline{T}$，$T_p=1.05T_s$。

1. 简单的经验公式

假定方向分布与频率无关，即

$$G(f,\theta)=G(\theta)=C(s)\cos^{2s}(\theta-\theta_0),\ |\theta-\theta_0|<\frac{\pi}{2} \tag{3.3.110}$$

式中，θ 为组成波的方向；θ_0 为主波向；s 为角散系数，表示波能沿方向分布的集中程度。

采用不同的 s 值，可由式(3.3.109)推导得相应的 $C(s)$ 值：

$$C(s)=\frac{1}{\sqrt{\pi}}\frac{\Gamma(s+1)}{\Gamma(s+1/2)}=\frac{2s!!}{\pi(2s-1)!!} \tag{3.3.111}$$

式中，Γ 为伽马函数；$2s!!=2s\cdot(2s-2)\cdot\cdots\cdot4\times2$；$(2s-1)!!=(2s-1)\cdot(2s-3)\cdot\cdots\cdot3\times1$。当 $s=1$ 时，$C(1)=\frac{2}{\pi}$；当 $s=2$ 时，$C(2)=\frac{8}{3\pi}$；当 $s=3$ 时，$C(3)=\frac{16}{5\pi}$；当 $s=4$ 时，$C(4)=\frac{128}{35\pi}$。s 的取值范围在 1～10 之间，s 取值愈大，波能的方向分布愈集中。

2. 光易型方向函数

$$G(f,\theta)=G_0(s)\cos^{2s}\frac{\theta}{2} \tag{3.3.112}$$

由式(3.3.109)推导得相应的 $G_0(s)$ 为

$$G_0(s)=\frac{1}{\pi}2^{2s-1}\frac{\Gamma^2(s+1)}{\Gamma(2s+1)} \tag{3.3.113}$$

式中，Γ 为伽马函数；s 为角散系数，与频率和风速有关。

$$\begin{cases} s = s_{\max}(\dfrac{f}{f_p})^5, & f \leqslant f_p \\ s = s_{\max}(\dfrac{f}{f_p})^{-2.5}, & f > f_p \\ s_{\max} = 11.5(2\pi f_p \dfrac{U}{g})^{-2.5} = 11.5(\dfrac{C_p}{U})^{2.5} \end{cases} \tag{3.3.114}$$

式中，f_p 为频谱峰频；C_p 为与谱峰频率相应的波速；U 为海面上 10 m 处的风速；$f=f_p$ 时，$s=s_{\max}$ 方向分布最窄。$\frac{C_p}{U}$ 越小，则风浪越年轻，$s_{\max}$ 值越小。光易测得风浪的 $s_{\max}$ 约为 10。

Goda 取谱峰频率 $f_p=1/(1.05T_{1/3})$，建议不同类型的海浪采用不同的 $s_{\max}$ 值，即

$$s_{\max} = \begin{cases} 10, \text{风浪} \\ 25, \text{衰减距离短的涌浪(波陡较大)} \\ 75, \text{衰减距离长的涌浪(波陡较小)} \end{cases} \tag{3.3.115}$$

光易型方向函数与 Bretschneider-光易频谱构成的方向谱如下图所示。

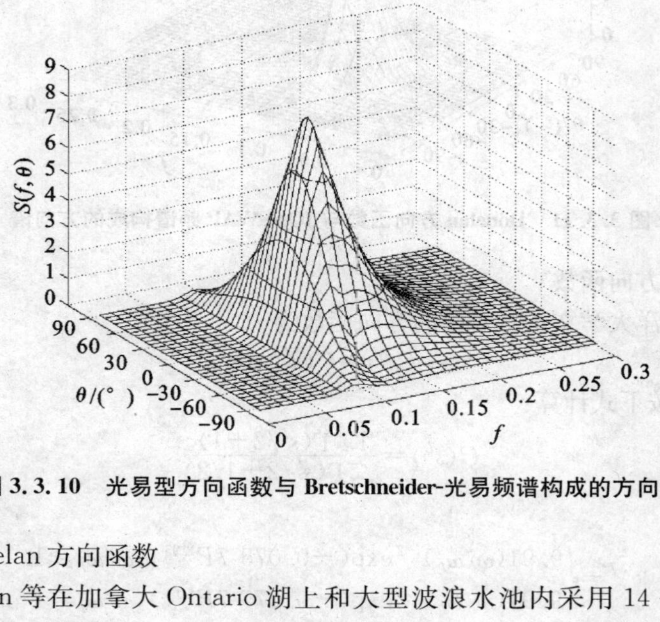

图 3.3.10 光易型方向函数与 Bretschneider-光易频谱构成的方向谱

3. Donelan 方向函数

Donelan 等在加拿大 Ontario 湖上和大型波浪水池内采用 14 个测波仪组成的阵列系统地观测了风浪方向谱，所得资料的 $\frac{C_p}{U}=0.83\sim4.6$，分析得到分布函数为

$$G(f,\theta)=\frac{1}{2}\beta\operatorname{sech}^2(\beta\theta) \tag{3.3.116}$$

其中 β 按式(3.3.117)计算：

$$\beta=\begin{cases}2.61(f/f_p)1.3, & 0.56\leqslant f/f_p\leqslant 0.95\\ 2.28(f/f_p)-1.3, & 0.95< f/f_p< 1.6\\ 1.24, & \text{其他 } f/f_p\end{cases} \tag{3.3.117}$$

该分布函数不含有表征风浪成长状况的参量。当 $f/f_p=0.95$ 时，$\beta_{max}=2.44$，方向分布最集中。

Donelan 方向函数与 JONSWAP 频谱构成的方向谱如图 3.3.11 所示。

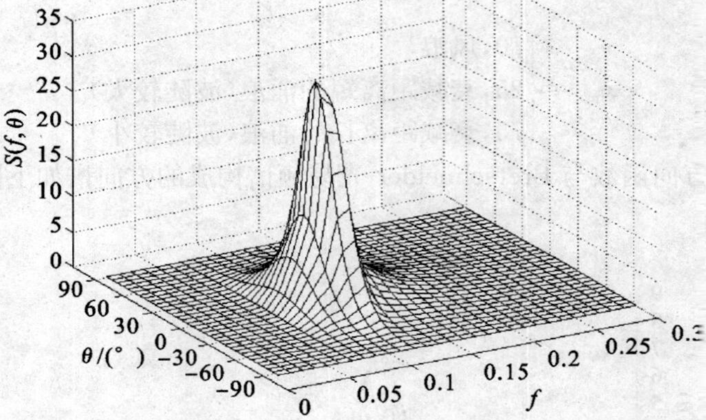

图 3.3.11　Donelan 方向函数与 JONSWAP 频谱构成的方向谱

4. 文氏方向函数

中国海洋大学文圣常提出的方向函数为

$$G(f,\theta)=C(s')\cos^{s'}\theta \tag{3.3.118}$$

其中 $C(s')$ 按下式计算：

$$C(s')=\frac{1}{\sqrt{\pi}}\frac{\Gamma(s'/2+1)}{\Gamma(s'/2+1/2)} \tag{3.3.119}$$

式中，

$$s'=\begin{cases}9.91(\omega/\omega_p)^{-2}\exp(-0.0757P^{1.95}), & \omega/\omega_p\geqslant 1\\ 9.91(\omega/\omega_p)^{4.5}\exp(-0.0757P^{1.95}), & \omega/\omega_p\leqslant 1\end{cases} \tag{3.3.120}$$

P 可由风速 U 表示为

$$P=1.59U\omega_p/g \tag{3.3.121}$$

或用有效波高和有效周期表示为

$$P = 95.3\frac{H_{1/3}^{1.35}}{T_{1/3}^{2.7}} \tag{3.3.122}$$

文氏方向函数与文氏深水风浪谱构成的方向谱如图 3.3.12 所示。

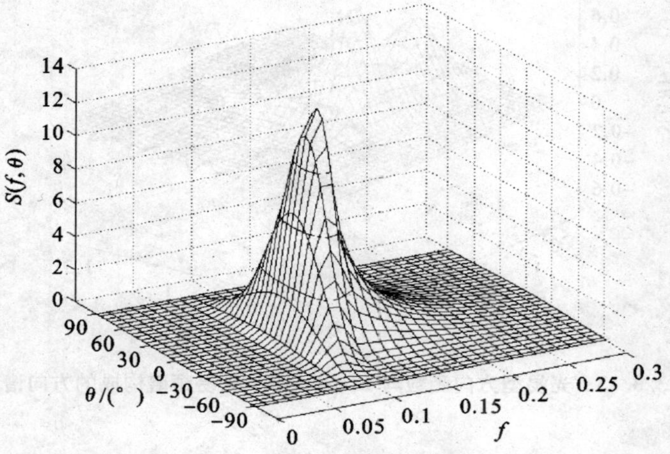

图 3.3.12　文氏方向函数与文氏深水风浪谱构成的方向谱

5. 双峰谱形的方向函数

当有两个不同方向的波浪相互迭加或在入、反射波共存的水域，波浪的方向分布具有两个或多个峰值，可以下式表示：

$$G(f,\theta) = G_0\sum_{i=1}^{I} a_i \cos^{2s_i}\frac{\theta-\theta_{0i}}{2} \tag{3.3.123}$$

式中，$I=2$ 时为双峰谱形分布，a_i 取值不同使双峰的大小不同，G_0 由式(3.3.109)确定。

$$\begin{cases} G(\theta) = \lambda G_1(\theta) + (1-\lambda)G_2(\theta), 0 < \lambda < 1.0 \\ G_i(\theta) = G_{0i}\cos^{2s_i}\dfrac{\theta-\theta_{0i}}{2}, i = 1,2 \\ G_{0i} = \left[\displaystyle\int_{\theta_{\min}}^{\theta_{\max}} \cos^{2s_i}\dfrac{\theta-\theta_{0i}}{2}\mathrm{d}\theta\right]^{-1} \end{cases} \tag{3.3.124}$$

说明：此式是由两个不同主波方向 θ_{0i} 的单峰分布迭加而形成的，调试 λ 值大小可以改变双峰的大小。若方向函数采用光易型方向函数，频谱采用 Bretschneider-光易频谱，其方向谱如图 3.3.13 所示。

方向分布函数还有其他形式，需要时可查阅相关的文献。

海浪由深水传入浅水的过程中，将发生折射、绕射、反射等现象，它们与不同方向的组成波关系明显。此外，近海泥沙的搬运、大型浮体对海浪的响应等皆与波浪的能量方向分布有关。海浪的方向谱成为上述课题研究的基础。

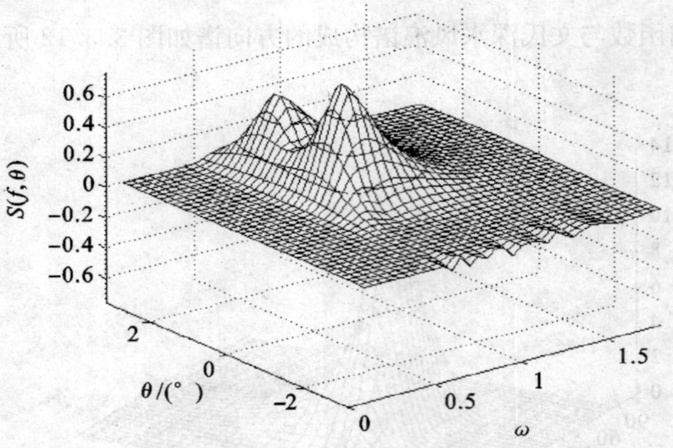

图 3.3.13　光易型方向函数与 Bretshneider-光易频谱构成的方向谱

3.4　波浪的长期统计分析

设计波浪是指设计海岸工程建筑物时所选用的波浪要素。其标准包括两个方面：①设计波浪的重现期标准；②设计波浪的波列累积频率标准。本书前面的章节已经讨论了海浪要素在波列中的分布，即海浪要素的短期分布规律。而设计波浪的重现期标准是在海岸工程设计中选择怎样一个波列作为设计依据，只有选定设计波列后，才能按波列累积频率标准最终确定设计波浪要素。研究海浪的长期分布成为本节的主要内容。

根据波浪资料的不同，海岸工程设计中推求重现期设计波浪的基本方法有以下几种：

(1)海岸地区或邻近海岸水文观测站积累有超过 20 年的连续波浪观测资料，据此得到以特征波如 $H_{1/3}$，$H_{1/10}$ 等表示的波列，组成样本，用概率分析法求得分布规律，再计算重现期设计波浪。

(2)海岸地区或邻近没有海洋观测站，则可利用当地气象台站的风况观测资料或天气图，依据风要素与波要素的关系后报波浪要素，再用第 1 种方法来推定重现期的设计波浪。由于第 2 种方法利用的是间接得到的波浪系列，误差较大，因此应该在驻港地区设置临时观测站，收集资料以验证用气象资料推算的设计波浪要素。

本节主要介绍设计海浪重现值推算的第 1 种方法。

3.4.1　海岸工程波浪设计标准

我国《海港水文规范》给出的波高设计标准见表3.4.1和表3.4.2。

表3.4.1　波高累积率标准

<table>
<tr><th>建筑物型式</th><th>部位</th><th>计算内容</th><th>波高累积频率/%</th></tr>
<tr><td rowspan="2">直墙式和墩柱式</td><td>上部结构、墙身或桩基</td><td>强度和稳定性</td><td>1</td></tr>
<tr><td>基床和护底块石</td><td>稳定性</td><td>5</td></tr>
<tr><td rowspan="3">斜坡式</td><td>胸墙或堤坝方块</td><td>强度和稳定性</td><td>1</td></tr>
<tr><td>护面块石或块体</td><td>稳定性</td><td>13*</td></tr>
<tr><td>护底块石</td><td>稳定性</td><td>13</td></tr>
</table>

*：当平均波高与水深比值$\frac{\overline{H}}{d}<0.3$时，$F$宜采用5%。

表3.4.2　波高重现期标准

建筑物类型	建筑物等级	重现期
直墙式	Ⅰ、Ⅱ、Ⅲ	50年一遇
墩柱式	Ⅰ、Ⅱ、Ⅲ	50年一遇
斜坡式	Ⅰ、Ⅱ	50年一遇
	Ⅲ	25年一遇

对于重要建筑物，如灯塔等遭到破坏将产生特别严重后果的建筑物，可适当提高设计标准。当历史上观测到的最大波高大于50年一遇的大浪时，可考虑以观测到的最大波高进行校核。对于校核港口水域内泊稳度的设计波高，其重现期可根据使用要求确定，但不宜大于2年一遇。

设计波浪的重现期表示波浪要素的长期统计分布规律，因而重现期标准反映了海岸防灾建筑物的使用年限和重要性。需要指出的是，重现期是一个平均的概念，50年一遇的设计波浪不等于建筑物使用期50年内不会出现大于它的波浪。在此，用概率论的方法推求某一重现期设计波浪设计的建筑物在使用期内可能遭遇破坏的概率，称为遭遇概率，以q表示。

假定建筑物设计使用年限为m年，设计波浪重现期为T年，其累积频率为$p=1/T$。在此定义M年中出现的波浪均小于H_p的概率F为安全率，则

$$F=(1-p)^m \tag{3.4.1}$$

由逆事件定理，危险率应为

$$q=1-(1-p)^m \tag{3.4.2}$$

由式(3.4.2)可见，危险率 q 与重现期及建筑物使用年限有关。变换式(3.4.2)可得

$$T=\frac{1}{p}=\left[1-(1-q)^{\frac{1}{m}}\right]^{-1} \tag{3.4.3}$$

工程使用期内出现某一危险率的需要波浪重现期如表 3.4.3 所示。

表 3.4.3　波浪重现期-工程使用期-危险率的关系表

波浪重现期/a ＼ 工程使用期/a ＼ 危险率/%	10	25	50	100
0.10	95	238	475	950
0.25	35	87	174	348
0.50	15	37	73	145
0.75	8	19	37	73
0.99	2.7	6	11	22

显然，工程设计时既考虑使用期，又考虑建筑物可能遭受破坏的危险率是更合理的。实际操作时，应该综合考虑经济效益、破坏损失、社会发展来合理搭配，确定最优重现期。

3.4.2　基于长期测波资料的设计波浪推算

我国《海港水文规范》规定，当工程所在地或其邻近海区有较长期的(20 年以上)波浪实测资料时，可以利用分布方向的年最大波高(以某一特征波表示)组成系列进行分析，以确定各方向不同重现期的设计波浪。无论是采用实测资料还是后报得到，为了拟合经验累积频率点，都要选用理论频率曲线，进而达到外延的目的。对于年极值波高及与其对应的周期的理论频率曲线，一般采用 P-Ⅲ曲线。然而，由于作为样本的实测资料得到的统计参数存在一定的误差，在计算时多由适线法调整参数，存在一定的任意性，特别是当系列中存在少数特大值时，以与实测经验累积频率点拟合最佳为原则，有利于确定合理的重现期设计波浪。

1. 理论分布模型

(1)单因素分布。除了第 2 章介绍的 P-Ⅲ型分布与 Gumbel 分布，Weibull 分布与 Log-normal 分布也是海岸工程极值统计分析的选用分布类型。

P-Ⅲ型分布函数为

$$F(x)=\int_0^x \frac{\beta^\alpha}{\Gamma(\alpha)}(x-a_0)^{\alpha-1}\exp[-\beta(x-a_0)]\mathrm{d}x \tag{3.4.4}$$

式中，a_0，α，β 分别为位置、形状和尺度参数。该分布的均值与均方差如下：

$$\begin{cases}\mu_x=\dfrac{\alpha}{\beta}+a_0\\ \sigma_x=\dfrac{\sqrt{\alpha}}{\beta}\end{cases} \tag{3.4.5}$$

Gumbel 分布函数为

$$F(x)=\exp\{-\exp[-\alpha(x-\beta)]\} \tag{3.4.6}$$

式中，α，β 分别为位置和形状参数。该分布的均值与均方差如下：

$$\begin{cases}\mu_x\approx\dfrac{0.577\ 22}{\alpha}+\beta\\ \sigma_x\approx\dfrac{1.282\ 55}{\alpha}\end{cases} \tag{3.4.7}$$

Weibull 分布函数为

$$F(x)=1-\exp[-(\frac{x-a}{b})^c] \tag{3.4.8}$$

式中，a，b，c 分别为位置、尺度和形状参数。该分布的均值与均方差如下：

$$\begin{cases}\mu_x=a+b\Gamma(1+\dfrac{1}{c})\\ \sigma_x=b^2\left[\Gamma(1+\dfrac{2}{c})-\Gamma^2(1+\dfrac{1}{c})\right]\end{cases} \tag{3.4.9}$$

Log-normal 分布函数为

$$F(x)=\int_{0_+}^x \frac{1}{x\sigma_{\ln x}\sqrt{2\pi}}\exp[-\frac{(\ln x-\overline{\ln x})2}{2\sigma_{\ln x}{}^2}]\mathrm{d}x \tag{3.4.10}$$

式中，$\overline{\ln x}$ 与 $\sigma_{\ln x}$ 分别表示样本序列取对数后的平均值及其均方差。该分布的均值与均方差如下：

$$\begin{cases}\mu_x=\exp(\overline{\ln x}+\dfrac{\sigma_{\ln x}{}^2}{2})\\ \sigma_x=\mu_x\sqrt{\exp(\sigma_{\ln x}{}^2)-1}\end{cases} \tag{3.4.11}$$

(2)复合极值分布。我国东南部海域的大浪通常是由台风引起的，且每年都出现多次台风，从而产生多次大浪。由于每年台风的路线和次数不同，影响到某海域或海岸附近某点的台风次数，每年也就不同，它构成一种离散型分布。而在台风影响下的波高，又可构成一种连续性分布。在此记台风出现次数为 n，台风波高值极大值为 ξ，其分布函数相应为 $G(x)$。若 n 为泊松分布，即

$$p_n=\frac{\lambda^n}{n!}e^{-\lambda},n=0,1,\cdots \tag{3.4.12}$$

若 $G(x)$ 符合 Gumbel 分布，即

$$G(x)=\exp\{-\exp[-\alpha(x-\beta)]\} \tag{3.4.13}$$

式中，α,β 为参数；x 为极值波高观测值。刘德辅与马逢时给出了波高的复合极值分布

$$F(x)=e^{-\lambda[1-G(X)]} \tag{3.4.14}$$

将式(3.4.13)代入式(3.4.14)，并考虑 $p=1-F$，则对应于 p 的重现值为

$$x_p=-\ln\{-\ln[1+\frac{\ln(1-P)}{\lambda}]\}\cdot\frac{1}{\alpha}+\beta \tag{3.4.15}$$

将式(2.3.15)代入式(3.4.15)，得

$$x_p=\overline{x}+\gamma\cdot S_x \tag{3.4.16}$$

式中，$\overline{x}$ 和 S_x 按照式(2.3.16)计算；γ 按下式计算：

$$\gamma=-\frac{1}{\sigma_n}\{\overline{y}_n+\ln[-\ln(1+\frac{\ln(1-P)}{\lambda})]\} \tag{3.4.17}$$

式中，σ_n 和 $\overline{y}_n$ 按照式(2.3.16)计算。为了方便工程应用，将 γ 制成附表 3。

2. 定位公式

定位公式用于估计极值系列中观测的发生频率，其通式为

$$\hat{F}_i=1-\frac{i-\alpha}{N+\beta},i=1,2,\cdots,N \tag{3.4.18}$$

式中，$\hat{F}_i$ 为第 i 个观测值的经验累积频率；N 为系列中观测值总数；α,β 为常数，其值因理论分布不同而异，具体值见表 3.4.4。

表 3.4.4　不同分布定位公式的 α 和 β 取值

分布	α	β	备注
Gumbel	0.44	0.12	c 为形状参数
Weibull	$0.20+0.27/\sqrt{c}$	$0.20+0.23/\sqrt{c}$	
Normal	0.375	0.25	
Log-normal	0.375	0.25	

3. 分布参数的拟合方法

为了估计各种气象水文要素的重现期，要选用不同的理论分布函数来拟合观测系列。工程设计中常用的适线方法有图解法、矩法、最小二乘法、极大似然法。

图解法过去广泛用于洪水频率分析中。很早以前由于没有计算机，手工计算标准差是一项十分繁琐的工作，工程师们更多的是用图解法来求解理论分布，为了减少绘制分布曲线的任意性，针对不同的分布函数，设计出具有不同坐标轴的专用概率格纸（如正态分布概率格纸、Powell 分布概率格纸、Weibull 分布概率格纸等），将分布曲线转换成直线。

矩法则利用系列资料的均值、方差和偏态系数，建立联立方程组来求解未知参数。由于用样本来估计总体参数，特别是偏态系数甚至方差值存在一定偏差，因而给出的参数欠佳。极大似然法则对理论分布函数的数值取似然的极大值来估计未知参数，列出似然方程，通过数值计算求得最佳参数值。由于数值分析的复杂性，目前它在工程设计中的应用还不普遍。

由于 Weibull 分布函数有三个可调参数，因而适用性广，但适配曲线时计算量大。在工程设计中，现在的求解方法多采用图解法，需要试算，反复调整，工作量大。近些年，陈上及采用分步最小二乘法求解 a,b,c 之值，即先确定位置参数 a，再用最小二乘法推求参数 b 和 c，这种方法收敛的快慢取决于 a 的初始值离精确解的远近。董胜提出了 Weibull 分布拟合的非线性最小二乘法，实现了三参数的一举寻优，计算表明，拟合精度较以往方法精度高，且编程计算，省却了大量手工劳动，便于成批资料的处理。

4. 分布拟合假设的统计检验

由于复合极值分布包含了 2 种单一的分布形式，如果每种分布检验都获得通过，则认为假定的复合分布原假设成立。

(1) Poisson 分布的 χ^2 检验。已知总体 $F(x)$ 的 n 个实测值 $x_1, x_2, \cdots, x_n$。$F_0(x)$ 为某一理论分布函数，设原假设 $H_0: F(x) = F_0(x)$，备选假设 $H_1: F(x) \neq F_0(x)$。将样本值从小到大分成 k 组，每组内期望频数不宜少于 5，特别是在两端的组，若频数太小，应与相邻的组进行合并。组内 (x_{i-1}, x_i) 的样本个数记为 ν_i。计算期望频数 nP_i，设给定分布函数 $F_0(x) = \sum_{x=0}^{k} \frac{\lambda^x}{x!} e^{-\lambda}$，则

$$P_i = F_0(x_i) - F_0(x_{i-1}), i = 1, 2, \cdots, k \tag{3.4.19}$$

其中 $0 < P_i < 1$，$\sum_{i=1}^{k} P_i = 1$。计算实测样本值的统计量：

$$\hat{\chi}^2 = \sum_{i=1}^{k} \left(\frac{\nu_i^2}{np_i}\right) - n \tag{3.4.20}$$

若估计参数的个数为 m，给定显著性水平 α，自由度 $(k-m-1)$，当 $\hat{\chi}^2 > \chi^2_{k-m-1}(\alpha)$ 时，则在显著性水平 α 下否定 H_0；反之，接受原假设。

(2)极值分布的K-S检验。设$F(x)$为总体分布函数,$F_0(x)$为已知的理论分布函数,则原假设H_0可表示为$F(x)=F_0(x)$;备选假设H_1:$F(x)\neq F_0(x)$取统计量

$$\hat{D}_n=\sup_{-\infty<x<+\infty} F_n(x)-F_0(x) \tag{3.4.21}$$

如果显著水平$\alpha=0.05$,对不同的样本容量n,可查表得到不同的柯氏检验的临界值$D_n(0.05)$。若$\hat{D}_n<D_n(0.05)$,则接受原假设H_0,拒绝备选假设H_1;否则拒绝原假设H_0。

5. 长期分布拟合中应注意的几个问题

利用长期的波浪观测资料进行统计分析时,应注意如下问题:

(1)波浪观测资料的代表性问题。在收集邻近海洋水文观测站的波浪资料时,首先应注意观测站的地理环境,并与工程地点的地理环境作比较,即分方向检验观测站资料的适用程度。

(2)波高的采样。我国沿岸各观测站的测波资料基本上是使用岸用光学测波仪观测记录的。在报表中,每场波浪的波高仅列出"波高"(相当于$H_{1/10}$)及"最大波高"(相当于$H_{1\%}$)两个特征波。由于观测方法的限制,$H_{1/10}$的准确性比$H_{1\%}$高,后者带有更大程度的偶然性,进行频率分析时应选取$H_{1/10}$组成的系列。

(3)关于波向。波浪观测是按16个方位记录波向的。当需要统计分析某一个方向的波浪时,可将此方向左、右各一个方位(即22.5°)内的波浪均视为该方向的波浪来统计,原因在于波向的观测不是很准确。而若需每隔45°方位角进行统计分析时,则对某一个波向,根据地理位置的特点只能归并入一个相隔的方位中,不能重复。

(4)关于每日四次定时观测。受所用仪器的限制,目前海洋水文观测仅在白天定时进行四次,有可能出现对夜间大浪的漏测,应对列出的年极值进行检验,必要时进行适当调整,以弥补因漏测而造成的误差。例如,当年最大波高出现在某日的11时或14时,则一般不必作任何调整,因为在相隔的3 h内,波浪变化不会很大。若最大值出现在8时或17时,就应分析该日11时或14时及上一日17时或次日8时的风的记录及波浪记录,根据风和浪的增长和衰减情况来判断是否在8时以前和17时以后曾出现过更大的波浪。如果出现过更大的波浪,则应根据天气资料进行适当调整。如因出现过风暴产生灾害性大浪,导致浮筒断缆而漏测,应使用气象资料进行后报,弥补漏测的大浪。

(5)样本资料的独立性。如某一场大浪始于12月底,延续到第二年1月

初，则在此场大浪中只能取出其中最大的一个波高，作为某年的一个极值样本，但不能取另一个作为另一年的样本，因为它们是属于同一场大浪的，互相之间有联系。

(6)资料的一致性。要注意形成统计资料的自然条件有无发生变化。例如，在观测年份中，测波浮筒附近有无兴建人工建筑物；这些资料是否用同一种仪器、同一种方法在同一地点测得的；观测规范有无变更；浮筒位置有无挪动等等。如上述某一条件有明显变化，又无法修正或换算时，则不能将它们笼统组合成一个系列，而应分段或删去某些年份后再组成频率分析系列。

(7)应该考虑工程所在地点与测波浮筒两处水深的差异。已知测波浮筒位于－30 m 等深线处，而工程所在地位于－10 m 等深线处，利用测波浮筒处的实测资料推算出来的波浪只能代表港址外－30 m 水深处的波浪，必须经过浅水变形计算，才能得到工程地点－10 m 处的波浪。

总之，波浪的频率分析是一项细致复杂的工作，当观测年限较短时，拟合结果往往存在出入，应尽可能用多种线型进行反复计算比较，择优适用。特别要留意实测资料的逐年积累，对频率分析的成果进行不断的订正。

例　已知某海域连续 21 年的极大值波高序列，按照降序列于表 3.4.5，要求对不同重现值波高进行计算。

表 3.4.5　年极值波高观测值

序号	1	2	3	4	5	6	7	8	9	10	11
极值波高/m	4.35	4.29	4.03	4.02	3.96	3.88	3.87	3.73	3.64	3.60	3.57
序号	12	13	14	15	16	17	18	19	20	21	—
极值波高/m	3.54	3.50	3.42	3.36	3.28	3.21	3.21	2.99	2.92	2.69	—

解　对表 3.4.2 所示极值波高序列进行 Gumbel，P-Ⅲ，Weibull，Log-normal 分布拟合，所得理论分布曲线分别绘在 Powell 概率纸，Normal 概率纸，Weibull 概率纸，Log-normal 概率纸上(见图 3.4.1)。

对极值波高序列求得 Gumbel，P-Ⅲ，Weibull，Log-normal 等 4 种理论线型各自的分布参数后，进行拟合优度检验，结果见表 3.4.6。

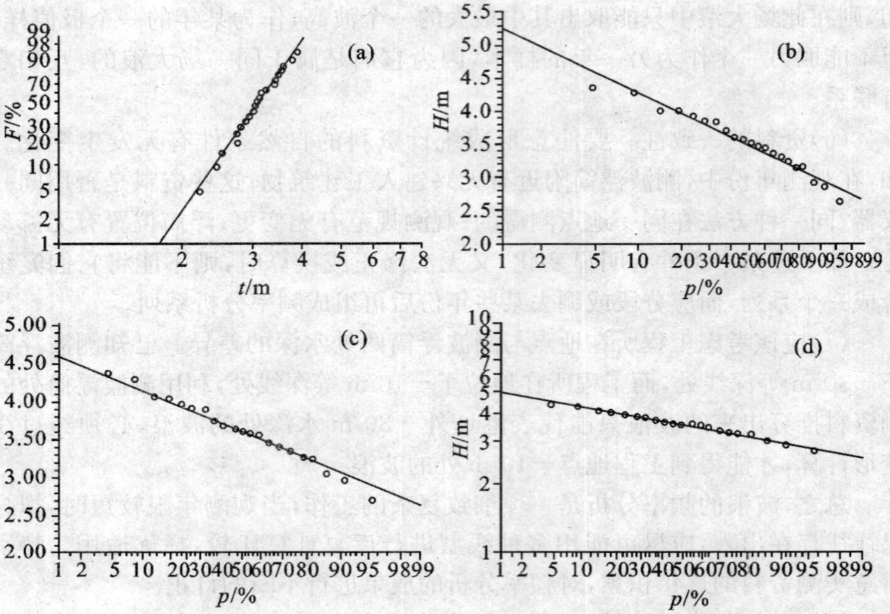

图 3.4.1 年极值波高的 Weibull(a)，Gumbel(b)，P-Ⅲ(c)和 Log-normal(d)分布

表 3.4.6 四种分布柯氏检验统计量

分布类型	Gumbel	P-Ⅲ	Weibull	Log-normal
$\hat{D}_{21}$	0.128 7	0.121 8	0.096 2	0.099 3

当显著水平 α 为 0.05，样本容量为 21 时，柯氏检验的临界值 $D_{21}(0.05)$ 为 0.286。由于本例中 4 种分布的柯氏检验统计量皆小于 0.286，因此，波高序列的 4 种分布均不拒绝原假设，都可用于重现值计算。

将 4 种分布的理论频率与经验频率的离差平方和列入表 3.4.7。可以看出 Weibull 分布的 $\sum$ 值最小，则 Weibull 分布为最佳线型，工程设计中以此理论分布计算重现值。

表 3.4.7 理论与经验频率的离差平方和

分布类型	Gumbel	P-Ⅲ	Weibull	Log-normal
$\sum(10^{-2})$	4.100 9	2.043 1	1.385 5	1.688 8

将 4 种分布所得重现值作成图 3.4.2。对于同一观测序列,不同理论分布所得重现值不同。由图可见,Gumbel 分布所得之小概率设计值最高,Weibull 分布得到的值偏小,Log-normal 所得的相同重现期的设计波高与 Gumbel 分布接近,P-Ⅲ所得的结果稍大于 Weibull 分布所得的值。

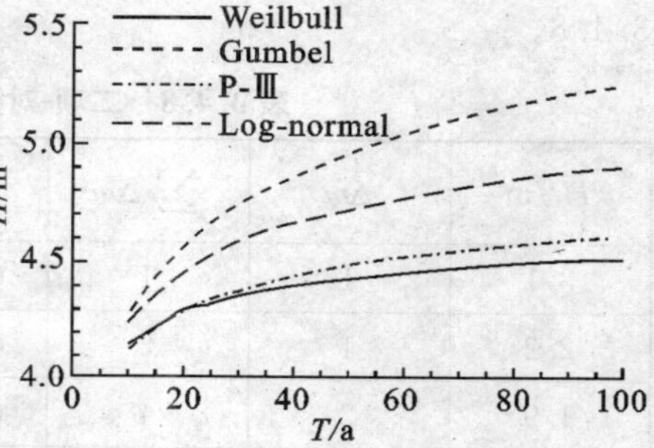

图 3.4.2　4 种极值分布模式的重现期波高曲线

3.4.3　基于短期测波资料的设计波浪推算

当工程地点或其邻近海域没有实测资料可以利用时,往往在工程地点设立临时性的观测站进行波浪观测,待资料积累到至少一整年后,就可以对短期的波浪资料进行频率分析。

1. 理论分布

首先介绍一种具有理论基础的二项-对数正态复合分布。对于的短期波高资料,经过试算,可以找到一个计算起始波高 H_0,使不小于 H_0 的日极值波高 $H_i(i=1,2,\cdots,n)$的分布符合对数正态分布。设中间变量

$$x=\frac{\ln(H-b_0)-a}{\sigma} \tag{3.4.22}$$

式中,b_0 为使经验点符合对数正态分布,经过试算,从波高中减去的常数;a 与 σ 是随机变量经过转换后的均值与均方差,按下式计算:

$$a=\frac{1}{n}\sum_{i=1}^{n}\ln(H_i-b_0) \tag{3.4.23}$$

$$\sigma=\sqrt{\frac{1}{n}\sum_{i=1}^{n}[\ln(H_i-b_0)-a]^2} \tag{3.4.24}$$

若每年按 365 天计,则推导出二项-正态复合极值分布的函数表达式:

$$\frac{1}{\sqrt{2\pi}}\int_{-\infty}^{x}\mathrm{e}^{-\frac{t^2}{2}}\mathrm{d}t=1-\frac{365}{\bar{n}}\left[1-(1-p)^{\frac{1}{365}}\right] \tag{3.4.25}$$

式中,$\bar{n}$为每年所取波高值的平均次数;若重现期为 T,则 $p=1/T$。对于不同的$\bar{n}$和 p 值,可以构造出二项-正态复合极值分布表,见附表 4。于是由式(3.4.22)得多年一遇的设计波高的计算公式为

$$H_R=b_0+\mathrm{e}^{a+\sigma x_R} \tag{3.4.26}$$

例　某海洋水文观测站有一年的实测波高资料,其日最大波高统计于表

3.4.8。

表 3.4.8 二项-对数正态分布未知参数估计

H_i/m	Δm	$\sum \Delta m$	P/%	$\ln(H_i-b_0)$	$[\ln(H_i-b_0)-a]^2$
3.1	1	1	0.003 1	1.131 4	2.153 5
2.2	1	2	0.006 1	0.788 5	1.264 5
1.9	2	4	0.012 3	0.641 9	0.956 3
1.8	4	8	0.024 5	0.587 8	0.853 5
1.7	1	9	0.027 6	0.530 6	0.751 2
1.6	1	10	0.030 7	0.470 0	0.649 7
1.5	5	15	0.046 0	0.405 5	0.549 9
1.4	5	20	0.061 3	0.336 5	0.452 3
1.3	10	30	0.092 0	0.262 4	0.358 1
1.2	13	43	0.131 9	0.182 3	0.268 7
1.1	9	52	0.159 5	0.095 3	0.186 1
1.0	22	74	0.227 0	0.000	0.112 9
0.9	21	95	0.291 4	−0.105 4	0.053 2
0.8	34	129	0.395 7	−0.223 1	0.012 8
0.7	60	189	0.579 8	−0.356 7	0.000 4
0.6	46	235	0.720 9	−0.510 8	0.030 5
0.5	53	288	0.883 4	−0.693 1	0.127 5
0.4	37	325	0.996 9	−0.916 3	0.336 7
$\sum$	325			−109.221	48.586 5
$b_0=0$ $a=-0.336\ 1$ $\sigma=0.386\ 6$					

经过试算，当采用 $H_0=0.4$ m，$b_0=0$ 时，各经验点在对数正态概率格纸上基本呈直线分布，见图 3.4.3。按式(3.4.2)与(3.4.3)得 $a=-0.336\ 1$，$\sigma=0.386\ 6$。100 年一遇和 50 年一遇的设计波高分别为 3.4 m 和 3.2 m。

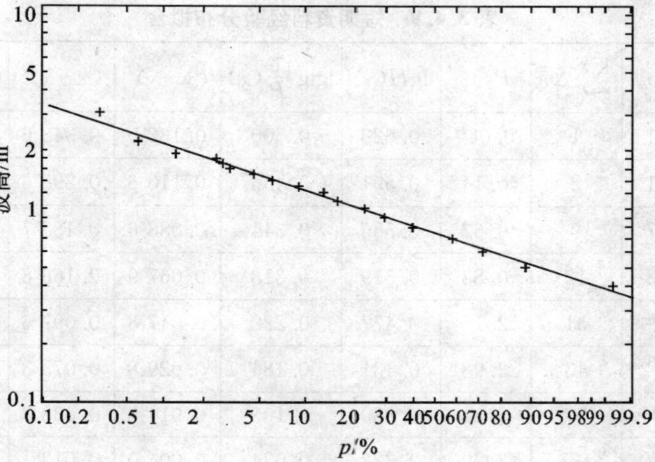

图 3.4.3　某观测站一年日极值波高的频率分布

2. 经验分布

用短期测波资料进行频率分析时，一般采用全部或日最大波高值作为样本，利用不同的坐标转换，使经验频率点在各种专用坐标纸上近似呈直线分布，然后用最小二乘法求出直线方程，就可利用外延法估计多年一遇的设计波高。下面介绍几种工程实用线型。

(1)波高以均匀坐标表示，大于或等于某波高的累积频率 P 以对数坐标表示。

(2)波高以对数坐标表示，横坐标采用 $1/P$ 的二次对数表示。

用短期测波资料推求设计波高时，多年一遇的波高的累积频率可计算如下：若在 a 年中观测波浪共 n 次，则年中最大值的累积频率为 $P_a=1/n$，由此推断 b 年中期望出现的波高次数为 $b\cdot(n/a)$ 次，则 b 年中最大值的累积频率为

$$P_b=\frac{a}{b_n}=\frac{a}{b}P_a \tag{3.4.27}$$

式中，P_a 表示 a 年观测中最大波高的累积频率；P_b 表示 b 年一遇设计波高的累积频率。

例　在某海域用测波仪记录下每日四次波高，对一整年测波资料统计后列入表 3.4.9，试求设计波高。

表 3.4.9　短期资料经验分布拟合

$H_{\frac{1}{10}}$/m	Δm	$\sum \Delta m$	P/%	$\lg H(y)$	$\lg\lg \frac{1}{P}(x)$	$(y-\overline{y})^2$	$(x-\overline{x})^2$	$(y-\overline{y})(x-\overline{x})$
≥4.2	1	1	0.069	0.623	0.500	0.132 9	0.348 6	0.215 3
3.9～4.1	1	2	0.14	0.591	0.456	0.110 6	0.298 6	0.181 7
3.6～3.8	7	9	0.62	0.556	0.344	0.088 6	0.188 7	0.129 3
3.3～3.5	3	12	0.83	0.519	0.318	0.067 9	0.166 8	0.043 5
3.0～3.2	19	31	2.15	0.477	0.222	0.047 8	0.097 6	0.068 3
2.7～2.9	12	43	2.98	0.431	0.184	0.029 8	0.075 3	0.047 4
2.4～2.6	34	77	5.33	0.380	0.105	0.014 8	0.038 2	0.023 8
2.1～2.3	50	127	8.79	0.322	0.024	0.004 0	0.013 1	0.007 3
1.8～2.0	67	194	13.43	0.255	−0.059	0.000 0	0.001 0	−0.000 1
1.5～1.7	121	315	21.80	0.176	−0.179	0.009 7	0.007 8	0.007 3
1.2～1.4	192	507	35.10	0.079	−0.342	0.032 2	0.063 3	0.045 1
0.9～1.1	284	791	54.74	−0.046	−0.582	0.092 7	0.241 7	0.149 6
0.6～0.8	325	111 6	77.23	−0.222	−0.950	0.230 8	0.738 9	0.413 0
0.3～0.5	174	129 0	89.27	−0.523	−1.307	0.610 6	1.480 1	0.950 7
0.0～0.2	154	144 4	99.93	—	—	—	—	—
总和						1.472 4	3.759 6	2.282 0
平均				0.258 4	−0.090 4			

将 $\lg H_{1/10}$ 与 $\lg\lg \frac{1}{P}$ 绘于普通坐标纸上，见图 3.4.4，可见经验累积频率点的分布近似呈直线分布，进一步用最小二乘法拟合得 50 年一遇设计波高为5.37 m。

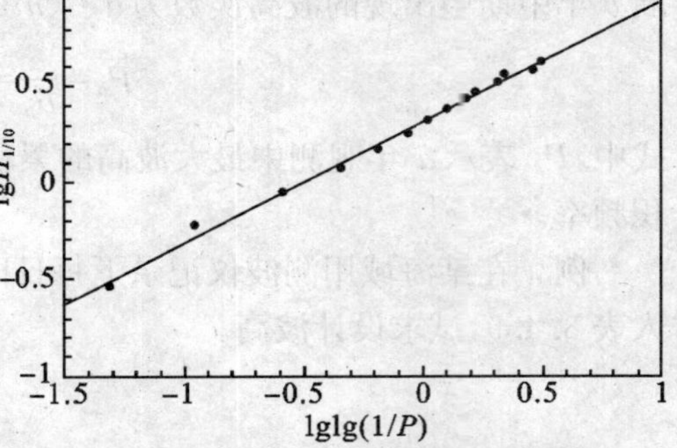

图 3.4.4　某海域一年全部 $H_{1/10}$ 波高的频率分析

3.4.4　与设计波高相对应的设计周期的推算方法

设计波高和设计周期是工程设计波要素的两个要素。目前波高与周期的联合分布只有在深水海域、波浪谱为窄带谱的条件下才能确定，因此实际工程中常常对波高和周期分别进行频率分析，以确定设计要素。

波高与周期的大小是不对应的，即年极大值波高对应的平均周期未必是当年的极值，它可能比年极值要小。因此，不能选取某波向平均周期的年极大值作为样本，而应该取与波高年最大值 H 相对应的平均周期 $\overline{T}$ 所组成的由大到小排列的系列进行频率分析，其分析方法与波高的频率分析相同。此时，理论频率曲线仍采用 P-Ⅲ型曲线或其他线型，以与经验累积频率点拟合最佳作为选定线型的标准。应该说明，此法一般适用于当地大的波浪主要为涌浪和混合浪时，若主要为风浪，则明显偏大。

图 3.4.5 为某观测站 SE 向 26 年资料中，与年极值波高 $H_{1/10}$ 对应的平均周期 $\overline{T}$ 所组成系列的 P-Ⅲ型分布拟合结果。通过计算得到与设计波高对应的 100 年一遇和 50 年一遇的平均周期分别为 11.1 s 和 10.7 s。

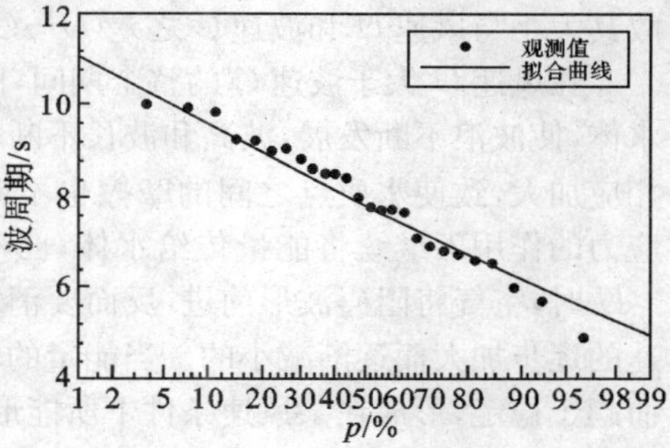

图 3.4.5　某站 SE 向与年极值波高对应的平均周期频率分析

由于我国地域辽阔，至今还没有一种普遍适用于各种情况的概率分布律，工程实践中，最好选取多种理论线型进行比较分析，从中选优。虽然频率分析法在定量上给出进行工程设计时所需要的设计参数，但仍存在一些问题，如有些测站波浪观测年限短，序列的代表性不足，当观测资料中有几年的年极值数值相等时，经验点与理论分布曲线间配合较差。有鉴于此，历史上出现过的特大波浪是宝贵的验证资料，它在直观概念上明确，应仔细加以分析，通过综合分析来确定设计标准。

3.5　外海风浪尺度推算

虽然利用实测资料来推算设计波浪是比较理想的，但是当工程地点或其邻近海域没有海洋观测站时，则必须根据当地的历史气象资料来推算风浪尺度。

3.5.1　风浪的生成、发展和衰减的机理

1. 风浪的形成

根据流体力学的观点，空气和海水互相接触并发生相对运动时，在其分界面上形成界面波，即风浪。20世纪中叶，学者们提出了风浪成长的共振理论和剪流理论，逐步发展成为现代波浪形成理论的基础。

波浪形成理论将风对水面的作用力分为两部分：风与水面间的切应力 τ 和风作用在波浪迎风面上的法向正压力 N（图 3.5.1）。切应力 τ 与风速 U 成正比，因为水质点主要在原地作振荡运动，波速是位相速度，故 τ 与波速 C 无关。法向正压力 N 使波浪的迎风面和背风面形成压力差，故其大小与风速 U 和波速 C 之差$(U-C)$成正比。

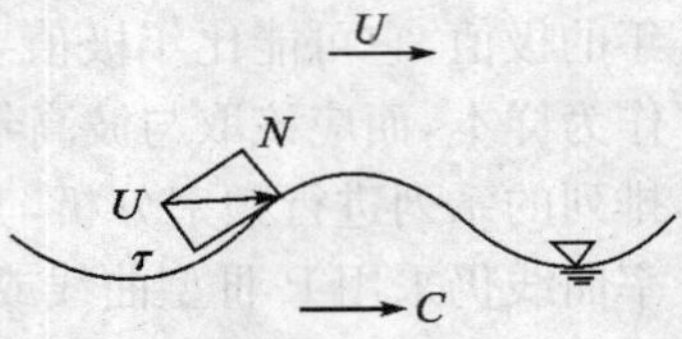

图 3.5.1　风对水面的作用力

在风速 U 大于波速 C 的整个期间，由于 τ 和 N 的作用，风将能量不断传给水体，使波浪不断发展，波高和波长不断增大。随着波浪尺度的增大，波速 C 也相应加大，致使水质点之间的摩擦也不断加大。当波速接近风速时，风仅在切应力的作用下继续将能量传给水体，已不通过正应力传给海水以能量，而当 $C>U$ 时，空气将阻碍波形前进，反而要消耗波浪的能量，故总的输入能量是随波速的逐步加大而逐渐减小的。当能量的输入等于能量的消耗时，波浪不再发展而趋于稳定，形成在某风速条件下所能形成的最大波浪。

风停止后，海水无新能量输入，一部分波能向四周传播扩散，另一部分波能不断消耗于水体内部的分子黏滞性和紊动黏滞性影响。此外，空气阻力、海底摩擦和渗透也消耗波浪的部分能量，促使波浪逐渐衰减，直至最后消亡。

以上关于风浪成长过程的解释是比较粗略的，例如，风对水面的切应力 τ 与风速 U 的关系在开始阶段（水面保持平静时）和风浪产生后（水面波动时）并不相同，同样，正压力 N 与风速—波速的关系$(U-C)$在不同波浪尺度时也有变化。此外，这种解释忽略了波动水体对气流的反作用等，但由于这种解释较为简便，目前仍被广泛应用。

总之，波浪的生成、发展和衰减取决于水体能量的摄取和消耗之间的数量关系，当能量输入大于消耗时，风浪将成长发展；反之，波浪将趋于衰减直至消亡。

2. 影响风浪成长的因素

风浪的发生、发展和衰减与下列因素有关：①风速 U；②风作用于水面的持续时间 t，简称风时；③风对波浪发展有影响的作用域长度，即风区长度 F，简称风距；④风浪传播过程中所遇到的地形、水深条件；⑤海流的影响。上述诸多因素中，前三者的影响最大，它们合称为风场三要素。下面分述它们与风浪的关系。

(1)风速。风速U的大小对风浪成长的影响最为明显。由于风对水面作用的切应力τ正比于U,正压力N正比于$(U-C)$,所以,一般地说,风场风速越大,所产生的波浪也越大。确定风速、风向时,应尽量依据岸站测风资料和船舶报资料,并注意其观测特点和当时天气形势。缺乏实测资料时,可根据地面天气图上等压线的分布进行计算。

(2)风时。风时指风速、风向基本不变的情况下,风连续作用在海面上的时间。风作用于海水形成风浪,所以,一般地说,在风速不变的条件下,风对水面作用的持续时间越长,水体获得的能量越长,波浪也就越大。

(3)风距。风距指风的吹程。为确定风距必须先确定风场或风区,风区是指海面上风速、风向基本相同的一水域范围。而风距是指在一定风况下,对某特定点形成波浪有实际作用的风区范围及其水域长度。由于风浪的发展需要有一定范围的水域,一般地说,在风速不变的条件下,风距越大,波浪也越大。小水库中无论如何也掀不起像大海中那样的大浪,原因在于风距太小。

风区分为固定风区和移动风区。所谓固定风区,是指引起风浪的某一场风暴,从它发生到消亡的过程中,整个风区在平面上的位置基本不变,称为固定风区。而移动风区指在台风情况下,其风区在平面上的位置是随着台风中心移动而变化。

从深水的风区到风区外浅水岸边工程所在地,波浪的传播和变化过程可分为三个阶段:①风区中风浪的发生和发展;②风区外风浪(深水波)转变成涌浪继续传播,此时波浪将逐渐衰减;③涌浪进入近岸浅水区发生波浪变形。在许多情况下,往往难以明显地区分出波浪衰减阶段。

3. 风浪发展的三种状态

在风速一定的条件下,风浪发生后,其波高与波长将随风时或风距增长而增大,称为风浪的成长。风浪往往只受制于风时,或只受制于风距,风时和风距并非同时起着控制作用,由此形成不同的风浪状态。

(1)风浪的过渡状态。风速很大而且风场宽阔,风浪的成长取决于风时的长短,这种风浪属于过渡状态。

(2)风浪的定常状态。风速很大但风场范围很小,一定时间后,海域范围内波浪要素趋于定常,不再随时间变化。但海域各点的波浪要素并不相同,而取决于各点的位置或风距,风距越大,风浪也越大,这种风浪属于定常状态。

(3)风浪的充分成长状态。如果风时和风距都足够大,在一定的风速条件下,风浪也不再增大而达到该风速条件下的极限状态,称为风浪的充分成长状态。按海域水深条件,充分成长状态的风浪又可分为深水充分成长和浅水充分成长状态,后者是风浪的充分成长受制于水深而达到的极限状态。

4. 判断风浪状态的标准

如何判断风区内某点某时的风浪处于何种状态呢？在此引进最小风时 t_{min} 和最小风距 F_{min} 的概念。

(1)最小风时。在一定风速 U 下，在给定的风区长度 F 处出现最大波浪，即达到定常状态，所需的最短时间称为最小风时，记为 t_{min}。若实际风时 $t<t_{min}$，则风浪随风时变化处于过渡状态，在风浪推算时取实际风时 t 作为计算风时。若 $t>t_{min}$，由于风距的限制，风浪不能继续增大而处于定常状态，风浪推算时取 t_{min} 作为计算风时。

(2)最小风距。在一定风速 U 下，在给定的风时 t 时产生最大波浪所需的最短风距，记为 F_{min}。当实际风距 $F<F_{min}$ 时，风浪受制于风距，处于定常状态，风浪推算时取 F 作为计算风距。当 $F>F_{min}$ 时，则风浪受制于风时而处于过渡状态，风浪推算时，取 F_{min} 作为计算风距。

显然最小风时 t_{min} 和最小风距 F_{min} 取决于风速 U 的大小，U 越大，其相应的 t_{min} 和 F_{min} 也越大。

综上所述，如风区足够大，在给定时刻，风区内可能有两种风浪状态同时存在。在 $F>F_{min}$ 的位置，风浪处于过渡状态，在 $F<F_{min}$ 的位置，风浪处于定常状态。显然，随着时间的推移，定常状态的范围将逐渐扩大。对于指定的位置，风浪总是先处于过渡状态，而后发展到定常状态。

当风区内水深大于波浪的半波长时，水底对波浪的影响可以忽略不计，反之，当波浪增大，深度相对变小时，水深将影响风浪的成长，此时影响风浪成长的因素除 U，t 和 F 外，还应包括水深 d。在风速很小或风浪处于初始阶段的情况下，由于风浪尺度小，浅水中风浪的成长和深水中几乎没有差别，波浪要素取决于 U，t 和 F。如风速增大，风时和风距也较大，风浪成长到足够大后，水深 d 将限制风浪继续增大而达到浅水充分成长状态，此时波浪要素取决于 U 和 d。

3.5.2　风场要素的确定

利用气象资料推算风浪时，首先需要确定风场要素（风速、风时和风距）和水域的深度，然后根据风场要素与波浪要素之间的关系，进行风浪预报（或后报）。下面着重论述风场要素和水域深度的确定方法。

工程设计中，确定风场要素的方法一般有两种。其一是采用工程地点附近岸上气象台站的长期风况观测资料或海域上较可靠的船舶报送的海上测风资料作为依据来分析海上的风速、风向和风时。此方法适用于风区靠近岸边或水域较小的情况。其二是利用地面天气图来确定风场的位置和风场要素。此方法适用于推算离岸较远的海域风浪和由台风引起的风浪。

1. 风速的确定

风速对风浪要素的影响最大，根据资料的不同，风速的选取和计算有如下几种方法。

(1)利用实测资料确定风速。如果风区内的气象台站具有多年的实测风速资料，即以风速记录进行风浪的推算。如果风区内建有多个观测站，则以平均值作为风区的平均风速。

(2)利用地面天气图计算地转风速。具体方法见第二章。需要注意的是：根据天气图确定某一时刻海域风速时，应对风区附近的等压线进行检查，作必要的修正。确定风区所在地的平均纬度 ϕ_0 在风区内有代表性的位置处量取相邻两等压线间的间隔 Δn，若有数条等压线且分布疏密不均匀，可取某平均值，Δn 以当地纬距(°)表示。确定当时海水与空气间的温度差 ΔT，最后确定海面风速。

(3)计算时段内的平均风速。在气象记录中所查取的某一场大风的资料，在一定的风时内，风速可能是变化的。由于风浪要素尺度与风速的关系是非线性的，而与风速的数次方成比例，不能取时段两端风速的平均值来计算风浪要素。设该段时间开始和终了时的风速分别为 U_1 和 U_2，则在风速由小到大上升和由大到小降低的两种情况下，平均风速分别按照以下公式计算：

$$U=\begin{cases}0.3U_1+0.7U_2, & U_1<U_2\\ 0.2U_1+0.8U_2, & U_2>U_1\end{cases} \tag{3.5.1}$$

以上两式表明，平均风速都着重考虑后一时刻的风速值，这是与实际情况相符。由于以上两式的使用范围为 6～12 h，若在很长时间(如几十小时)内风速不断变化时，应将整个时程划分为若干时段，每段历时 6～12 h，再分别计算各段的计算风速，按分段逐步推算风浪要素。

(4)风速的高度修正。关于风速选取标准，如用船舶测风资料，可以不作风速修正。如用气象台站的观测资料，必须将风速修正为海面上 10 m 高度处的平均风速。如利用地面天气图，可根据等压线的间隔，按照求解地转风速的方法直接求得海面上 10 m 高度处的风速。

2. 风距的确定

风浪要素推算时选取的风场，在其方向和风速发生明显改变之处，或位于水域的边界处，可选为风区的边界。

在推算较小水域的风浪时，如工程地点位于海湾之内，风区的范围包括整个水域，可简单地取某方位的对岸距离作为计算风距。图 3.5.2 所示为我国渤海湾内，对于 A 点而言，各风向的风距选取的做法。

如果水域开阔，则需要根据所选取的风场对应的天气图来确定风区。具体操作时，一般可忽略风向与等压线的夹角，近似地认为只要某点的等压线方向(即该点的切线)同该点与工程地点连线的夹角不超过 30°(等压线较平直时)或 45°(等压线曲率较大时)，即可将该点划入风区内，并认为等压线的切线方向就代表该点的风向。如图 3.5.3 所示，对较平直或弯曲的等压线分别用一个 30°或 45°的三角板，令其一边通过工程地点，移动三角板，将其 30°或 45°的另一边恰好切在等压线上，此点即待定风区边界上的一点，连接各条等压线上的点，可得划定风区的边界。

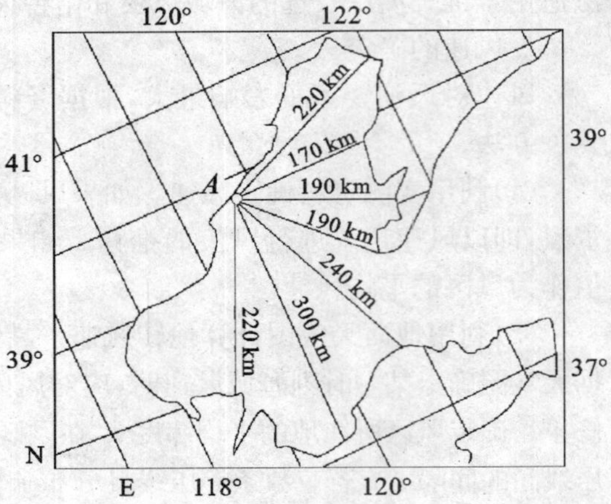

图 3.5.2 海湾的风距确定

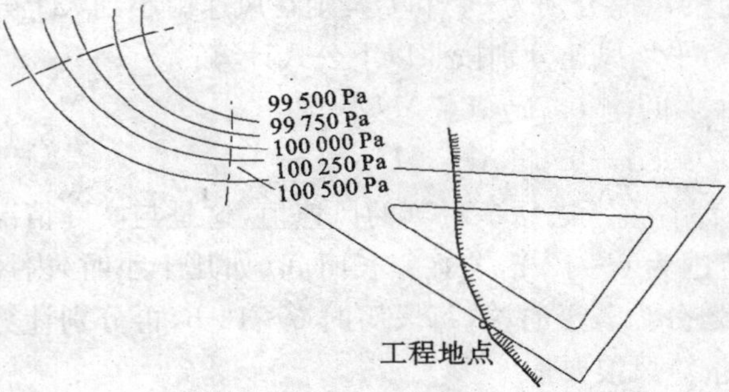

图 3.5.3 风区边界划定

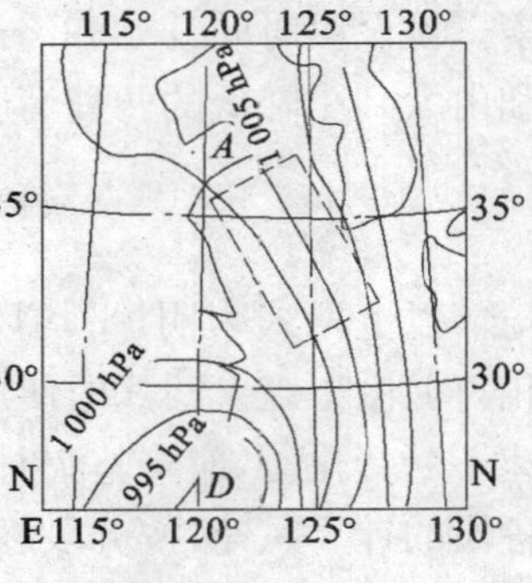

图 3.5.4 风区划定示意图图

在开敞海面或大洋中，可以认为该风区的宽度与长度相等，从而忽略风区宽度对风浪成长的影响。而在近海或河口、海湾，甚至湖泊、水库中，风区长度往往远大于其宽度。此时，风区宽度将对风浪成长产生限制性影响，风区长度须改用有效风距 F_E。其确定方法如下：

(1)风区接近矩形，其宽度能明确地量出，如图 3.5.4 所示时，有效风距 F_E 可按 Saville(塞维里)1954 年提出的曲线确定(图 3.5.5)。图中横坐标为风区的宽长比，W 为风区宽度，F 为风区长度，纵坐标为有效风距 F_E 与风距 F 之比。风浪推算时应以 F_E 代替 F 作为计算风距。

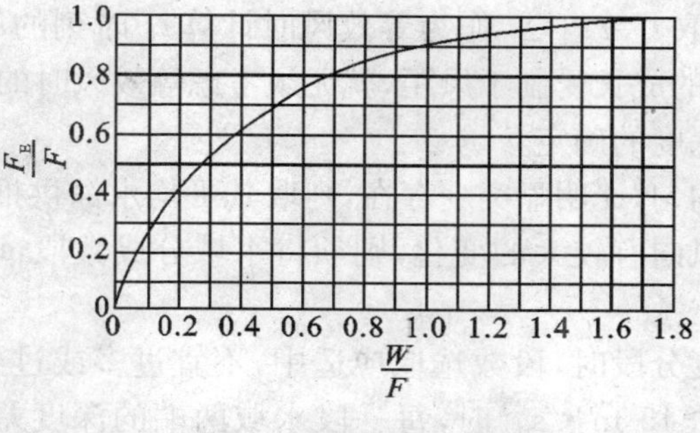

图 3.5.5　矩形风区情况下，有效风距的确定

(2)水域较狭窄、形状不规则或有岛屿等阻碍物时，有效风距可按下式计算：

$$F_E=\frac{\sum_{i=1}^{n}F_i\cos^2\alpha_i}{\sum_{i=1}^{n}\cos\alpha_i},i=0,\pm1,\pm2,\cdots \tag{3.5.2}$$

式中，各 F_i 用图解法确定：从港址沿主风向作一直线为主射线，此线的 $i=0$，$\alpha_0=0°$，风距 F_0 为沿主风向的风距；从预报点在主射线两侧各 45°范围内，每隔 7.5°作一射线，它们与主射线的夹角为 $\alpha_i=i\times7.5°$，沿各射线的对岸距离即为 F_i，见图 3.5.6。可见在这种情况下，有效风距 F_E 指在范围内各风距在主风向上投影的加权平均值。

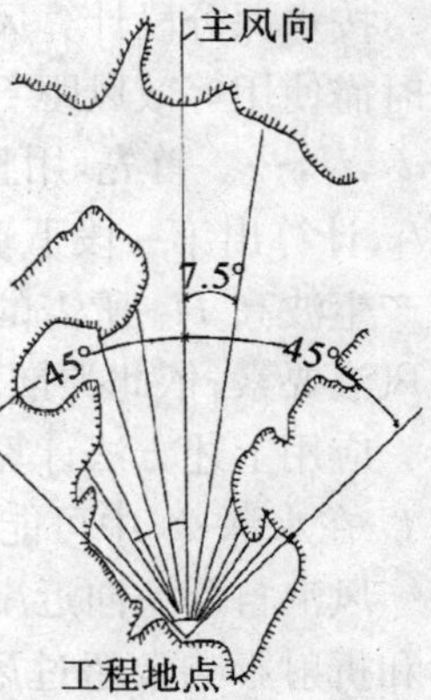

图 3.5.6　不规则水域情况下，有效风距的确定

3. 风时的确定

在形成风浪的风区靠近岸边或水域较小时，风浪多处于由风距控制的定常状态，而风距为工程地点沿风向到对岸距离，风浪的成长与风时无关，无须确定风时。

当风区较长时，须取与所采用的风速相对应的实际风时作为计算风时。采用天气图确定风场要素，可将两张天气图的时间间隔 Δt 取为风时。

相对于某一选定的风区，如某时刻 t_1 以前风速小于 $5\ \mathrm{m\cdot s^{-1}}$，而自 t_1 至 t_2 时刻风向大致相同，风速增大，则在计算 t_2 时刻的风浪时，取 t_2 至 t_1 的时间间隔 Δt 作为计算风时。

如果自 t_1 至 t_2 时刻风向不变，在 t_1 时风区内已存在波高为 H_1 的风浪，此时应先计算在 t_1 至 t_2 时间内的平均风速作用下产生波高为 H_1 的风浪所需的

等效风时 t_e，然后取 $t=t_e+\Delta t$ 作为等效风时计算 t_2 时刻的风浪要素。如果实际风时很大，风浪的成长受制于风距，就无须考虑等效风时的作用。

4. 水域平均深度的确定

风区内水深均匀，无明显突变存在，则取其平均水深供推算风浪时使用；如风区内的水深沿风向有较大的变化，则须将水域分成数段，取各分段的平均水深作为计算水深。

将水域按深度分段时，段数选取应适中，不宜过多或过少。水深逐渐变浅或变深和风速 $U \geqslant 15\ \mathrm{m \cdot s^{-1}}$ 时，每一段水域两端的深度差 Δd（m）可参考表 3.5.1确定。

表 3.5.1 按深度划分水域的两端水深差值参考表

水深范围/m	>30	30～20	20～10	<10
Δd/m	10	5	3	2

按水深分段计算风浪要素的方法，适用于风浪要素受制于风距 F 的情况，此时需使用等效风距 F_e 的概念。设分段后的平均水深为 d_1, d_2 …，分段长度为 l_1, l_2，…。首先，用整个风区的平均风速 U、第一段水深 d_1 及第一段风距 $F_1=l_1$，计算出第一段下端的波高 H_1；其次，计算同一风速 U 作用于水深 d_2 时，为产生波高 H_1 所需的等效风距 F_{e2}，然后，取 $F_2=F_{e2}+l_2$ 来计算第二段下端的风浪要素；依此类推。

应用上述方法计算风浪要素时，尚应符合条件 $H<(H_2)_{\max}$。$(H_2)_{\max}$ 为风速 U 在水深 d_2 中可能产生的最大波高，即浅水充分成长的波浪。

风浪自外海向近岸浅水域传播时，随着水深变浅，水底坡度增大，波浪的变形和折射影响常超过风的影响。因此，风浪要素的推算应限于某一最小水深处，即波浪折射计算的起始水深处。

3.5.3 外海风浪要素的确定

风场要素求得后，即可利用风场要素与波浪要素之间的关系，确定波浪要素随时间或位置的变化。

至今，国内外提出了许多波浪预报的方法，其中经验性的方法限于实测资料的范围和不同现场的条件，应用上存在局限性，已逐渐被淘汰。目前，应用广泛的是半理论半经验的方法，它根据实测资料，找到某些经验关系，再进行相应的理论概括，或从研究风浪形成过程中能量的传递和消耗过程，获得能量法；或从研究已形成风浪中能量的分布规律，获得波谱法；或使能量法与波谱法相结合去推求风浪要素等，经过简化，提出有关计算公式和图解供工程中使用，并不断地通过实测资料加以验证与修正。本书着重介绍我国现行行业标准《海港水文规范》推荐使用的方法。

中国海洋大学等自20世纪60年代起，研究国外已有的风浪预报方法时，不断积累我国沿海的实测资料，于1973年提出了风浪预报方法，即所谓“会战法”。该法通过长期的实践检验，逐步成为规范推荐使用的方法。

会战法的基本原理：将能量法与波谱法相结合，对海面上出现的不规则波动，利用海浪要素的概率密度函数，建立平均能量平衡微分方程，与海浪谱相结合，研究深、浅水中海浪的成长与传播，绘出了海浪要素的计算图解。《海港水文规范》中推荐基本计算公式如下：

在$\frac{d}{U^2}>0.2$的深水条件下，

$$\frac{gH_{\frac{1}{3}}}{U^2}=5.5\times10^{-3}\left(\frac{gF}{U^2}\right)^{0.35} \tag{3.5.3}$$

$$\frac{gT_{\frac{1}{3}}}{U}=0.55\left(\frac{gF}{U^2}\right)^{0.233} \tag{3.5.4}$$

$$\frac{gF_{\min}}{U^2}=0.012\left(\frac{gt}{U}\right)^{1.3} \tag{3.5.5}$$

式中，$H_{1/3}$和$T_{1/3}$分别表示有效波高(m)与有效周期(s)；U表示海面上10 m高度处的风速($\mathrm{m\cdot s^{-1}}$)；F为风距(m)；t为风时(s)；g为重力加速度($\mathrm{m\cdot s^{-2}}$)。

在$\frac{d}{U^2}\leqslant0.2$的浅水条件下，

$$\frac{gH_{\frac{1}{3}}}{U^2}=5.5\times10^{-3}\left(\frac{gF}{U^2}\right)^{0.35}\tanh\left[30\frac{\left(\frac{gd}{U^2}\right)^{0.8}}{\left(\frac{gF}{U^2}\right)^{0.35}}\right] \tag{3.5.6}$$

$$\frac{gT_{\frac{1}{3}}}{U}=0.55\left(\frac{gF}{U^2}\right)^{0.233}\tanh^{\frac{2}{3}}\left[30\frac{\left(\frac{gd}{U^2}\right)^{0.8}}{\left(\frac{gF}{U^2}\right)^{0.35}}\right] \tag{3.5.7}$$

$$\frac{gF_{min}}{U^2}=0.012\left(\frac{gt}{U}\right)^{1.3}\tanh^{1.3}(1.4kd) \tag{3.5.8}$$

式中，k为波数，其他符号意义同前。

在上述深水诸式的基础上建立了深水风浪的计算图解，见图3.5.7。图中有三簇曲线，分别表示有效波高$H_{1/3}$、风速U和风距F，纵坐标为有效周期$T_{1/3}$，横坐标为风时t。

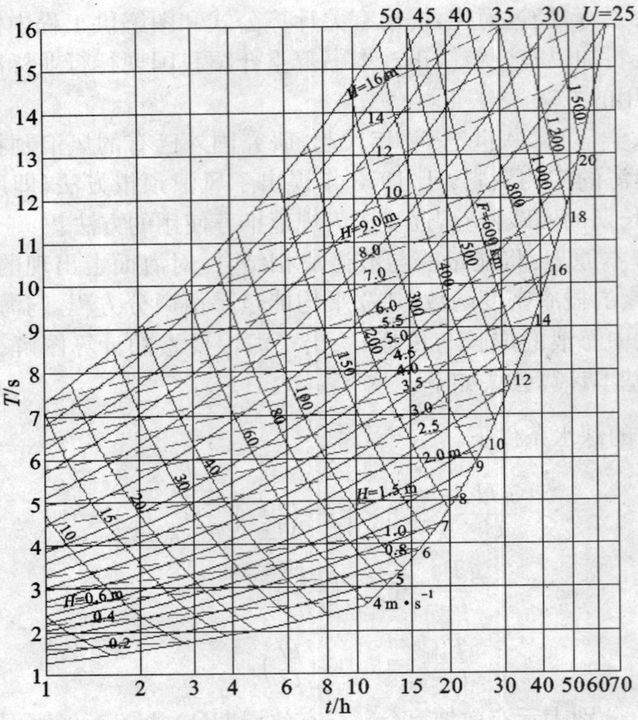

图 3.5.7 规范法深水风浪因素计算图解

查图方法：于横坐标上自给定的风时 t 向上引垂线与相应的 U 线相交，读取风距值，此值即为与上述 U 和 t 相对应的最小风距 F_{min}。如实际风距 $F>F_{min}$，风浪处于过渡状态，则由上述交点处读取 $H_{1/3}$，并自此点向左引水平线与左侧纵坐标相交，读取 $T_{1/3}$；如 $F<F_{min}$，风浪处于定常状态，则由给定的 U 和 F 相对应的交点读取 $H_{1/3}$，然后自此点向左引水平线与纵轴相交，读取 $T_{1/3}$。

对于深水充分成长的波浪，《海港水文规范》给出以下关系式：

$$H_{1/3}=0.021\,8U^2 \tag{3.5.9}$$

上式在图 3.5.7 中以右侧外包络线表示。波浪要达到充分成长，F 与 t 应分别大于 F_{min} 及 t_{min}。

推算浅水风浪要素时，《海港水文规范》给出了受水深 d 影响的波高折减系数图解，见图 3.5.8。图中 K_F（实曲线）为波浪处于定常状态时，波高因水深影响的折减系数，由图 3.5.7 得深水波高 $H_{1/3}$后，再乘以 K_F，即得已知 U,F,d 情况下的浅水波高 $H_{1/3}$；K_t（虚曲线）为波浪处于过渡状态时，波高因浅水的折减系数，由图 3.5.7 求得深水波高后，再乘以 K_t，即得已知 U,t,d 情况下的浅水波高。有了浅水波高 $H_{1/3}$,再回到图 3.5.7,由 $H_{1/3}$ 及 U 读取周期。

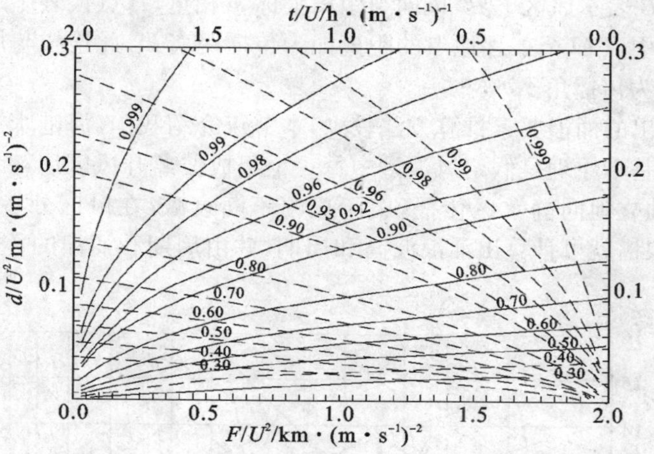

图 3.5.8　波高折减系数 K_F 与 K_t 图解

为使用方便,在图 3.5.8 中无因次量$\frac{gd}{U^2}$,$\frac{gF}{U^2}$及$\frac{gt}{U^2}$被转换成有因次量$\frac{d}{U^2}$,$\frac{F}{U^2}$及$\frac{t}{U}$,其量纲分别为 $\mathrm{m\cdot(m\cdot s^{-1})^{-2}}$,$\mathrm{km\cdot(m\cdot s^{-1})^{-2}}$ 及 $\mathrm{h\cdot(m\cdot s^{-1})^{-1}}$,使用时应特别注意。

3.5.4　涌浪要素的推算

风浪离开风区后,如果离岸边工程地点还有一定距离,则以涌浪的形式继续传播。随着时间的增加,涌浪的波高逐渐降低,而波周期却逐渐增大。

涌浪波高衰减的原因有两个:一是海浪内外摩擦引起的部分能量消耗;二是由于波浪的散射作用致使能量扩散到更大的水域,波谱面积逐渐变小。而涌浪周期不断增大的原因是由于能量的消耗,导致涌浪的谱结构与风浪谱有所不同。在所有组成波中,周期小的组成波比周期大的组成波消失得快,故涌浪谱中频率小(周期大)的部分较频率大(周期小)的部分消亡得慢,由此波谱的显著部分,即谱的重心位置,随着传播距离的增加,逐渐向低频风向推移,导致在传播过程中涌浪的波高逐渐减小,而平均周期却逐渐增大。

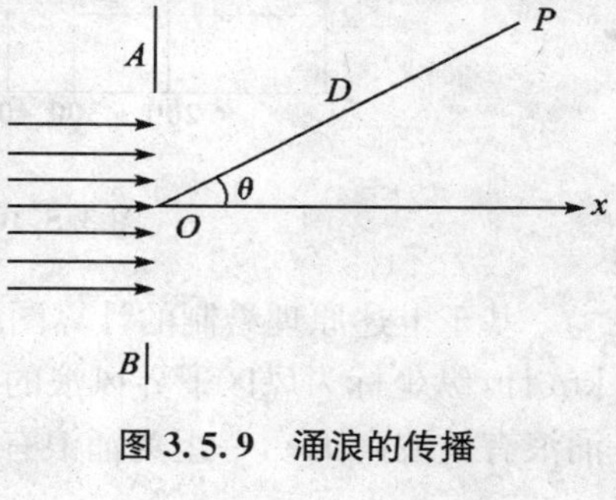

图 3.5.9　涌浪的传播

涌浪要素除取决于风区下界的风浪要素

外，显然还与传播距离（又称消阻距离）D 和传播角 θ 有关，见图 3.5.9。

图中 AB 表示风区下界，风向与距离坐标 x 相重，P 点代表岸边某港址，则自风区下沿中点 O 至工程地点的距离即为传播距离 D，此连线与风向（横坐标 x）的夹角即为传播角 θ。

迄今提出的涌浪要素推算方法较少，本节仅介绍我国《海港水文规范》建议的方法。其基本原理是假定风浪谱中每一个组成波离开风区后，在涡动和散射的影响下，独立地向静水区传播，由于振幅不断衰减，在风区外各处构成涌浪谱，依据涌浪谱就可计算出涌浪波高和周期，并由周期和涌浪的传播距离 D 计算传播时间。

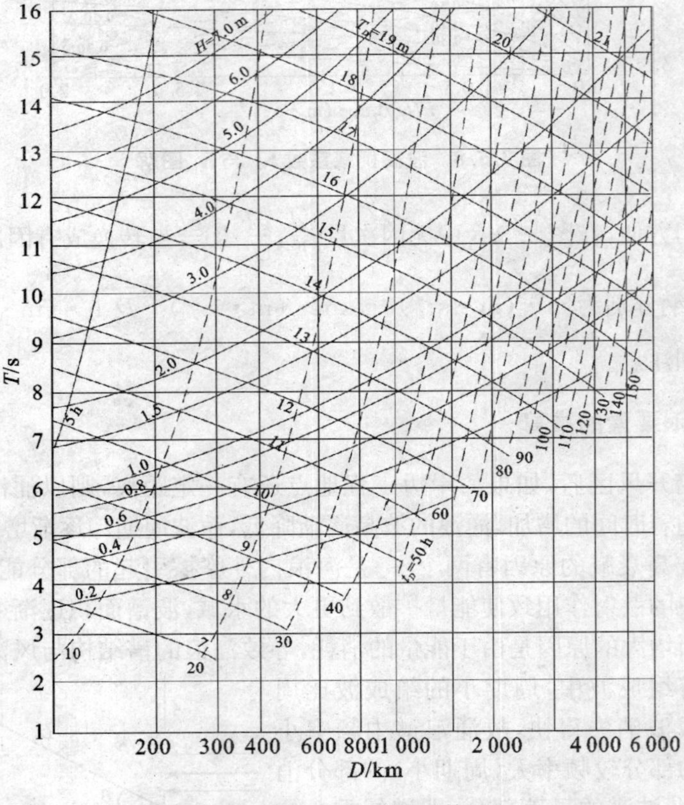

图 3.5.10　规范法涌浪计算图解

基于上述原理绘制的计算图解见图 3.5.10。图中横坐标为传播距离 D，以 km 计，纵坐标为风区下界风浪的有效波周期 $T_{1/3}$。图中有三簇等值线：一组为涌浪有效波高 H_D，一组为涌浪有效波周期 T_D 及传播时间 t_D，以 h 计。查图方法：于左侧纵坐标上，按风区下沿的风浪有效波周期 $T_{1/3}$，向右引水平线与横坐标上从给定的传播距离 D 向上引的垂线相交，由通过交点的 H_D 线、T_D 线及 t_D 线或它们的内插值读取涌浪有效波高 $H_{1/3}$、涌浪有效波周期 $T_{1/3}$ 及传播时间 t_D(h)。

鉴于目前涌浪要素计算方法尚不完善，为安全计，《海港水文规范》的涌浪计算图解中没有考虑传播角 θ 对涌浪要素的影响。

例　已知风区下沿 $H_{1/3}=3.0$ m，$T_{1/3}=7.0$ s，求 $D=400$ km 处的涌浪要素。

解　由 $T_{1/3}=7.0$ s 及 $D=400$ km 的交点直接读取涌浪要素如下：

$$H_{1/3}=0.91\ \text{m},\ T_{1/3}=11.0\ \text{s},\ t_D=17\ \text{h}$$

需要注意的是，如果风区在深水，预报点在岸边浅水区，则涌浪要素推算时的传播距离 D 不应包括岸边浅水区域的长度，应限于水深等于 1/4～1/2 波长处。如果风区延伸到岸边，虽然不存在涌浪推算问题，但仍应进行波浪的浅水变形计算。

当岸边的工程地点出现两列波浪(风浪与涌浪或涌浪与涌浪)相遇而形成混合浪时，可以近似地利用波浪能量迭加的原理($E=E_1+E_2$)，以及波浪能量比例于波高平方的关系，从而得混合浪的波高为

$$H_{混}=\sqrt{H_1^2+H_2^2} \tag{3.5.10}$$

式中，H_1 和 H_2 分别为风浪和涌浪的波高，或两列涌浪的波高。

3.5.5　台风波浪的估算方法

台风是影响我国的主要灾害性天气。由于其风区是移动的，与上述固定风区的风浪推算相比，台风波浪的推算更加复杂。

台风在移动过程中，因风速、风向不断变化以及台风本身的移动速度和路径的不规则性，加上台风现场险恶，台风浪实测资料难以获得，使得台风海浪的计算十分困难。研究成果表明，台风海浪的特性主要受以下参数的影响：①台风中心气压 P_0 与外围正常气压 P_∞ 之差值 ΔP，该差值越大，台风强度也越大；②最大风速半径 R，R 值越大，台风范围越大；③台风中心移动速度。目前台风海浪数值计算模式尚处于发展阶段，本节仅介绍 Bretschneider 飓风浪的推算方法。

美国学者 Bretschneider 利用实测资料，总结出一套半经验公式，最早提出了墨西哥湾飓风浪的计算方法。经多次修改，已纳入美国《海岸防护手册》。此公式适用于缓慢移动的飓风。由于飓风与东亚台风都属热带气旋，经验证，飓

风浪推算方法也可用于台风浪的计算。

在最大风速半径 R 处的最大深水波浪要素的表达式为

$$\begin{cases}(H_{1/3})_{\max}=5.03\exp\left(\dfrac{R\Delta P}{4\ 700}\right)\left[1+\dfrac{0.29\alpha V_F}{\sqrt{U_R}}\right]\\(T_{1/3})_{\max}=8.6\exp\left(\dfrac{R\Delta P}{9\ 400}\right)\left[1+\dfrac{0.145\alpha V_F}{\sqrt{U_R}}\right]\end{cases}\tag{3.5.11}$$

式中，$(H_{1/3})_{\max}$表示深水有效波高（m）；$(T_{1/3})_{\max}$表示相应的深水有效波周期（s）；R 为飓风中心至最大风速处的距离（km）；$\Delta P=P_{\infty}-P_0$，即正常气压（P_{∞}）与飓风中心气压（P_0）之差，以 mmHg（毫米汞柱）计；V_F 表示飓风中心移动速度（$\mathrm{m\cdot s^{-1}}$）；α 表示因飓风移动而取决于飓风前进速度和有效风距增长的系数，对移动缓慢的飓风建议 $\alpha=1.0$；U_R 表示在半径 R 处的平均海平面上 10 m 高度处的最大持续风速（$\mathrm{m\cdot s^{-1}}$），可按下式计算：

$$U_R=0.865U_{max}\text{（静止飓风）}\tag{3.5.12}$$

$$U_R=0.865U_{max}+0.5V_F\text{（移动飓风）}\tag{3.5.12$'$}$$

$U_{\max}$表示海面上 10 m 高度处最大梯度风速（$\mathrm{m\cdot s^{-1}}$），即

$$U_{\max}=0.447\left[14.5\Delta P^{\frac{1}{2}}-R(0.31f)\right]\tag{3.5.13}$$

f 表示科氏力参数 $f=2\omega\sin\varphi$，其中 ω 表示地球自转角速度；f 可由表 3.5.2 查出。

表 3.5.2　科氏力参数

纬度 φ/°	25	30	35	40
f/rad · $\mathrm{h^{-1}}$	0.221	0.262	0.300	0.337

Bretschneider 还给出飓风场内各处的波高等值线图（图 3.5.11）。原点为飓风中心，粗箭头表示飓风中心移动方向，细箭头表示各处的近似波向。

根据式（3.5.11）和图 3.5.11 可以计算出离台风中心径向距离为 r 处的近似深水有效波高 $H_{1/3}$，与 $H_{1/3}$对应的波周期可按下式计算：

$$T_{1/3}=12.1\sqrt{\frac{H_{1/3}}{g}}\tag{3.5.14}$$

式中，$H_{1/3}$以 m 计；g 为重力加速度。

由于台风场的复杂性，台风浪计算的研究仍在不断完善，上述方法仅供参考。实际应用时应注意尽量收集台风浪的实测资料，对计算结果加以验证。

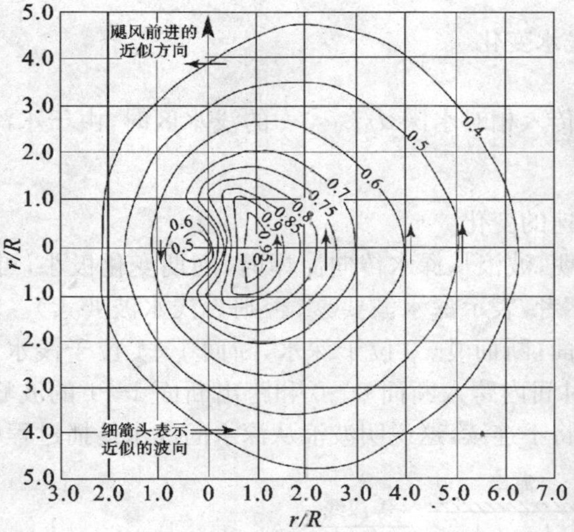

图 3.5.11　缓慢移动飓风的相对有效波高等值线图

注：R 为至最大有效波的径向距离；r 为至计算点的径向距离

3.6　波浪浅水变形计算

根据气象条件推算的波浪要素，或测波浮筒观测到的波浪要素，一般属于深水波浪。对于海岸工程，当工程地点水深较浅时，必须进行波浪的浅水变形计算。

波浪从深水进入浅水的过程中，由于水深变浅、海底摩擦、水流作用以及障碍物（岛屿、建筑物等）等的影响，波高、波长、波速以及波浪的剖面形状都将不断发生变化。波浪由此出现的浅水变形，以及折射、绕射、反射和破碎等现象是近岸浅水波的重要特征。

在分析波浪浅水变形时，本节主要采用规则波法，以特征波（相应的波高和周期）来代替实际的海浪，用能量法来分析波浪在水深变浅等作用下的变形。同时介绍部分不规则波法的研究成果。

实际应用时，根据线性或非线性波浪理论，规则波法分为两种，基于非线性波浪理论和规则波法更符合近岸浅水区的实际海浪，但计算复杂，本节介绍仅限于基于线性波浪理论的规则波法。

3.6.1 波浪的浅水变化

深水波正向传入相对水深 $d/L_0<\frac{1}{2}$ 的浅水区时，由于水深变浅，波要素也相应发生变化。

1. 波长与波速的变化

海浪观测表明，波浪从深水传向海岸时，周期变化极小，可认为 $T\approx T_0$（波要素凡带脚注"0"者，表示深水波要素；否则为浅水波要素）。图 3.6.1 沿波向线方向有两个断面，断面 0—0 位于深水，断面 1—1 位于浅水。当波浪处于稳定状态时，单位时间内跨入断面 0—0 和跨出断面 1—1 的波峰个数应相等，否则两断面间波浪将不连续，这说明波浪从深水向浅水传播过程中周期不变化。

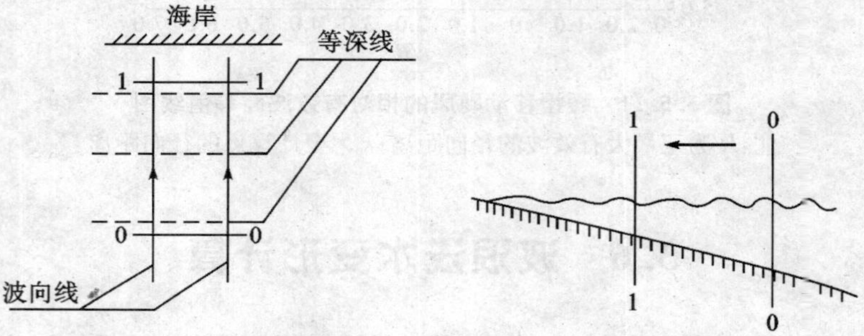

图 3.6.1 深水波浪正向传入浅水区

波周期不变化的情况下，根据线性波浪理论得

$$\begin{cases} L/L_0=\tanh\dfrac{2\pi d}{L}\leqslant 1.0 \\ C/C_0=\dfrac{L/T}{L_0/T_0}=L/L_0=\tanh\dfrac{2\pi d}{L} \end{cases} \tag{3.6.1}$$

上式为隐函数表达式，需迭代求解。为了使用方便，将上式绘成曲线，如图 3.6.2 所示。可见随水深变浅，波长和波速迅速减小。

2. 波高的变化

深水波正向传入浅水区时，波向线保持平行。假定两条波向线之间的能量基本不变，波能量无横向交换穿越波向线。略去海底摩擦和渗透等波能损耗，由两波向线间的波能流守恒可得

$$EnCb=E_0n_0C_0b_0 \tag{3.6.2}$$

式中，E_0 和 E 分别为深、浅水中单位面积水柱的波动能量；C_0 和 C 分别为深、浅水中的波速；b_0 和 b 分别为深、浅水中两波向线间隔，两波向线平行时，二者

相等；n_0 和 n 分别为深、浅水中波能传递率。

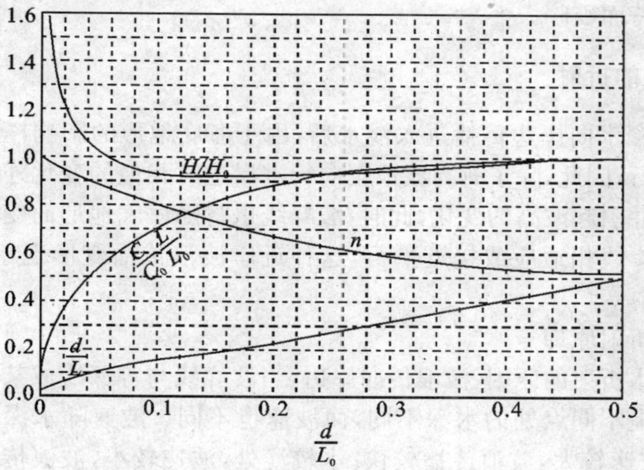

图 3.6.2　因水深变浅的波浪要素变形曲线

波能传递率 n 或 n_0 表示一波周期内波浪向前传播的部分能量 E_n 与全部能量 E 之比，即 $n=E_n/E_0$ 按线性波浪理论，深、浅水中波能量传递率的表达式为

$$\begin{cases} n_0=\dfrac{1}{2} \\ n=\dfrac{1}{2}\left[1+\dfrac{\dfrac{4\pi d}{L}}{\sinh\dfrac{4\pi d}{L}}\right] \end{cases} \tag{3.6.3}$$

按线性波浪理论，单位面积水柱的波能量正比于波高的平方，即

$$\begin{cases} E_0=\dfrac{1}{8}\gamma H_0^2 \\ E=\dfrac{1}{8}\gamma H^2 \end{cases} \tag{3.6.4}$$

式中，γ 为水的容重。由式(3.6.2)和(3.6.4)得

$$\frac{H}{H_0}=\sqrt{\frac{n_0C_0}{nC}}=\sqrt{\frac{n_0L_0}{nL}}=K_s \tag{3.6.5}$$

式中，K_s 为浅水系数。

由式(3.6.5)可知，浅水系数仅与波长和水深有关，其随相对水深变化的曲线见图 3.6.2。由图可见，在波浪进入浅水区初期，波高略有减小，但当波浪进

入 $d/L_0<0.163$ 的区域后，波高则逐渐增大，并超过深水波高，直至波陡太大，波形无法维持而破碎。

3.6.2 波浪的折射

波浪自深水向岸边传播进入浅水后，由于海底地形的影响，等深线往往与波峰线不平行，因此，除了有与波浪正向行进岸边时相似的变化外，在平面上波向线将偏转并引起波高的变化，此时，波峰线也将随海底地形而变得弯曲，最终趋向于与海岸线相适应或接近平行，这种近岸波浪传播变形现象称为波浪折射。

1. 波浪折射原理

波浪浅水折射的原因：波浪传向岸边，当波峰线与等深线成某一角度，由于同一波峰线上不同点处的水深不同，而波速也不同。波速随水深减小而降低，水较深处，波速较大，波浪传播较快；水较浅处，波速较小，波浪传播较慢，致使水深处的波峰传播快于水浅处的波峰，使波峰线与等深线间的夹角减小，即波峰线逐渐趋于与等深线平行，见图 3.6.3。

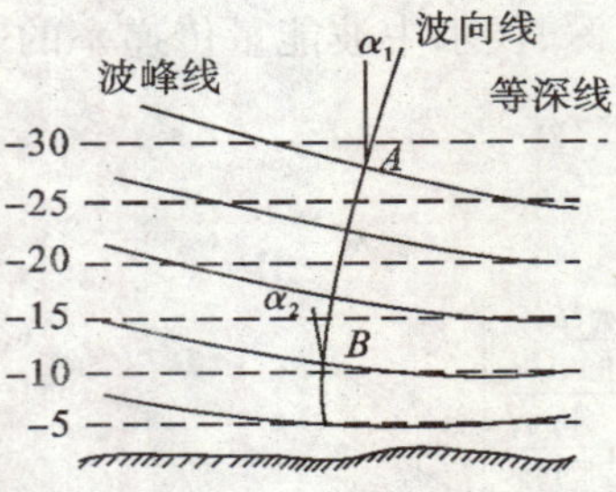

图 3.6.3 波浪的折射

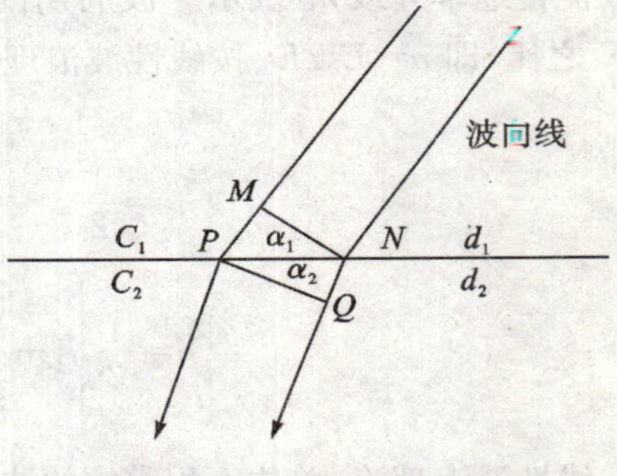

图 3.6.4 Snell 定律

波峰线与等深线间夹角的变化，与光波折射相似，服从光波折射定律，如图 3.6.4 所示。设图 3.6.4 中 PN 为一根平均等深线，其两侧的水深分别为 d_1 与 d_2，如波浪由深水传入浅水，则 $d_1>d_2$。波向线在水深 d_1 时，它与等深线的夹角原为 α_1，波速为 C_1。取相距很近的两根波向线，其间一段波峰线自 N 端传至平均等深线时，M 端至平均等深线的距离为 MP 经历时间 Δt 后，M 端才传至 P 点，而此时 N 端已在 d_2 深度区域内，以速度 C_2 传播了 $C_2\Delta t$ 的距离至 Q 点。在△PNM 与△PMQ 中有

$$\frac{MP}{\sin\alpha_1}=\frac{NQ}{\sin\alpha_2}\text{或}\frac{C_1\Delta t}{\sin\alpha_1}=\frac{C_2\Delta t}{\sin\alpha_2} \tag{3.6.6}$$

整理可得

$$\frac{\sin\alpha_1}{C_1}=\frac{\sin\alpha_2}{C_2} \tag{3.6.7}$$

式中，α_2 即为折射后波峰线与平均线间的夹角。

式(3.6.7)称为 Snell 定律。由该定理可知，由于折射的影响，波向线进入浅水后常不再保持平行，根据波能流守恒得

$$\frac{H}{H_0}=\sqrt{\frac{n_0L_0}{nL}}\cdot\sqrt{\frac{b_0}{b}}=K_sK_r \tag{3.6.8}$$

$$\text{或 } H=H_0K_sK_r$$

式中，K_s 为浅水系数；K_r 为折射系数，$K_r=\sqrt{b_0/b}$；b_0 和 b 分别为两波向线在深水和浅水处的间距。

假如波浪折射图从深水区作起，已知深水波高，在港址附近确定任意点 P 波高时，见图 3.6.5，量取 P 点处和深水区两波向线间相应的宽度 b 和 b_0，计算 K_r 值，用 P 点的相对水深 d/L_0 查附表 5 得 K_s，再按式(3.6.8)求得 P 点的波高。

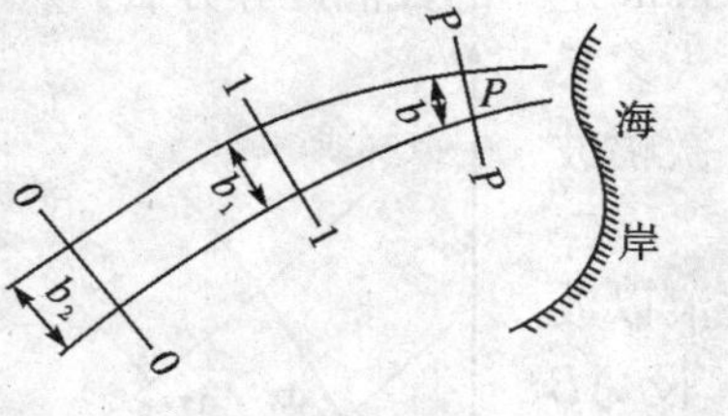

图 3.6.5　波向线折射变形

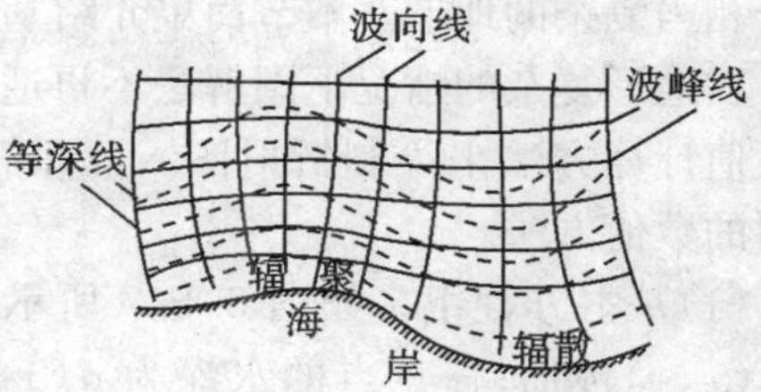

图 3.6.6　沿岸浅水区波向线折射变形

如波浪折射图自浅水区的某处 d_1（如测波浮筒所处水深）作起，已知该处波高 H_1（可能属于浅水波高），见图 3.6.5，则 P 点的波高应由下式计算：

$$H=\sqrt{\frac{b_1}{b}}\cdot\frac{K_{sp}}{K_{s1}}\cdot H_1 \tag{3.6.9}$$

式中，b_1 为两波向线在水深 d_1 处的宽度；K_{sp} 为 P 点的浅水系数，按 d_p/L_0 查附表 5 得；K_{s1} 为水深 d_1 处的浅水系数，按 d_1/L_0 查附表 5。此式揭示了由深水至水深 d_1 处的折射影响，由于水深相对比较深而忽略不计。

波浪折射的波向，可从折射图上直接量读。而按照式(3.6.8)或(3.6.9)计算折射时，一般采用平均波高 $\overline{H}$。若已知的深水波高为其他累积频率波高时，如 $H_{1/10}$，可按格鲁霍夫斯基分布换算成平均波高 $\overline{H}$。周期仍取平均周期 $\overline{T}$。

在浅水区如波向线扩散，即 $b>b_0$，$K_r<1$，波高将因折射而减小；如波向线

辐聚，即 $b<b_0$，$K_r>1$，波高将因折射而增大；$K_r=1$，则无折射影响，相当于波浪正向行进。因此，折射致使沿岸波浪的波向线不再平行，将随水下地形发生变化，图 3.6.6 显示沿岸浅水区域波浪折射引起的辐聚和辐散现象。

2. 折射图的绘制

计算近岸波高，须先绘制波浪折射图。计算波浪折射的方法有两种：一种是规则波计算法，另一种是不规则波计算法，后者显然比较合理，但很复杂，本节不拟介绍。

规则波的折射计算方法主要又分为三种：①解析法，利用光波折射定律和波高变化公式直接计算波高和波向。此法仅适合用于海滩平缓、等深线平直的情况。②图解法，又分为波峰线法和波向线法。波峰线法先绘制波峰线，然后按变形后的波峰再绘制出波向线，因此绘制过程中的误差逐步积累，工作费时繁琐，已被逐渐淘汰。波向线法是先绘制波向线，有多种绘制方法，我国技术规范推荐的方法是，直接由 Snell 定律推出波向线变化，该法适用于水下地形不十分复杂的近岸海区。③数值近似计算方法。也分两种方法：一种是以 Snell 定律为基础的方法，另一种是基于流体学的运动方程和连续方程的方法，后者常用于相当复杂的地形。本节简单介绍基于 Snell 定律的数值计算方法。

在地形复杂的情况下图解法不再适用，大多采用数值计算方法来绘制折射图。下面简介微幅波折射的数值方法。

(1)基本方程组。如图 3.6.7 所示，波浪以波速 $C(x,y)$ 传播，任意点的水深为 $d(x,y)$，设 AB 为某一波向线，线上任一点的切线与 x 轴的夹角为 $\theta(x,y)$。波峰从 A 点传到 B 点所需的时间为

$$t=\int_A^B \frac{\mathrm{d}s}{C}=\int_A^B \frac{1}{C}\sqrt{\mathrm{d}x^2+\mathrm{d}y^2} \quad (3.6.10)$$

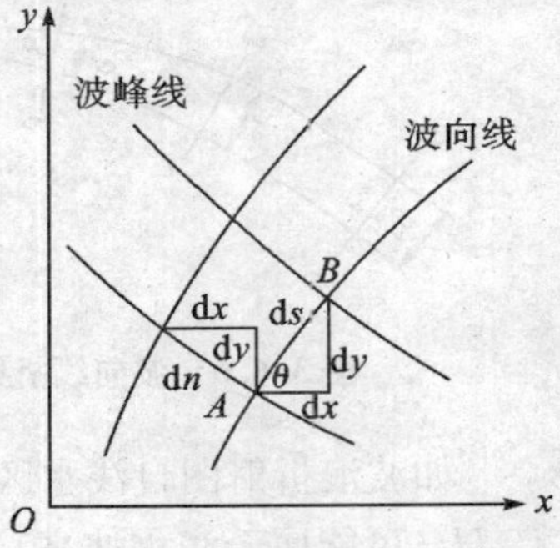

图 3.6.7 入射图的数值计算

式中，s 为波向线弧长变量。为推导方便，取弧长变量 s 作为参变量，上式可写为

$$t=\int_A^B \frac{1}{C(x,y)}[1+(y'/x')^2]^{\frac{1}{2}}x'\mathrm{d}s=\int_A^B f(x,y,x',y')\mathrm{d}s \quad (3.6.11)$$

式中，$x'=\mathrm{d}x/\mathrm{d}s=\cos\theta$；$y'=\mathrm{d}y/\mathrm{d}s=\sin\theta$

利用光学中的 Fermat(费马)原理，波从 A 点传播到 B 点总是沿着需时最小的路径。根据变分原理，式(3.6.11)取极小值的必要条件是，被积函数 $f(x,y,x',y')$ 应满足如下尤拉方程：

$$\begin{cases}\dfrac{\partial f}{\partial x}-\dfrac{\mathrm{d}}{\mathrm{d}s}\left(\dfrac{\partial f}{\partial x'}\right)=0\\[2mm]\dfrac{\partial f}{\partial y}-\dfrac{\mathrm{d}}{\mathrm{d}s}\left(\dfrac{\partial f}{\partial y'}\right)=0\end{cases}\tag{3.6.12}$$

按式(3.6.11)求出上式中各项偏导数并代入，再利用交叉相乘法消去 $\mathrm{d}C/\mathrm{d}s$ 项得

$$\frac{\mathrm{d}\theta}{\mathrm{d}s}=-\frac{1}{C}\left(-\sin\theta\frac{\partial C}{\partial x}+\cos\theta\frac{\partial C}{\partial y}\right)\tag{3.6.13}$$

由图 3.6.7 得

$$\frac{\mathrm{d}x}{\mathrm{d}n}=-\sin\theta,\frac{\mathrm{d}y}{\mathrm{d}n}=\cos\theta\tag{3.6.14}$$

式中，n 为波峰线弧长变量，由复合函数的微分公式得

$$\frac{\mathrm{d}C}{\mathrm{d}n}=-\sin\theta\frac{\partial C}{\partial x}+\cos\theta\frac{\partial C}{\partial y}\tag{3.6.15}$$

于是

$$\frac{\mathrm{d}\theta}{\mathrm{d}s}=-\frac{1}{C}\frac{\mathrm{d}C}{\mathrm{d}n}\tag{3.6.16}$$

这是波向线的特征方程，它反映了波向线上任一点的曲率与该点处波速沿波峰变化之间的关系。另外，式(3.6.1)可化为显函数形式

$$\frac{d}{L_0}=\frac{1}{4\pi}\cdot\frac{C}{C_0}\ln\left(\frac{1+C/C_0}{1-C/C_0}\right)\tag{3.6.1$'$}$$

按上式可事先作出 $\dfrac{d}{L_0}$-$\dfrac{C}{C_0}$ 曲线或 d-C 的函数关系供计算时使用。

(2)数值计算方法简介。设波向线的方程为 $x=x(y)$ 或 $y=y(x)$，显然 $\dfrac{\mathrm{d}x}{\mathrm{d}y}=\cot\theta$。

由于 $\dfrac{\mathrm{d}\theta}{\mathrm{d}s}=\dfrac{\mathrm{d}\theta}{\mathrm{d}y}\cdot\dfrac{\mathrm{d}y}{\mathrm{d}s}=\sin\theta\dfrac{\mathrm{d}\theta}{\mathrm{d}y}$，因此式(3.6.16)可写为

$$\frac{\mathrm{d}\theta}{\mathrm{d}y}=\frac{1}{C}\left(\frac{\partial C}{\partial x}-\cot\theta\frac{\partial C}{\partial y}\right)\tag{3.6.17}$$

从而波向线特征方程转化为常微分方程组

$$\begin{cases}\dfrac{\mathrm{d}x}{\mathrm{d}y}=\cot\theta\\[2mm]\dfrac{\mathrm{d}\theta}{\mathrm{d}y}=\dfrac{1}{C}(\dfrac{\partial C}{\partial x}-\cot\theta\dfrac{\partial C}{\partial y})\end{cases}\tag{3.6.18}$$

此方程组即为进行波浪折射的数值计算模式，其解可给出波向线 $y=y(x)$ 以及波向线上波向角 θ，求解此常微分方程组可采用 Runge-kutta(龙格-库塔)

法。图 3.6.8 给出某海岸浅水区域的波浪折射图。

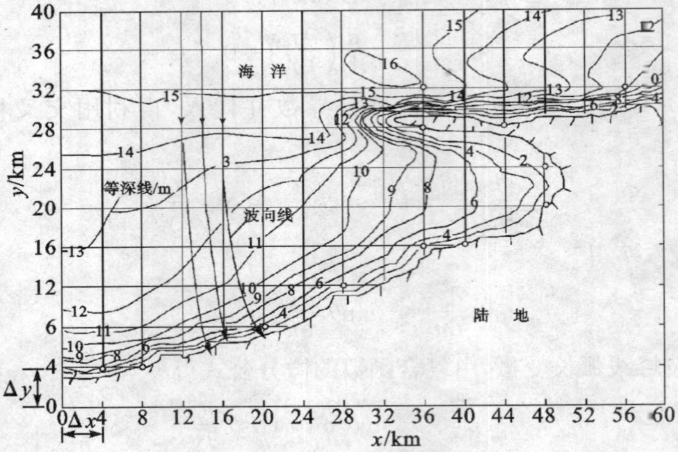

图 3.6.8 折射数值计算网格

已知海域的水深条件，用平行于坐标轴的直线将海域划分为矩形网格，x 和 y 方向的网格步长分别为 Δx 和 Δy。海岸线用通过网格点的折线表示。根据水深资料给出网格点处的水深，利用式(3.6.1)，通过插值就可计算出网格各点上的波速值。网格中任意点的波速可用邻近四个网格点上的波速值插值而得。计算时式(3.6.18)中的偏导数可用差商近似式代替。初始值在 $y=40$ 上给出，见图 3.6.8。即当 $y=40$ 时，已知 $x=x_0$，$\theta=\theta_0$，沿波浪折射方向，要求 $y=y_{n+1}=y_n+\Delta y$ 时的函数值 $x=x_{n+1}$，$\theta=\theta_{n+1}$。以所得值为初始值，重复上述计算，直至波向线延伸到岸边。

3.6.3 波浪的绕射

波浪绕射是波浪在传播过程中遇到岛屿或水工建筑物(如防波堤)等障碍物，部分波浪绕过其后扩散传播，使受掩护的水域出现波动的现象。波浪绕射对防波堤合理布置以减少港口水域内波浪、保证船舶航行靠泊与装卸安全作业等十分重要。

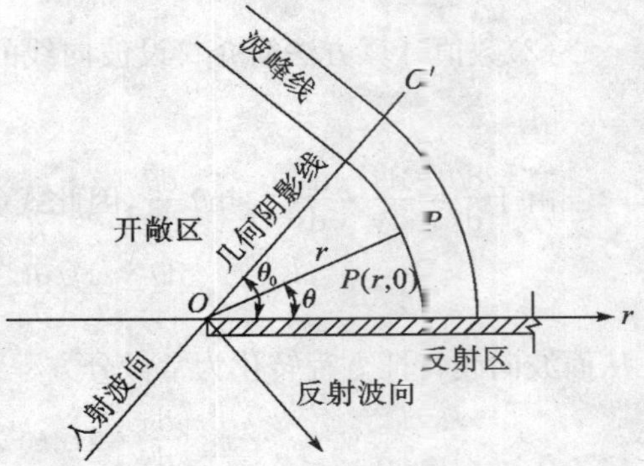

图 3.6.9 波浪的绕射

波浪绕射时，波能沿波峰线发生横向传递，从能量高的区域向能量低的区域转移。因此，绕射后同一波峰线上的波高不等，而波长和周期不变。如图3.6.9所示，经过防波堤堤头的入射波向线称为几何阴影线，若波浪不绕射，则在该线右侧受防波堤掩护的区域，水面将保持平静。实际上由于波浪有绕射作用，入射波的波峰线从几何阴影线上以堤头为中心以弧线形式向堤后旋转延伸，伸得愈远即愈向里面，波高愈小。几何阴影线左侧的入射波，由于部分能量向堤后扩散，波高也将降低。

波浪绕射问题的研究一般借鉴于光学原理，即刚性薄壁半无限屏后光波的绕射问题导出绕射的理论解，这是目前波浪绕射计算的理论基础。防波堤后某点的绕射波高 H_d 可按下式计算：

$$H_d = K_d \cdot H \tag{3.6.19}$$

式中，K_d 为防波堤后某点的绕射系数，即某点波高与入射波高之比；H 为防波堤门口门处入射波的波高。

绕射波高的波列累积频率与入射波高的累积频率相同。绕射区的波周期与口门处入射波周期相同，波长则按平均周期和水深计算。

下面介绍我国行业标准《海港水文规范》推荐使用的两种波浪绕射的计算方法。

1. 规则波的绕射计算

在概括分析国内外以往理论计算方法和经验计算方法的基础上，结合国内外大量模型试验成果进行深入研究，我国提出了规则波经过单突堤和双堤口门的波浪绕射计算经验公式。

(1)单突堤。又分为斜坡堤与直墙堤两类。

1)斜坡堤：

$$\begin{cases} K_{d_1} = \dfrac{1}{2}\left\{\exp\left[-\dfrac{3}{4}\sqrt[3]{\dfrac{r}{L}}(\theta_0-\theta)\right]+\exp\left[-3\sqrt[3]{\dfrac{r}{L}}(\theta_0+\theta)\right]\right\} \\ K_{d_2} = 1-\dfrac{1}{2}\left\{\exp\left[-3\sqrt[3]{\dfrac{r}{L}}(\theta-\theta_0)\right]-\exp\left[-3\sqrt[3]{\dfrac{r}{L}}(\theta+\theta_0)\right]\right\} \end{cases} \tag{3.6.20}$$

2)直墙堤：

$$\begin{cases} K_{d_1} = \dfrac{1}{2}\left\{\exp\left[-\dfrac{1}{2}\left(\dfrac{r}{L}\right)^{\frac{m}{2}}(\theta_0-\theta)\right]+\exp\left[-1.9\left(\dfrac{r}{L}\right)^{\frac{1}{6}}(1+\theta_0-\theta)\theta_0^{\frac{1}{4}}\right]\right\} \\ K_{d_2} = 1-\dfrac{n}{2}\left\{1-\exp\left[-1.9\left(\dfrac{r}{L}\right)^{\frac{1}{6}}\theta_0^{\frac{1}{4}}\right]\right\} \end{cases} \tag{3.6.21}$$

$$\begin{cases} m = 1-\dfrac{7}{50}(\theta_0-\theta) \\ n = \exp\left[-15\left(\dfrac{r}{L}\right)^{\frac{1}{2}}(\theta-\theta_0)^2\right] \end{cases} \tag{3.6.22}$$

式中，θ_0 为波浪入射角，即入射波波向线与突堤轴线间的夹角(rad)；r，θ 分别为计算点的极坐标，坐标原点在堤头，r 以 m 计；θ 以 rad 计，见图 3.6.9；K_{d_1}，K_{d_2} 分别为掩护区（或绕射区，即 $\theta \leqslant \theta_0$）与开敞区（或入射区，即 $\theta \geqslant \theta_0$）某点的波浪绕射系数；$L$ 为波长。

以上各式均满足下列条件：

$\theta < \theta_0$，$r \to \infty$ 时，$K_d \to 0$；

$\theta > \theta_0$，$r \to \infty$ 时，$K_d \to 1$；

$\theta_0 = 0$ 时，$K_d = 1$；

$\theta_0 = \theta_0$ 时，$K_{d1} = K_{d2}$；

$r \to 0$ 时，$K_d = 1$

(2)双堤口门。双堤口门后波浪的绕射系数是在 Penny-Price 电磁波比拟分析法绕射理论基础上，根据实际观测和模型试验数据加以改进得出的（如图 3.6.10 所示），其绕射系数 K_d 为

$$K_d = \sqrt{\frac{L}{P}} \cdot f\left(\alpha, \frac{B}{L}\right) \tag{3.6.23}$$

式中，B 为口门宽度(m)，当 $\theta \neq 90°$ 时，采用与波向线垂直方向上的口门投影宽度作为等效口门宽度 B'(m)；P 为堤后某点与口门中点的距离(m)；α 为堤后某点与口门中点的连线与通过口门中点的波向线间的夹角(°)；其他符号意义同前。

图 3.6.10 的适用条件为 $K_d \leqslant 1$，$45° \leqslant \theta_0 \leqslant 135°$，$B/L \leqslant 5.0$。计算出 $K_d > 1$ 时，仍取 $K_d = 1$。当 $B'/L > 5.0$ 时，可对左、右两堤分别按单突堤进行计算。

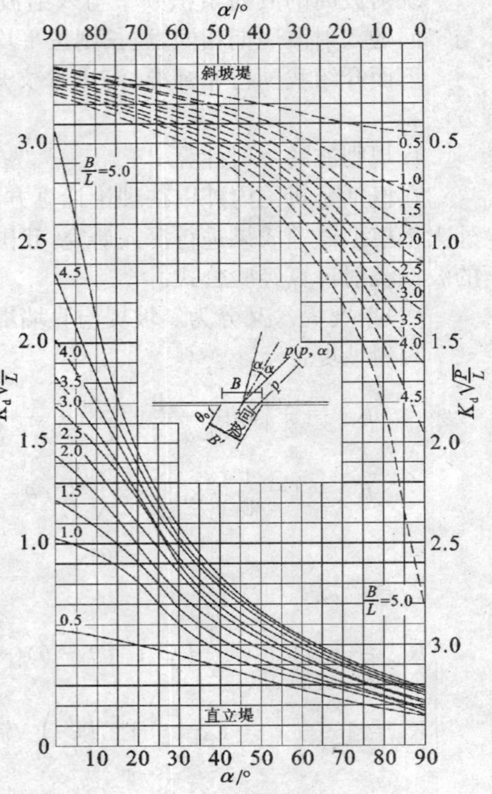

图 3.6.10 双堤口门后规则波绕射系数

2. 不规则波的绕射计算

(1)单突堤和双突堤。不规则波的绕射系数，在堤后掩护区内一般将大于

规则波的绕射系数；而在开敞区则小于规则波的绕射系数，这一结果已为原体观测所证实。多向不规则波的绕射系数为

$$(K_d)_{eff}=\left[\frac{1}{m_0}\int_0^{+\infty}\int_{\theta_{\min}}^{\theta_{\max}}S(f,\theta)K_d{}^2(f,\theta)\mathrm{d}\theta\mathrm{d}f\right]^{\frac{1}{2}} \tag{3.6.24}$$

式中，$K_d(f,\theta)$为频率 f、波向 θ 的组成波的绕射系数；m_0 为入射方向谱的零阶矩，按下式计算：

$$m_0=\int_0^{+\infty}\int_{\theta_{\min}}^{\theta_{\max}}S(f,\theta)\mathrm{d}\theta\mathrm{d}f \tag{3.6.25}$$

通过模型试验，结合数值计算和原体观测资料的验证，南京水利科学研究院提出了单突堤、双突堤条件下的多向不规则波绕射系数的研究成果，并绘制一整套诺谟图，供查算使用。

(2)岛堤。河海大学基于 Berkhoff 的缓坡方程，计算不规则波对岛式防波堤的绕射，计算中近似地略去了堤外一侧边界反射波势对堤后绕射波的影响，采用 B-M 频谱和光易型方向分布函数，$S_{max}=25$，用能量线性迭加原理得出了岛堤后不规则波的绕射系数。成果见《海港水文规范》。

3.6.4　波浪的反射

波浪在传播过程中遇到陡峭的岸坡或人工建筑物时，其全部或部分波能将被反射而形成反射波的现象称为波浪反射。如图 3.6.11 所示。

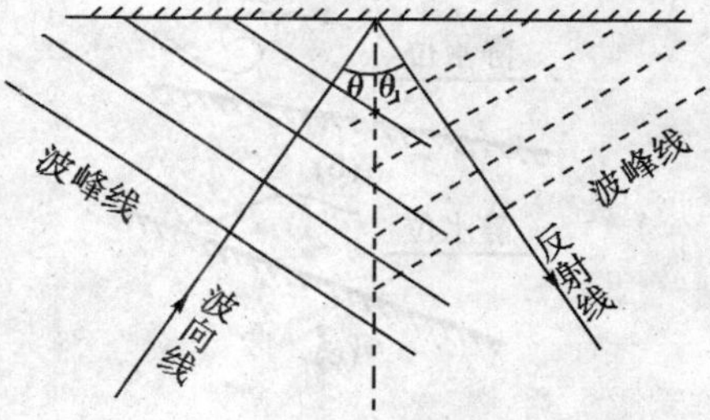

图 3.6.11　波浪的反射

反射波具有和入射波相同的波长和周期，在此定义反射波高与入射波高之比为反射率，又称反射系数，以 K_R 表示。K_R 值变化于 0(不反射)到 1.0(全反射)之间，其大小与岸坡或人工建筑物的坡度、糙度、孔隙率、波浪的陡度以及入射角有关，难以精确计算确定，如对于不透水的直墙式防波堤，对于正向的来波波能几乎全部反射，即 $K_R\approx1.0$。

若已知 K_R 值和入射波高 H_i，则反射波高 H_R 按下式计算：

$$H_R=K_R\cdot H_i \tag{3.6.26}$$

3.6.5　波浪的破碎

1. 近岸波浪破碎机理

波浪进入浅水区域，波长变短，波高开始时稍有减小，之后逐渐增大。当波

浪传播到一定浅水后，波陡就迅速增大。此外，因波谷处的水深比波峰处要小，波谷受海底摩擦影响较大，其传播速度小于波峰的速度，因而波峰向前追赶波谷，波形扭曲前倾，前坡变陡。到达一定水深后，波浪或因波陡达到极限（理论上极限 $H/L \approx 1/7$）失去稳定而破碎；或因前坡陡峭倾倒或峰顶破碎（理论上极限波峰顶角达 120°），从而产生波浪的破碎现象。

波浪破碎处的水深称为破碎水深，以 d_b 表示；相应的波高称为破碎波高，以 H_b 表示。它是水深 d_b 条件下可能出现的最大波高，又称为极限波高。近岸区波浪自第一次发生破碎的外缘直到岸边的水域称为破波带，在此水域内波浪将多次发生破碎，直到岸边形成上爬破波水流。在破碎带内大量波浪能量消耗于摩擦、涡动和掀动泥沙，同时形成前进水流。

2. 波浪破碎的形态

波浪破碎的形态主要取决于深水中的波陡和近岸水底的坡度，大致分为 3 种类型。

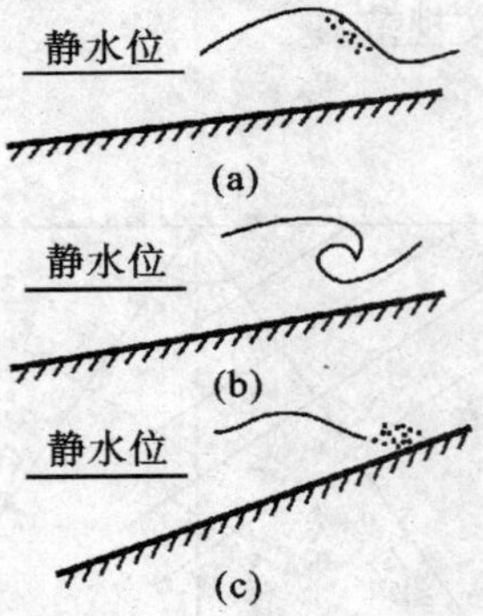

图 3.6.12 波浪破碎形态

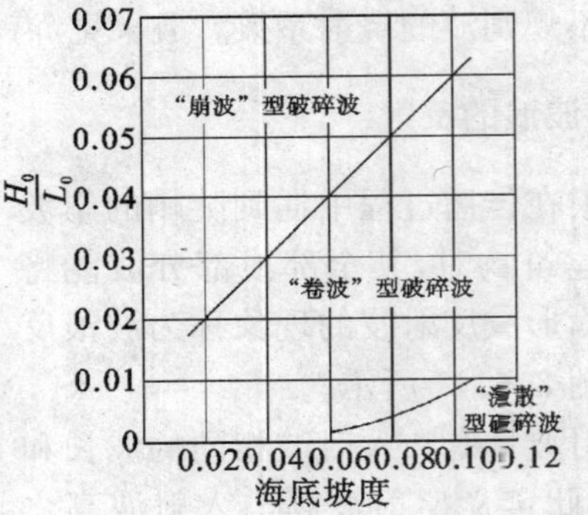

图 3.6.13 3 种形态破碎波的界限

(1)"崩波"型。波峰开始出现白色浪花，逐渐向波浪的前面扩大至崩碎的破碎波。其剖面形态前后比较对称，波浪破碎是逐渐形成的，且只发生在波峰顶附近的一部分水体。多发生于深水中波浪较陡、且水底较平坦的情况下，如图 3. 6. 12(a)所示。

(2)"卷波"型。波峰前坡逐渐变陡，终于波峰向前倾倒，形成向前方飞溅并伴随着空气的卷入。破碎波是在一瞬间波峰顶部水体发生破碎的。常出现于深水中波陡中等、且水底坡度较大情况下，如图 3. 6. 12(b)所示。

(3)"激散波"型。波的前面逐渐变陡，在行进中从下部开始破碎，但波峰基本上保持不破碎，波前方呈非常杂乱的状态，并沿斜坡上爬。如深水中波浪较平缓，而水底坡度较大时常出现这种型式的破碎波，如图 3. 6. 12(c)所示。

上述几种型式的破碎波之间并无严格的界线，它们常常互相交错出现。一般说来，深水波陡超过 0.06 的波浪传至浅水时常形成崩波型破碎波。深水波陡介于 0.06～0.03 之间时，较平坦海底上也常形成崩波型破碎波；而底坡较陡时则常形成卷波型破碎波。当深水波陡小于 0.009，底坡较陡时常出现激散型破碎波；底坡较缓时则常形成卷波型破碎波。图 3.6.13 是在实验室里用规则波进行试验得出的各种破碎波的大致界限，图中横坐标为水底坡度，纵坐标为深水波陡。

3. 破碎波高和破碎水深的计算

浅水中波浪濒于破碎时的极限波高（破碎波高 H_b）和破碎时水深（破碎水深 d_b）是很重要海岸工程设计参数。目前在理论上研究破碎波高 H_b 和破碎水深 d_b 之间的关系所采用的方法主要有两种：一是能量法，二是根据倾斜海底边界条件解有关的控制方程。无论哪种方法，至今尚不能给出准确解。大量研究成果多数来自实验室模拟和海上现场观测分析。图 3.6.14 是我国《海港水文规范》给出的规则波条件下模型试验的结果。图中横坐标为破碎水深与深水波长之比，纵坐标即为破碎波高与破碎水深之比。

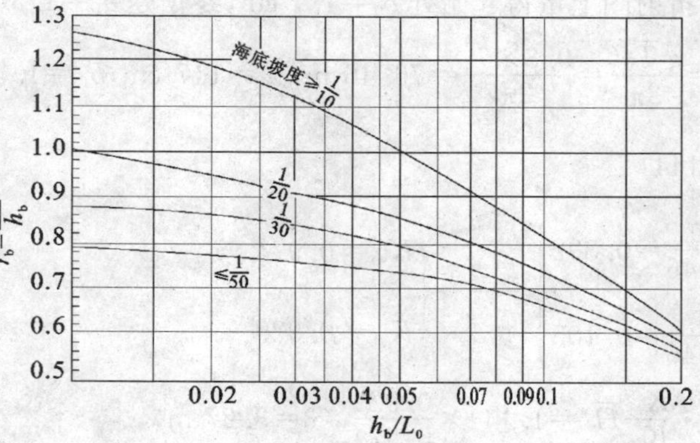

图 3.6.14　破碎波高与破碎水深比值

表 3.6.1 是给出了底坡 i 在 0.001～0.01 范围内，规则波条件下的实验结果。从中可见，平底时，破碎波高和破碎水深之比不会小于 0.55。对于坡度 $1/120 \leqslant i \leqslant 1/50$ 的海域，图、表中都缺少实验结果，此时，按孤立波理论，比值（H_b/d_b）的最大值可取为 0.78。为安全计，《海港水文规范》将表 3.6.1 中小于 0.6 的值均调整为 0.60。

表 3.6.1 缓坡上破碎波高与破碎水深最大比值

i	0	$\frac{1}{1\,000}$	$\frac{1}{500}$	$\frac{1}{400}$	$\frac{1}{300}$	$\frac{1}{200}$	$\frac{1}{120}$
$\left(\frac{H_b}{d_b}\right)_{max}$	0.55	0.55	0.55	0.56	0.58	0.64	0.78

在不规则波条件下，实验研究表明，波浪由深水传至浅水，只有大波才发生破碎；发生破碎的大波波高 H_b 与其相应的深水波长 L_0 和水深 d 的比值的关系仍符合图 3.6.14 的趋势，而数值减小至 0.88 倍，即不规则波条件下的破碎波高值 H_b 为规则波破碎波高值的 0.88 倍。

工程设计中推算出的某一重现期的某一累积率波高大于等于浅水极限波高时，应采用极限波高作为设计波高。

应该指出的是，上述研究成果仅适用于海滩上无建筑物的情况。

例 在 $d=30$ m 处，观测得 $H_0=3$ m，$T=7.0$ s，8 m 水深处海底坡度为 1/350，已经绘出自此处至岸边的折射图，求 $d_p=8$ m 处的波高 $H_{1\%}$，$H_{5\%}$，$H_{13\%}$，其中在折射图上量得起始处 $b_0=1.7$ cm，终止处 $b_1=1.3$ cm。

解 $L_0=\frac{g\overline{T}_0^{\,2}}{2\pi}=\frac{9.8\times7^2}{2\pi}=76.46$ m，$b_0=1.7$ cm，$b_1=1.3$ cm，$K_r=\sqrt{\frac{b_0}{b_1}}$

$=\sqrt{\frac{1.7}{1.3}}=1.144$

$$\left.\begin{aligned}\frac{d_0}{L_0}&=\frac{30}{76.46}=0.392\\ \frac{d_1}{L_0}&=\frac{8}{76.46}=0.105\end{aligned}\right\}\xrightarrow{\text{附表 5}}\left\{\begin{aligned}K_{s0}&=0.974\\ K_{s1}&=0.929\end{aligned}\right.$$

$$\overline{H}_1=K_r\cdot\frac{K_{s1}}{K_{s0}}\overline{H}_0=1.144\times\frac{0.929}{0.974}\times3=3.27\text{ m},$$

$$\frac{H_F}{\overline{H}}=\left[\frac{4}{\pi}\left(1+\frac{\overline{H}}{d\sqrt{2\pi}}\right)\ln\frac{1}{F}\right]^{\frac{1-\frac{\overline{H}}{d}}{2}}$$

$H_{1\%}=1.762\times\overline{H}_1=1.762\times3.27=5.76$ m，$H_{5\%}=1.552\times\overline{H}_1=1.552\times3.27=5.08$ m，$H_{13\%}=1.386\times\overline{H}_1=1.386\times3.27=4.53$ m

与极限波高比较：

已知水深 8 m 处 $i=\frac{1}{350}<\frac{1}{30}$

因为 $\frac{d}{L_0}=\frac{8}{76.46}=0.105\xrightarrow{\text{图 3.6.14}}\frac{H_b}{d_b}=0.67$，$H_b=0.67\times8=5.36$ m

所以 $H_{1\%}>H_b$，$H_{5\%}<H_b$，$H_{13\%}<H_b$

故设计时取 $H_{1\%}=5.36$ m，$H_{5\%}=5.08$ m，$H_{13\%}=4.53$ m。

3.6.6　港域内波高的计算

1. 港内波高计算的规范法

港内水域某点既存在绕射现象，又有反射现象时，可按波能的线性迭加原理近似计算该点的波高

$$H=\sqrt{H_d^2+H_R^2} \tag{3.6.27}$$

式中，K_d 为计算点的绕射波高；K_R 为计算点的反射波高。

港内水域风区长度超过 1 km 时，有风存在，须考虑港内风成波的影响，可按下式计算港内波高：

$$H=\sqrt{H_1^2+H_2^2} \tag{3.6.28}$$

式中，H_1，H_2 分别为计算点的绕射波高和局部风成波的波高。

当港内水域水深变化较大，且波浪传播距离较远时，需同时考虑港内的波浪绕射和折射影响。研究成果表明，离堤头 3～4 个波长范围内以绕射为主，而在此范围以外，港内波浪折射影响比较明显。基于这个原理，可按下述方法近似计算港内近岸某点的波高。

先绘制港内波峰线图，掩护区内近似地取同心圆弧，在开敞区为平行直线，见图 3.6.9。但对于 $B'/L\leqslant 1$ 的双突堤口门，港内波峰线近似取以口门中点为圆心圆弧。

在距堤头 3～4 倍波长的波峰线上，按规则波绕射原理确定该波峰线上各点的绕射系数 K_d。在该波峰线以外按波浪折射原理，绘制规则波折射图，于是波浪至近岸某点处的波高变化系数为

$$K'=K_d\sqrt{\frac{b_1K_{s_2}}{b_2K_{s_1}}} \tag{3.6.29}$$

式中，b_1，b_2 分别为相邻两波向线在折射起始线（即自堤头至 3～4 个波长距离处）及某点处的间距；K_{s_1}，K_{s_2} 分别为 b_1 和 b_2 处的浅水系数。将防波堤口门处的波高乘以 K'，即得港内某点的波高。

事实上，港内波浪往往是绕射、反射、折射、局部风浪以及防波堤越浪等多项的综合结果，上述计算很难全面精确地给出符合实际的结果。因此，对大型或重要项目，最有效的方法是进行整体模型试验，全面地研究港内波况，得出比较接近实际的结果。

2. 港内波高计算的数值模拟法

波浪在浅水传播过程中，受海底地形、背景流以及海中建筑物等的影响，会发生浅水变化、折射、绕射、反射以及破碎等现象，从而导致波高、波长和传播方向发生改变。近年来，随着数值计算技术的迅猛发展，涌现出了许多波浪数值计算模型：①基于 Boussinesq 型方程的波浪模型；②基于缓坡方程的波浪模型；③基于能量平衡方程的波浪模型。其中 Boussinesq 型方程是在时域内求解质量和动量的守恒方程，从而给出波浪传播过程中波面的变化、波浪引起的增水以及波浪破碎引起的近岸水流等信息。因为受限于计算时间和计算机内存，Boussinesq 型波浪模型目前只能应用于小尺度海区、计算时间不太长的波浪数值模拟。基于缓坡方程的波浪模型是根据波浪要素在波浪周期和波长的时空尺度上缓变的事实，描述海浪波动能量、波高、波长、频率等要素的变化。由于缓坡方程依赖于势波理论，所以在处理风能输入、底摩擦能量损耗、波浪破碎、波-流相互作用等物理过程时的理论依据不很充分，用于大范围计算时不太合适。基于能量平衡方程的波浪模型则多是在频域内利用能量谱研究波浪的传播变化，在处理风能输入、波-波相互作用、波-流相互作用、波浪破碎能量耗散和底摩擦耗散等物理过程时比较合理，可以应用于较大尺度海区的波浪数值模拟。波浪预报和后报模型 WAM 和 SWAN 就是这类模型典型代表。目前，上述模型不能反映由近岸海底地形和建筑物引起的波浪绕射和反射效应，因此，局部区域波浪的计算精度亟待提高。最近，Holthuijsen 等通过含有波幅对空间二阶导数的波数这一参量来提高能量平衡方程计算波浪绕射的精度。Mase 则直接将一绕射项加入能量平衡方程，建立了新的能量平衡方程。本书通过引入文氏谱，对 Mase 波浪数值计算模型进行完善改进，拓展了该模型的应用范围。

(1)考虑绕射作用的能量平衡方程。稳定状态下，考虑能量耗散项的能量平衡方程为

$$\frac{\partial(v_x S)}{\partial x}+\frac{\partial(v_y S)}{\partial y}+\frac{\partial(v_\theta S)}{\partial \theta}=-\varepsilon_{ds} S \tag{3.6.30}$$

式中，$S=S(f,\theta)$表示方向谱密度函数；ε_{ds} 为能量耗散系数，可根据波高的瑞利分布与 Goda 提出的波浪破碎标准来计算；v_x，v_y 和 v_θ 分别表示波浪沿 x，y 和 θ 方向的传播速度（θ 为波向与 x 轴正方向夹角），按下式计算：

$$(v_x,v_y,v_\theta)=\left(C_g\cos\theta,C_g\sin\theta,\frac{C_g}{C}\left(\sin\theta\frac{\partial C}{\partial x}-\cos\theta\frac{\partial C}{\partial y}\right)\right) \tag{3.6.31}$$

式中，C_g 和 C 分别表示波群速度和相位速度。

利用抛物型波浪模型计算波浪绕射的计算公式，Mase 对式(3.6.30)进行适当的变形推导，给出了能够考虑波浪绕射作用的能量平衡方程，其表达式为

$$\frac{\partial(v_xS)}{\partial x}+\frac{\partial(v_yS)}{\partial y}+\frac{\partial(v_\theta S)}{\partial\theta}=-\varepsilon_{ds}S+\frac{\kappa}{2\omega}\left[(CC_g\cos^2\theta\cdot S_y)_y-\frac{1}{2}CC_g\cos^2\theta\cdot S_{yy}\right] \tag{3.6.32}$$

式中，ω 表示角频率；S_y 和 S_{yy} 分别表示谱密度函数对空间坐标 y 的一阶导数和二阶导数；系数 κ 为自由参数，通过其改变绕射的影响程度，按工程试验可取 $\kappa=2.5$。

与式(3.6.30)相比，式(3.6.32)在其等号右侧多了一项。此项可以理解为绕射源项，用来提高能量平衡方程计算绕射作用的精度。式(3.6.32)中的速度 v_x，v_y 和 v_θ 可通过式(3.6.31)进行计算。

(2)控制方程的离散。对式(3.6.32)采用一阶逆风有限差分格式求解，网格系如图 3.6.15 所示。

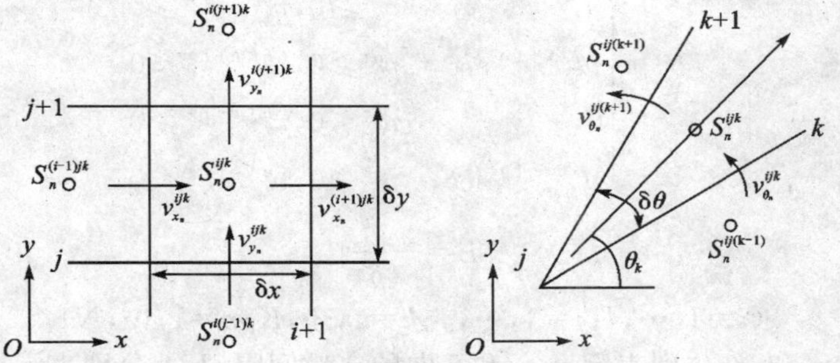

图 3.6.15　网格系

散化后的控制方程离为

$$A_1S_n^{ijk}+A_2S_n^{i(j-1)k}+A_3S_n^{i(j+1)k}+A_4S_n^{ij(k-1)}+A_5S_n^{ij(k+1)}=-BS_n^{(i-1)jk} \tag{3.6.33}$$

式中，i，j 分别表示 x 和 y 方向的网格数，n，k 分别表示方向谱离散后的频率数和方向数，系数 A_1，A_2，A_3，A_4，A_5 和 B 分别为

$$A_1=\frac{v_{x_n}^{(i+1)jk}}{\delta x}+\varepsilon_{b_n}^{ij}+\frac{\kappa}{2\omega_n\delta y^2}\left[(CC_g)^{i(j+1)k}+(CC_g)^{ijk}-(CC_g)^{i(j+1/2)k}\right]\cos^2\theta_k$$

$$+\begin{cases}v_{y_n}^{i(j+1)k}/\delta y & (v_y\geqslant 0)\\ -v_{y_n}^{ijk}/\delta y & (v_y<0)\end{cases}+\begin{cases}v_{\theta_n}^{ij(k+1)}/\delta\theta, & v_{\theta_n}^{ijk}\geqslant 0,v_{\theta_n}^{ij(k+1)}\geqslant 0\\ 0, & v_{\theta_n}^{ijk}\geqslant 0,v_{\theta_n}^{ij(k+1)}<0\\ (v_{\theta_n}^{ij(k+1)}-v_{\theta_n}^{ijk})/\delta\theta, & v_{\theta_n}^{ijk}<0,v_{\theta_n}^{ij(k+1)}\geqslant 0\\ -v_{\theta_n}^{ijk}/\delta\theta, & v_{\theta_n}^{ijk}<0,v_{\theta_n}^{ij(k+1)}<0\end{cases} \tag{3.6.34}$$

$$A_2=\frac{\kappa}{2\omega_n\delta y^2}\left[-(CC_g)^{ijk}+\frac{1}{2}(CC_g)^{i(j+1/2)k}\right]\cos^2\theta_k+\begin{cases}-v_{y_n}^{ijk}/\delta y, & v_y\geqslant 0\\ 0, & v_y<0\end{cases}$$

(3.6.35)

$$A_3=\frac{\kappa}{2\omega_n\delta y^2}\left[-(CC_g)^{i(j+1)k}+\frac{1}{2}(CC_g)^{i(j+1/2)k}\right]\cos^2\theta_k+\begin{cases}0, & v_y\geqslant 0\\ v_{y_n}^{i(j+1)k}/\delta y, & v_y<0\end{cases}$$

(3.6.36)

$$A_4=\begin{cases}-v_{\theta_n}^{ijk}/\delta\theta, & v_{\theta_n}^{ijk}\geqslant 0, v_{\theta_n}^{ij(k+1)}\geqslant 0\\ -v_{\theta_n}^{ijk}/\delta\theta, & v_{\theta_n}^{ijk}\geqslant 0, v_{\theta_n}^{ij(k+1)}<0\\ 0, & v_{\theta_n}^{ijk}<0, v_{\theta_n}^{ij(k+1)}\geqslant 0\\ 0, & v_{\theta_n}^{ijk}<0, v_{\theta_n}^{ij(k+1)}<0\end{cases} \quad (3.6.37)$$

$$A_5=\begin{cases}0, & v_{\theta_n}^{ijk}\geqslant 0, v_{\theta_n}^{ij(k+1)}\geqslant 0\\ v_{\theta_n}^{ij(k+1)}/\delta\theta, & v_{\theta_n}^{ijk}\geqslant 0, v_{\theta_n}^{ij(k+1)}<0\\ 0, & v_{\theta_n}^{ijk}<0, v_{\theta_n}^{ij(k+1)}\geqslant 0\\ v_{\theta_n}^{ij(k+1)}/\delta\theta, & v_{\theta_n}^{ijk}<0, v_{\theta_n}^{ij(k+1)}<0\end{cases} \quad (3.6.38)$$

$$B=-\frac{v_{x_n}^{ijk}}{\delta x} \quad (3.6.39)$$

$$(i=1,\cdots,I;j=1,\cdots,J;k=1,\cdots,K;n=1,\cdots,N)$$

其中，δx，δy 和 $\delta\theta$ 分别表示 x，y 和 θ 向的离散间隔；I，J 分别表示计算区域 x 和 y 方向的网格总数；K，N 分别表示方向和频率总数。可选择高斯-赛德尔理论对离散后的有限差分方程式(3.6.33)进行求解。

(3)边界条件。本书从输入边界、反射边界和虚拟边界来设定边界条件。

1)输入边界。将入射边界处的有效波高 H_s、有效周期 T_s 和波向角(与 x 轴夹角)作为入射边界波浪输入条件。根据它们与谱的关系，转换成为谱要素，再将谱进行离散，作为式(3.6.33)右边的起始值，利用高斯-赛德尔理论在 x 方向上逐层求解出所有的离散谱值，最后利用谱与波浪要素之间的关系，计算出所需要的波浪要素。有效波高 H_s、有效周期 T_s 和平均波向 $\bar{\theta}$ 按照以下公式计算：

$$H_s=4.0\sqrt{m_0} \quad (3.6.40)$$

$$T_s=\sqrt{\frac{m_0}{m_2}}\frac{T_{s0}}{\overline{T}_0} \quad (3.6.41)$$

$$\bar{\theta}=\frac{\sum_{n=1}^{N}\sum_{k=1}^{K}\theta_k S_n^{ijk}}{m_0} \quad (3.6.42)$$

式中，T_{s0}，$\overline{T}_0$ 分别表示输入边界有效波周期和平均波周期；m_0，m_2 分别表示谱的零阶矩和二阶矩，用离散化后的能谱密度表示为

$$m_0 = \sum_{n=1}^{N}\sum_{k=1}^{K} S_n^{ijk} \tag{3.6.43}$$

$$m_2 = \sum_{n=1}^{N}\sum_{k=1}^{K} f_n^2 S_n^{ijk} \tag{3.6.44}$$

2）反射边界。计算简图如图 3.6.16 所示，对于 y 方向的反射，计算水域外单元格的谱密度为

$$S(x, y+\delta y, f, -\theta+2\alpha) = K_{ry}^2 S(x, y, f, \theta) \tag{3.6.45}$$

式中，K_{ry} 表示 y 方向的反射系数。对于 x 方向的反射，反射的谱密度源项为

$$S(x+\delta x, y, f, \pi-\theta+2\alpha) = K_{rx}^2 S(x, y, f, \theta) \tag{3.6.46}$$

式中，K_{rx} 表示 x 方向的反射系数。

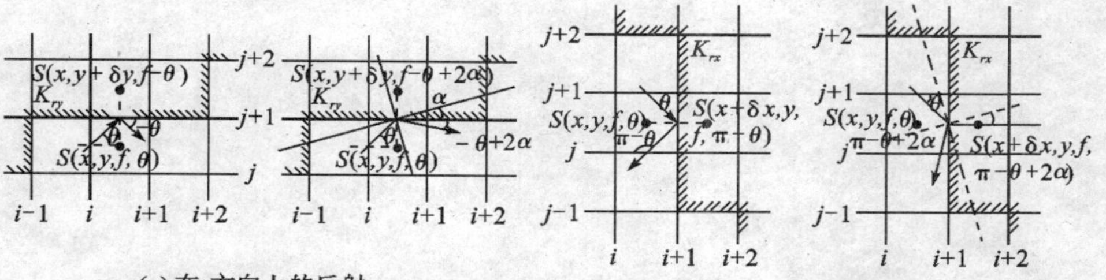

(a) 在y方向上的反射

(b) 在x方向上的反射

图 3.6.16　反射点的边界条件

当不设反射单元格时，认为障碍物即陆地干区域为完全吸波边界，即波高为零。

3）虚拟边界。对虚拟边界按照能量反射和能量吸收两种情况处理。对于能量反射，设定计算区域外单元格的谱密度等于计算区域边缘处单元格的谱密度：

$$S(x, y+\delta y, f, \theta) = S(x, y, f, \theta) \tag{3.6.47}$$

对于能量吸收，设定计算区域外单元格的谱密度等于零：

$$S(x, y+\delta y, f, \theta) = 0 \tag{3.6.48}$$

（2）工程实例。按 50 年一遇、设计高水位 2.25 m，分主波向 SW 和 WSW 向计算某渔港港内波高等值线图。计算区域尺度为 945 m×845 m，对计算区域进行网格剖分，E-W 向和 S-N 向网格步长 $\Delta x = \Delta y = 5$ m。计算波高等值线如图 3.6.17 所示。该渔港口门处波浪要素：SW 向有效波高 $H_s = 1.9$ m，平均周期 $\overline{T} = 5.4$ s。WSW 向有效波高 $H_s = 2.04$ m，有效周期 $\overline{T} = 5.6$ s。

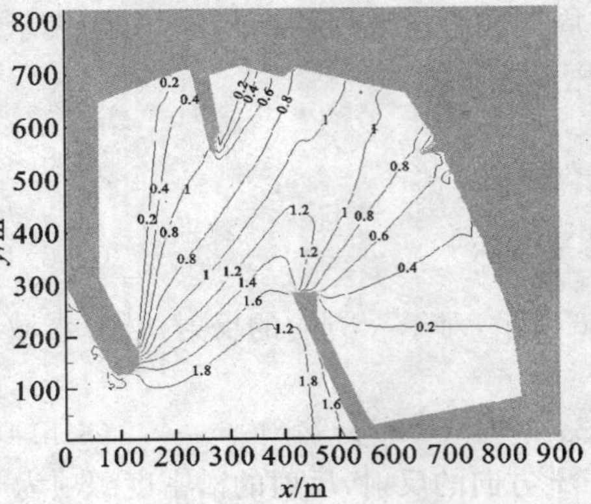

图 3.6.17(a) SW 向波高等值线图

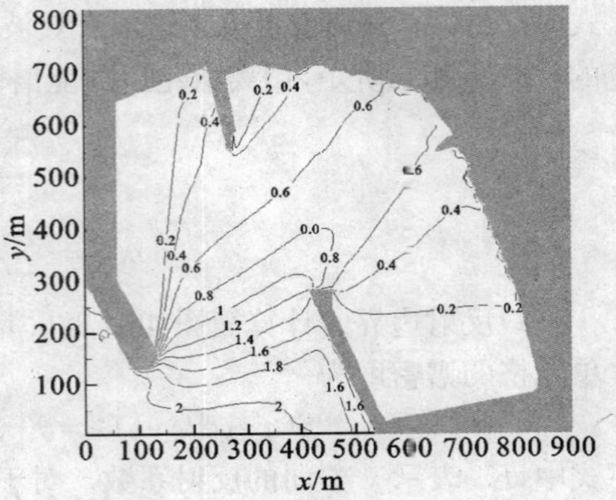

图 3.6.17(b) WSW 向波高等值线图

第4章 波浪对建筑物的作用

计算海堤工程的波浪作用力时，波浪要素应选取海堤堤脚前的波浪要素。设计波浪标准包括重现期和波列累积频率两部分标准。而海堤堤前位置为堤脚前约1/2波长处。当堤脚之前的滩涂坡度较陡时，其位置应选在靠近海堤堤脚之处。

4.1 波浪作用力计算

计算海堤工程的波浪作用力时，应采用不规则波要素。根据海堤护面型式，可分为直立式和斜坡式进行波浪力的计算。

对于单一坡度陡墙式海堤的波浪力计算，可参考相关直立式海堤波浪力的公式进行估算；对于斜坡上设置平台或护面坡比变化较大的1级～3级海堤，以及对按允许部分越浪标准进行设计的海堤，其波浪作用力计算宜结合模型试验确定。

4.1.1 直立式护面波浪力

目前已有多种关于直立式护面波浪力的理论和实验公式，以下介绍我国交通部颁布的《海港水文规范》中直立堤波浪力计算公式(详见附表6)和其他工程设计常用的波浪力计算公式。

4.1.1.1 《海港水文规范》公式

《海港水文规范》中将直立堤(图4.1.1)上的波浪形态分为立波、远破波和近破波3种波态，波态的区分可按表4.1.1确定。

直立堤立波的产生除了符合表4.1.1的要求外，还应满足波峰线与建筑物大致平行，且建筑物的长度大于1个波长的条件。

(1)当进行波波陡较大($H/L>1/14$)时，堤前可能形成破碎立波；

(2)当暗基床和低基床直立堤前水深$d<2H$，且底坡$i>1/10$时，堤前可能出现近破波，应由模型试验确定波态和波浪力；

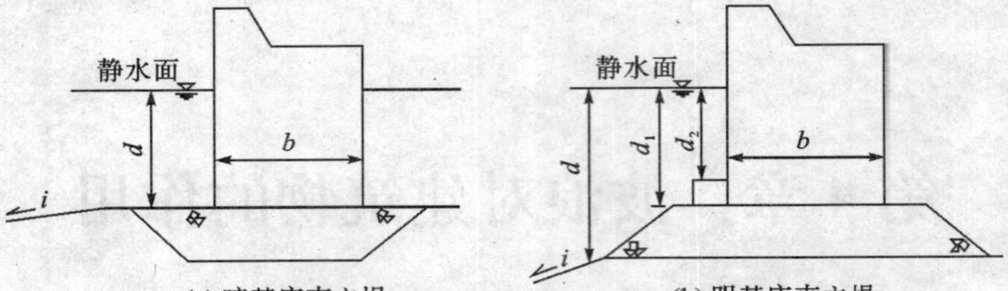

(a) 暗基床直立堤　　(b) 明基床直立堤

图 4.1.1　直立堤

表 4.1.1　直立堤前的波态

基床类型	产生条件	波态
暗基床和低基床$\left(\frac{d_1}{d}>\frac{2}{3}\right)$	$\overline{T}\sqrt{g/d}<8, d\geqslant 2H$ $\overline{T}\sqrt{g/d}\geqslant 8, d\geqslant 1.8H$	立波
	$\overline{T}\sqrt{g/d}<8, d<2H, i\leqslant 1/10$ $\overline{T}\sqrt{g/d}\geqslant 8, d<1.8H, i\leqslant 1/10$	近破波
中基床$\left(\frac{1}{3}<\frac{d_1}{d}\leqslant\frac{2}{3}\right)$	$d_1\geqslant 1.8H$	立波
	$d_1<1.8H$	近破波
高基床$\left(\frac{d_1}{d}\leqslant\frac{1}{3}\right)$	$d_1\geqslant 1.5H$	立波
	$d_1<1.5H$	近破波

注：表中 H 表示建筑物所在处进行波的波高(m)；d 表示建筑物前水深(m)；d_1 表示基床上水深(m)；i 表示建筑物前海底坡度。

(3)当明基床上有护肩方块，且方块宽度大于波高 H 时，宜用方块上水深 d_2 代替基床上水深 d_1 以确定波态和波浪力。

1. 浅水立波法

当 $d\geqslant 1.8H$；$d/L=0.05\sim 0.139$ 时，直立堤上的立波作用力可按下列规定确定。

(1)基于椭圆余弦波理论的浅水立波法。浅水立波法是大连理工大学邱大洪在二阶椭圆余立波理论的基础上，结合系统的物理模型试验研究而提出的方法。当 $d\geqslant 1.8H$；$d/L=0.05\sim 0.12$(相当于$\overline{T}\sqrt{g/d}\approx 20\sim 9$)时，可采用浅水立波法计算直立堤上波峰作用力和波谷作用力。

1)波峰作用力。波峰作用时直立墙上的立波压力分布图形如图 4.1.2(a)所示。

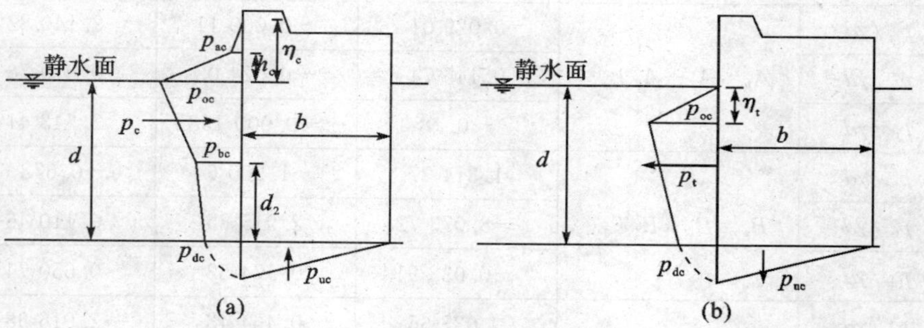

图 4.1.2 浅水立波法的波压力分布图

波面高程按以下公式计算：

$$\eta_c/d=B_\eta(H/d)^m \tag{4.1.1}$$

$$B_\eta=2.310\,4-2.590\,7T_*^{-0.594\,1} \tag{4.1.2}$$

$$m=T_*/(0.009\,13T_*^{\,2}+C.636T_*+1.251\,5) \tag{4.1.3}$$

$$T_*=\overline{T}\sqrt{g/d} \tag{4.1.4}$$

式中，η_c 为波面高程(m)；B_η，m 是系数；T_* 为无因次周期。

在静水面以上 h_0 处的墙面波压力强度按以下公式计算：

$$\frac{h_c}{d}=\frac{2\eta_c/d}{n+2} \tag{4.1.5}$$

$$\frac{p_{ac}}{\gamma d}=\frac{p_{oc}}{\gamma d}\frac{2}{(n+1)(n+2)} \tag{4.1.6}$$

$$n=\max[0.636\,618+4.232\,64(H/d)^{1.67},1] \tag{4.1.7}$$

式中，h_c 为波浪压力强度 p_{ac} 在静水面以上的作用点位置(m)，n 是静水面以上波浪压强分布曲线的指数，其值取式中两数中的大值；p_{ac} 是与 h_c 对应的墙面波压力强度(kPa)；γ 代表水的重度(kN·m^{-3})；p_{oc} 为静水面上的波压力强度(kPa)。

p_{oc} 及墙面上其他特征点的波压力强度按下式计算：

$$\frac{p}{\gamma d}=A_p+B_p(H/d)^q \tag{4.1.8}$$

式中系数 A_p，B_p 和 q 按表 4.1.2 确定。

表 4.1.2 系数 A_p，B_p 和 q（波峰作用）

波压	计算式	A_1,B_1,a	A_2,B_2,b	α,β,c
$p_{oc}/\gamma d$	$A_p=A_1+A_2T_*^{\alpha}$	0.029 01	−0.000 11	2.140 82
$p_{bc}/\gamma d$		0.145 74	−0.024 03	0.919 76
$p_{dc}/\gamma d$		−0.18	−0.000 153	2.543 41
$p_{oc}/\gamma d$	$B_p=B_1+B_2T_*^{\beta}$	1.314 27	−1.200 64	−0.673 6
$p_{bc}/\gamma d$		−3.073 72	2.915 85	0.110 46
$p_{dc}/\gamma d$		−0.032 91	0.174 53	0.650 74
$p_{oc}/\gamma d$	$q=\dfrac{T_*}{aT_*^2+bT_*+c}$	0.037 65	0.464 43	2.916 98
$p_{bc}/\gamma d$		0.062 20	1.326 41	−2.975 57
$p_{dc}/\gamma d$		0.286 49	−3.867 66	38.419 5

若计算得出 $p_{bc}>p_{oc}$，则取 $p_{bc}=p_{oc}$，p_{bc} 为海底起算高度为 $d/2$ 处的波压力强度。

单位长度墙身上的水平总波浪力为

$$P_c=\frac{\gamma d^2}{4}\left[2\frac{p_{ac}}{\gamma d}\frac{\eta_c}{d}+\frac{p_{oc}}{\gamma d}\left(1+\frac{2h_c}{d}\right)+\frac{2p_{bc}}{\gamma d}+\frac{p_{dc}}{\gamma d}\right] \tag{4.1.9}$$

单位长度墙身上的水平总波浪力矩按下式计算：

$$\frac{M_c}{\gamma d^3}=\frac{1}{2}\frac{p_{ac}}{\gamma d}\frac{\eta_c}{d}\left[1+\frac{1}{3}\left(\frac{\eta_c}{d}+\frac{h_c}{d}\right)\right]+\frac{p_{oc}}{24\gamma d}\left[5+\frac{12h_c}{d}+4\left(\frac{h_c}{d}\right)^2\right]+\frac{p_{bc}}{4\gamma d}+\frac{p_{dc}}{24\gamma d} \tag{4.1.10}$$

单位长度墙面上的波浪浮托力为

$$P_{uc}=\frac{bp_{dc}}{2} \tag{4.1.11}$$

P_{uc} 对应的力矩为

$$M_P=\frac{2}{3}P_{uc}b \tag{4.1.12}$$

2)波谷作用力。波谷作用时，直立墙面上的立波压力分布图形如图 4.1.2(b)所示。在波峰的情况下，墙面上的波压为在原有的静水压力上增加的动水压力，因此其方向与波浪作用方向一致。而在波谷的情况下，墙面上的波压实际上为原有的静水压力上减少的动水压力，通常把静水压力视为不变，因此波谷压力的方向将与波浪方向相反。

波谷的波面在静水面以下的高度按下式计算：

$$\frac{\eta_t}{d}=A_p+B_p(H/d)^q \qquad (4.1.13)$$

式中，η_t 为波谷的波面在静水面以下的高度(m)。系数 A_p，B_p 和 q 按表 4.1.3 中 $p_{ot}/\gamma d$ 栏对应值确定。

墙面上的各特征点的波压力强度均按下式计算：

$$\frac{p}{\gamma d}=A_p+B_p(H/d)^q \qquad (4.1.14)$$

式中，p 代表墙面上的特征点的波压力强度(kPa)。系数 A_p，B_p 和 q 按表 4.1.3 确定。

表 4.1.3　系数 A_p，B_p 和 q（波谷作用）

波压	计算式	A_1，B_1，a	A_2，B_2，b	α，β，c
$p_{ot}/\gamma d$	$A_p=A_1+A_2T_*{}^{\alpha}$	0.039 7	−0.000 18	1.95
$p_{dt}/\gamma d$	$A_p=0.1-A_1T_*{}^{a}e^{A_2T_*}$	1.678	0.168 94	−2.019 5
$p_{ot}/\gamma d$	$B_p=B_1+B_2T_*{}^{\beta}$	0.982 22	−3.061 15	−0.284 8
$p_{dt}/\gamma d$		−2.197 07	0.928 02	0.235 0
$p_{ot}/\gamma d$	$q=aT_*{}^{b}e^{cT_*}$	2.599	−0.867 9	0.070 92
$p_{dt}/\gamma d$		20.155 5	−1.972 3	0.133 29

若计算得出 $|p_{dt}|>|p_{ot}|$，$p_{dt}=p_{ot}$。

单位长度墙身上的水平总波浪力(负值)为

$$P_t=\frac{\gamma d^2}{2}\left[\frac{p_{ot}}{\gamma d}+\frac{p_{dt}}{\gamma d}\left(1+\frac{\eta_t}{d}\right)\right] \qquad (4.1.15)$$

单位长度墙底面上的波谷浮托力(方向向下)为

$$P_{uc}=\frac{bp_{dt}}{2} \qquad (4.1.16)$$

例 4.1.1　设建筑物前波高为 $H=3$ m，周期 $T=12$ s；建筑物前水深 $d=8$ m，基床上水深 $d_1=6$ m。试用《海港水文规范》的方法计算直立堤上受到的波压力。

解　由色散方程可以求得波长 $L=102.277$ m，进行波的波陡 $H/L=3/102.277=0.029<1/14$，故不可能出现破碎立波。

水深比 $d_1/d=6/8=0.75$，故属于低基床的情况。水深 d 大于低基床破碎水深 $1.8H$，因此堤前产生立波。此时堤前相对水深 $d/L=8/102.277=0.078$，则可以按照《海港水文规范》中的基于椭圆余弦波理论的浅水立波法计算波浪力。

1)当波峰作用时：

无因次周期

$$T_* = T\sqrt{g/d} = 12\sqrt{9.8/8} = 13.28\ \text{s}$$

系数

$$B_\eta = 2.3104 - 2.5907 T_*^{-0.5941}$$
$$= 2.3104 - 2.5907 \times 13.28^{-0.5941} = 1.75$$

$$m = T_*/(0.00913 T_*^2 + 0.636 T_* + 1.2515)$$
$$= 13.28/(0.00913 \times 13.28^2 + 0.636 \times 13.28 + 1.2515) = 1.17$$

波面高程

$$\eta_c = dB_\eta (H/d)^m = 8 \times 1.75 \times (3/8)^{1.18} = 4.43\ \text{m}$$

静水面以上波浪压强分布曲线的指数

$$n = \max[0.636618 + 4.23264(H/d)^{1.67}, 1]$$
$$= \max[0.636618 + 4.23264(3/8)^{1.67}, 1] = 1.46$$

波浪压力强度 p_{ac} 在静水面以上的作用点位置高程

$$h_c = \frac{2\eta_c}{n+2} = \frac{2 \times 4.43}{1.46 + 2} = 2.56\ \text{m}$$

静水面压强 p_{oc} 及墙面上其他特征点的波压力强度分别为

$$p_{oc} = \gamma d[A_p + B_p (H/d)^q]$$
$$= 9.8 \times 1000 \times 8 \times [0.001 + 1.1 \times (3/8)^{0.84}] = 37.89\ \text{kPa}$$

$$p_{bc} = \gamma d[A_p + B_p (H/d)^q]$$
$$= 9.8 \times 1000 \times 8 \times [-0.114 + 0.806 \times (3/8)^{0.52}] = 29.11\ \text{kPa}$$

$$p_{dc} = \gamma d[A_p + B_p (H/d)^q]$$
$$= 9.8 \times 1000 \times 8 \times [-0.29 + 0.906 \times (3/8)^{0.35}] = 27.51\ \text{kPa}$$

$$p_{ac} = p_{oc}\frac{2}{(n+1)(n+2)} = 45.09 \times \frac{2}{(1.46+1)(1.46+2)} = 10.59\ \text{kPa}$$

单位长度墙身上的水平总波浪力

$$P_c = \frac{\gamma d^2}{4}\left[2\frac{p_{ac}}{\gamma d}\frac{\eta_c}{d} + \frac{p_{oc}}{\gamma d}\left(1 + \frac{2h_c}{d}\right) + \frac{2p_{bc}}{\gamma d} + \frac{p_{dc}}{\gamma d}\right]$$
$$= 318.72\ \text{kPa} \cdot \text{m}$$

单位长度墙身上的水平总波浪力矩

$$M_c = \gamma d^3\left\{\frac{1}{2}\frac{p_{ac}}{\gamma d}\frac{\eta_c}{d}\left[1 + \frac{1}{3}\left(\frac{\eta_c}{d} + \frac{h_c}{d}\right)\right] + \frac{p_{oc}}{24\gamma d}\left[5 + \frac{12h_c}{d} + 4\left(\frac{h_c}{d}\right)^2\right] + \frac{p_{bc}}{4\gamma d} + \frac{p_{dc}}{24\gamma d}\right\}$$
$$= 1678.1\ \text{kPa} \cdot \text{m}^2$$

2)当波谷作用时：

波谷的波面在静水面以下的高度

$\eta_t = d[A_p + B_p(H/d)^q] = 8\times[0.012 - 0.483\times(3/8)^{0.71}] = -1.84$ m

墙面上的各特征点的波压力强度分别为

$p_{ot} = \gamma d[A_p + B_p(H/d)^q] = 9.8\times 1\,000\times 8\times[0.012 - 0.483\times(3/8)^{0.71}]$
$= -18.03$ kPa

$p_{dt} = \gamma d[A_p + B_p(H/d)^q] = 9.8\times 1\,000\times 8\times[0.014 - 0.493\times(3/8)^{0.72}]$
$= -17.94$ kPa

单位长度墙身上的水平总波浪力

$$P_t = \frac{\gamma d^2}{2}\left[\frac{p_{ot}}{\gamma d} + \frac{p_{dt}}{\gamma d}\left(1 + \frac{\eta_t}{d}\right)\right] = -127.63\ \text{kPa}\cdot\text{m}$$

(2)内插法。当 $d \geqslant 1.8H$，$d/L = 0.12 \sim 0.139$ 和 $8 < T_* \leqslant 9$ 时，波浪力、波力矩、波浪压强和波面高程等量值按下式计算：

$$X_{T_*} = X_{T_*=8} - (X_{T_*=8} - X_{T_*=9})(T_* - 8) \tag{4.1.17}$$

式中，X_{T_*} 表示波浪力、波力矩、波浪压强和波面高程等量值；$X_{T_*=8}$ 表示取 $T_* = 8$ 和实际波况的 H/d，按第 1.2 节中 Sainflou 法计算的量值；$X_{T_*=9}$ 表示取 $T_* = 9$ 和实际波况的 H/d，按浅水立波法计算的量值。

2. Sainflou 公式

当 $H/L \geqslant 1/30$ 和 $d/L = 0.139 \sim 0.2$ 时采用森弗罗立波压力公式，其导自于椭圆余摆线波理论。立波的波浪线中线超出静水面的高度，即超高为

$$h_s = \frac{\pi H^2}{L}\coth kd \tag{4.1.18}$$

(1)波峰作用力。立波波峰在静水面以上的高度为 $H + h_s$(图 4.1.3(a))，该处的压力为 0。波峰作用时水底处的波浪压力强度为

$$p_d = \frac{\gamma H}{\cosh kd} \tag{4.1.19}$$

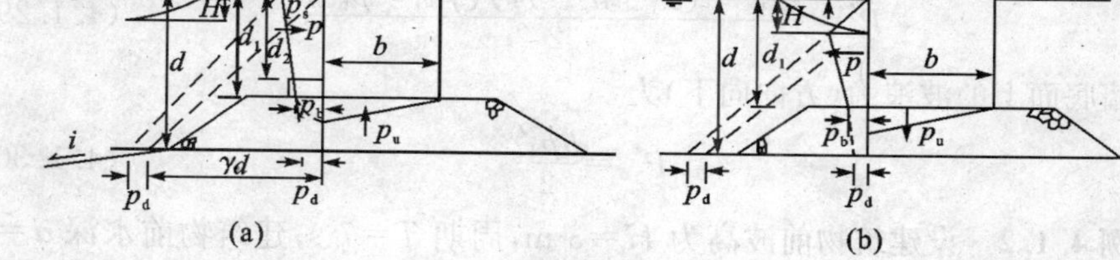

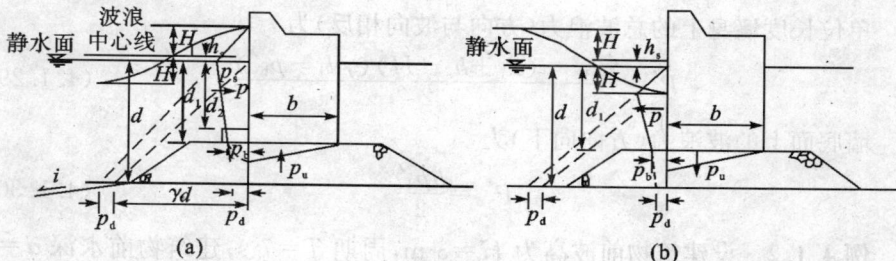

图 4.1.3　森弗罗立波波压力图

当把波浪压力分布图简化为直线时，可得静水面处的波浪压力强度为

$$p_s=(p_d+\gamma d)\left(\frac{H+h_s}{d+H+h_s}\right) \tag{4.1.20}$$

墙底处的波浪压力强度为

$$p_b=p_s-(p_s-p_d)\frac{d_1}{d} \tag{4.1.21}$$

单位长度墙身上的总波浪力为

$$P=\frac{(H+h_s+d_1)(p_b+\gamma d_1)-\gamma d_1{}^2}{2} \tag{4.1.22}$$

墙底面上的波浪浮托力为

$$P_u=\frac{bp_b}{2} \tag{4.1.23}$$

式中，b 为立墙的底宽(m)。

P 引起的倾覆力矩为

$$M_P=\frac{1}{2}p_s(0.5H+h_s)\left(d_1+\frac{H}{2}+\frac{h_s}{3}\right)+\frac{1}{6}p_bd_1{}^2+\frac{1}{3}p_sd_1{}^2 \tag{4.1.24}$$

P_u 对应的力矩为

$$M_{P_u}=\frac{2}{3}P_ub \tag{4.1.25}$$

(2)波谷作用力。在波谷作用时(图 4.1.3(b))，水底处的波浪压力强度为

$$p_d{}'=\frac{\gamma H}{\cosh kd} \tag{4.1.26}$$

静水面处的波浪压力强度为零。在静水面以下深度 $H-h$ 处的波浪压力强度为

$$p_s{}'=\gamma(H-h_s) \tag{4.1.27}$$

墙底处的波浪压力强度为

$$p_b{}'=p_s{}'-(p_s{}'-p_d{}')\frac{d_1+h_s-H}{d+h_s-H} \tag{4.1.28}$$

单位长度墙身上的总波浪力(方向与波向相反)为

$$P'=\frac{\gamma d_1{}^2-(d_1+h_s-H)(\gamma d_1-p_b{}')}{2} \tag{4.1.29}$$

墙底面上的波浪力(方向向下)为

$$P'_u=\frac{bp_d{}'}{2} \tag{4.1.30}$$

例 4.1.2 设建筑物前波高为 $H=3$ m，周期 $T=7$ s；建筑物前水深 $d=8$ m，基床上水深 $d_1=6$ m。试用《海港水文规范》的方法计算直立堤上受到的波

压力。

解　由色散方程可以求得波长 $L=55.160\ \text{m}$，进行波的波陡 $H/L=3/55.160=0.0544<1/14$，则不可能出现破碎立波。

水深比 $d_1/d=6/8=0.75$，故属于低基床的情况。水深 d 大于低基床破碎水深 $1.8H$，因此堤前产生立波。此时堤前相对水深 $d/L=8/55.160=0.145$，则可以按照《海港水文规范》中的 Sainflou 方法计算波浪力。

波浪中线抬高值

$$h_s=\frac{\pi H^2}{L}\coth kd=\frac{\pi\times 3^2}{55.160}\coth\left(8\times\frac{2\pi}{55.160}\right)=0.71\ \text{m}$$

1)波峰作用时：

水底压强

$$p_d=\frac{\gamma H}{\cosh kd}=\frac{9.8\times 1\,000\times 3}{\cosh\left(8\times\dfrac{2\pi}{55.160}\right)}=20.35\ \text{kPa}$$

静水面压强

$$\begin{aligned}p_s&=(p_d+\gamma d)\left(\frac{H+h_s}{d+H+h_s}\right)\\&=(20.35+9.8\times 8)\left(\frac{3+0.71}{8+3+0.71}\right)=31.29\ \text{kPa}\end{aligned}$$

堤底压强

$$\begin{aligned}p_b&=p_s-(p_s-p_d)\frac{d_1}{d}\\&=31.29-(31.29-20.35)\times\frac{6}{8}=23.09\ \text{kPa}\end{aligned}$$

单位长度墙身上的总波浪力为

$$\begin{aligned}P&=\frac{(H+h_s+d_1)(p_b+\gamma d_1)-\gamma d_1{}^2}{2}\\&=\frac{(3+0.71+6)(23.09+9.8\times 6)-9.8\times 6^2}{2}\\&=221.18\ \text{kPa}\cdot\text{m}\end{aligned}$$

2)当波谷作用时：

水底压强

$$p_d{}'=p_d=20.35\ \text{kPa}$$

静水面压强

$$p_s{}'=\gamma(H-h_s)=9.8\times(3-0.71)=22.44\ \text{kPa}$$

堤底压强

$$p_b' = p_s' - (p_s' - p_d')\frac{d_1 + h_s - H}{d + h_s - H}$$

$$= 22.44 - (22.44 - 20.35)\frac{6 + 0.71 - 3}{8 + 0.71 - 3} = 21.08\ \text{kPa}$$

单位长度墙身上的总波浪力

$$P' = \frac{\gamma d_1{}^2 - (d_1 + h_s - H)(\gamma d_1 - p_b')}{2}$$

$$= \frac{9.8 \times 6^2 - (6 + 0.71 - 3)(9.8 \times 6 - 21.08)}{2}$$

$$= 106.43\ \text{kPa} \cdot \text{m}$$

3. 欧拉坐标一次近似法

当波陡 $H/L \geqslant 1/30$、相对水深 $d/L = 0.2 \sim 0.5$ 时，可采用欧拉坐标一次近似法计算直立堤上的立波波峰作用力。此时，立波的波峰压力如图 4.1.4 所示。

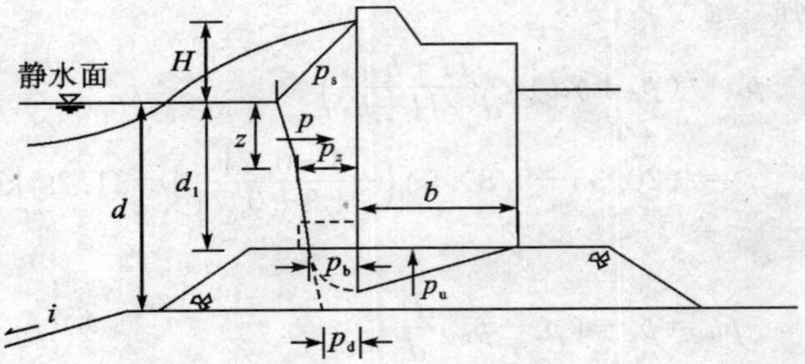

图 4.1.4　欧拉坐标一次近似法波压力分布图

静水面以上高度 H 处的波浪压力强度为零，静水面处的波浪压力强度为

$$p_s = \gamma H \tag{4.1.31}$$

静水面以上的波浪压力强度按直线分布。静水面以下深度 z 处的波浪压力强度为

$$p_z = \gamma H \frac{\cosh \dfrac{2\pi(d - z)}{L}}{\cosh \dfrac{2\pi d}{L}} \tag{4.1.32}$$

当 $z = d$，即水底处，$p_z = p_d$，墙底处波浪压力强度为

$$p_b = \gamma H \frac{\cosh \dfrac{2\pi(d - d_1)}{L}}{\cosh \dfrac{2\pi d}{L}} \tag{4.1.33}$$

单位长度墙身上的总波浪力为

$$P=\frac{\gamma H^2}{2}+\frac{\gamma HL}{2\pi}\left[\tanh\frac{2\pi d}{L}-\frac{\sinh\frac{2\pi(d-d_1)}{L}}{\cosh\frac{2\pi d}{L}}\right] \quad (4.1.34)$$

墙底面上的波浪浮托力计算式与 $P_u=\frac{bp_b}{2}$ 相同。

P 引起的倾覆力矩为

$$M_P=\frac{1}{2}p_s Hd_1+\frac{1}{6}p_s H^2+\frac{1}{3}p_s d_1{}^2+\frac{1}{6}p_b d_1{}^2 \quad (4.1.35)$$

P_u 对应的力矩为

$$M_{P_u}=\frac{2}{3}P_u b \quad (4.1.36)$$

波谷作用时采用森弗罗简化法的有关计算式。当 $d/L\geqslant 0.5$ 时，静水面以下深度 $z=L/2$ 处的波浪压力强度可取为零。波峰作用下式 $p_z=\gamma H\frac{\cosh\frac{2\pi(d-z)}{L}}{\cosh\frac{2\pi d}{L}}$ 和波谷作用下式 $h_t=\frac{\pi H^2}{L}\cosh\frac{2\pi d}{L}$ 中的 d 均改用 $L/2$。

例 4.1.3　设建筑物前波高为 $H=3$ m，周期 $T=6$ s；建筑物前水深 $d=12$ m，基床上水深 $d_1=10$ m。试用《海港水文规范》的方法计算直立堤上受到的波压力。

解　由色散方程可以求得波长 $L=50.694$ m，进行波的波陡 $H/L=3/50.694=0.0592<1/14$，则不可能出现破碎立波。

水深比 $d_1/d=10/12=5/6$，故属于低基床的情况。水深 d 大于低基床破碎水深 $1.8H$，因此堤前产生立波。此时堤前相对水深 $d/L=12/50.694=0.237$，则可以按照《海港水文规范》中的欧拉坐标一次近似法计算波浪力。

1)波峰作用时：

静水面压强

$$p_s=\gamma H=9.8\times 3=29.4\ \text{kPa}$$

堤底压强

$$p_b=\gamma H\frac{\cosh\frac{2\pi(d-d_1)}{L}}{\cosh\frac{2\pi d}{L}}$$

$$=9.8\times3\frac{\cosh\frac{2\pi\times(12-10)}{50.694}}{\cosh\frac{2\pi\times12}{50.694}}=13.03\ \text{kPa}$$

单位长度墙身上的总波浪力

$$P=\frac{\gamma H^2}{2}+\frac{\gamma HL}{2\pi}\left[\tanh\frac{2\pi d}{L}-\frac{\sinh\frac{2\pi(d-d_1)}{L}}{\cosh\frac{2\pi d}{L}}\right]$$

$$=\frac{9.8\times3^2}{2}+\frac{9.8\times3\times50.694}{2\pi}\left[\tanh\frac{2\pi\times12}{50.694}-\frac{\sinh\frac{2\pi\times(12-10)}{50.694}}{\cosh\frac{2\pi\times12}{50.694}}\right]$$

$$=232.71\ \text{kPa}\cdot\text{m}$$

2)当波谷作用时：

波浪中线抬高值

$$h_s=\frac{\pi H^2}{L}\coth kd=\frac{\pi\times3^2}{50.694}\coth\left(12\times\frac{2\pi}{50.694}\right)=0.62\ \text{m}$$

水底压强

$$p_d{}'=\frac{\gamma H}{\cosh kd}=\frac{9.8\times1\,000\times3}{\cosh\left(12\times\frac{2\pi}{50.694}\right)}=12.64\ \text{kPa}$$

静水面压强

$$p_s{}'=\gamma(H-h_s)=9.8(3-0.62)=23.32\ \text{kPa}$$

堤底压强

$$p_b{}'=p_s{}'-(p_s{}'-p_d{}')\frac{d_1+h_s-H}{d+h_s-H}$$

$$=23.32-(23.32-12.64)\frac{10+0.62-3}{12+0.62-3}=14.87\ \text{kPa}$$

单位长度墙身上的总波浪力

$$P'=\frac{\gamma d_1{}^2-(d_1+h_s-H)(\gamma d_1-p_b{}')}{2}$$

$$=\frac{9.8\times10^2-(10+0.62-3)(9.8\times10-14.87)}{2}$$

$$=173.36\ \text{kPa}\cdot\text{m}$$

4.远破波

对于直立墙上远破波的作用力，《海港水文规范》推荐采用大连理工大学的实验公式。

(1)波峰作用力。当波峰作用时(图 4.1.5(a)),在静水面以上高度 H 处的波浪压强为零。静水面处的波浪压强

$$p_s=\gamma K_1 K_2 H \tag{4.1.37}$$

式中,K_1 为水底坡度 i 的函数,K_2 为波坦 L/H 的函数。

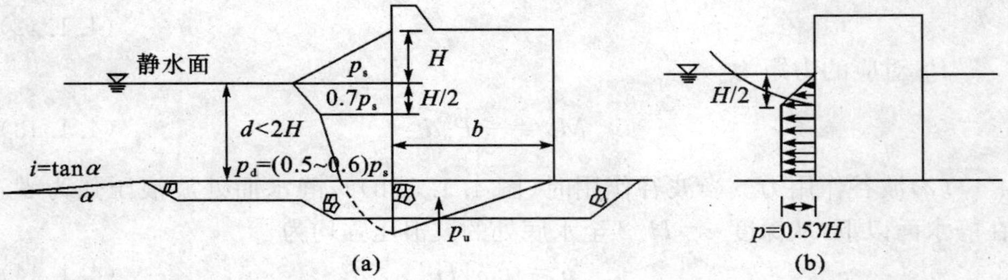

图 4.1.5　远破波波峰、波谷压力分布图

根据实验资料的分析,K_1 及 K_2 可分别表述为

$$K_1=1+3.2i^{0.55} \tag{4.1.38}$$

$$K_2=-0.1+0.1L/H-0.0015(L/H)^2 \tag{4.1.39}$$

也可分别查表 4.1.4 及表 4.1.5 求得系数 K_1 及 K_2。

表 4.1.4　系数 K_1

底坡 i	1/10	1/25	1/40	1/50	1/60	1/80	≤1/100
K_1	1.89	1.54	1.40	1.37	1.33	1.29	1.25

表 4.1.5　系数 K_2

波坦 L/H	14	16	18	20	22	24	26	28	30
K_2	1.01	1.12	1.21	1.30	1.37	1.44	1.49	1.52	1.56

静水面以上的波浪压强按直线变化。

静水面以下深度 $z=H/2$ 处的波浪压强 $p_z=0.7p_s$。

水底处的波浪压强 p_d:当 $d/H\leqslant1.7$ 时,$p_d=0.6p_s$;当 $d/H>1.7$ 时,$p_d=0.5p_s$。墙底面上的波浪浮托力

$$p_u=\mu\frac{bp_d}{2} \tag{4.1.40}$$

式中,μ 为波浪浮托力分布图中的折减系数,可采用 0.7。

单位长度墙身上的水平总波浪力为

$$P=\frac{1}{2}p_sH+\frac{H}{4}(p_s+p_z)+\frac{1}{2}(p_z+p_d)(d-0.5H) \tag{4.1.41}$$

P 引起的倾覆力矩为

$$M_P=0.066\,7p_sH^2+0.945p_sHd+\left(d-\frac{H}{2}\right)^2\left(\frac{1}{6}p_d+0.233\,3p_s\right) \tag{4.1.42}$$

P_u 对应的力矩为

$$M_{P_u}=\frac{2}{3}P_ud \tag{4.1.43}$$

(2)波谷作用力。当波谷作用时(图 4.1.5(b)),静水面处波浪压强为零。在静水面以下,从深度 $z=H/2$ 至水底处的波浪压强均为

$$p'=0.5\gamma H \tag{4.1.44}$$

墙底面上的方向向下波浪力为

$$P_u=\frac{bp'}{2} \tag{4.1.45}$$

单位长度墙身上的水平总波浪力为

$$P'=\frac{H}{4}p'+p'\left(d-\frac{H}{2}\right) \tag{4.1.46}$$

例 4.1.4 设建筑物前波高为 $H=4.5$ m,周期 $T=10$ s;建筑物前水深 $d=8$ m,基床上水深 $d_1=6$ m。试用《海港水文规范》的方法计算直墙式建筑物上受到的波压力。

解 由色散方程通过试算可以求得波长 $L=83.769\,6$ m,进行波的波陡 $H/L=4.5/83.769\,6=0.053\,7<1/14$,则不可能出现破碎立波。

水深比 $d_1/d=6/8=0.75$,故属于低基床的情况。基床上水深 d 小于破碎水深 $2H$,因此堤前产生远破波。

1)波峰作用时:

平底时系数 $K_1=1$;

系数

$$\begin{aligned}K_2&=-0.1+0.1L/H-0.001\,5(L/H)^2\\&=-0.1+0.1\times83.769\,6/4.5-0.001\,5\times(83.769\,6/4.5)^2\\&=1.241\,7\end{aligned}$$

静水面压强

$$p_s=\gamma K_1K_2H=9.8\times1\times1.241\,7\times4.5=54.76\text{ kPa}$$

静水面以下深度 $z=H/2$ 处的波浪压强

$$p_z=0.7p_s=0.7\times54.76=38.33\text{ kPa}$$

水底处的波浪压强

$$p_d = 0.5p_s = 0.5 \times 54.76 = 27.38\ \text{kPa}$$

单位长度墙身上的水平总波浪力

$$P = \frac{1}{2}p_s H + \frac{H}{4}(p_s + p_z) + \frac{1}{2}(p_z + p_d)(d - 0.5H)$$

$$= \frac{1}{2} \times 54.76 \times 4.5 + \frac{4.5}{4}(54.76 + 38.33) + \frac{1}{2}(38.33 + 27.38)(8 - 0.5 \times 4.5)$$

$$= 416.87\ \text{kPa} \cdot \text{m}$$

2)波谷作用时：

静水面压强 $p_s{}' = 0$；

静水面以下深度 $z = H/2$ 处的波浪压强

$$p' = 0.5\gamma H = 0.5 \times 9.8 \times 4.5 = 22.05\ \text{kPa}$$

单位长度墙身上的水平总波浪力

$$P' = \frac{H}{4}p' + p'\left(d - \frac{H}{2}\right) = \frac{4.5}{4} \times 22.05 + 22.05 \times \left(8 - \frac{4.5}{2}\right) = 151.59\ \text{kPa} \cdot \text{m}$$

5. 近破波

对于直立墙上近破波的作用力，《海港水文规范》推荐大连理工大学的实验公式，其适用条件 $d_1 \geqslant 0.6H$。当波峰作用时(图 4.1.6)，静水面以上高度 z 处的波浪压强为 0，z 按照下式计算：

$$z = \left(0.27 + 0.53\frac{d_1}{H}\right)H \tag{4.1.47}$$

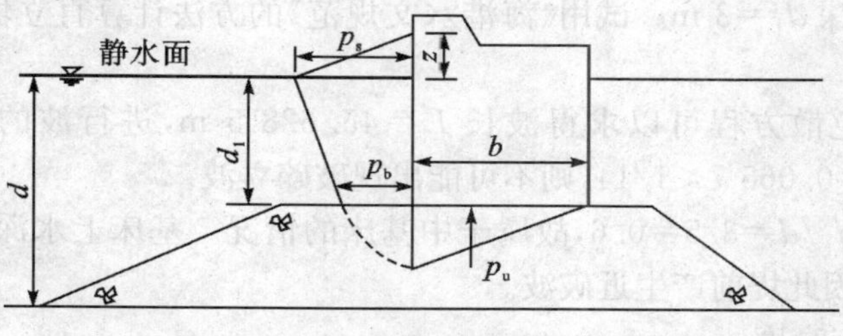

图 4.1.6　近破波波压力分布图

静水面处的波浪压强分下列情况计算：

1)当 $\frac{2}{3} \geqslant \frac{d_1}{d} > \frac{1}{3}$ 时，

$$p_s = 1.25\gamma H(1.8H/d_1 - 0.16)(1 - 0.13H/d_1) \tag{4.1.48}$$

2)当 $\frac{1}{3} \geqslant \frac{d_1}{d} \geqslant \frac{1}{4}$ 时，

$$p_s=1.25\gamma H[(13.9-36.4d_1/d)(H/d_1-0.67)+1.03](1-0.13H/d_1) \tag{4.1.49}$$

墙底处的波浪压强

$$p_b=0.6p_s \tag{4.1.50}$$

墙底面的波浪浮托力

$$P_u=\mu\frac{bp_b}{2} \tag{4.1.51}$$

单位长度墙身上的水平总波浪力分下列情况计算：

1)当$\frac{2}{3}\geqslant\frac{d_1}{d}>\frac{1}{3}$时，

$$P=1.25\gamma Hd_1(1.9H/d_1-0.17) \tag{4.1.52}$$

2)当$\frac{1}{3}\geqslant\frac{d_1}{d}\geqslant\frac{1}{4}$时，

$$P=1.25\gamma Hd_1[(14.8-38.8d_1/d)(H/d_1-0.67)+1.1] \tag{4.1.53}$$

P 引起的倾覆力矩为

$$M_P=\frac{1}{2}p_sZd_1+\frac{1}{6}p_sZ^2+\frac{1}{3}p_sd_1{}^2+\frac{1}{6}p_bd_1{}^2 \tag{4.1.54}$$

P_u 对应的力矩为

$$M_{P_u}=\frac{2}{3}P_ud \tag{4.1.55}$$

例 4.1.5 设建筑物前波高为 $H=3$ m,周期 $T=7$ s;建筑物前水深 $d=5$ m,基床上水深 $d_1=3$ m。试用《海港水文规范》的方法计算直立堤上受到的波压力。

解 由色散方程可以求得波长 $L=45.628\ 5$ m,进行波的波陡 $H/L=3/45.628\ 5=0.065\ 7<1/14$,则不可能出现破碎立波。

水深比 $d_1/d=3/5=0.6$,故属于中基床的情况。基床上水深 d_1 小于破碎水深 $1.8H$,因此堤前产生近破波。

压强零点高度

$$z=\left(0.27+0.53\frac{d_1}{H}\right)H=\left(0.27+0.53\frac{3}{3}\right)\times3=2.4\text{ m}$$

静水面压强

$$\begin{aligned}p_s&=1.25\gamma H(1.8H/d_1-0.16)(1-0.13H/d_1)\\&=1.25\times9.8\times3(1.8\times3/3-0.16)(1-0.13\times3/3)=52.43\text{ kPa}\end{aligned}$$

堤底压强

$$p_b=0.6p_s=0.6\times52.43=31.46\text{ kPa}$$

单位长度墙身上的水平总波浪力

$$P = 1.25\gamma H d_1 (1.9H/d_1 - 0.17)$$
$$= 1.25\times 9.8\times 3\times 3(1.9\times 3/3 - 0.17) = 190.73\ \text{kPa}\cdot\text{m}$$

例 4.1.6　设建筑物前波高为 $H=3$ m，周期 $T=7$ s；建筑物前水深 $d=6$ m，基床上水深 $d_1=2$ m。试用《海港水文规范》的方法计算直立堤上受到的波压力。

解　由色散方程可以求得波长 $L=49.244\ 2$ m，进行波的波陡 $H/L=3/49.244\ 2=0.060\ 9<1/14$，则不可能出现破碎立波。

水深比 $d_1/d=2/6=1/3$，故属于高基床的情况。基床上水深 d_1 小于破碎水深 $1.5H$，因此堤前产生近破波。

压强零点高度

$$z=\left(0.27+0.53\frac{d_1}{H}\right)H=\left(0.27+0.53\frac{2}{3}\right)\times 3=1.87\ \text{m}$$

静水面压强

$$p_s = 1.25\gamma H[(13.9-36.4d_1/d)(H/d_1-0.67)+1.03]\times(1-0.13H/d_1)$$
$$= 1.25\times 9.8\times 3\times[(13.9-36.4\times 2/6)(3/2-0.67)+1.03]\times(1-0.13\times 3/2)$$
$$= 73.85\ \text{kPa}$$

堤底压强

$$p_b = 0.6p_s = 0.6\times 73.85 = 44.31\ \text{kPa}$$

单位长度墙身上的水平总波浪力

$$P = 1.25\gamma H d_1[(14.8-38.8d_1/d)(H/d_1-0.67)+1.1]$$
$$= 1.25\times 9.8\times 3\times 2\times[(14.8-38.8\times 2/6)(3/2-0.67)+1.1]$$
$$= 194.73\ \text{kPa}\cdot\text{m}$$

4.1.1.2　永井公式

根据大量的水槽模型实验资料，日本学者永井提出分下列 3 种情况来计算立波的波峰作用力。

1. 非常浅水波区

非常浅水波区的应用范围为 $d/L<0.135$ 和 $H/L<0.4$（图 4.1.7(a)）。

静水面以下的最大波浪压力强度为

$$p_B=\gamma H\left[\frac{\cosh k(d+z)}{\cosh kd}+\frac{0.3(d+z)}{d}\right] \tag{4.1.56}$$

式中，γ 为水的重度（$\text{kN}\cdot\text{m}^{-3}$）；波数 $k=2\pi/L$；垂直坐标 z 自水面起算，向上为正；静水面以上最大波浪压力的分布为三角形，即在 $z=1.3H$ 处，$p_B=0$；在 $z=0$ 处，$p_B=1.3\gamma H$。因此求得最大的总波浪力为

$$P_B=\gamma\left(\frac{(1.3H)^2}{2}+0.15Hd+\frac{H}{k}\tanh kd\right) \tag{4.1.57}$$

2. 浅水波区

浅水波区的应用范围为 $0.135\leqslant d/L\leqslant 0.35$(图 4.1.7(b))。

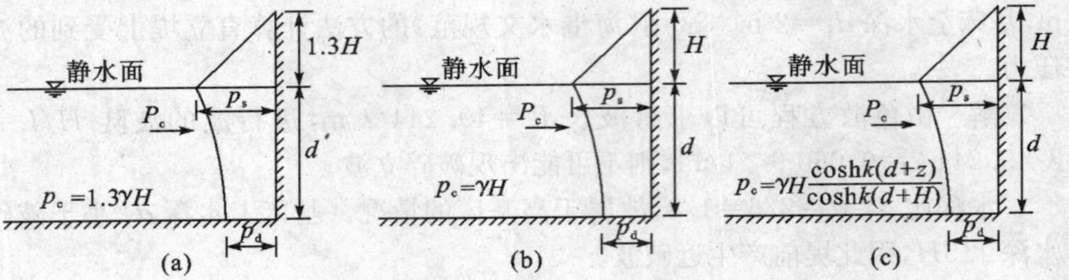

图 4.1.7　永井立波波压力图

基于小振幅波理论可导出，作用在静水面以下堤面上的最大波浪压力强度为

$$p_A=\gamma H\frac{\cosh k(d+z)}{\cosh kd} \tag{4.1.58}$$

静水面以上最大波浪压力的分布为三角形，即在 $z=H$ 处，$P_A=0$；在 $z=0$ 处，$P_A=\gamma H$。因此求得最大的总波浪力(即单位长度墙身上的总波浪力)为

$$P_A=\gamma\left(\frac{H^2}{2}+\frac{H}{k}\tanh kd\right) \tag{4.1.59}$$

波浪压力的分布图形如图 4.1.7(b)所示。当为明基床时，在立墙底面处的波浪压力为

$$p_B=\gamma H\frac{\cosh k(d-d_1)}{\cosh kd} \tag{4.1.60}$$

此时单位长度墙身上的总波浪力为

$$P=\gamma\left\{\frac{H^2}{2}+\frac{H}{k}\left[\tanh kd-\frac{\sinh k(d-d_1)}{\cosh kd}\right]\right\} \tag{4.1.61}$$

3. 深水波区

深水波区的应用范围为 $d/L\geqslant 0.35$(图 4.1.7(c))。

静水面以下的最大波浪压力强度为

$$p_C=\gamma H\frac{\cosh k(d+z)}{\cosh k(d+H)} \tag{4.1.62}$$

静水面以上的最大波浪压力强度为

$$p_C=\gamma\left[H\frac{\cosh k(d+z)}{\cosh k(d+H)}-z\right] \tag{4.1.63}$$

当 $z=H$ 时，$p_C=0$，最大波浪压力为

$$P_C=\gamma\left[\frac{H}{k}\tanh k(d+H)-\frac{H^2}{2}\right] \tag{4.1.64}$$

绘制波压力分布图时，一般用不少于 5 个点的压力强度值，其中包括 $p=0$、静水面处的 p_s 和海底面处的 p_d（对暗基床）或墙角面处的 p_b（对明基床）三点。

例 4.1.7　试用永井方法计算例 4.1.2。

解　由例 4.1.2 可知：波长 $L=55.160$ m。堤前相对水深 $d/L=8/55.160=0.145$，故属于浅水波区。静水面压强

$$p_s=\gamma H=9.8\times 3=29.40 \text{ kPa}$$

堤底压强

$$p_B=\gamma H\frac{\cosh k(d+z)}{\cosh kd}$$

$$=9.8\times 3\frac{\cosh\left[\frac{2\pi}{55.160}(8-6)\right]}{\cosh\left(\frac{2\pi}{55.160}\times 8\right)}=20.88 \text{ kPa}$$

单位长度墙身上的总波浪力

$$P=\gamma\left(\frac{H^2}{2}+\frac{H}{k}\tanh kd\right)$$

$$=9.8\times\left[\frac{3^2}{2}+\frac{3}{\frac{2\pi}{55.160}}\tanh\left(\frac{2\pi}{55.160}\times 8\right)\right]=230.38 \text{ kPa}\cdot\text{m}$$

4.1.1.3　合田公式

日本学者合田根据波压力的实验结果并对现场防波堤进行适用性验证，又进行了波向影响修正后提出的公式。当有冲击性破碎波作用时，该公式结果往往偏低。这里仅给出与本书相关的公式与参数。

$$\eta=1.5H \tag{4.1.65}$$

$$p_s=(\alpha_1+\alpha_2)\gamma H \tag{4.1.66}$$

$$p_d=p_s/\cosh(kd) \tag{4.1.67}$$

$$p_b=\alpha_3 p_s \tag{4.1.68}$$

$$\alpha_1=0.6+\frac{1}{2}\left[\frac{2kd}{\sinh(2kd)}\right]^2 \tag{4.1.69}$$

$$\alpha_2=\min\left\{\frac{d_3-d_2}{3d_3}\left(\frac{H}{d_2}\right)^2,\frac{2d_2}{H}\right\} \tag{4.1.70}$$

$$\alpha_3=1-\frac{d_1}{d}\left[1-\frac{1}{\cosh(2\pi d/L)}\right] \tag{4.1.71}$$

式中，p_s 为静水面处的波压力强度；p_d 为直墙底处的波压力强度。d_2 为基床护面表层上的水深，若无护面层，则 $d_2=d_1$；d_3 表示堤前 $5H$ 距离处的水深（见图 4.1.8）。

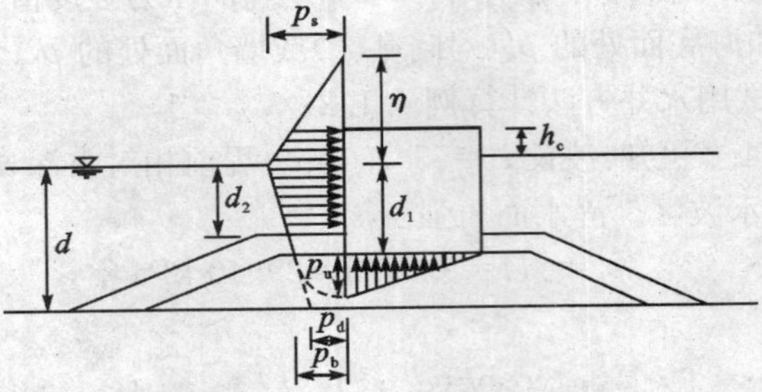

图 4.1.8　合田立波波压力图

不越浪的情况下总波浪力通过积分获得：

$$P=0.5[p_s(\eta+d_1)+p_b d_1] \tag{4.1.72}$$

直墙趾部的浮托力为

$$P_u=\alpha_1\alpha_3\gamma H \tag{4.1.73}$$

P 引起的倾覆力矩为

$$M_P=p_s h_c\left(1-\frac{h_c}{\eta}\right)\left(d_1+\frac{h_c}{2}\right)+0.5p_s\frac{h_c^{\ 2}}{\eta}\left(d_1+\frac{h_c}{3}\right)+\frac{1}{6}p_b d_1^{\ 2}+\frac{1}{3}p_s d_1^{\ 2} \tag{4.1.74}$$

P_u 对应的力矩为

$$M_{P_u}=\frac{2}{3}P_u b \tag{4.1.75}$$

例 4.1.8　试用合田方法计算例 4.1.2。

解　系数

$$\alpha_1=0.6+\frac{1}{2}\left[\frac{2kd}{\sinh(2kd)}\right]^2=0.6+\frac{1}{2}\left[\frac{2\times\frac{2\pi}{55.160}\times 8}{\sinh\left(2\times\frac{2\pi}{55.160}\times 8\right)}\right]^2=0.78$$

$$\alpha_2=\min\left\{\frac{d-d_1}{3d}\left(\frac{H}{d_1}\right)^2,\frac{2d_1}{H}\right\}=\min\left\{\frac{8-6}{3\times 8}\left(\frac{3}{6}\right)^2,\frac{2\times 6}{3}\right\}=0.02$$

$$\alpha_3=1-\frac{d_1}{d}\left[1-\frac{1}{\cosh(2\pi d/L)}\right]=1-\frac{6}{8}\left[1-\frac{1}{\cosh(2\pi\times 8/55.160)}\right]=0.77$$

静水面压强

$$p_s=(\alpha_1+\alpha_2)\gamma H=(0.78+0.02)\times 9.8\times 3=23.52\ \text{kPa}$$

水底处压强

$$p_d = p_s/\cosh(kd) = 23.52/\cosh(2\pi \times 8/55.160) = 16.28\ \text{kPa}$$

堤底压强

$$p_b = \alpha_3 p_s = 0.77 \times 29.48 = 18.11\ \text{kPa}$$

4.1.1.4　前苏联规范公式

该公式将波浪力的计算分为立波、破波和击岸波 3 种情况。这里仅给出相关的公式及参数。

1. 立波

当 $h > 1.5H$ 且 $d \geqslant 1.25H$ 时，应用立波压力公式(不考虑深水区域)。在浅水区，以假定计算水深 h' 代替 h，分 5 点连线计算总波浪力。

$$h_1 = d + k_1(h - d) \tag{4.1.76}$$

$$\eta' = H + \frac{kH^2}{2}\coth kh' \tag{4.1.77}$$

波峰作用时：h' 以上 η' 处，$P_1 = 0$；

h' 处，$P_2 = k_2\gamma H$；

h' 以下 $0.25h'$ 处，$P_3 = k_3\gamma H$；

h' 以下 $0.5h'$ 处，$P_4 = k_4\gamma H$；

h' 以下 h' 处，$P_5 = k_5\gamma H$。

总波浪力通过积分获得：

$$P = \gamma H[k_2(0.5\eta' + 0.125h') + 0.25h'k_3 + 0.375h'k_4 + k_5(d - 0.75h')] \tag{4.1.78}$$

式中，k_2，k_3，k_4，k_5 为系数，可从图 4.1.9 和 4.1.10 中查得。

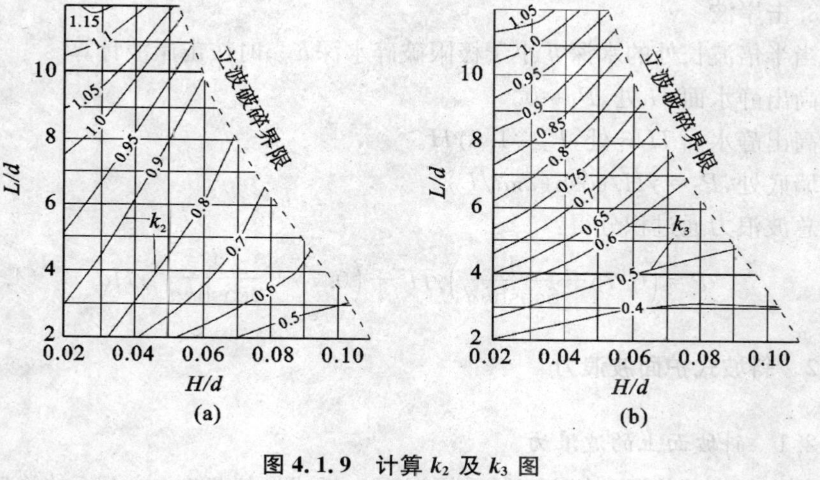

图 4.1.9　计算 k_2 及 k_3 图

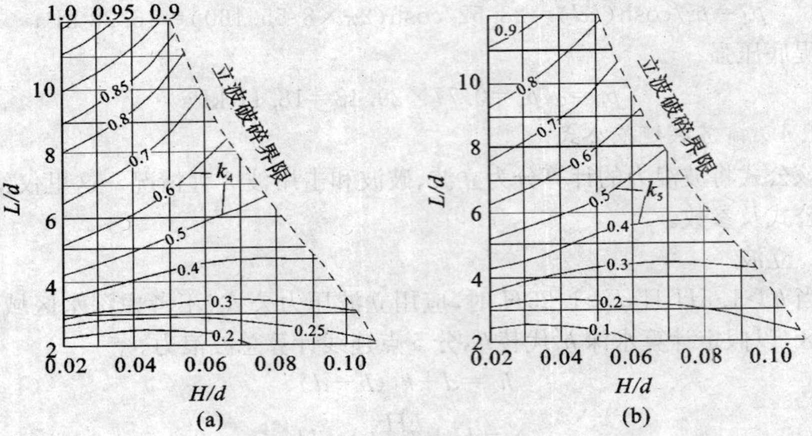

图 4.1.10 计算 k_4 及 k_5 图

2. 破波

$d<1.25H$ 且 $h\geqslant 1.5H$ 时按破波计算。

高出静水面 H 处，$P_1=0$。

静水面处，$P_2=1.5\gamma H$。

墙底处，$P_3=\gamma H/\cosh(2\pi d/L)$。

总波浪力通过积分得：

$$P=0.75\gamma H^2+\left(0.75+\frac{0.5}{\cosh kd}\right)\gamma Hd \tag{4.1.79}$$

3. 击岸波

当半倍波长处的水深 h 小于极限破碎水深 h_{max} 时按击岸波计算。

高出静水面 H 处，$P_1=0$。

高出静水面 $H/3$ 处，$P_2=1.5\gamma H$。

墙底处，$P_3=\gamma H/\cosh(2\pi d/L)$。

总波浪力通过积分得：

$$P=\left(0.75+\frac{1}{6\cosh kd}\right)\gamma H^2+\left(0.75+\frac{1}{2\cosh kd}\right)\gamma Hd \tag{4.1.80}$$

4.1.2 斜坡式护面波浪力

4.1.2.1 斜坡面上的波浪力

对于斜坡式海堤，当护面层采用混凝土板或栅栏板时，护面板的稳定取决于上、下两面波浪力与浮力的作用。

在 $1.5 \leqslant m \leqslant 5.0$ 的条件下，作用在整体或装配式平板护面上的波压力分布见图 4.1.11。

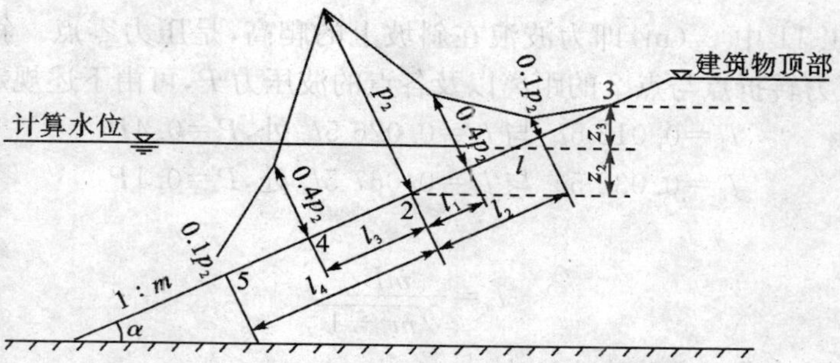

图 4.1.11　斜坡护面平板的波压力分布图

最大波压力 P_2(kPa)为有效波压力，按下式计算：

$$P_2 = k_1 k_2 \bar{p} \gamma H \tag{4.1.81}$$

$$k_1 = 0.85 + 4.8\frac{H}{L} + m\left(0.028 - 1.5\frac{H}{L}\right) \tag{4.1.82}$$

式中，γ 为水的容重($kN \cdot m^{-3}$)；H 取有效波高 H_s；系数 k_2 按表 4.1.6 确定；$\bar{p}$ 表示斜坡上点 2 的最大相对波压力(如图 4.1.11 所示)，按表 4.1.7 确定。

表 4.1.6　系数 k_2

波坦 L/H	10	15	20	25	35
k_2	1.00	1.15	1.30	1.35	1.48

表 4.1.7　斜坡上最大相对波压力 $\bar{P}$

H/m	0.5	1.0	1.5	2.0	2.5	3.0	3.5	≥4.0
$\bar{P}$	3.7	2.8	2.3	2.1	1.9	1.8	1.75	1.7

最大波压力 P_2 作用点 2 的垂直坐标 z_2(m)按下式确定：

$$z_2 = A + \frac{1}{m^2}\left(1 - \sqrt{2m^2 + 1}\right)(A + B) \tag{4.1.83}$$

式中，B(m)为沿坡方向(垂直于水边线)的护面板长度。系数 A 和 B 按下式计算：

$$A=H\left(0.47+0.023\frac{L}{H}\right)\frac{1+m^2}{m^2} \quad (4.1.84)$$

$$B=H\left[0.95-(0.84m-0.25)\frac{H}{L}\right] \quad (4.1.85)$$

图 4.1.11 中 z_3(m)即为波浪在斜坡上的爬高，是压力零点。斜坡上点 2 上、下各压力转折点与点 2 的距离以及各点的波压力 P，可由下述规定：

$$l_1=0.0125l_a \text{ 与 } l_3=0.0265l_a \text{ 处}, P=0.4P_2$$

$$l_2=0.0325l_a \text{ 与 } l_4=0.0675l_a \text{ 处}, P=0.1P_2$$

其中，

$$l_a=\frac{mL}{\sqrt[4]{m^2-1}} \quad (4.1.86)$$

4.1.2.2 斜坡堤顶部胸墙波浪力

胸墙前无掩护棱体时，作用于斜坡式海堤顶部胸墙上的波浪力（如图 4.1.12）可按下列公式计算。

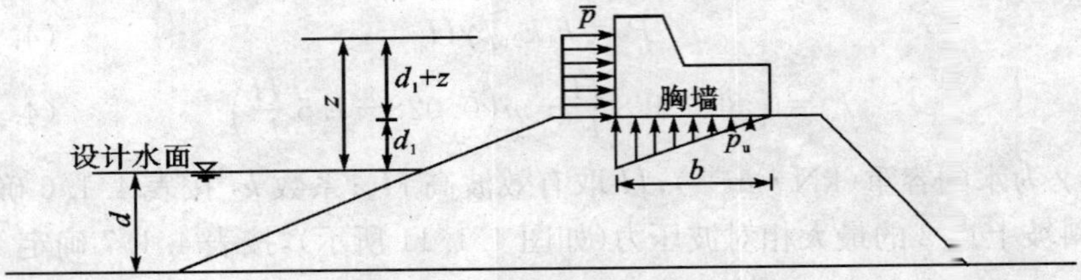

图 4.1.12 胸墙波压力图

若无因次参数满足 $\xi\leqslant\xi_b$，波峰作用时胸墙上平均压力强度按下式计算：

$$\overline{p}=0.24\gamma HK_p \quad (4.1.87)$$

式中，$\overline{p}$为平均压力强度(kPa)；K_p 表示与无因次参数 ξ 和波坦 L/H 有关的平均压强系数；波高 H 为累积频率为 F 的波高 H_F。K_p 按图 4.1.13 确定。

无因次参数 ξ 按下式计算：

$$\xi=\left(\frac{d_1}{d}\right)\left(\frac{d}{H}\right)^{2\pi\frac{H}{L}} \quad (4.1.88)$$

式中，d_1 为胸墙底面与设计水面的垂直距离(m)，当静水面在墙底面以下时 d_1 为负值。

无因次参数 ξ_b 按下式计算：

$$\xi_b=3.29\left(\frac{H}{L}+0.043\right) \quad (4.1.89)$$

若 $\xi=\xi_b$，平均波浪压力强度$\overline{p}$达到最大值。胸墙上的波压力分布高度按下式计算：

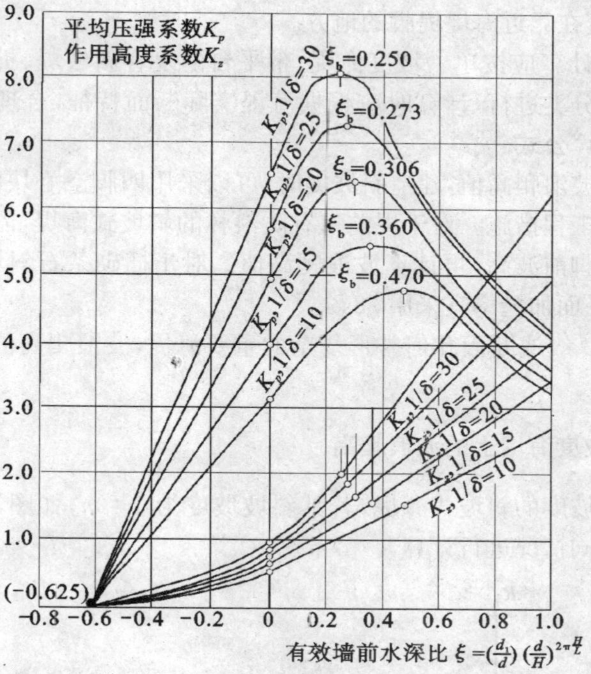

图 4.1.13　不同波坦情况下 K_p-ξ，K_z-ξ 曲线

$$d_1+z=H\tanh\left(\frac{2\pi d}{L}\right)K_z \tag{4.1.90}$$

式中，K_z 表示与无因次参数 ξ 和波坦 $1/\delta$ 有关的波压力作用高度系数，按图 4.1.13确定。

单位长度胸墙上的总波浪力 $P(\mathrm{kN\cdot m^{-1}})$按下式计算：

$$P=\overline{P}(d_1+z) \tag{4.1.91}$$

胸墙底面上的波浪浮托力 $P_u(\mathrm{kN\cdot m^{-1}})$按下式计算：

$$P_u=\mu\frac{b\overline{P}}{2} \tag{4.1.92}$$

式中，μ 为波浪浮托力分布图的折减系数，取 0.7。

4.2　波浪爬高计算

海堤工程的波浪爬高计算应以海堤堤前的波浪要素作为计算条件，波浪要素采用不规则波要素，其位置为堤脚前约 1/2 波长处。当堤脚前滩涂坡度较陡时,其位置应定在靠近海堤堤脚的地方。

波浪爬高计算应按单一坡度海堤、带平台的复合斜坡堤、折坡式海堤等不同的海堤型式分类进行,计算时应根据海堤实际断面特征,合理分析和概化后采用合适的计算公式。

为了降低波浪爬高值,建造斜坡堤时,可以采用四脚空心块体、栅栏板等加糙护面结构的工程措施。对于堤前植有防浪林的斜坡式海堤,需要先确定防浪林消波后的堤脚前波高,再计算波浪爬高值。对于插砌条石斜坡堤,当考虑其消浪作用时,平面加糙率宜采用25%。

对1级~3级或断面几何外形复杂的重要海堤,波浪爬高值宜结合模型试验确定。

4.2.1 单一坡度海堤上的波浪爬高

对于单一坡度的斜坡式海堤,若其斜坡坡度为1∶m,如图4.2.1所示,其波浪爬高分不同情况进行计算。

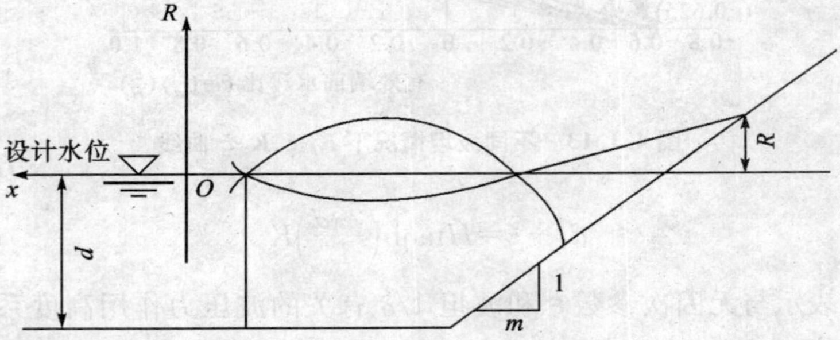

图4.2.1 斜坡上波浪爬高

(1)当$1 \leqslant m \leqslant 5$时,若堤脚前水深$d=(1.5\sim5.0)H$;且堤前底坡$i \leqslant 1/50$,在正向规则波作用下的爬高为

$$R=K_{\Delta}R_1H \tag{4.2.1}$$

其中,

$$R_1=1.24\tanh(0.432M)+[(R_1)_m-1.029]R(M) \tag{4.2.2}$$

$$M=\frac{1}{m}\left(\frac{L}{H}\right)^{1/2}\left(\tanh\frac{2\pi d}{L}\right)^{-1/2} \tag{4.2.3}$$

$$(R_1)_m=2.49\tanh\frac{2\pi d}{L}\left[1+\frac{4\pi d/L}{\sinh\frac{4\pi d}{L}}\right] \tag{4.2.4}$$

$$R(M)=1.09M^{3.32}\exp(-1.25M) \tag{4.2.5}$$

式中，R 为波浪爬高(m)，从静水位算起，向上为正；H 为波高；L 为波长；K_Δ 为与斜坡护面结构型式有关的糙渗系数，见表 4.2.1；R_1 为 $K_\Delta=1$，$H=1$ m时的波浪爬高(m)；$(R_1)_m$ 为相应于某一 d/L 时的爬高最大值(m)；M 为与斜坡的 m 值有关的函数；$R(M)$为爬高函数。

表 4.2.1　糙渗系数 K_Δ

护面类型	K_Δ
光滑不透水护面(沥青混凝土)	1.00
混凝土及混凝土护面	0.90
草皮护面	0.85～0.90
砌石护面	0.75～0.80
抛填两层块石(不透水基础)	0.60～0.65
抛填两层块石(透水基础)	0.50～0.55
四脚空心方块(安放一层)	0.55
栅栏板	0.49
扭工字块体(安放二层)	0.38

在风直接作用下，满足式(4.2.1)条件的单一坡度的斜坡式海堤正向不规则波的爬高可按下式计算：

$$R_{1\%}=K_\Delta K_V R_1 H_{1\%} \tag{4.2.6}$$

式中，$R_{1\%}$ 表示累积频率为 1%的爬高(m)；K_Δ 表示与斜坡护面结构型式有关的糙渗系数，按表 4.2.1 确定；K_V 表示与风速 V 有关的系数，按表 4.2.2 确定；R_1 表示 $K_\Delta=1$，$H=1$ m 时波浪的爬高(m)，由式(4.2.2)确定，计算时波坦取 $L/H_{1\%}$，L 表示平均波周期对应的波长。

表 4.2.2　系数 K_V

V/c	≤1	2	3	4	≥5
K_V	1.0	1.10	1.18	1.24	1.28

注：波速 $c=L/T(\mathrm{m\cdot s^{-1}})$

对于其他累积频率的爬高 $R_{F\%}$，可用累积频率为 1%的爬高 $R_{1\%}$ 乘以表 4.2.3中的换算系数 K_F 确定。

表 4.2.3 系数 K_F

$F/\%$	0.1	1	2	4	5	10	13.7	20	30	50
K_F	1.17	1	10.93	0.87	0.84	0.75	0.71	0.65	0.58	0.47

注：$F=4\%$和 $F=13.7\%$的爬高分别相当于将不规则的爬高值按大小排列时，其中最大1/10 和 1/3 部分的平均值。

(2)当 $0<m<1$ 时，累积率为 $F(\%)$波浪爬高值(m)可按下式估计：

$$R_F = K_\Delta K_V R_0 H_{1\%} K_F \tag{4.2.7}$$

式中，K_Δ 表示与护面结构型式有关的糙渗系数，见表 4.2.1。K_V 表示与风速 V 及堤前水深 $d_前$ 有关的经验系数，见表 4.2.4。R_0 表示不透水光滑墙上相对爬高，即当 $K_\Delta=1.0$，$H=1.0$ m时的爬高值。它由斜坡 m 及深水波坦 $L_0/H_{0(1\%)}$ 或水深 $d=2H_{1\%}$处的波坦确定，查图 4.2.2。当水深 $d\leqslant 2H_{1\%}$时，R_0 应按括号里的波坦确定。$H_{1\%}$ 表示波高累积率为 $F=1\%$的波高值，当 $H_{1\%}\geqslant H_b$ 时，则 $H_{1\%}$取 H_b。K_F 表示爬高累积频率换算系数，按表 4.2.5 确定。计算 R_F 时，若堤前波高 H_F 已经破碎，则 $K_F=1$。

表 4.2.4 经验系数 K_V

$V/\sqrt{gd_前}$	≤1	1.5	2.0	2.5	3.0	3.5	4.0	≥5
K_V	1.0	1.02	1.08	1.16	1.22	1.25	1.28	1.30

表 4.2.5 爬高累积频率换算系数 K_F

$F/\%$	0.1	1	2	5	10	13	30	50
K_F	1.14	1.00	0.94	0.87	0.80	0.77	0.66	0.55

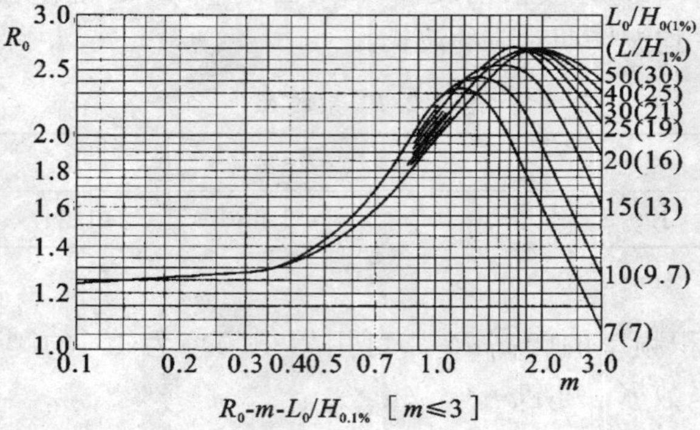

图 4.2.2 不透水光滑墙上相对爬高-坡比-深水波坦关系图

4.2.2　复式斜坡堤上的波浪爬高

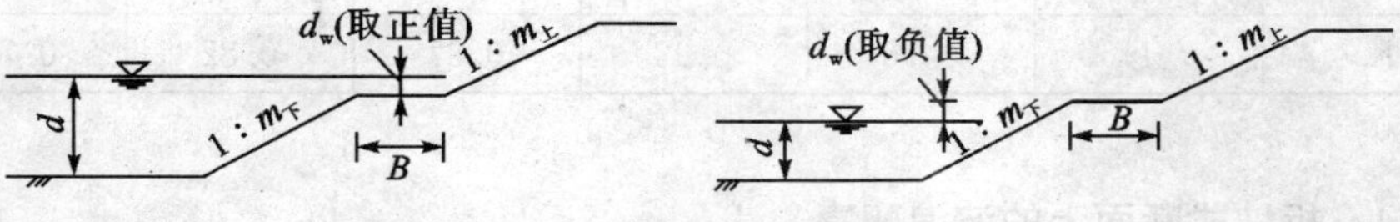

图 4.2.3　带平台的复式斜坡堤段面

对带有平台的复合式斜坡堤的波浪爬高计算(如图 4.2.3 所示),可先确定该断面的折算坡度系数 m_e,再按坡度系数为 m_e 的单坡断面确定其爬高值。折算坡度系数 m_e 按下列公式计算:

(1)当 $\Delta m=m_下-m_上=0$,即上、下坡度一致时,

$$m_e=m_上(1-4.0\frac{|d_w|}{L})K_b \tag{4.2.8}$$

(2)当 $\Delta m>0$,即下坡缓于上坡时,

$$m_e=(m_上+0.5\Delta m+0.08\Delta m^2)(1-4.5\frac{d_w}{L})K_b \tag{4.2.9}$$

(3)当 $\Delta m<0$,即下坡陡于上坡时,

$$m_e=(m_上+0.5\Delta m+0.08\Delta m^2)(1+3.0\frac{d_w}{L})K_b \tag{4.2.10}$$

式(4.2.8)～(4.2.10)中,$m_上$、$m_下$ 分别为平台以上、以下的斜坡坡度;d_w 为平台处的水深(m)。当平台在静水位以下时取正值;平台在静水位以上时取负值(图 4.2.3)。$|d_w|$表示 d_w 取绝对值;B 为平台宽度(m);L 为波长(m);系数 K_b 按下式计算:

$$K_b=1+3\frac{B}{L} \tag{4.2.11}$$

需要指出的是:折算坡度法在使用时,应满足 $m_上=1.0\sim4.0$,$m_下=1.5\sim3$,$d_w/L=-0.025\sim+0.025$,$0.05<B/L\leqslant0.25$ 的条件。

4.2.3　斜向入射波对波浪爬高的影响

当波向线与堤轴线的法线成 β 角度时,按上述方法计算的波浪爬高应乘以系数 K_β 进行修正。当海堤坡率 $m\geqslant1$,修正系数 K_β 值可按表 4.2.6 确定。

表 4.2.6　K_β 系数

$\beta/°$	≤15	20	30	40	50	60
K_β	1	0.96	0.92	0.87	0.82	0.76

4.2.4　折坡式断面上的波浪爬高

对于下部为斜坡、上部为陡墙、无平台的折坡式断面的爬高值，可用假想坡度法进行近似计算，计算步骤如下：

(1)确定波浪破碎水深 d_b 处 B 点的位置，如图 4.2.3 所示，B 点在海涂、堤脚处或在坡面上。

(2)假定一爬高值 R_0，爬高终点为 A_0，连接 A_0，B 得假想外坡 A_0B 及其相应的假想坡度 m，计算单坡上的爬高值 $R_计$，若 $R_计 \neq R_0$，则假设另一爬高值 $R_计$，得终点 A_1，连接 A_1，B 得假想外坡 A_1B 及其相应的坡度 m，再按单坡计算波浪爬高值 $R_计'$，直至假定爬高与计算爬高值相等。

(3)破碎水深 d_b 位置可按以下办法确定：

当波浪在堤前已破碎，且堤前滩涂比较平坦，d_b 位置取在堤脚处，见图 4.2.3(a)。

当堤前水深较大，波浪在斜坡上破碎，见图 4.2.3(b)，其破碎水深 d_b 按下式计算：

$$d_b = H\left(0.47 + 0.023\frac{L}{H}\right)\frac{1+m^2}{m^2} \tag{4.2.12}$$

式中，H，L 分别表示堤前的波高及波长(m)，计算 $R_{1\%}$ 时，H 取 $H_{1\%}$；m 表示计算破碎水深中所用坡度系数，一般取用 $m_下$。

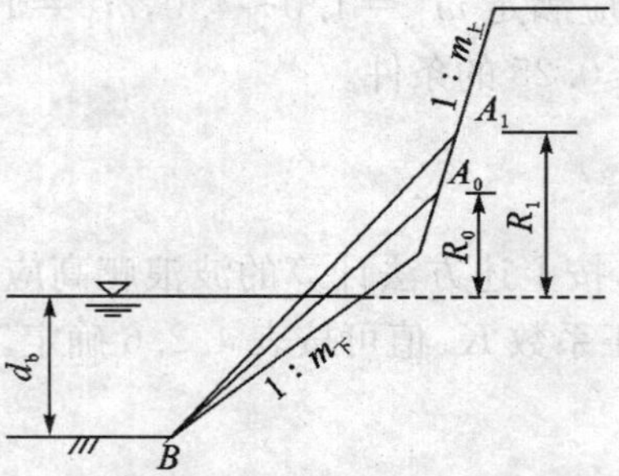

(a)堤前破碎

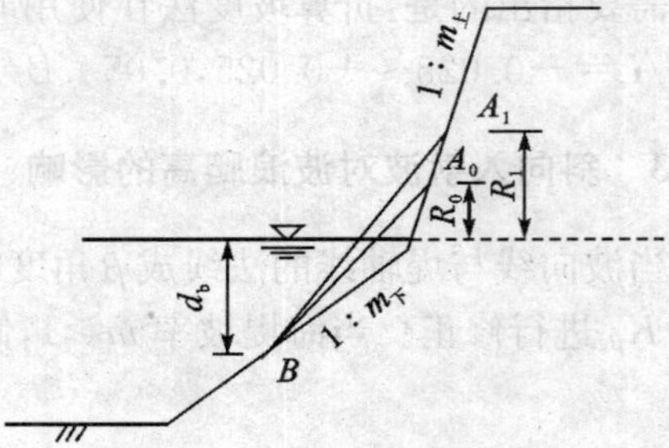

(b)斜坡上破碎

图 4.2.3　假想坡度法求爬高值示意图

4.2.5　带防浪墙的单坡式海堤的波浪爬高

带防浪墙的单坡式海堤，一般可按照单坡式海堤计算波浪爬高。当堤身较低而设计潮位较高时，还应按折坡式海堤的假想坡度法计算波浪爬高，并取两者中的较大值，用假想坡度法计算时需符合折算坡比法的计算条件。

4.2.6　堤前有压载的波浪爬高

堤前有压载（镇压平台）时波浪爬高按下述步骤计算：

(1)计算无压载时的爬高。

(2)将所计算的爬高值乘以压载系数 K_y，即得有压载的爬高值，K_y 见表 4.2.7。

表 4.2.7　压载系数 K_y

d_1/H	L/B	B/L			
		0.2	0.4	0.6	0.8
1.0	≤15	0.85	0.75	0.70	0.68
	20	0.94	0.82	0.78	0.75
	25	0.99	0.87	0.81	0.79
1.5	≤15	0.92	0.86	0.81	0.79
	20	1.02	0.96	0.91	0.88
	25	1.13	1.06	1.00	0.97
2.0	≤15	0.95	0.91	0.89	0.87
	20	1.10	1.06	1.01	1.01
	25	1.18	1.14	1.11	1.09
2.5	≤15	0.98	0.95	0.93	0.92
	20	1.04	1.02	0.99	0.98
	25	1.10	1.08	1.04	1.03

(3)当堤前 $d_1/H \leqslant 1.5$，且 $1.0 \leqslant m \leqslant 1.5$ 时，有压载海堤上的波浪爬高值计算按步骤(2)所求结果乘以 K_m，K_m 见表 4.2.8。表中 L 为平均波长，H 取有效波波高即 $H_{13\%}$，d_1，B 分别为压载顶部的水深及压载宽度，见图 4.2.4。

表 4.2.8 压载系数 K_m

d_1/H	m	B/L			
		0.2	0.4	0.6	0.8～1.0
1.0	1.0	1.35	1.26	1.25	1.14
	1.5	1.16	1.10	1.10	1.03
1.5	1.0	1.50	1.60	1.50	1.40
	1.5	1.36	1.56	1.30	1.24

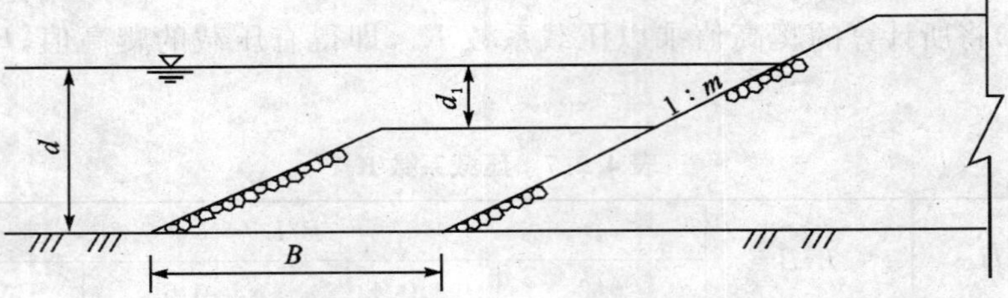

图 4.2.4 带压载的海堤断面

4.2.7 海堤前沿设有潜堤的波浪爬高

当海堤前沿滩地上设有潜堤时，首先计算波浪越堤后的波高 H_1：

当$\frac{d_a}{H}\leqslant 0$ 时，

$$\frac{H_1}{H}=\tanh\left[0.8\left(\left|\frac{d_a}{H}\right|\right)+0.038\,\frac{L}{H}K_B\right] \tag{4.2.13a}$$

当$\frac{d_a}{H}>0$ 时，

$$\frac{H_1}{H}=\tanh\left(0.03\,\frac{L}{H}K_B\right)-\tanh\left(\frac{d_a}{2H}\right) \tag{4.2.13b}$$

式中，变量符号的意义见图 4.2.5，其中 d_a 为潜堤堤顶的垂直高度，当潜堤出水时，取正值[图 4.2.5(a)]，淹没时取负值[图 4.2.5(b)]；B 为潜堤堤顶宽度；参量 K_B 按下式计算：

$$K_B=1.5e^{-0.4\frac{B}{H}} \tag{4.2.14}$$

然后，按式(4.2.13a)或式(4.2.13b)计算潜堤后的波要素时，潜堤前的波要素取波高 $H_{13\%}$，波长为平均波长 L，并假定潜堤后的波高 H_1 的积累率亦为

13%。潜堤后的平均波长可假定周期不变，按公式(3.2.21)(有限水深波长公式)计算，并认为潜堤前、后有效波波高与平均波高之比不变，按表 3.2.3 换算，或按式(3.2.14′)计算各种累计率的波高。

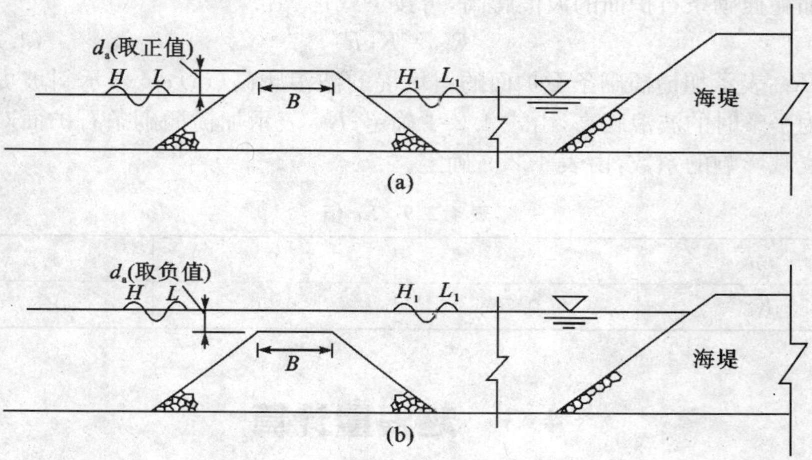

图 4.2.5　海堤前设有潜堤的示意图

由潜堤后的波要素，可确定堤前波要素，潜堤与海堤之间距离较短，水深变化不大时，则可把潜堤后的波要素作为海堤前的波要素，并计算其波浪爬高。

4.2.8　堤前植有防浪林的波浪爬高

对于堤前植有防浪林的波浪爬高，应先确定防浪林消波后的堤脚前波高，再计算波浪爬高值。消波后的堤脚前波高可用下式计算：

$$H_f=(1-k)H \tag{4.2.15}$$

式中，H_f 表示经林带消波后的波高；H 表示林带消波前的波高；K 为防浪林消波系数，其值可参考下式计算确定：

$$K=\frac{30+\frac{0.03}{\alpha''}}{10^{[0.2-0.16(1-\alpha')]L/(B\alpha')}}+\frac{70-\frac{0.03}{\alpha''}}{10^{[0.0026-0.23(0.01-\alpha')]L/(B\alpha'')}} \tag{4.2.16}$$

式中，α'为林木枝叶遮蔽系数，$\alpha'=\frac{2\pi(R^2-R_0^2)}{\sqrt{3}l^2}$；$\alpha''$为林木主干遮蔽系数，$\alpha''=\frac{2\pi R^2}{\sqrt{3}l^2}$。$R_0$ 表示林木主干平均半径，R 表示林木整体(包括主干和枝叶在内)的平均半径，l 表示林木成等边三角形交错排列的株距。B 表示林带宽度；L 表示波长。式(4.2.16)的适用范围为 $0\leqslant\alpha'\leqslant1.00$，$0.0006\leqslant\alpha''\leqslant0.0091$。

4.2.9 插砌条石护面的波浪爬高

加糙插砌条石护面的波浪爬高，可按下式估算：

$$R_{KP}=K_R R \tag{4.2.17}$$

式中，R_{KP}表示加糙插砌条石护面的斜坡堤的波浪爬高(m)；R 表示斜坡堤砌石护面为平整时的波浪爬高，由式 4.2.1 确定；K_R 表示加糙插砌条石护面对波浪爬高衰减影响的系数，由表 4.2.9 确定。

表 4.2.9 K_R 值

m	3	2	1.5
K_R	0.70	0.70	0.80

4.3 越浪量计算

按允许部分越浪标准设计的海堤，其堤顶面、内坡及坡脚均应进行防护并按防冲结构要求进行护面设计。护面结构型式应做到安全可靠，并应留有适当的安全裕度。

允许越浪量应根据海堤工程的级别、重要程度和护面防护结构型式的抗冲性综合确定。表 4.3.1 列出了几种护面结构型式海堤的允许越浪量。

表 4.3.1 海堤的允许越浪量

海堤型式和构造		允许越浪量 $m^3\cdot s^{-1}\cdot m^{-1}$
有后坡(海堤)	堤顶为混凝土或浆砌块石护面，内坡为生长良好的草地	≤0.02
	堤顶为混凝土或浆砌块石护面，内坡为垫层完好的干砌块石护面	≤0.05
无后坡(护岸)	堤顶有铺砌	≤0.09
滨海城市堤路结合海堤	堤顶为钢筋混凝土路面，内坡为垫层完好的浆砌块石护面	≤0.09

对于堤顶为混凝土或浆砌石、内坡为垫层完好有效的干砌石护面结构型式的海堤，除按设计重现期波浪条件计算并复核越浪量外，还应提高一级波浪设

计重现期校核越浪量，在校核条件下允许越浪量可放宽至 0.07 $m^3 \cdot s^{-1} \cdot m^{-1}$。

对于 1 级～3 级或有重要防护对象的海堤，允许越浪量应结合模型试验确定，并对堤顶和内坡护面的防冲稳定性进行验证。

海堤越浪量与堤前波浪要素、堤前水深、堤身高度、堤身断面形状、护面结构型式，以及风场要素等因素有关。应根据海堤的实际情况选择合适的公式进行计算。

当存在向岸风时，越浪量计算应计及风的影响。计算时可先按无风条件进行越浪量计算，然后再按有风条件进行校正。

4.3.1　无风条件下的越浪量

无风条件下，斜坡堤 1∶2 坡度（带防浪墙）上或 1∶0.4 陡坡（带防浪墙）上的越浪水量可根据下式计算：

$$\frac{q}{T\overline{H}g}=A\exp\left[-\frac{B}{K_{\Delta}}\frac{H_c}{T\sqrt{g\overline{H}}}\right] \tag{4.2.18}$$

式中，q 表示单位时间宽海堤上的越浪水量（$m^3 \cdot s^{-1} \cdot m^{-1}$）；$H_c$ 表示防浪墙顶至静止水位（设计高潮位）的高度（m）；$\overline{H}$表示堤前平均波高（m）；T 表示波周期（s），河口港湾地区，以风推浪的方法确定波要素时，采用有效波周期，$T_s=1.15\overline{T}$（s）；对开敞式海岸，用实测波资料确定波要素时，采用平均波周期$\overline{T}$（s）；g 表示重力加速度；$\overline{H}/L$ 表示堤前波陡；K_{Δ} 表示糙渗系数，取值见表 4.2.1。当海堤坡度为 1∶2 时，A，B 系数见表 4.3.2；当海堤坡度为 1∶0.4 时，A，B 系数见表 4.3.3。表中 d_s 为堤前水深即 $d_{前}$。

表 4.3.2　海堤坡度为 1∶2 时的 A，B 系数值

系数	$\overline{H}/d_{前}$	$\overline{H}/L$						
		0.02～0.03	0.035	0.45	0.065～0.08	0.02～0.025	0.033～0.04	0.05～0.1
A	≤0.4	0.007 9	0.011 1	0.012 1	—	—	—	—
	>0.5	—	—	—	0.012 6	0.008 1	0.012 7	0.014
B	≤0.4	23.12	22.63	21.25	—	—	—	—
	>0.5	—	—	—	20.91	42.53	26.97	22.96

表 4.3.3 海堤坡度为 1∶0.4 时的 A,B 系数值

系数	$\overline{H}/d_{前}$	$\overline{H}/L$									
		0.02～0.025	0.027 5	0.032 5	0.037 5	0.045	0.05～0.1	0.02～0.025	0.03～0.034	0.05	0.06～0.1
A	≤0.4	0.009 8	0.008 9	0.009 9	0.015 6	0.012 6	0.020 3	—	—	—	—
	>0.5	—	—	—	—	—	—	0.023 8	0.025 1	0.016 7	0.017 6
B	≤0.4	41.22	31.2	27.76	27.19	24.8	24.2	—	—	—	—
	>0.5	—	—	—	—	—	—	85.64	59.11	33.26	20.96

注:介于上述坡度之间的越浪量,用线性插值求出。

4.3.2 风对越浪量的影响

向岸风会增加海堤上的越浪量。增加的量值取决于相对海堤轴向的风速、风向及海堤的坡度和高度。有风的越浪量为无风条件下的越浪量乘以风校正因子 K'。

$$K'=1.0+W_f\left(\frac{H_c}{R}+0.1\right)\sin\theta \tag{4.2.19}$$

式中,θ 为海堤临潮边坡坡角(°);R 为海浪在海堤上爬高值(m);当 $H_c \geqslant R$,则越浪量等于 0;W_f 为取决于风速的系数,其值为

$$W_f=\begin{cases}0, & V=0\\ 0.5, & V=13.4\ \mathrm{m\cdot s^{-1}}\\ 2.0, & V\geqslant 26.8\ \mathrm{m\cdot s^{-1}}\end{cases} \tag{4.2.20}$$

介于上面三个风速之间的 W_f 值,根据风速用线性内插求得。

4.3.3 斜坡式海堤顶越浪量计算

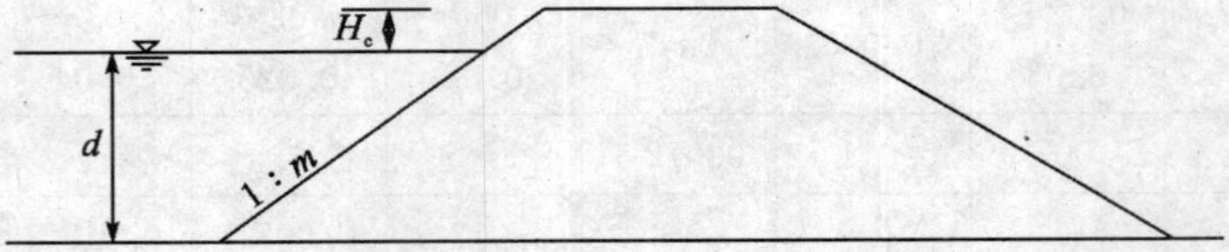

图 4.3.1 堤顶无胸墙斜坡式海堤

若斜坡堤符合条件:①$2.2\leqslant d/H_{1/3}\leqslant 4.7$;②$0.02\leqslant H_{1/3}/L_{po}\leqslant 0.01$,$L_{po}$ 为以谱峰周期 T_p 计算的深水波长;③$1.5\leqslant m\leqslant 3.0$;④底坡 $i\leqslant 1/25$,当斜坡式海堤堤顶无胸墙时(如图 4.3.1 所示),堤顶越浪量可按下式计算:

$$q=AK_A\frac{H_{1/3}^2}{T_p}\left(\frac{H_c}{H_{1/3}}\right)^{-1.7}\left[\frac{1.5}{\sqrt{m}}+\tanh\left(\frac{d}{H_{1/3}}-2.8\right)^2\right]\ln\sqrt{\frac{gT_p^2m}{2\pi H_{1/3}}} \tag{4.2.21}$$

式中，q 为越浪量，即单位时间单位堤宽的越浪水体体积($m^3 \cdot s^{-1} \cdot m^{-1}$)；$H_c$ 表示堤顶在静水面以上的高度(m)；A 为经验系数，按表 4.3.4 确定；K_A 为护面结构影响系数，按表 4.3.5 确定；T_p 表示谱峰周期，取 $T_p=1.33\overline{T}$。

当斜坡堤顶有防浪墙时，如图 4.3.2 所示，堤顶越浪量按下式计算：

$$q=0.07H_c'/H_{1/3}\exp\left(0.5-\frac{b_1}{2H_{1/3}}\right)B\cdot K_A\frac{H_{1/3}^2}{T_p}$$

$$\left[\frac{0.3}{\sqrt{m}}+\tanh\left(\frac{d}{H_{1/3}}-2.8\right)^2\right]\ln\sqrt{\frac{gT_p^2m}{2\pi H_{1/3}}} \tag{4.2.22}$$

式中，B 为经验系数，按表 4.3.4 确定。

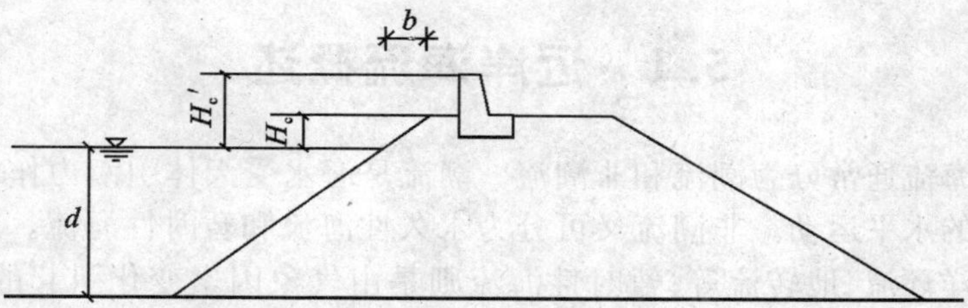

图 4.3.2　堤顶有防浪墙斜坡式海堤

表 4.3.4　经验系数 A,B

m	1.5	2.0	3.0
A	0.035	0.060	0.056
B	0.06	0.45	0.38

表 4.3.5　护面结构影响系数

护面结构	混凝土板	抛石	扭工字块体	四脚空心方砖
K_A	1.0	0.49	0.40	0.50

第5章　海流

海水中的水团从一地流动到另一地的现象称为海流。近岸海水由于外海潮波、大洋水团的迁移、风和气压的影响以及河川泄流、波浪破碎、海底地形等诸多因素的影响而形成的流动，称为近岸海流。

在海岸及海洋工程中，海流的确定对于港址的选择、水工建筑物的受力、泥沙的输移、岸线的变化影响很大，是工程设计需要考虑的主要荷载之一。

5.1　近岸海流概述

近岸海流通常分为潮流和非潮流。潮流是海水受天体引潮力作用而产生的周期性的水平运动。非潮流又可分为永久性海流和暂时性海流。永久性海流包括大洋环流、地转流等；暂时性海流则是由气象因素变化引起的，如风吹流、近岸波浪流、气压梯度流等。

海流是矢量，其方向是指海水流去的方向，以度(°)为单位，正北为0°，按照顺时针计量；流速则以 $cm \cdot s^{-1}$ 或 kn 为单位；1 kn 等于每小时 1 n mile 或每小时1.852 km，即 1 kn 相当于 51.44 $cm \cdot s^{-1}$。估算时可取 1 kn 为 50 $cm \cdot s^{-1}$。

本书主要介绍与海岸及近海工程密切相关的潮流、近岸波浪流、漂流等。

5.1.1　潮流

潮流是海水在日、月等天体作用下在水平方向上产生的周期性运动。潮流与潮汐相对应，存在半日潮流、日潮流、混合潮流。其周期是以一个太阴日来划分的。由于海底地形、海岸形状的不同，潮流现象要比潮汐现象复杂得多。

潮流的流速是指单位时间内海水流动的距离，以 $cm \cdot s^{-1}$ 或节(kn)来表示。流向是指海水流去的方向，规定向北流去的潮流，其流向为0°；向东的流向为90°；向南为180°；向西为270°。涨潮时，海水的流动称为涨潮流；落潮时，海水的流动称为落潮流。潮流不仅流速具有周期性，流向也具有周期性。按照流向来分，潮流有两种运动形式：旋转流和往复流。

旋转流一般发生在外海和开阔的海区，是潮流的普遍形式。由于地球的自转和海底摩擦的影响，潮流往往不是单纯往复的流动形式，其流向不断地发生变化。若以测流点为原点，把昼夜逐时观测的潮流矢量画出来，就可以看到这些矢量随时间的变化，此图称为潮流矢量图，如图 5.1.1 所示。在近海岸狭窄的海峡、水道、港湾、河口以及多岛屿的海区，由于地形的限制，致使潮流主要在相反的两个方向变化，形成海水的往复流动，称为往复流。

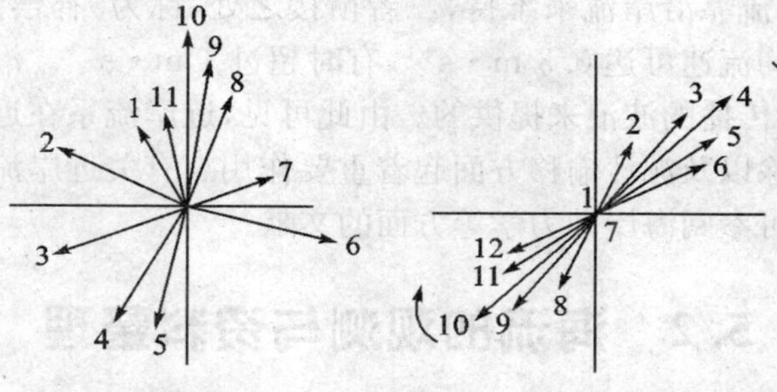

图 5.1.1　潮流的形式

由于海洋形态、深度、海底摩擦以及海水密度层结（尤其是跃层）等因素的影响，海洋中的潮流是十分复杂的，不仅不同地点的潮流不同，即使同一地点不同水层的流速和流向（包括旋转方向）也常常变化很大。

5.1.2　近岸波浪流

由于海底摩擦、渗透及海水涡动等造成的能量损耗，使得波浪从深海传播到浅水区域时波浪发生破碎，引起波浪能量的重新分布。波浪作用引起的近岸海流系主要由三部分组成：①向岸的水体质量输移；②平行岸边的沿岸流；③流向外海的离岸流或称裂流，如图 5.1.2 所示。

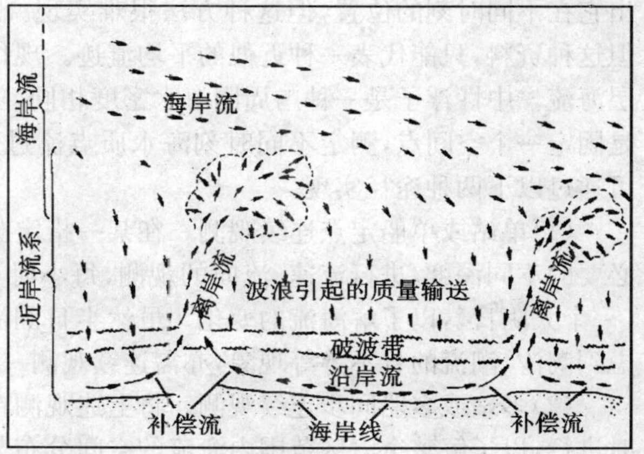

图 5.1.2　近岸流系

注：图中的箭头长度表示相对流速尺度

波浪在向岸传播的过程中，根据高阶有限斯托克斯波浪理论，水质点的运动轨迹是不封闭的，在波向上存在着净的水体质量输送，致使波浪传至近岸，形成水体堆积，自由水面升高，从而形成沿岸方向的补偿流，重新进行水体的分配。离岸流是近岸流系中最显著的部分，它是一束集中于表面的、狭窄的水流，穿过波浪破碎区流向外海。流速一般超过 $1\ m \cdot s^{-1}$；最狭窄处称为“颈”部，此处流速最大；离岸流的外端可能达到破波线以外 500 m，并产生扩散现象，称为“头”部，此处流速变小。离岸流靠沿岸流来维持，二者衔接之处，称为“补偿流”。沿岸流沿着岸线流动，平均流速可达 $0.3\ m \cdot s^{-1}$，有时超过 $1\ m \cdot s^{-1}$。沿岸流和离岸流的流量是由向岸传播的波浪来提供的。由此可见，近岸流系在近岸区域的水体更换、污染物清除以及泥沙输移方面起着重要作用。有关近岸流系的流速及流量的推算公式，可参阅海岸动力学等方面的文献。

5.2 海流的观测与资料整理

5.2.1 海流的观测

由于近海区域地形、水深的不同以及水文、气象等因素的影响，海流的变化比较复杂，在进行海岸及海洋工程设计和施工之前，需要对现场的海流进行实测，并对观测数据进行整理、分析，对理论计算结果进行对比和验证。

1. 海流观测方法

海流的测定一般有两种方法，一种是跟随一个海水质点（流体元）移动，找出它在不同时刻的位置，但这种方法很难实现。过去一般用漂流瓶测表层流，但这种资料，只能代表一种近似的平均流迹。现代则用斯瓦罗中性浮子测定各层海流。中性浮子是一种与周围海水密度相同，随水流动的浮子。另一种方法是固定一个空间点，测定不同时刻海水质点流过这个空间点时的流速和流向，可通过以下两种途径实现。

（1）单站或单船定点连续观测。在某一指定测点上，对表层、底层以及其他必要的不同深度，进行流速、流向的观测，每小时重复一次，连续观测 24～25 h（一个太阴日），以了解海流的变化。虽然半日潮流的周期仅为 12 h 左右，但考虑到潮汐、潮流的日不等等现象，亦需连续观测一个太阴日。

（2）多站或多船同步连续观测。将上述观测在事先选好的若干个测点上同时进行，以了解整个海区范围内海流的空间分布与变化，称多站同步海流观测。有时因条件所限，只能在邻近时间范围内相继实现各测站的观测，也称为断面观测。

（3）大面流路观测。用船只在近海区域投放浮标，在陆上用经纬仪或其他方法测量不同时刻的浮标位置，通过绘制不同时刻的浮标位置图，大体了解水质点的运移途径，并找出分流点和汇流点的具体位置。

为了有效地进行海流分析工作，对观测海流的时间和次数，必须事先进行选择。例如，当采用准调和分析法分析潮流时，要在大、中、小潮期间分别进行三次观测，其他一般潮流分析，则可减少为大、小潮期间两次观测，或仅在大潮期间进行一次观潮。

当分析风海流、波浪流时，应在不同季节、不同气象状况下进行观测。当分析河口区的径流时，应在河流的洪水期和枯水期分别进行观测。

2. 海流观测仪器

海流计种类很多，比较先进的有印刷海流计等，而应用较广的是艾克曼海流计，以下对其作一简介。

艾克曼海流计有五个主要部分：轭架、螺旋桨、计数器、流向盒和尾舵（图5.2.1）。轭架是海流计的骨架。螺旋桨由桨叶组成，叶杆一端有螺纹，用来带动计数器。计数器用来记录桨叶转动的次数。计数器由三个齿轮组成，其中有齿轮与叶杆相接。在齿轮的轴上各装有一个指针，用来指示桨叶转动的次数。桨叶每转100转，即从上方小管中落下三个小球，沿着凹槽滚到磁针所指的小格中。流向盒用来记录盒测定海流的方向。它是一个圆形盒，分成36个扇形格。盒的中央有一凹槽，用来接受落下的小球，并沿着磁针北极滚入扇形格里。尾舵用来使螺旋桨迎着海流方向。

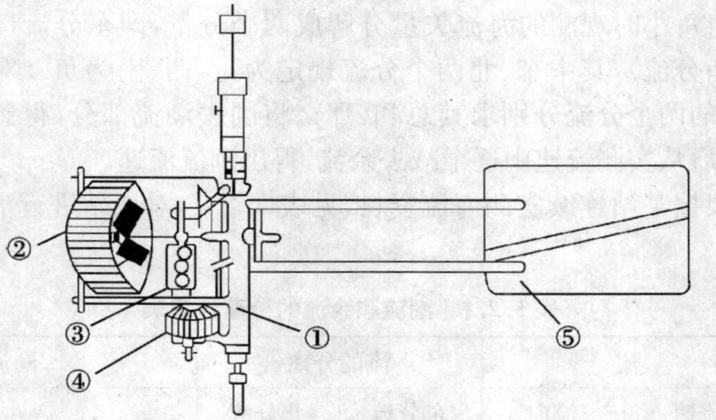

①轭架；②螺旋桨；③计数器；④流向盒；⑤尾舵

图5.2.1　海流计简图

用海流计测流时，船身锚定不动，沿着绳索放下第一个重锤使仪器开始工作，经过预定时间（100～200 s），放下第二个重锤使仪器停止工作，取出海流计，读取计数器上的读数及流向盒内扇形格内小球的分布，根据观测记录进行分析即可求得流速和流向。

流速按下式计算：

$$V=k_1n+k_2 \tag{5.2.1}$$

式中，k_1 和 k_2 分别表示海流计出厂时的检定常数，每台仪器各不相同。n 表示每秒内螺旋桨的转数。流向的平均磁方位为

$$\alpha=\frac{N_1m_1+N_2m_2+\cdots+N_nm_n}{\sum m}\times 10^{\circ} \tag{5.2.2}$$

式中，$N_i(i=1,2,\cdots,n)$表示扇形小室号；$m_i(i=1,2,\cdots,n)$表示小室内小球数；$\sum m$ 表示各室小球的总数。

由于海流计测流是由磁针控制的，因此在施测时应注意避免附近大船等对磁性产生的影响。

5.2.2 海流资料的整理和计算

与观测方法对应，海流资料的分析包括：①用实测海流值绘制海流图，选定有关特征值；②用断面测点实测海流值，计算断面流量；③用大面流路实测的资料绘制测区流路图。

在资料分析之前，通常需将海流分解为周期性的潮流和非周期性的余流。假定余流在某一较短时间内其方向和速度是一恒定值，而潮流则是周期性变化值，由此可将每小时观测的海流矢量分解成两个分量，即东分流（或西分流）和北分流（或南分流），其中东、北两个分流规定为正，西、南为负。对一个太阴日中各次观测的两个分流分别求其总和，那么将削去潮流部分，得到余流的大小和方向。然后从实测流速中逐个减去余流，得出潮流流速。

算例：根据某站连续实测海流资料，见表5.2.1，对该站进行潮流和余流的分解。

表 5.2.1 潮流和余流的分离计算表

时刻	流		流的分离		潮流	
	流速 $U/\text{cm}\cdot\text{s}^{-1}$	流向 $\theta(^{\circ})$	东分流 $v=U\sin\theta$	北分流 $u=U\cos\theta$	$v-(\sum v)/24$	$u-(\sum u)/24$
(1)	(2)	(3)	(4)	(5)	(6)	(7)
0	11	129	9	−7	2	2
1	27	158	10	−25	3	−16

(续表)

时刻	流		流的分离		潮流	
	流速 $U/\text{cm}\cdot\text{s}^{-1}$	流向 $\theta(^\circ)$	东分流 $v=U\sin\theta$	北分流 $u=U\cos\theta$	$v-(\sum v)/24$	$u-(\sum u)/24$
(1)	(2)	(3)	(4)	(5)	(6)	(7)
2	35	181	−1	−35	−8	−26
3	29	181	−1	−29	−8	−20
4	34	154	15	−31	8	−22
5	30	119	26	−15	19	−6
6	19	106	18	−5	11	4
7	11	101	11	−2	4	7
8	7	85	7	1	0	10
9	8	15	2	8	−5	17
10	11	31	6	9	−1	18
11	15	39	9	12	2	21
12	11	164	3	−11	−4	−2
13	27	176	2	−27	−5	−18
14	23	205	−10	−21	−17	−12
15	31	191	−6	−30	−13	−21
16	33	164	9	−32	2	−23
17	32	135	23	−23	16	−14
18	20	117	18	−9	11	0
19	12	106	12	−3	5	6
20	10	75	10	3	3	12
21	16	356	−1	16	−8	25
22	21	336	−9	19	−16	28
23	23	351	−4	23	−11	32
$\sum v=158\quad \sum u=-214$						

计算过程列入表 5.2.1,其东分流流速和北分流流速分别为

$$\overline{v}=\frac{\sum v}{24}=\frac{158}{24}\approx 7\ \text{cm}\cdot\text{s}^{-1}$$

$$\overline{u}=\frac{\sum u}{24}=\frac{-214}{24}\approx -9\ \text{cm}\cdot\text{s}^{-1}$$

则余流流速为

$$U=\sqrt{\overline{v}^2+\overline{u}^2}\approx 11\ \text{cm}\cdot\text{s}^{-1}$$

余流流向为

$$\theta=\arctan\frac{\overline{v}}{\overline{u}}\approx 142^\circ$$

根据表 5.2.1 中的第(6)和(7)栏,可以算出各时刻的潮流流速和流向,并绘制潮流椭圆图。

5.3 潮流的数值模拟

5.3.1 二维潮流的数值模拟

1. 控制方程

对于沿岸浅海,特别是半封闭海湾,其基本运动是由外来潮波引起的潮汐运动,即协振潮。因此,我们主要研究潮流及潮致余流。二维潮流基本方程组通常可以写成如下形式。

连续方程:

$$\frac{\partial h}{\partial t}+\frac{\partial (Hu)}{\partial x}+\frac{\partial (Hv)}{\partial y}=0 \tag{5.3.1}$$

运动方程:

$$\frac{\partial u}{\partial t}+u\frac{\partial u}{\partial x}+v\frac{\partial u}{\partial y}+g\frac{\partial h}{\partial x}-fv+g\frac{uw}{C^2H}=N_x\frac{\partial^2 u}{\partial x^2}+N_y\frac{\partial^2 u}{\partial y^2} \tag{5.3.2}$$

$$\frac{\partial v}{\partial t}+u\frac{\partial v}{\partial x}+v\frac{\partial v}{\partial y}+g\frac{\partial h}{\partial y}+fu+g\frac{vw}{C^2H}=N_x\frac{\partial^2 v}{\partial x^2}+N_y\frac{\partial^2 v}{\partial y^2} \tag{5.3.3}$$

式中,x,y 表示直角坐标系;u,v 分别为 x,y 方向的垂线平均流速;h 表示水位(基准面到自由水面的距离);H 为总水深,$H=h+D$,D 表示水深(基准面到床面的距离);w 表示合成流速($w=\sqrt{u^2+v^2}$);f 为柯氏系数;g 为重力加速度;C 表示谢才系数,$C=H^{1/6}/n$,n 表示曼宁系数;t 为时间;N_x 表示 x 方向水流紊动黏性系数;N_y 表示 y 方向水流紊动黏性系数。

2. 一阶偏导数的确定

计算选取的网格形式为任意三角形计算网格。在平面域上，任何一个函数 $F(x,y)$ 可以用一个二元多项式来近似表示，即

$$F(x,y)=\alpha_0+\alpha_1 x+\alpha_2 y+\alpha_3 xy+\alpha_4 x^2+\alpha_5 y^2+\cdots+\alpha_m x^n+\alpha_{m+1} y^n \tag{5.3.4}$$

为了简便，取它的一阶近似式

$$F(x,y)=\alpha_0+\alpha_1 x+\alpha_2 y \tag{5.3.5}$$

从一般海岸地区二维泥沙运动的问题来看，式(5.3.5)可完全满足工程上的需要。

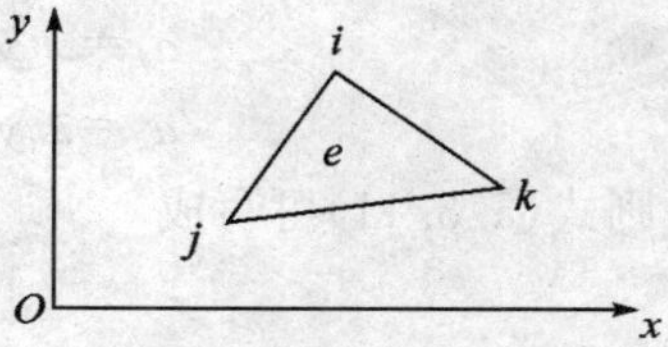

图 5.3.1　三角形单元示意图

已定义的计算域可由有限个三角形单元组成，取其中任何 1 个单元 e(图 5.3.1)，当节点已知时，该三角形域内的函数形式也就完全确定了，也就是说可以求出式(5.3.5)的 3 个系数，因为方程(5.3.5)对整个三角形域内都成立(包括 3 个节点)。这样，就可以写出 3 个节点值 F_i, F_j, F_k 的表达式，其中 i, j, k 按逆时针排列。

$$\begin{cases} F_i=\alpha_0+\alpha_1 x_i+\alpha_2 y_i \\ F_j=\alpha_0+\alpha_1 x_j+\alpha_2 y_j \\ F_k=\alpha_0+\alpha_1 x_k+\alpha_2 y_k \end{cases} \tag{5.3.6}$$

式中，x, y 是节点坐标，F 是节点值。将上式写成矩阵形式，即

$$\begin{bmatrix} 1 & x_i & y_i \\ 1 & x_j & y_j \\ 1 & x_k & y_k \end{bmatrix}\begin{bmatrix} \alpha_0 \\ \alpha_1 \\ \alpha_2 \end{bmatrix}=\begin{bmatrix} F_i \\ F_j \\ F_k \end{bmatrix} \tag{5.3.7}$$

求解式(5.3.7)，得

$$\begin{bmatrix} \alpha_0 \\ \alpha_1 \\ \alpha_2 \end{bmatrix}=\begin{bmatrix} 1 & x_i & y_i \\ 1 & x_j & y_j \\ 1 & x_k & y_k \end{bmatrix}^{-1}\begin{bmatrix} F_i \\ F_j \\ F_k \end{bmatrix} \tag{5.3.8}$$

若记

$$\begin{bmatrix} 1 & x_i & y_i \\ 1 & x_j & y_j \\ 1 & x_k & y_k \end{bmatrix}=\mathbf{A} \tag{5.3.9}$$

对于 $\mathbf{A}$ 的行列式

$$|\mathbf{A}|=\begin{vmatrix} 1 & x_i & y_i \\ 1 & x_j & y_j \\ 1 & x_k & y_k \end{vmatrix}=2S_e \tag{5.3.10}$$

式中，S_e 为三角形单元的面积。$\mathbf{A}$ 的伴随矩阵为

$$\mathbf{A}^* = \begin{bmatrix} x_j y_k - x_k y_j & y_i - y_k & x_k - x_j \\ x_k y_i - x_i y_k & y_k - y_i & x_i - x_k \\ x_i y_j - x_j y_i & y_i - y_j & x_j - x_i \end{bmatrix}^{\mathrm{T}} \tag{5.3.11}$$

令

$$\begin{aligned} a_i &= x_j y_k - x_k y_j ; b_i = y_j - y_k ; c_i = x_k - x_j \\ a_j &= x_k y_i - x_i y_k ; b_j = y_k - y_i ; c_j = x_i - x_k \\ a_k &= x_i y_j - x_j y_i ; b_k = y_i - y_j ; c_k = x_j - x_i \end{aligned} \tag{5.3.12}$$

则式(5.3.11)可写成

$$\mathbf{A}^* = \begin{bmatrix} a_i & b_i & c_i \\ a_j & b_j & c_j \\ a_k & b_k & c_k \end{bmatrix}^{\mathrm{T}} = \begin{bmatrix} a_i & a_j & a_k \\ b_i & b_j & b_k \\ c_i & c_j & c_k \end{bmatrix} \tag{5.3.13}$$

其求逆公式为

$$\mathbf{A}^{*-1} = \frac{\mathbf{A}^*}{|\mathbf{A}|} = \frac{1}{2S_e} \begin{bmatrix} a_i & a_j & a_k \\ b_i & b_j & b_k \\ c_i & c_j & c_k \end{bmatrix} \tag{5.3.14}$$

代入式(5.3.8)可以求出系数

$$\begin{Bmatrix} \alpha_0 \\ \alpha_1 \\ \alpha_2 \end{Bmatrix} = \frac{1}{2S_e} \begin{bmatrix} a_i & a_j & a_k \\ b_i & b_j & b_k \\ c_i & c_j & c_k \end{bmatrix} \begin{Bmatrix} F_i \\ F_j \\ F_k \end{Bmatrix} \tag{5.3.15}$$

即

$$\begin{cases} \alpha_0 = (a_i F_i + a_j F_j + a_k F_k)/(2S_e) \\ \alpha_1 = (b_i F_i + b_j F_j + b_k F_k)/(2S_e) \\ \alpha_2 = (c_i F_i + c_j F_j + c_k F_k)/(2S_e) \end{cases} \tag{5.3.16}$$

将式(5.3.16)代入式(5.3.5)，整理可得

$$\begin{aligned} F(x,y) = [&(a_i + b_i x + c_i y)F_i + (a_j + b_j x + c_j y)F_j \\ &+ (a_k + b_k x + c_k y)F_k]/(2S_e) \end{aligned} \tag{5.3.17}$$

由此，三角形域内函数 $F(x,y)$ 的表达式即可完全确定。设

$$\begin{cases} N_i = (a_i + b_i x + c_i y)/(2S_e) \\ N_j = (a_j + b_j x + c_j y)/(2S_e) \\ N_k = (a_k + b_k x + c_k y)/(2S_e) \end{cases} \tag{5.3.18}$$

此为有限单元法中的形函数，在数学中称为面积坐标，其与直角坐标系的关系如下：

$$\begin{cases} x = x_i N_i + x_j N_j + x_k N_k \\ y = y_i N_i + y_j N_j + y_k N_k \end{cases} \tag{5.3.19}$$

从以上推导过程可知，三角形域内的任一函数可以用面积坐标函数 $F(N_i, N_j, N_k)$ 表示，同时面积坐标 N_i, N_j, N_k 又是 x, y 的函数。因此，函数 F 对 x, y 求导时，可以按照复合函数的求导法则进行。即

$$\frac{\partial F}{\partial x} = \frac{\partial F}{\partial N_i}\frac{\partial N_i}{\partial x} + \frac{\partial F}{\partial N_j}\frac{\partial N_j}{\partial x} + \frac{\partial F}{\partial N_k}\frac{\partial N_k}{\partial x} = (b_i F_i + b_j F_j + b_k F_k)/(2S_e) \tag{5.3.20}$$

$$\frac{\partial F}{\partial y} = \frac{\partial F}{\partial N_i}\frac{\partial N_i}{\partial y} + \frac{\partial F}{\partial N_j}\frac{\partial N_j}{\partial y} + \frac{\partial F}{\partial N_k}\frac{\partial N_k}{\partial y} = (c_i F_i + c_j F_j + c_k F_k)/(2S_e) \tag{5.3.21}$$

在平面不规则三角形网格中（如图 5.3.2 所示），节点 M 是邻近几个单元的顶点，而在数值计算中若用其中某一单元的偏导数作为 M 点的导数，势必会造成一定的偏差，这是由于离散化和数值计算中的一些误差所造成的，因而用加权平均来代替式(5.3.20)与(5.3.21)，得

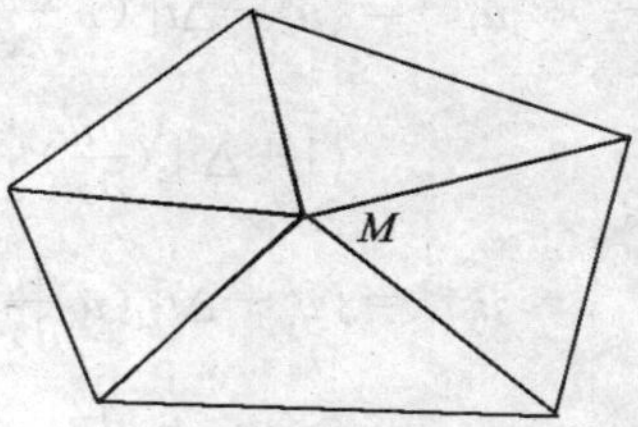

图 5.3.2　以 M 为顶点网格示意图

$$F_x(M) = \sum_e (b_i F_i + b_j F_j + b_k F_k)/(2S) \tag{5.3.22}$$

$$F_y(M) = \sum_e (c_i F_i + c_j F_j + c_k F_k)/(2S) \tag{5.3.23}$$

式中，F_x 和 F_y 分别是对 x, y 的偏导数，$\sum\limits_e$ 是对节点 M 为顶点的所有三角形求和，即

$$S = \sum_e S_e \tag{5.3.24}$$

3. 二阶偏导数的确定

在一阶偏导数求出后，仿照一阶偏导数的求解过程，即可求出二阶偏导数。

4. 计算格式的建立

将式(5.3.22)与(5.3.23)代入前述二维基本方程组，在时间方向采用向前差分格式，那么各二维基本方程组可以写成如下差分格式：

$$\frac{h_i^{n+1} - h_i^n}{\Delta t} + \frac{\partial}{\partial x}(Hu)_i^n + \frac{\partial}{\partial y}(Hv)_i^n = 0 \tag{5.3.25}$$

$$\frac{u_i^{n+1}-u_i^n}{\Delta t}+u_i^{n+1}(\frac{\partial u}{\partial x})_i^n+(v\frac{\partial u}{\partial x})_i^n+g(\frac{\partial h}{\partial x})_i^{n+1}-fv_i^n+gw_i^n(\frac{u}{C^2H})_i^{n+1}$$

$$=N_x(\frac{\partial^2 u}{\partial x^2})_i^n+N_y(\frac{\partial^2 u}{\partial x^2})_i^n \tag{5.3.26}$$

$$\frac{v_i^{n+1}-v_i^n}{\Delta t}+(u\frac{\partial v}{\partial x})_i^n+v_i^{n+1}(\frac{\partial v}{\partial y})_i^n+g(\frac{\partial h}{\partial y})_i^{n+1}+fu_i^n+gw_i^n(\frac{v}{C^2H})_i^{n+1}$$

$$=N_x(\frac{\partial^2 v}{\partial x^2})_i^n+N_y(\frac{\partial^2 v}{\partial y^2})_i^n \tag{5.3.27}$$

整理后可得

$$h_i^{n+1}=h_i^n-\Delta t\{[\frac{\partial(Hu)}{\partial x}]_i^n+[\frac{\partial(Hv)}{\partial y}]_i^n\} \tag{5.3.28}$$

$$u_i^{n+1}=\{u_i^n-\Delta t[(v\frac{\partial u}{\partial y})_i^n+g(\frac{\partial h}{\partial x})_i^{n+1}-fv_i^n-N_x(\frac{\partial^2 u}{\partial x^2})_i^n-N_y(\frac{\partial^2 u}{\partial y^2})_i^n]\}/$$

$$\{1+\Delta t[(\frac{\partial u}{\partial x})_i^n+g\frac{w_i^n}{(C^2H)_i^{n+1}}]\} \tag{5.3.29}$$

$$v_i^{n+1}=\{v_i^n-\Delta t[(u\frac{\partial v}{\partial x})_i^n+g(\frac{\partial h}{\partial y})_i^{n+1}+fu_i^n-N_x(\frac{\partial^2 v}{\partial x^2})_i^n-N_y(\frac{\partial^2 v}{\partial y^2})_i^n]\}/$$

$$\{1+\Delta t[(\frac{\partial v}{\partial y})_i^n+g\frac{w_i^n}{(C^2H)_i^{n+1}}]\} \tag{5.3.30}$$

式中，i 是节点号，n 是时间层数，Δt 是时间步长。

5. 方程组的定解条件

(1)边界条件：

1)计算域与其他水域相通的开边界 Γ_1 上有

$$h(x,y,t)|_{\Gamma_1}=h_{\Gamma_1}(t) \tag{5.3.31}$$

或

$$\begin{cases}u(x,y,t)|_{\Gamma_1}=u_{\Gamma_1}(t)\\ v(x,y,t)|_{\Gamma_1}=v_{\Gamma_1}(t)\end{cases} \tag{5.3.32}$$

2)计算水域与陆地交界的闭边界 Γ_2 上流速的法向梯度为零，即

$$\overline{w}\cdot\overline{h}=0 \tag{5.3.33}$$

(2)初始条件：

$$\begin{cases}h(x,y,t)=h_0(x,y)\\ u(x,y,t)=u_0(x,y)\\ v(x,y,t)=v_0(x,y)\end{cases} \tag{5.3.34}$$

6. 计算域的确定及边界资料的处理

(1)计算范围。数学模型计算海区范围：东西约 24.6 km，东边界离岸约

18.2 km，西边界离岸约 21.3 km。

(2)边界资料的处理。水文资料取自中国海洋大学 2004 年 4 月 5 日～6 日所测水文测验资料，模拟潮型为大潮。地形资料采用中国航海图书出版社 2001 年 1 月1∶150 000莱州湾海图，及 1∶10 000 港池航道水下地形图。以理论基面作为计算基面。

7. 计算网格的划分及有关参数的确定

(1)网格的划分。计算海区内的节点间距，根据地形特征和所研究的问题确定。对于平坦开阔的水域，计算点距设计大些，反之设计小些。

本模型采用任意三角形计算网格，此网格的优点：在计算域内可以准确地模拟出码头、岸线、航道的任意曲折走向变化，可以解决其他计算网格对复杂边界处理时难以达到的精度问题。也可以在重点研究段内随意进行网点加密，次要区域将网点安排稀疏，并且考虑到了这二者之间的渐变过程，由计算网格图中可观察到这种设想。这样，既能保证计算成果的精确度，也提高了计算机的处理速度。本算例计算网格节点 211 025 个(图 5.3.3)。

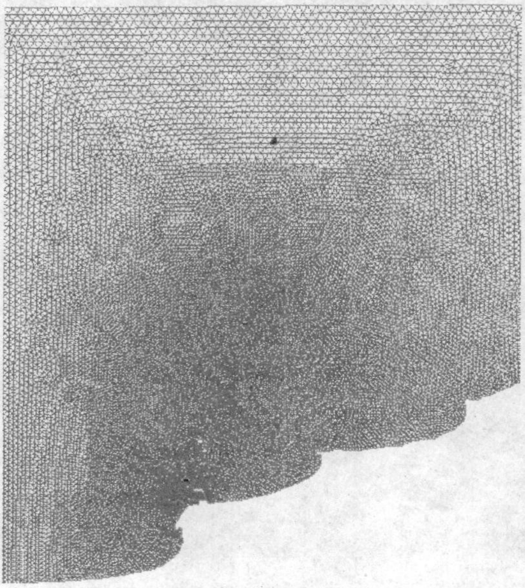

图 5.3.3　计算网格图

(2)时间步长：

$$\Delta t \leqslant \frac{r\Delta L_{\min}}{\sqrt{gH_{\max}}} \tag{5.3.35}$$

式中，$H_{\max}$ 为计算域内的最大水深，$\Delta L_{\min}$ 为三角形单元的最小边长，r 为系数，取 1.0～1.5。计算中取 $\Delta t=2$ s。

(3)阻力系数：方程中阻力项的计算，可近似采用曼宁公式 $C=\frac{1}{n}H^{1/6}$，式中 n 是曼宁阻力系数，经过多组调试计算，确定 $n=0.010\sim0.025$。在数学模型中，n 除反映底床粗糙度外，还包括了其他因素对水流的综合影响。所以，它已不是原有意义的糙率系数，应当把它看做一个综合的影响因素。

8. 论证海域计算潮流场及验证计算

为了检验计算模式及资料处理的合理性，实施模拟前应对验证点位的潮位、流速、流向进行验证计算。图 5.3.4、图 5.3.5 分别给出了工程附近海域验证计算涨潮与落潮流态图，计算结果基本反映了计算海区内的潮流运动特征。

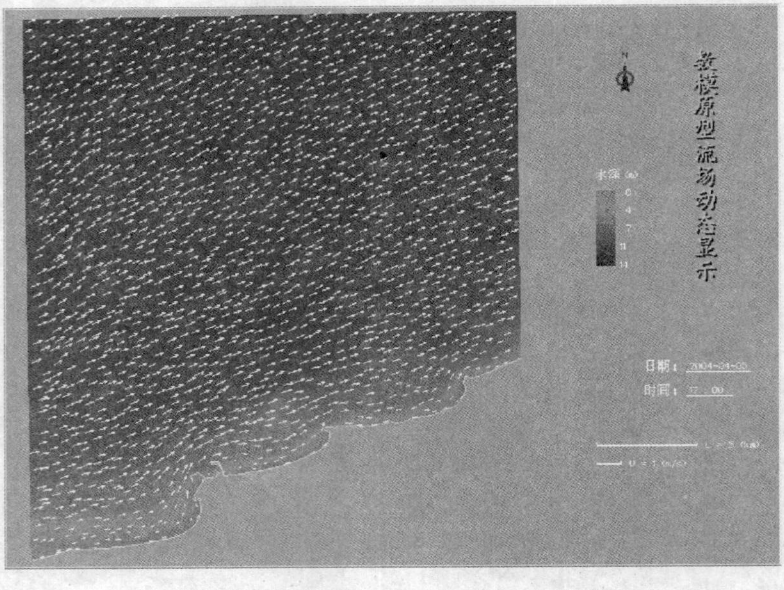

图 5.3.4(a) 验证计算涨潮流场图(涨急)

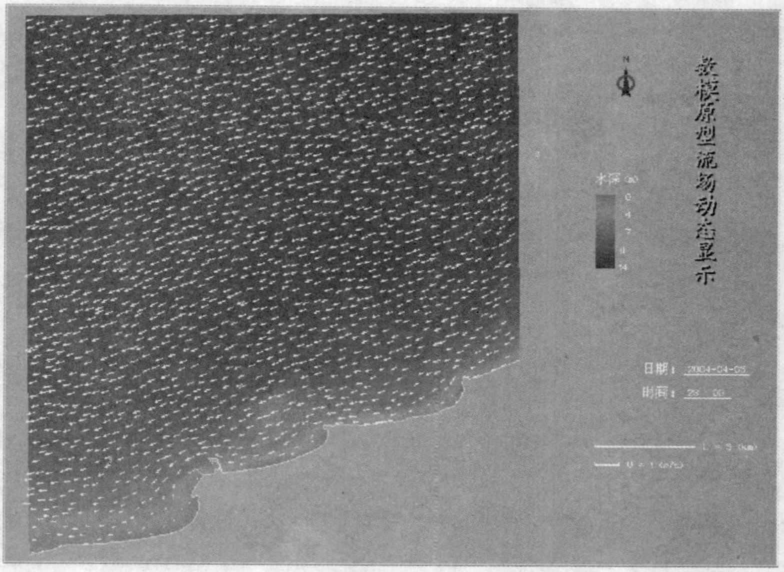

图 5.3.4(b)　验证计算落潮流场图

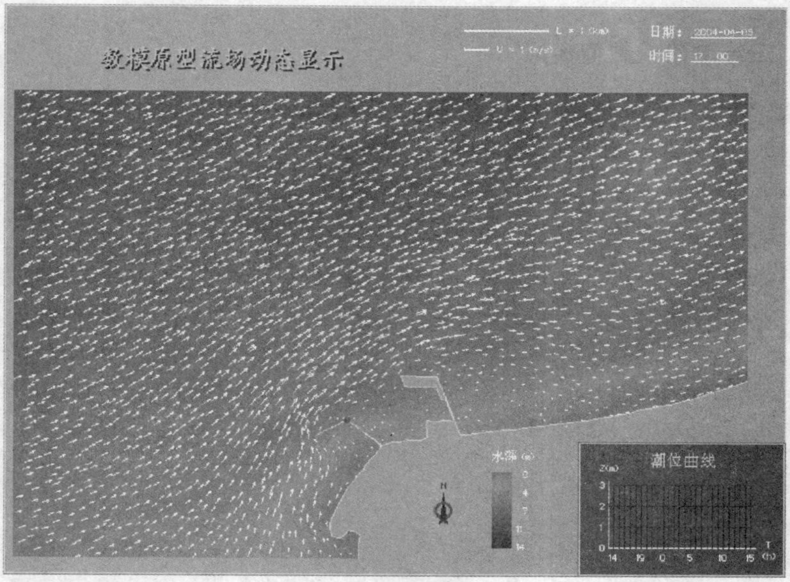

图 5.3.5(a)　验证计算涨潮流场图(局部涨急)

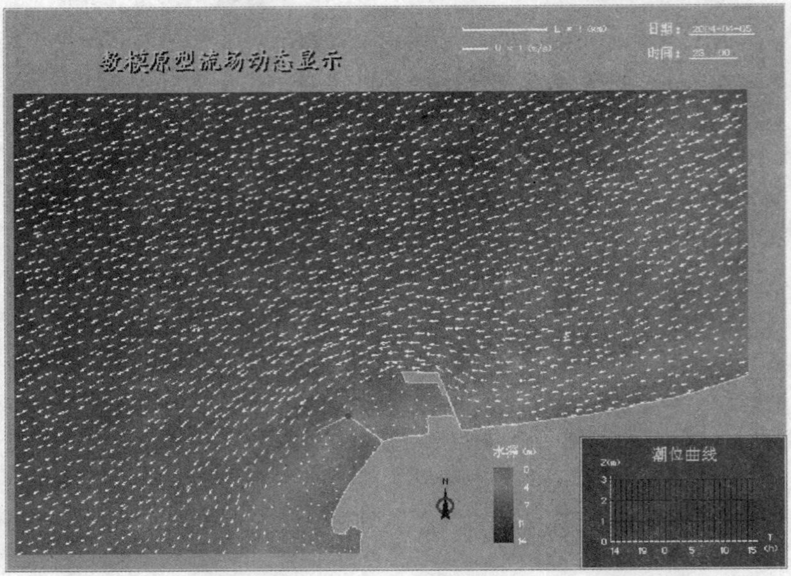

图 5.3.5(b)　验证计算落潮流场图(局部落急)

5.3.2　三维潮流的数值模拟

1. 控制方程

连续方程

$$\frac{\partial u}{\partial x}+\frac{\partial v}{\partial y}+\frac{\partial w}{\partial z}=0 \tag{5.3.36}$$

动量方程

$$\frac{\partial u}{\partial t}+u\frac{\partial u}{\partial x}+v\frac{\partial u}{\partial y}+w\frac{\partial u}{\partial z}+\frac{1}{\rho}\cdot\frac{\partial P}{\partial x}-fv=\frac{\partial}{\partial x}(\lambda_x\frac{\partial u}{\partial x})+\frac{\partial}{\partial y}(\lambda_y\frac{\partial u}{\partial y})+\frac{\partial}{\partial z}(\lambda_z\frac{\partial u}{\partial z}) \tag{5.3.37}$$

$$\frac{\partial v}{\partial t}+u\frac{\partial v}{\partial x}+v\frac{\partial v}{\partial y}+w\frac{\partial v}{\partial z}+\frac{1}{\rho}\cdot\frac{\partial P}{\partial y}+fu=\frac{\partial}{\partial x}(\lambda_x\frac{\partial v}{\partial x})+\frac{\partial}{\partial y}(\lambda_y\frac{\partial v}{\partial y})+\frac{\partial}{\partial z}(\lambda_z\frac{\partial v}{\partial z}) \tag{5.3.38}$$

$$\frac{\partial w}{\partial t}+u\frac{\partial w}{\partial x}+v\frac{\partial w}{\partial y}+w\frac{\partial w}{\partial z}+\frac{1}{\rho}\cdot\frac{\partial P}{\partial z}+g=\frac{\partial}{\partial x}(\lambda_x\frac{\partial w}{\partial x})+\frac{\partial}{\partial y}(\lambda_y\frac{\partial w}{\partial y})+\frac{\partial}{\partial z}(\lambda_z\frac{\partial w}{\partial z}) \tag{5.3.39}$$

式中，u，v，w 分别为 x，y，z 向的速度分量；P 为水压力；f 为科氏力系数；λ_x，λ_y，λ_z 分别为 x，y，z 向的紊动黏性系数。

经 σ 变换后的控制方程为

$$\frac{\partial \zeta}{\partial t}+\frac{\partial}{\partial x}(\overline{u}h)+\frac{\partial}{\partial y}(\overline{v}h)=0 \tag{5.3.40}$$

$$\frac{\partial}{\partial t}(uh)+\frac{\partial}{\partial x}(u^2 h)+\frac{\partial}{\partial y}(uvh)+\frac{\partial}{\partial \sigma}(uW)+gh\frac{\partial \zeta}{\partial x}-fhv$$
$$=\frac{1}{h}\cdot\frac{\partial}{\partial \sigma}(\lambda_z\frac{\partial u}{\partial \sigma})+h\lambda_x\frac{\partial^2 u}{\partial x^2}+h\lambda_y\frac{\partial^2 u}{\partial y^2} \tag{5.3.41}$$

$$\frac{\partial}{\partial t}(vh)+\frac{\partial}{\partial x}(uvh)+\frac{\partial}{\partial y}(v^2 h)+\frac{\partial}{\partial \sigma}(vW)+gh\frac{\partial \zeta}{\partial y}+fhu$$
$$=\frac{1}{h}\cdot\frac{\partial}{\partial \sigma}(\lambda_z\frac{\partial v}{\partial \sigma})+h\lambda_x\frac{\partial^2 v}{\partial x^2}+h\lambda_y\frac{\partial^2 v}{\partial y^2} \tag{5.3.42}$$

$$W=\frac{\partial}{\partial x}\left\{h\left[\overline{u}(\sigma+1)-\int_{-1}^{\sigma}u\mathrm{d}\sigma\right]\right\}+\frac{\partial}{\partial y}\left\{h\left[\overline{v}(\sigma+1)-\int_{-1}^{\sigma}v\mathrm{d}\sigma\right]\right\} \tag{5.3.43}$$

$$W=w+u(\sigma\frac{\partial h}{\partial x}+\frac{\partial \zeta}{\partial x})+v(\sigma\frac{\partial x}{\partial y}+\frac{\partial \zeta}{\partial y})+(\sigma+1)\frac{\partial \zeta}{\partial t} \tag{5.3.44}$$

式中，σ 为竖向变换坐标，$\sigma=\frac{z-\zeta}{h}$；W 为 σ 向的速度分量。

2. 参数的确定

(1)床面剪切力 τ_b：

$$\tau_b=\rho f_{cw}u_{cw}^2 \tag{5.3.45}$$

$$f_{cw}=(\sqrt{f_c}+\sqrt{\frac{f_w}{2}})^2 \tag{5.3.46}$$

$$u_{cw}=\sqrt{\frac{f_c}{f_{cw}}}u_c+\sqrt{\frac{f_w}{2f_{cw}}}\hat{u}_w\sin\theta \tag{5.3.47}$$

式中，f_{cw} 为波、流共存时的综合摩阻系数；f_c 为水流摩阻系数；f_w 为波浪摩阻系数；u_{cw} 为波、流共存时的综合速度；u_c 为水流速度；$\hat{u}_w$ 为波浪底部水质点水平运动速度振幅；θ 为波浪周期运动的辐角。

(2)风对水面剪切力 τ_s：

$$\begin{cases}\tau_{sx}=\rho_a c_w\,|w-u|\,(w_x-u)\\ \tau_{sy}=\rho_a c_w\,|w-u|\,(w_y-v)\end{cases} \tag{5.3.48}$$

式中，w_x，w_y 分别为风速 w 在 x，y 方向的分量；c_w 为风对波动水面的剪切系数，其值已有很多人作了研究(参见图 5.3.6)，可选用 $c_w=2.55\times10^{-3}$；ρ_a 为空气密度。

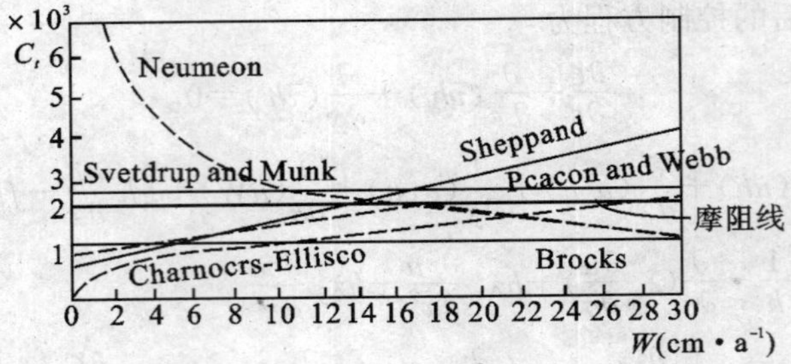

图 5.3.6 水表面剪切系数 C_w 图

(3) T_x，T_y 的确定：

$$\begin{cases} T_x = -\dfrac{1}{h\rho}\left(\dfrac{\partial S_{xx}}{\partial x} + \dfrac{\partial S_{xy}}{\partial y}\right) \\ T_y = -\dfrac{1}{h\rho}\left(\dfrac{\partial S_{yx}}{\partial x} + \dfrac{\partial S_{yy}}{\partial y}\right) \end{cases} \tag{5.3.49}$$

式中，$\boldsymbol{S}=\begin{pmatrix} S_{xx} & S_{xy} \\ S_{yx} & S_{yy} \end{pmatrix}$为波浪辐射应力。对于规则波，$\boldsymbol{S}$ 可按下式计算：

$$\boldsymbol{S}=E\begin{bmatrix} n(\cos^2\alpha+1)-\dfrac{1}{2} & \dfrac{n}{2}\sin 2\alpha \\ \dfrac{n}{2}\sin 2\alpha & n(\sin^2\alpha+1)-\dfrac{1}{2} \end{bmatrix} \tag{5.3.50}$$

式中，E 为一个波周期内的平均波能，其值为$\dfrac{1}{8}\rho g H^2$；α 为波向与 x 轴夹角；n 为波群速度与位相速度之比。

5.4 近岸海流特征值

近岸海流的尺度和特征是确定近岸水域动力条件的主要因素，对海洋工程的设计和建造有很大影响。近年来，在海流的理论研究方面，虽已取得较大进展，但就其计算方法而言，却十分烦琐，而且缺乏与实测数据足够的验证。为了确定设计所必需的海流特征值，目前仍普遍采用根据当地实测资料进行必要而简单计算的方法。

5.4.1 海流最大可能流速的计算

海流最大可能流速的计算，应尽量根据实测海流，利用统计关系求得。在潮流和风海流为主的近岸海区，海流最大可能流速等于潮流可能最大流速与风海流可能最大流速的矢量和。潮流最大可能流速 V_{max} 的计算公式如下。

(1)在规则半日潮流海区：

$$V_{max}=1.295W_{M2}+1.245W_{S2}+W_{K1}+W_{O1}+W_{M4}+W_{MS4} \tag{5.4.1}$$

式中 W_{M2}，W_{S2}，W_{K1}，W_{O1} 分别为主太阴半日分潮 M_2、主太阳半日分潮 S_2、太阴太阳赤纬日分潮 K_1 和主太阴日分潮流 O_1 的椭圆长半轴矢量，流速单位为 $cm \cdot s^{-1}$。

(2)在规则全日潮流海区：

$$V_{max}=W_{M2}+W_{S2}+1.600W_{K1}+1.450W_{O1} \tag{5.4.2}$$

(3)在不规则半日潮流或不规则日潮流海区可选取两者之较大者。

5.4.2 近岸海区风海流的估算

在潮流比较显著的近岸海区，一般风海流是余流的一个主要组成部分。在有长期海流连续观测资料的基础上，可用统计方法求得余流特征值。在海流实测资料不足的情况下，如果只有风的观测资料，可用下式估算风海流的量值：

$$\begin{cases} V_w=kU \\ \theta_w=\beta \end{cases} \tag{5.4.3}$$

式中，V_w 和 θ_w 分别为风海流的速度($m \cdot s^{-1}$)和流向(°)；U 为风速($m \cdot s^{-1}$)；β 为等深线方向；k 为系数，取 $0.024 \leqslant k \leqslant 0.030$。近岸的风海流流向可近似地认为与海底等深线走向一致。

5.4.3 海流随深度的变化

在海洋平台结构设计中，为了计算建筑物水下部分所受的海流力，往往需要了解流速随水深的变化，在浅水区可根据已知的海面流速依下式计算：

$$V_z=\frac{1}{7}V_s(z/d) \tag{5.4.4}$$

式中，V_z 为海底以上高度为 z 处的流速；V_s 为海面流速；d 为水深。

5.5 海洋结构上的海流荷载

当只考虑海流作用时，圆形构件单位长度上的海流荷载 f_D 可按下式计算：

$$f_D=\frac{1}{2}C_D\rho AV_c{}^2(N \cdot m^{-1}) \tag{5.5.1}$$

式中，C_D 为垂直于构件轴线的阻力系数；ρ 为海水密度($kg \cdot m^{-3}$)；V_c 为设计海流速度($m \cdot s^{-1}$)；A 为单位长度构件垂直于海流方向的投影面积($m^2 \cdot m^{-1}$)。

式(5.5.1)中的 C_D 为阻力系数，应尽量由试验确定。在实验资料不足时，对圆形构件可取 0.6～1.0。设计海流速度 V 应采用平台使用期间可能出现的最大流速，其值最好根据现场实测资料整理分析后确定，亦可参见 5.4.2。此外，对于承受海流作用的构件，应考虑由 Karman 涡流引起颤振的可能性。

当流体沿垂直于圆形构件轴线常速流动时，在构件周围会出现 Karman 涡流。由于这些漩涡产生可变力，当该力的交变频率与结构自振频率相同或接近，将产生共振。当流体动力交变时，漩涡的释放频率 f 可按下式计算：

$$f=s\cdot\frac{V_c}{D} \tag{5.5.2}$$

式中，V_c 为垂直于构件轴线的海流速度($m\cdot s^{-1}$)；D 为构件直径(m)；Sr 表示 Strouhal 数，可先求 Reynold 数，即 $Re=\frac{V_c\cdot D}{v}$，v 为海水的运动黏性系数。对于海水可取 $Re\approx 0.9\times10^6 V_c\cdot D$，再用图 5.5.1 求得。

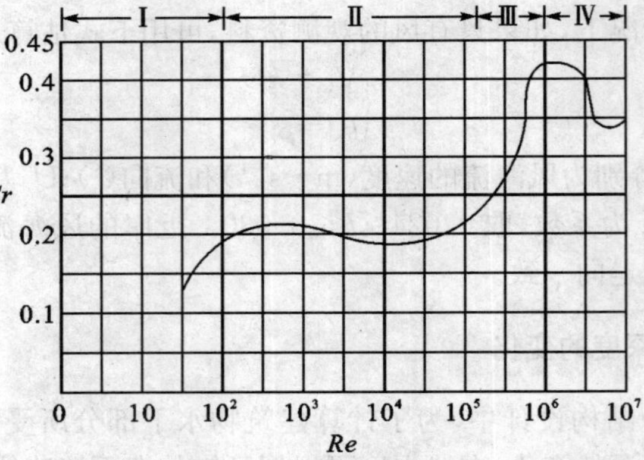

图 5.5.1 Strouhal 数与 Reynold 数的关系

第 6 章　海岸工程泥沙

在海岸地区，引起泥沙运动的主要动力因素是波浪和潮流，海岸泥沙运动一般是"波浪掀沙、潮流输沙"。从波浪进入浅水区"触底"的时候起，海床上的泥沙就开始受到波浪底部水质点运动的作用。但只有当水深达到某一临界值，或波浪底部水质点运动速度达到某一临界值，或床面剪切力达到某一临界值时，泥沙开始启动。特别是在破波带内，由于波浪破碎引起的强烈紊动作用，致使泥沙活动最为活跃。一般地，近岸地区的潮流相对较弱，尤其是砂质海岸，潮流本身不足以引起泥沙运动。但在粉砂质海岸，由于泥沙启动流速小，沉降速度大，在某些情况下，单独潮流的作用即可使泥沙启动。掀起的泥沙主要靠潮流输移。要使泥沙有显著规模的输移，还要求有近岸区其他水流的作用，如风吹流、波浪破碎后形成的沿岸流、裂流等。

6.1　海岸泥沙基本特性

海岸泥沙运动受多种因素影响，如海岸动力（浪、流、潮）、泥沙因素（泥沙来源及泥沙特性）和环境因素等。前几章对海岸动力因素进行了介绍，本章只对泥沙因素进行阐述。

本节主要介绍海岸泥沙来源、海岸泥沙基本特性（泥沙矿物成分、泥沙粒径与级配、泥沙水力特性）、海岸分类及海岸工程中的防冲淤问题。

6.1.1　海岸泥沙来源

海岸泥沙来源主要有 3 种：河流来沙、海岸海滩及岛屿受侵蚀形成的泥沙，以及海生物残骸形成的泥沙。在沙漠濒海地带，风沙也是海岸泥沙的一种来源。

1. 河流来沙

河流泥沙主要来自陆地土壤侵蚀，它是海岸泥沙最主要的来源。全世界土壤受侵蚀面积约 2.5×10^{7} km^2，其中 1/4～1/3 的表土层侵蚀严重，每年约有 6×10^{10} t 表土被冲刷，入海泥沙约有 1.7×10^{10} t。我国土壤侵蚀显著的面积约

$1.5\times10^6\ km^2$（也有统计为 $1.79\times10^6\ km^2$），主要集中在长江、黄河、淮河、珠江、海河、松花江和辽河流域，入海泥沙年均 1.94×10^9 t。这些泥沙中较细的颗粒往往被带到深海中沉积下来，其余部分则堆积形成岸滩。大河流挟带的泥沙颗粒较细，数量较大，搬运距离较远，堆积的范围较广，常形成规模很大的冲积平原。中小河流挟带的泥沙颗粒较粗，数量较少，其影响范围也较小。按照岸段距离河口的远近，可以划分为直接泥沙来源、间接泥沙来源和不受河流输沙影响 3 种情况。所谓直接泥沙来源系指河流入海泥沙在径流、潮流和风吹流的综合作用下可以直接抵达的岸段，也就是说这里的岸滩演变直接受河流入海泥沙的影响。在地貌上，河口三角洲范围内的岸段，都可视河流入海泥沙为直接泥沙来源。间接泥沙来源系指入海泥沙经过沉积和再搬运过程才能抵达的岸段，这里的岸滩演变间接受河流入海泥沙的影响。在地貌上属于河口三角洲边缘之外一定距离的岸段。距河口再远的岸段，或因海岸动力系统变化，或受海岸岩石山体的阻挡，河流入海泥沙不可能抵达，这里的岸滩不受河流入海泥沙的影响。

2. 岸滩及岛屿侵蚀泥沙

在天然情况下，海岸、海滩和岛屿都是在历史的长河中形成的，多数处于冲淤平衡状态，少数处于淤积或侵蚀状态。例如，孤东油田位于黄河入海口北侧，近年来，随着黄河来水来沙的减少，由过去的淤积状态变为冲刷，岸滩蚀退现象较为严重，侵蚀下来的泥沙构成邻近岸段的泥沙来源。随着时间的推移，侵蚀沙量将会逐渐减小，这是因为海岸动力与岸滩地貌的相互作用逐渐趋于平衡之故。

3. 海生物残骸形成的泥沙

海生物残骸形成的泥沙很少引起人们的注意，一般来说其数量比较少，但在某些海岸其数量也不可忽视。我国的海岸地貌工作者曾在渤海湾和苏北沿岸进行了多次海岸地貌调查，在陆地沿岸发现一条条堆积相当高且与海岸走向基本平行的贝壳堤。这一发现除了帮助确定历史上海岸水边线位置和岸线的演变趋势外，同时也告诉人们海生物残骸在某些海岸带形成的海岸泥沙，其数量也是很可观的。

4. 风沙

在沙丘密布和沙漠濒海地带，风沙应为海岸的泥沙来源之一。对于某一具体海岸段来说，如果来沙和冲蚀的泥沙持平，则该海岸段属于平衡稳定（或准平衡稳定）海岸，若来沙量大于冲蚀掉的泥沙量，则海岸处于淤积状态，反之，则处于冲刷状态。

6.1.2 海岸泥沙特性

泥沙特性包括矿物组成、几何形状、级配特性、水力特性等。

1. 泥沙的矿物成分

泥沙来源于岩石的风化(包括机械分离、化学分解及生物作用等)，岩石是由不同的矿物成分构成的，泥沙的矿物组成也就不止一种。泥沙中常见的矿物成分有长石、石英、辉石、角闪石、云母、橄榄石、方解石等。根据普通火成岩及沉积岩的矿物调查，石英和长石是泥沙的两种最主要矿物成分。例如，长江荆江段床沙中，石英含量占 79%～80%，长石占 5%～10%，其他矿物如角闪石、方解石、黑云母、辉石及绿泥石含量很少。虽然泥沙的组成十分复杂，但它的密度一般为 2.60～2.70 $g\cdot cm^{-3}$。泥沙中通常含有的铁磁性矿物及角闪石等是极好的指示剂，可用来判断泥沙的来源及流域内各个地区的相对产沙量。

2. 泥沙颗粒大小的表示方法

天然泥沙颗粒不是球形的，而是不规则的，描述其大小时，一般用泥沙粒径这一概念。泥沙粒径是泥沙最重要的特征，描述泥沙粒径的方法主要有 5 种。

(1)等容粒径：与泥沙颗粒同体积球体的等容直径为

$$D_n=\left(\frac{6\overline{V}}{\pi}\right)^{\frac{1}{3}}=\left(\frac{6W}{\pi\gamma_s}\right)^{\frac{1}{3}} \tag{6.1.1}$$

式中，$\overline{V}$为泥沙颗粒体积；W 为泥沙颗粒重量；γ_s 为泥沙颗粒容重。

(2)筛孔粒径：泥沙颗粒正好通过的筛孔的大小。砾石、沙通常用此方法测定其直径。

(3)沉降粒径：与泥沙颗粒具有相同密度、相同沉降速度的球体直径，亦称有效粒径。粉砂、黏土通常用这个方法测定其直径。

(4)当量粒径：细颗粒泥沙出现絮凝时，其絮凝团体的沉降速度远比单颗粒大。当量粒径就是与絮凝团体沉降速度相同的球体直径。

(5)φ 值粒径：以粒径的对数值来分级表示。它将粒径范围分布很广的情况(颗粒大小相差数千乃至数万倍的情况)予以“浓缩”。这一方法在地质、地理学界应用较广。φ 的定义为

$$\varphi=-\mathrm{lb}D \text{ 或 } D=\frac{1}{2^{\varphi}} \tag{6.1.2}$$

3. 粒径的级配特性

天然泥沙是由各种不同粒径的颗粒掺合在一起的混合沙。因此有必要对沙样的群体性质进行分析，主要是分析各种粒径在总体中所占的重量比例，了解粒径的级配特性。

通过泥沙分析仪器对沙样进行分析后，可获得 ΔP_i 和 D_i 的系列数据。这里 ΔP_i 是粒径为 D_i 级的重量占沙样总重量的百分数。据此可绘出粒径的频率分布曲线(图 6.1.1)和粒径的累积频率曲线(图 6.1.2)。

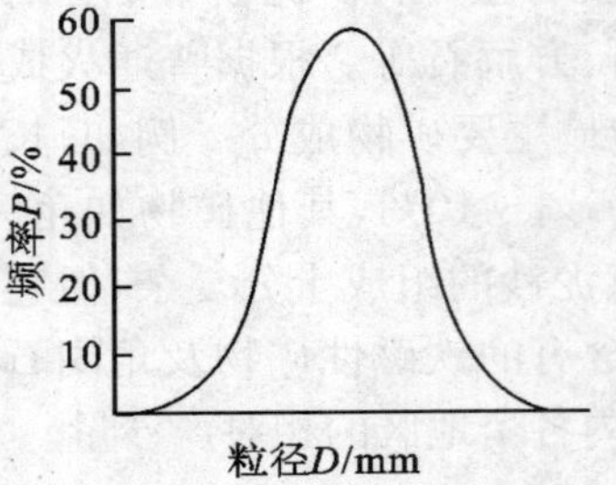

图 6.1.1　某沙样的粒径频率分布曲线

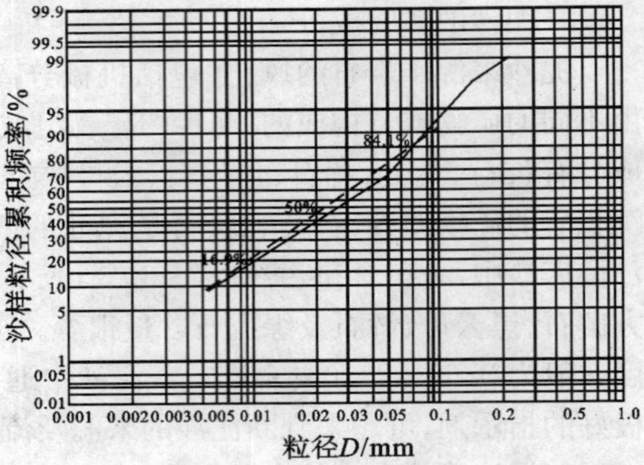

图 6.1.2　某沙样的粒径累积频率曲线

根据 ΔP_i，D_i 和累积频率曲线可以求得下列特征粒径。

(1)算术平均粒径：

$$D_m = \frac{\sum \Delta P_i D_i}{100} \tag{6.1.3}$$

(2)几何平均粒径：

$$D_g = (D_1^{\Delta P_1} \cdot D_2^{\Delta P_2} \cdot \cdots \cdot D_n^{\Delta P_n})^{\frac{1}{100}} \tag{6.1.4}$$

或

$$\lg D_g = \frac{\sum \Delta P_i \lg D_i}{100} \tag{6.1.4$'$}$$

天然泥沙的粒径频率分布接近于正态分布(图 6.1.1)，因此在对数-正态概率坐标纸上(图 6.1.2)，纵坐标的 0.841(累积频率为 84.1%)和 0.159(累积频率为 15.9%)之间可以近似连成直线，几何平均粒径 D_g(对应累积频率 50%)与 $D_{84.1}$ 和 $D_{15.9}$ 的间距为标准偏差(或称均方差)σ_g，所以

$$2\lg\sigma_g = \lg D_{84.1} - \lg D_{15.9} \tag{6.1.5}$$

即

$$\sigma_g = \left(\frac{D_{84.1}}{D_{15.9}}\right)^{\frac{1}{2}} \tag{6.1.6}$$

或

$$\lg\sigma_g = \lg D_{84.1} - \lg D_g = \lg D_g - \lg D_{15.9} \tag{6.1.6$'$}$$

故

$$\sigma_g = \frac{D_{84.1}}{D_g} = \frac{D_g}{D_{15.9}} \tag{6.1.7}$$

(3)中值粒径 D_{50}：对应于累积频率为 50%的粒径，即沙样中大于及小于此

粒径的泥沙重量均占 50%。D_{50}常被用来作为不均匀沙的代表粒径。当粒径的频率分布符合或接近正态分布，$D_{50} \approx D_g$。

描述泥沙的平均情况，可用 D_{50}，D_g 或 D_m。这里 D_{50}代表泥沙组成中最多的一种颗粒，D_g 受泥沙中极端粒径的影响较小，所以在实际工程中 D_{50}和 D_g 用得比较多，而 D_m 受极端粒径的影响大，故较少应用。

4. 泥沙粒径对水力特性的影响

自然界的水并非纯水，而是或多或少带一些电解质。泥沙在含有电解质的水体中，其表面总是带有负电荷。由于电荷的静电吸引作用，使靠近颗粒表面的水分子，被牢牢地吸引和挤压在颗粒周围，称为胶结水，如图 6.1.3 所示。胶结水的力学性质与固体物质完全相同，即具有极大的黏滞性、弹性和抗剪强度。在胶结水外层，静电引力减小，这层水称为胶滞水。胶滞水也具有较高的黏滞性和抗剪强度。胶结水和胶滞水统称束缚水（或称薄膜水），它是泥沙颗粒与水相互作用的产物，在力学性质上是固相和液相的过渡形态。束缚水膜的厚度与颗粒的矿物成分及水的化学成分有关，一般厚度可达到 0.000 5～0.002 5 mm。对粗颗粒泥沙，束缚水膜所占容积远小于泥沙的体积，束缚水膜作用甚微，泥沙颗粒的重力性质在泥沙运动中起主导作用；对于粒径小于 0.1 mm 的细颗粒泥沙，特别是粒径小于 0.03 mm 的泥沙，由于相对体积较大的束缚水膜与泥沙颗粒不可分离，所以当带有束缚水膜的细颗粒泥沙彼此靠近时，就会形成公共的束缚水膜而使其相互连接起来，形成絮凝团。絮凝团落淤后在自重或其他外力作用下达到密实状态，这时的淤积物具有较大的黏结力。因此，这种极细的泥沙也称黏性泥沙，其许多水力特性不同于粗颗粒泥沙。

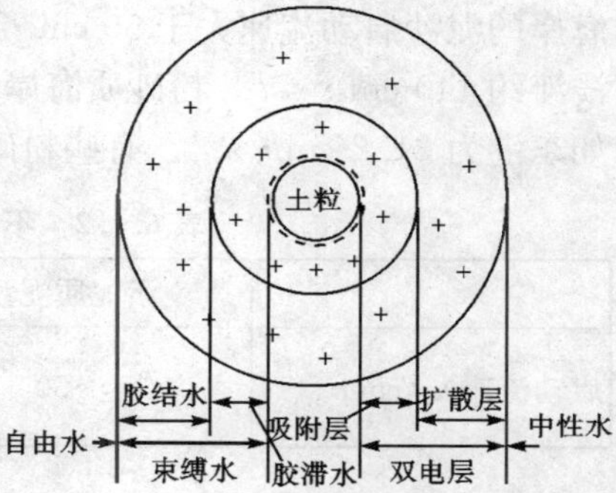

图 6.1.3　泥沙颗粒水膜结构示意图

5. 粉砂质海岸泥沙的基本水力特性

粉砂质海岸泥沙的基本水力特性如下：

(1)易沉降。表 6.1.1 为不同海岸泥沙的沉降速度比较。从中可以看出，对于淤泥质海岸来说，不管泥沙粒径多大，最终都以絮凝速度沉降，絮凝沉速为 0.045～0.055 cm · s^{-1}。而粉砂质海岸的泥沙，黄骅港的泥沙沉降速度为 0.120 cm · s^{-1}，如东港的为 0.242 cm · s^{-1}，比淤泥质海岸的泥沙絮凝沉速大。因此，粉砂质海岸泥沙在流速减小后易沉积。

表 6.1.1 不同海岸泥沙沉降速度比较

	淤泥质泥沙	粉砂质泥沙	砂质泥沙
泥沙静水沉速 ω_s(cm·s^{-1})	絮凝沉速 0.045～0.055	黄骅港 0.120 如东港 0.242	>0.80

(2)易启动。表 6.1.2 为不同海岸泥沙启动速度比较。从中可见,淤泥质海岸的泥沙启动流速大于 50 cm·s^{-1},有的地方甚至超过 100 cm·s^{-1},如铜鼓浅滩约 140 cm·s^{-1}。粉砂质海岸的泥沙启动流速小,黄骅港为 36.8 cm·s^{-1},如东港为 21.2 cm·s^{-1}。有些粉砂质海岸泥沙在潮流的单独作用下就可启动。

表 6.1.2 不同海岸泥沙启动速度比较

	淤泥质泥沙	粉砂质泥沙	砂质泥沙
启动流速 u_e(cm·s^{-1})	>50	黄骅港 36.8 如东港 21.2	>40

取粉砂质海岸泥沙进行周期流作用下水力特性试验,共进行了 16 组试验。图 6.1.4 为试验结果的一个例子,下半部黑点为试验值,虚线为水体挟沙力计算值,上半部为试验时床面剪切力。从图 6.1.4 中可以看出,在周期流作用下,含沙量随之进行周期性变化,这是粉砂质海岸泥沙运动特性。含沙量由小到大变化时,四个突变点对应四个临界剪切力,分别为临界启动剪切力 τ_e、临界悬扬剪切力 τ_s、临界止悬剪切力 τ_d、临界止动剪切力 τ_t,其关系为 $\tau_t<\tau_d<\tau_e<\tau_s$,16 组试验所得各临界剪切力的平均值分别为 0.04 N·m^{-2}<0.1 N·m^{-2}<0.16 N·m^{-2}<0.24 N·m^{-2}。

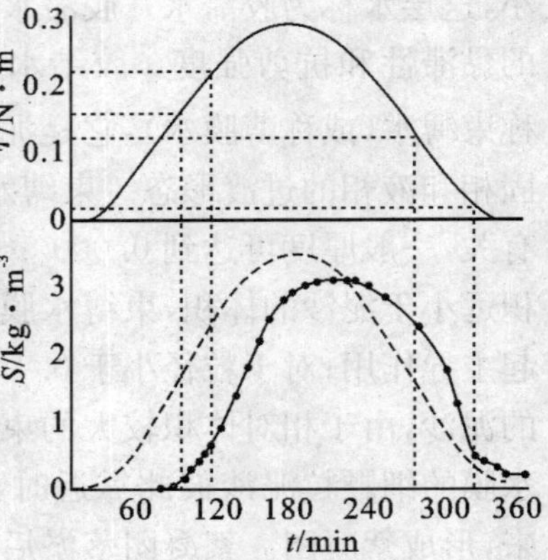

图 6.1.4 周期流作用下含沙量变化

(3)易密实。粉砂质海岸泥沙落淤后易密实。通过密实实验得到:黄骅粉砂落淤 24 h 后容重达 1.7 g·cm^{-3}以上;如东粉砂落淤 24 h 后达到 1.78 g·cm^{-3}以上;天津淤泥落淤半年后达 1.6 g·cm^{-3},因此,粉砂质海岸的泥沙固结快,当航道淤积以后,必须尽快疏浚,否则淤积土很快密实,增加开挖难度。

6. 黏性细颗粒泥沙的水力特性

下面从三个方面介绍黏性泥沙的水力特性。

(1)静水中絮凝沉降特性。我国学者对黏性泥沙的沉降特性进行了研究，总结起来，影响沉降的因素有3种。

①盐度。黏性细颗粒泥沙，在普通淡水中由于含有少量电解质，其沉降呈现微弱的絮凝现象。加入电解质盐之后，絮凝立即增强，形成较大的絮凝团粒，沉降大大加快。当水的盐度增加到一定程度后，沉降达到最大值。含盐度再提高，沉速则趋于常值(图6.1.5)。图中曲线表明，含沙量不同，达到这一常值的含盐度也不一样。在图示范围内，含盐度超过15以后，对絮凝就不再产生影响了。

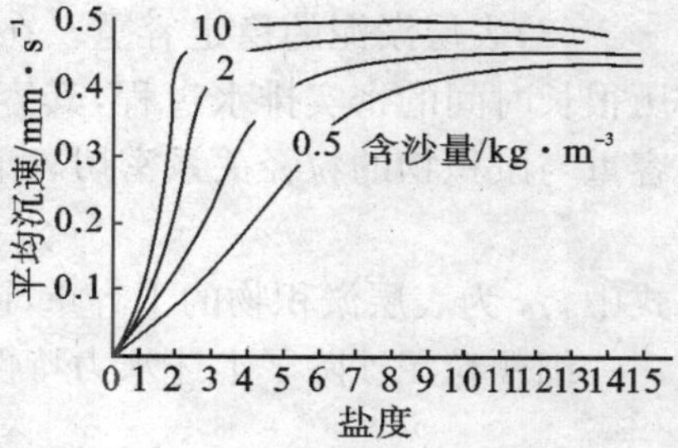

图6.1.5　含盐度对沉速的影响

②泥沙粒径。泥沙颗粒越细，薄膜水的黏性作用越强，即颗粒的絮凝能力越强。设$\omega_{f_{50}}$，$\omega_{D_{50}}$分别为絮凝团粒当量中值粒径沉速和分散体中值粒径沉速，D_{50}为分散体中值粒径，密尼奥用絮凝因素$F=\frac{\omega_{f_{50}}}{\omega_{D_{50}}}$来反映絮凝作用的强弱。后有人结合我国五个不同海区的黏性泥沙，进一步进行了试验，结果见图6.1.6。根据图示资料可得

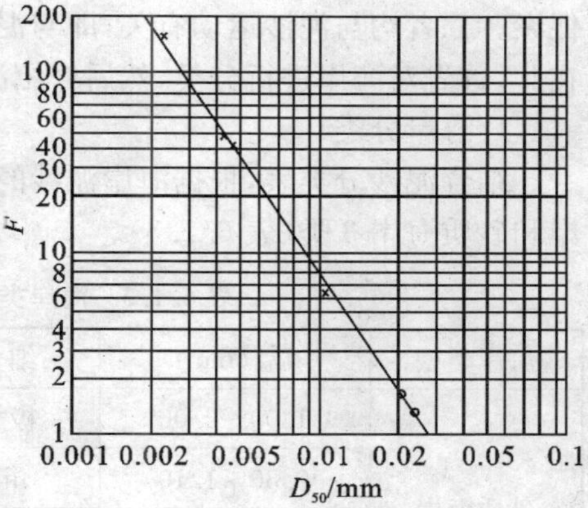

图6.1.6　絮凝因子与粒径的关系

$$F=\frac{\omega_{f_{50}}}{\omega_{D_{50}}}=7.25\times10^{-4}D_{50}{}^{-2}\quad(6.1.8)$$

从图中可以看出，絮凝团的形成可以使泥沙的沉速成千成万倍的增大，泥沙颗粒越粗，絮凝作用越弱。絮凝当量粒径最大就是0.03 mm，当泥沙粒径大于此值时，絮凝不再发生。

③含沙量。从图6.1.5也可以看出，在盐度不变的情况下，当含沙量小于10 kg·m^{-3}时，絮凝沉速随着含沙量的增大而增大，当含沙量大于10 kg·m^{-3}以后，絮凝沉速随着含沙量的增大而减小。

(2)动水沉降问题。动水沉降问题比静水沉降更复杂，除了盐度、含沙量和泥沙粒径的影响外，还有一个重要因素：沉降过程中泥沙颗粒的碰撞机会。碰撞的机会多，絮凝的可能性就大。水流的流速梯度就是创造这种机会的重要因素之一。流速梯度达到某一定值时，颗粒间的碰撞机会增加，絮凝时间缩短，但流速梯度继续增大，水流的紊动剪切力也增大，这将使絮凝团粒破碎变小，降低

絮凝沉降速度。所以,动水对絮凝沉降存在两种相反的作用。这些特征表明,存在某一临界流速梯度,超过此临界值,絮凝团粒破碎变小,沉降速度降低。

(3)表层淤泥的稳定容重。在淤泥质海岸,沉积在水底的表层淤泥需要经历很长时间的密实排水过程,其容重才能基本稳定。一般来说,表层淤泥的干容重与淤积物的粒径关系密切。干容重可表示为

$$\gamma_0 = 1\,750 D_{50}{}^{0.183} \tag{6.1.9}$$

式中,γ_0 为表层淤积物的干容重($kg \cdot m^{-3}$);D_{50} 为淤积物中值粒径(mm)。

细颗粒泥沙除了上述水力特性外,还有流变特性、平衡坡降等特殊性质。

6.1.3 海岸工程中的泥沙问题

海岸工程中涉及的泥沙问题,概括起来主要有 2 个方面:防淤减淤和防冲促淤。二者均与泥沙运动有关,即与泥沙组成、海岸类别及海洋环境因素有关。在此,首先对海岸进行分类,然后介绍海岸工程泥沙问题。

1. 海岸分类

结合泥沙分类表,根据海岸泥沙的组成,将海岸分为淤泥质海岸、粉砂质海岸和砂质海岸 3 类(表 6.1.3)。

表 6.1.3 海岸类型与泥沙分类对照表

海岸类型	D_{50}(mm)	细分类	分类	按黏性分类
砂质海岸	1.00～2.00	极粗砂	砂(0.062～2.00 mm)	非黏性砂
	0.50～1.10	粗砂		
	0.25～0.50	中砂		
	0.125～0.25	细砂		
粉砂质海岸	0.062～0.125	极细砂		
	0.031～0.062	粗粉砂	粉砂(0.004～0.062 mm)	
淤泥质海岸	0.016～0.031	中粉砂		黏性砂
	0.008～0.016	细粉砂		
	0.004～0.008	极细粉砂		
	0.002～0.004	粗黏土	黏土(0.000 24～0.004 mm)	
	0.001～0.000 2	中黏土		
	0.000 5～0.001 0	细黏土		
	0.000 24～0.000 5	极细黏土		

(1)淤泥质海岸。淤泥质海岸主要由江河携带入海的大量细颗粒泥沙，在波浪和潮流作用下输运沉积所形成，故大多分布在大河入海处的三角地带，称为平原型淤泥质海岸；另一部分由沿岸流搬运的细颗粒泥沙，在隐蔽的海湾堆积形成，称为港湾型淤泥质海岸。淤泥质海岸的主要特征为：滩面物质以黏性细颗粒泥沙为主，泥沙中值粒径很小($D_{50}<0.031$ mm)，岸线平直，滩面宽阔坦缓，岸滩坡度为1/2 000～1/500，波浪掀沙、潮流输沙是造成岸滩演变的主要过程，泥沙运移形态以悬移质为主，在沙源充沛、絮凝条件成熟的地区，也会出现"浮泥"现象。

我国淤泥质海岸有广泛的分布，主要分布在辽东湾、渤海湾、莱州湾、苏北沿岸、长江口、浙闽港湾和珠江口外等岸段。

(2)砂质海岸。砂质海岸主要是平原的堆积物质被搬运到海岸边，再经波浪或风的改造堆积所形成。这类海岸的动力地貌特征是：滩面物质以松散无黏性砂为主，泥沙颗粒较粗($D_{50}>0.125$ mm)，岸滩坡度较陡，一般大于1/500，滩面泥沙运动可分为破波带和近岸带2个区域。破波带内有纵向沿岸输沙和横向泥沙运动，泥沙运动型态既有悬移质，又有推移质。近岸带的泥沙运动形态则以推移质为主。

砂质海岸分布很广，如美国和南美洲的东部海岸、非洲的西部海岸等。在我国主要分布在辽宁、河北、山东、福建、广东、海南、广西沿岸和台湾西岸，另外，江苏和浙江沿岸也有少量分布。

(3)粉砂质海岸。粉砂质海岸是废弃河口泥沙沉积物在波浪、潮流综合作用下的结果，其形成有3个条件：①丰富的遗弃物质；②一定的波浪、潮流动力；③没有外来沙源。

黄骅港海岸(强浪弱潮型)是1048年黄河从河北入海形成河口三角洲，1128年黄河改道，在波、流共同作用下，经历了800多年且没有外来沙源的条件下，在海岸上形成了一层"沙席"。

苏北如东海岸(强潮弱浪型)是"晚更世"和"全新世"时期古长江在此入海形成三角洲，后长江入海口南迁，近1 000年，黄河再从江苏入海，在此地造成大批泥沙遗留下来，后黄河入海口北上。这些丰富的泥沙在2股潮(其一为从台湾经东海的入潮波；其二为从台湾到山东后的反射波)作用下，在此交汇、辐聚，在没有外来沙源的条件下，形成辐聚沙洲。

若淤泥质海岸的泥沙来源中断，在海岸动力的分选作用下，泥沙将出现沙化，有的岸段会向粉砂质海岸过渡。如近年来，随着黄河入海水、沙大量减少，黄、渤海沿岸的沙化现象日益明显，粉砂质海岸的范围逐渐扩大。粉砂质海岸

泥沙平均中值粒径 D_{50} 为 0.031～0.125 mm，泥沙启动流速小，沉降速度较大，沉积后密实很快，泥沙运移形态十分复杂，既有悬移质，又有推移质，还有底部高浓度含沙水体层（流移质或泥移质），泥沙活跃，在大风浪作用下，海床易发生大冲大淤，对海岸工程和港口航道构成极大威胁。但必须注意的是，在粉砂质海岸地区，极细颗粒和有机成分的存在，对泥沙运动影响极大，粒径 0.031 mm 以下的泥质颗粒成分越多，有机成分越高，该海岸的泥沙运动特性越接近于淤泥质海岸的泥沙运动，因此，粉砂质海岸的床面泥沙粒径应同时符合 2 个条件：

$$0.031\ \text{mm} < D_{50} < 0.125\ \text{mm}$$

$$D_{40} < 0.031\ \text{mm}$$

我国从鸭绿江至长江口的海岸线上，散落分布着许多粉砂质海岸段，如辽东、冀东、鲁北、鲁东、鲁南、苏北等都存在粉砂质海岸段。

2. 海岸工程中的防淤减淤问题

建设在浅海的海岸工程，许多对防淤减淤有很高的要求。例如，海岸港池及航道，如果回淤严重，不仅在水深维护方面需要投入巨额资金，而且对船舶的安全靠泊和航行造成困难，使港口信誉受损。又如海滨核电站及燃煤（油）电站的取、排水口，若发生淤积，则可能出现大的事故，造成不可挽回的损失。还有海滨工业设施、挡潮闸设施、海水利用以及海滨浴场等，都需防止发生泥沙淤积，否则，各项工程将不可能正常发挥它们的功能。

3. 海岸工程中的防冲促淤问题

与防淤减淤相对应的另一类海岸工程，则要求防冲促淤。例如，在海上修建人工岛、防波堤以及墩柱式建筑物等，如果其海床基础受到冲刷，严重时，海洋建筑物的局部甚至整体将会倒塌；又如砂质海岸的正常沿岸输沙，若受到突堤式建筑物拦截，则建筑物上游出现淤涨的同时，下游岸线会出现冲刷，严重时将危及下游陆上工程和农田的安全；再如海涂围垦工程，除围堤的基脚需防止冲刷外，围堤内的浅水滩地则需通过促淤以提高滩面高程，节约围垦投资。

研究海岸工程的防淤减淤和防冲促淤问题，首先要掌握海岸在自然条件下的变化规律。一般情况下，无论是哪种海岸，基本属于以下 3 种状态：相对稳定平衡海岸、侵蚀型海岸和淤涨型海岸。对于要求防淤减淤的工程不宜选址于淤涨型海岸。对于防冲促淤工程，淤涨型海岸较为有利，但侵蚀型海岸是防冲促淤的重点，也是海岸防护的重点。通常修建海岸工程后，原来自然状态下的海岸泥沙运动规律将会出现变化。因此，海岸工程泥沙的研究除了完整的现场水文、泥沙及地形演变资料外，更重要的是从复杂的自然现象中，结合工程的防淤减淤要求，找出主要矛盾，通过不同研究途径，掌握修建工程后海岸泥沙冲、淤规律的变化，力图达到防淤减淤或防冲促淤的目的。

6.2　海岸泥沙运动

海岸泥沙主要受 2 种海岸动力因素，即波浪和潮流（包括它们的派生水流，如质量输移流、沿岸流、离岸流、沿堤流及余流等）的作用，在入海河口附近的海岸，泥沙还会受到河流及咸、淡水混合的影响。近岸潮流，除局部海区——海峡、潮汐通道、潮汐汊道、海湾的湾口以及涌潮等海区表现较强外，其他海区往往较弱。因潮流属于长周期波，其对泥沙的搬运作用，人们常利用河流泥沙运动规律近似描述，但波浪不同，在其作用下泥沙表现出不同的运动规律。

与单向水流相比，波浪水流有 2 个特点：①波浪水流为振动水流，作用在泥沙颗粒上的力，除了水流的拖曳力外，还有由于水流加速度引起的附加质量力。这 2 种力都做周期性的变化，但后者比前者小得多，同时二者有 $\pi/2$ 的相位差，故附加质量力对于拖曳力出现最大值时影响很小，在确定泥沙启动边界时，可以不予考虑。②波浪水流沿水深的分布由势流运动方程决定，只是由于在床面处速度必须为零，故在床面附近有一层薄薄的边界层。泥沙在此边界层内受力与边界层内的流态有关。

我国的海岸泥沙规律研究始于 20 世纪 50 年代。多年来，针对泥沙运动问题，我国开展了大规模的现场观测和室内试验研究工作，取得了不少研究成果。

6.2.1　波浪作用下的泥沙启动

若在波浪水槽中平铺一层沙子，开始造波，在周期不变的条件下，逐渐增大波高。当波高达到某一定值时，我们会看到泥沙颗粒陆续进入运动状态。开始时是个别颗粒来回摆动，当波高继续加大，床面的泥沙会比较普遍地发生运动，这时我们说泥沙进入了运动状态。如果波高继续加大，在平坦床面上会出现沙纹，以后沙纹发展，高度增大。当波高达到某一极限，沙纹会趋于消失，泥沙运动重新以平坦床面的形式进行，这时泥沙不只是表层泥沙颗粒发生运动，而是成层地发生推移，称为层移运动。因为受试验波浪尺度的限制，最后这一阶段在一般的波浪槽中不易做到。

根据波浪作用下泥沙颗粒在重力、水平推力、绕流上举力、渗透上举力及黏着力的滚动力矩极限平衡条件，可得泥沙的启动波高为

$$H_* = M\sqrt{\frac{L\sinh 2kd}{\pi g}\left(\frac{\rho_s-\rho}{\rho}gd+\beta\frac{\varepsilon_K}{D}\right)} \tag{6.2.1}$$

式中：L 和 d 分别为波长和水深(m)；β 为常系数，取值为 0.039；$\varepsilon_K=\varepsilon/\rho=2.56$ $cm^3\cdot s^{-2}$，ε 为黏着力系数；D 为泥沙粒径，对于非黏性泥沙，D 为单颗粒中值粒

径(mm),其密度$\rho_s=2.65\sim2.70\ g\cdot cm^{-3}$;对于粒径小于0.03 mm的黏性泥沙,在海水中均以絮凝当量粒径0.03 mm代表;M为一受泥沙因素和沙层渗透影响的系数。

式(6.2.1)表明,当水深h和泥沙粒径D已知后,启动波高H_*是波长L(或周期T)的函数。因此,波浪作用下的泥沙启动判别标准,波高并不是唯一的物理量,除波高外还应涉及相应的波长(或周期),即波浪的各个要素。

在很多情况下,某一海区的泥沙组成及波要素已知,但不知泥沙的启动水深,这时可将式(6.2.1)改成以启动水深表示的形式,即

$$h_*=\frac{1}{4\pi}\text{arcsinh}\left[\frac{\pi g H^2}{M^2 L\left(\frac{\rho_s-\rho}{\rho}gD+\beta\frac{\varepsilon_K}{D}\right)}\right] \tag{6.2.2}$$

当泥沙的启动波要素及水深确定后,还可将式(6.2.1)变换成以泥沙启动的水平最大波动底流速的表达形式:

$$u_{*\max}=\frac{\pi H_*}{T_*\sinh kh_*}=M\sqrt{\frac{\rho_s-\rho}{\rho}gD+\beta\frac{\varepsilon_K}{D}} \tag{6.2.3}$$

式(6.2.3)表明,当水深和粒径确定后,在波浪的作用下泥沙启动的床底最大振动流速随启动时的波要素——波高、波长(或周期)变化,而不像单向稳定流中的启动流速为一固定值。因此,在讨论在波浪作用下的泥沙启动问题时,不宜简单地用单向稳定流中习用的启动流速去论证是否启动,而是要用波要素——波高、波长(或周期)去判断。

式(6.2.1)中的M是受泥沙因素及沙层渗流影响的系数,其中泥沙因素可通过泥沙形状系数(一般取为常数)去体现,而沙层渗流影响可根据浅水波水质点在沙层中或沙层面的运动特性分析。因此,M可以假定为沙粒粒径D和波长L的函数,即$M=f(D,L)$。根据试验资料分析,可得到如下经验关系:

$$M=0.12\left(\frac{L}{D}\right)^{1/3} \tag{6.2.4}$$

在河流动力学中,单向水流的启动条件可用临界希尔兹参数ψ_c来表示,即

$$\psi_c=\frac{\tau_c}{(\rho_s-\rho)gD}=f\left(\frac{u_*D}{\nu}\right) \tag{6.2.5}$$

式中,τ_c为单向水流条件下泥沙启动临界床面剪切力;u_*为摩阻流速,$u_*=\sqrt{\frac{\tau}{\rho}}$;$\nu$为水的运动黏滞系数。

根据大量实验资料,希尔兹得到了由式(6.2.5)表示的启动条件关系曲线,即希尔兹曲线。

许多学者对希尔兹启动关系曲线能否用于波浪作用下的泥沙启动条件做

了验证试验，回答是肯定的。不过因为波浪中水质点速度是随时间变化的，对于泥沙启动起控制作用的是床面切应力的最大值，故希尔兹参数中的切应力应取这个最大值。因而起动判数可写为

$$\psi_m = \frac{\tau_m}{(\rho_s - \rho) g D} = f\left(\frac{u_{w*} D}{\nu}\right) \tag{6.2.6}$$

式中，τ_m 为床面最大剪切力；u_{w*} 为波浪作用下的摩阻流速；D 为泥沙粒径；ρ_s 和 ρ 分别为泥沙和水的密度；g 为重力加速度。

图 6.2.1 是波浪作用下泥沙启动的实验资料与希尔兹曲线的比较。纵向短线表示各家得到的波浪作用下泥沙启动实验数据的分布范围，从中可见，实验数据大致在希尔兹曲线附近。

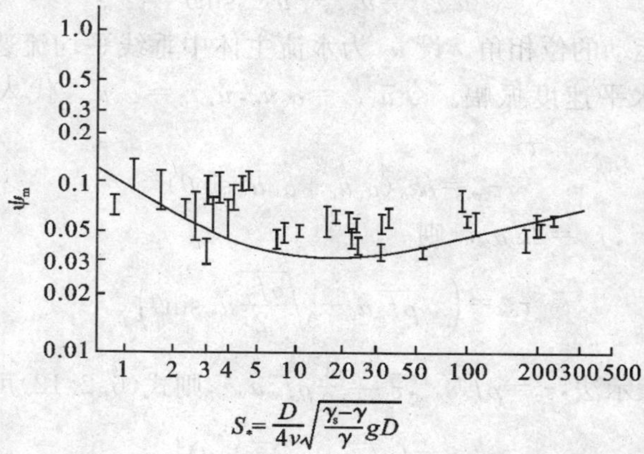

图 6.2.1　波浪作用下泥沙启动希尔兹曲线

6.2.2　波、流共同作用下的床面剪切力

海岸泥沙运动由水动力边界层和床面剪切力控制。床面剪切力和床面边界层有密切的关系。但当波浪和水流共同存在时，由于波浪和水流（包括潮流）分别属于高、低频率的流动水体；波浪水质点除水平流速外，还有竖向流速，而水流只有水平流速；波浪和水流之间的相互作用为非线性，因此使得流态十分复杂。由于缺乏现场或实验室资料，波、流共同作用下的边界层研究和床面剪切力的确定目前仍处于探索、试验和论证阶段。

在此利用边界层理论，推导波、流共同作用下的床面剪切力公式。

在波、流共存的边界层副层内，床面剪切力可由下式表示：

$$\tau_{cw} = \rho\nu \frac{\partial u_{cw}}{\partial z} \tag{6.2.7}$$

由于边界层副层厚度δ很小，速度分布为直线，因此可得

$$\tau_{cw}=\rho\nu\frac{u_{cw\cdot\delta}}{\delta} \tag{6.2.8}$$

式中，δ为边界层副层厚度；$u_{cw\cdot\delta}$为边界层副层顶部的速度。

边界层副层为层流状态，边界层副层雷诺数$Re_\delta=\frac{u_{cw\cdot\delta}\delta}{\nu}$，今采用参数$k_\delta=1/Re_\delta=\frac{\nu}{u_{cw\cdot\delta}\delta}$，代入式(6.2.8)，则得

$$\tau_{cw}=\rho k_\delta(u_{cw\cdot\delta})^2 \tag{6.2.9}$$

将$u_{cw\cdot\delta}$分解为定常和非定常两部分：

$$u_{cw\cdot\delta}=\bar{u}_{1\cdot\delta}+\hat{u}_{2\cdot\delta}\sin\theta \tag{6.2.10}$$

式中，θ为波浪运动的位相角。设u_c为水流主体中垂线平均流速，$\hat{u}_w$为水体底部波浪水质点水平速度振幅。令$\bar{u}_{1\cdot\delta}=\alpha_c u_c$，$\hat{u}_{2\cdot\delta}=\alpha_w\hat{u}_w$，代入式(6.2.9)和(6.2.10)，得

$$\tau_{cw}=\rho k_\delta(\alpha_c u_c+\alpha_w\hat{u}_w\sin\theta)^2 \tag{6.2.11}$$

令$f_c=k_\delta\alpha_c{}^2$，$f_w=2k_\delta\alpha_w{}^2$，则

$$\tau_{cw}=\left(\sqrt{\rho f_c}u_c+\sqrt{\frac{\rho f_w}{2}}\hat{u}_w\sin\theta\right)^2 \tag{6.2.12}$$

根据惯用表示法，$\tau_c=\rho f_c u_c{}^2$，$\hat{\tau}_w=\frac{1}{2}\rho f_w\hat{u}_w{}^2$，则式(6.2.12)可表示为

$$\tau_{cw}=(\sqrt{\tau_c}+\sqrt{\hat{\tau}_w}\sin\theta)^2 \tag{6.2.13}$$

式中，τ_c为水流的床面剪切力，$\tau_c=\rho f_c u_c{}^2$，f_c为水流摩阻系数；$\hat{\tau}_w$为波浪的床面剪切力，$\hat{\tau}_w=\frac{1}{2}\rho f_w\hat{u}_w{}^2$，$f_w$为波浪摩阻系数。由式(6.2.13)不难得出

$$u_{*cw}=u_{*c}+\hat{u}_{*w}\sin\theta \tag{6.2.14}$$

式中，u_{*cw}为波、流共存时的综合摩阻速度，$u_{*cw}=\sqrt{\frac{\tau_{cw}}{\rho}}$；$u_{*c}$为水流摩阻速度，$u_{*c}=\sqrt{\frac{\tau_c}{\rho}}$；$\hat{u}_{*w}$为波浪摩阻速度振幅，$\hat{u}_{*w}=\sqrt{\frac{\hat{\tau}_w}{\rho}}$。

波、流共存时的剪切力也常表示为

$$\tau_{cw}=\rho f_{cw}u_{cw}{}^2 \tag{6.2.15}$$

式中，f_{cw}为综合摩阻系数，u_{cw}为综合速度。比较式(6.2.12)和式(6.2.15)，得

$$f_{cw}=\left(\sqrt{f_c}+\sqrt{\frac{f_w}{2}}\right)^2 \tag{6.2.16}$$

$$u_{cw}=\frac{\sqrt{f_c}}{\sqrt{f_{cw}}}u_c+\frac{\sqrt{f_w}}{\sqrt{2f_{cw}}}u_w \tag{6.2.17}$$

6.2.3　波、流共同作用下的水体挟沙力

水体挟沙力是指水体中具有挟带造床悬浮泥沙的能力，它与水体速度和床面剪切力有关。床面剪切力对水体所做的功为

$$W=\tau_{cw}u_{cw\cdot\delta} \tag{6.2.18}$$

将式(6.2.10)和(6.2.11)带入式(6.2.18)得

$$W=\frac{\rho}{\sqrt{\kappa_\delta}}\left(\sqrt{f_c}u_c+\frac{\sqrt{f_w}}{\sqrt{2}}\hat{u}_w\sin\theta\right)^3 \tag{6.2.19}$$

含沙水体的能量变化为

$$E=\frac{\rho_s-\rho}{\rho_s}ghS_*\omega_s \tag{6.2.20}$$

式中，ρ_s 和 ρ 分别为泥沙和水的密度；ω_s 为泥沙沉降速度；S_* 为水体挟沙力。

令 W 与 E 平衡，考虑二者之间的转化效率，令 $E=\eta W$，η 为转化系数，则由式(6.2.19)和(6.2.20)得

$$S_*=\eta\sqrt{\frac{{f_c}^3}{\kappa_\delta}}\cdot\frac{\rho_s\cdot\rho}{\rho_s-\rho}\cdot\frac{\left(u_c+\sqrt{\frac{f_w}{2f_c}}u_w\right)^3}{gh\omega_s} \tag{6.2.21}$$

令 $\alpha=\eta\sqrt{\frac{{f_c}^3}{\kappa_\delta}}$，$\beta=\sqrt{\frac{f_w}{2f_c}}$，则式(6.2.21)可写为

$$S_*=\alpha\frac{\rho_s\cdot\rho}{\rho_s-\rho}\cdot\frac{(u_c+\beta u_w)^3}{gh\omega_s} \tag{6.2.22}$$

式中，u_c 为流速；u_w 为波浪水质点速度；g 为重力加速度；h 为水深；其他符号意义同前。

6.2.4　波、流共同作用下的推移质输沙率

推移质输沙是泥沙研究中比较薄弱的环节，影响因素多，机理复杂，现场实测困难。目前一般的方法是利用一些水槽实验资料进行理论分析，建立半经验半理论公式。

参考已有文献，单宽无量纲推移质输沙函数 φ 与输沙水力强度函数 ψ 之间的关系可用下式表示：

$$\varphi=C(\psi-\psi_e)\psi^{1/2} \tag{6.2.23}$$

式中，ψ_e 泥沙临界启动水力强度函数；C 为待定系数。

因为 $\varphi=\frac{q_b}{\rho_s g\omega_s D}$，$\psi=\frac{\tau}{(\rho_s-\rho)gD}$，则波、流共同作用下的推移质输沙率可用下式进行计算：

$$q_b=\alpha_b\frac{\rho_s\cdot\rho}{\rho_s-\rho}\frac{\omega_s}{\sqrt{D}}(1-\frac{u^2}{u_e^2})\frac{u^3}{g} \tag{6.2.24}$$

式中，τ 为床面剪切应力；τ_e 为泥沙启动时临界床面剪切应力；ω_s 为泥沙沉降速度；D 为泥沙粒径；ρ_s 为泥沙密度；ρ 为水密度；u 为流速；u_e 为临界启动流速；α_b 为待定系数，应通过试验或现场实测资料来确定。

6.2.5　波、流共同作用下的悬移质输沙率

在细颗粒泥沙为主的海岸，泥沙运动型式以悬移质运动为主。引起泥沙悬浮的动力主要是水流的紊动。波浪水体内的紊动主要有 2 个来源：一是表面波的破碎；二是近底波浪水流在沙纹背后形成的旋涡以及这种旋涡的跃起与分解。后者是水流紊动的主要来源，也是泥沙悬扬的主要原因。

讨论波、流共同作用下的悬移质输沙率，必须先建立含沙量沿垂线分布的模型。

将海底取做 z 轴原点，垂直向上为正，则泥沙的基本运动方程为

$$S\cdot\omega=\varepsilon\frac{\mathrm{d}s}{\mathrm{d}z} \tag{6.2.25}$$

式中，S 为水体含沙量；ε 为泥沙垂向扩散系数；ω 为泥沙沉降速度。

根据水槽试验及现场资料可知，泥沙分布上小下大，粒径上细下粗，沉速上小下大，因此可设

$$\omega=\omega_b\frac{z}{h}+\omega_s(\frac{h-z}{h}) \tag{6.2.26}$$

式中，ω_b 为临底泥沙沉降速度；ω_s 为表层泥沙沉降速度；h 为水深。

水流紊动由底部向上发展，可采用 Kajiura 假设

$$\varepsilon=\kappa u_*(h-z) \tag{6.2.27}$$

式中，κ 为卡门系数（$\kappa=0.4$）；u_* 为摩阻流速。

将式(6.2.26)和(6.2.27)代入式(6.2.25)后积分，并取 $z=0.65h$ 时含沙量为平均含沙量$\overline{S}$，得悬移质含沙量分布

$$S=\overline{S}\left(\frac{h-z}{h-0.65h}\right)^{-\frac{\omega_b}{\kappa u_*}}\exp\left(-\frac{(\omega_b-\omega_s)(z-0.65h)}{\kappa u_* h}\right) \tag{6.2.28}$$

悬移质含沙量和输沙率计算公式可采用以下 2 式：

$$S=\alpha_s\frac{\rho_s\cdot\rho}{\rho_s-\rho}\frac{(u_c+\beta u_w)^3}{gh\omega_s} \tag{6.2.29}$$

$$q_s = Shu \tag{6.2.30}$$

式中，α_s 为系数；h 为水深；ω_s 为泥沙沉降速度；β 为系数；q_s 为悬移质输沙率；u 为流速；其他符号意义同前。

6.2.6　波、流共同作用下的流移质输沙率

粉砂质海岸上，在波浪、潮流等海洋动力作用下，泥沙运动形态有 3 类：悬移质、推移质和流移质。这里所说的流移质是指临底高浓度含沙水体，它不同于泥质海岸的"浮泥流"，也不同于泥沙异重流，它是上层悬移质过渡的中间运移形态。在流移质中，既有悬移质也有推移质，这种泥沙形态很不稳定，在水动力增大时，易转化为悬移质，在水动力减弱时，又易转化为推移质。虽然这种泥沙运移形态很不稳定，但在一定的波浪、潮流作用下，它又相对稳定地存在。在现场测验和水槽试验中，经常可以发现，而且有规律地重现。如河北黄骅港外航道开挖后的边滩上，以及粉砂在波、流共同作用下的水槽试验中，均有发现。由于这种临底高浓度含沙水体是粉砂质海岸上特有的一种泥沙运移形态，和航道淤积及海床演变关系密切，它随水体而运动，又同时含有悬移质和推移质，因此我们暂命名为"流移质"。

根据现场观测、水槽试验，流移质有 2 种型式，一种是沉降型，如洋山港区的流移质，它是由港区西部浅滩上高含沙水体随落潮进入港区，水动力相对减弱，悬沙沉降，但减弱后的水动力仍较强，悬沙仅沉降到临底，但还未沉积到床面时，接着就发生涨潮，动力较强，但其强度又不足以使临底高浓度含沙水体悬扬到整个水体，如此往复，在临底形成了流移质。另一种是悬扬型，如黄骅港和波、流水槽试验中所发现的，它是由底部低浓度的含沙水体，在水动力较强时发生悬扬，但因动力强度还不足以使悬扬沙进入全部水体，或悬扬时间较短，水动力即开始减弱或转向，因而在临底形成高浓度含沙水体。以上 2 种形态流移质的共同特点为：①存在由一种泥沙运移类型向另一种泥沙运移类型转变的必要水、沙条件，但水动力条件不充分；②水动力呈周期性变化。

流移质的输沙率可用下式计算：

$$q_{bs} = S_b h_b u_b \tag{6.2.31}$$

式中，q_{bs} 为流移质输沙率；S_b 为底部高浓度含沙水体含沙量；h_b 为底部厚度；u_b 为底部流速。但 S_b，h_b 和 u_b 很难确定，赵冲久从理论上进行了研究，并通过实验进行了验证。设 $S_b = A_s S$，$h_b = A_h h$，$u_b = A_u u$；并令 $A = A_h A_u A_s$，则式(6.2.31)可写成下式：

$$q_{bs} = AhuS \tag{6.2.32}$$

式中，A 为系数，根据现场实测和水槽试验得 A 可取 0.10～0.30；其他符号意

义同式(6.2.29)。

6.2.7 横向输沙

海岸泥沙的横向运动是泥沙的重力、浅水波浪的非线性性质和泥沙的运动形式共同影响的结果。泥沙的自重趋于使泥沙做离岸运动,质量输移流趋于使泥沙做向岸运动;当泥沙做推移质运动或悬移质运动时,波浪水质点运动的不对称性趋于使泥沙做向岸运动或离岸运动。在破波带内,破波引起的紊动也趋于使泥沙悬移做离岸运动。这些因素的综合作用最终决定泥沙是做向岸运动还是离岸运动。由于对上述因素研究不足,目前只能对海岸泥沙横向运动的某些宏观性质进行定性描述。

海岸坡度和泥沙组成不同,由破波形成的海岸类型也不一样。淤泥质海岸,岸滩坡度平缓,浅水海域宽阔,波浪在向岸传播途中水深变化缓慢,破波多属崩波型破碎。这种破波水体施于海底的冲击作用较均匀地分布在较宽阔的范围内。因此,岸滩剖面上一般不存在明显的沙坝深槽地貌。对于缺少泥沙来源的淤泥质海岸,剖面可能出现下蚀。在波浪作用强烈的岸边,泥沙粗化,局部岸坡变陡,但整个海岸仍属淤泥质海岸或粉砂淤泥质海岸。

砂质海岸,岸滩坡度较陡,波浪在向岸传播过程中,水深变化快,破波多属卷波型破碎。波浪破波时,波峰形成水舌冲击原来堆积在近岸滩肩上的泥沙,使之大量掀起被返回水流带向海方,造成岸滩冲蚀。但泥沙颗粒粗,沉降速度大,而迅速堆积在破波线的向海一侧,形成沿岸水下沙坝,称为沙坝型剖面或侵蚀型剖面(见图6.2.2a)。这类剖面形态多出现在暴风浪季节,又称为暴风浪剖面。暴风季节过后,海况多属涌浪性质,在这种小波陡的波浪作用下,水下沙坝堆积的泥沙逐步被推向岸边,又形成滩肩,水边线向海边推进,称为堆积型剖面(见图6.2.2c)。介于两者之间的剖面称为中性型剖面(见图6.2.2b)。

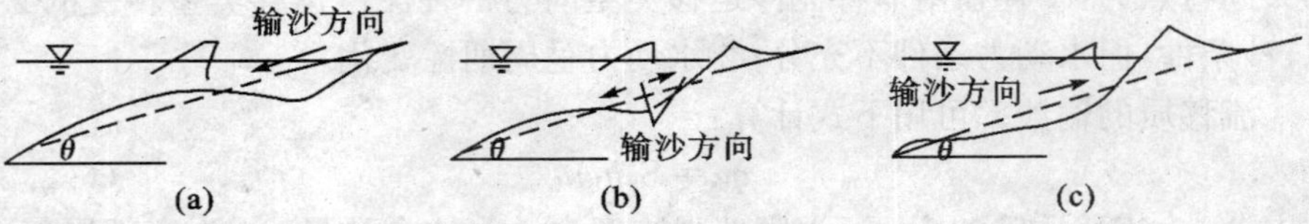

图6.2.2 砂质海岸剖面类型

6.2.8 沿岸输沙

沿岸带的泥沙顺岸做纵向运动称为沿岸输沙,是沿岸带最重要的泥沙搬运形式。在砂质海岸上，沿岸输沙主要发生在破波带内，主要动力是波浪破碎及其产生的沿岸流。在淤泥质和粉砂质海岸地区，潮流也是泥沙运动的重要动力因素。不仅破波带内发生沿岸输沙，破波带外也会发生。至今，国内外对沿岸输沙研究得较少，这里重点介绍砂质海岸的沿岸输沙问题。

砂质海岸沿岸输沙主要是波浪斜向入射破碎后引起的。波浪破碎的强烈紊动可以掀起大量泥沙，而斜向入射波产生的沿岸流对泥沙起到了搬运作用，使得这些泥沙随水流沿岸输送，形成沿岸输沙。

沿岸输沙的机理是波浪掀沙，沿岸流输沙。因此，波浪的非线性影响可以退居次要位置，可忽略不计。因而沿岸输沙问题与横向输沙相比较易处理，研究成果也较多。关于沿岸流的研究基本可分为 2 类：一是应用动量守恒原理研究破波带内整个水体的平均沿岸流流速，二是利用辐射应力理论研究破波带内沿岸流流速横向分布。这里介绍基于前一种沿岸流研究方法的沿岸输沙率计算。

破波带内的平均沿岸输沙率

$$Q_l=\overline{V}_l\cdot\overline{h}_b\cdot\overline{S}_b\cdot X_b \tag{6.2.33}$$

式中，$\overline{V}_l$ 为破波带内的平均沿岸流流速，$\overline{V}_l=20.7m(gH_b)^{1/2}\sin2\alpha_b$，$m$ 为破波带的海滩坡度，H_b 为破波波高，α_b 为破波波峰线与岸线的夹角；$\overline{h}_b$ 为破波带内平均水深，$\overline{h}_b=0.5d_b$；X_b 为破波带宽度，$X_b=h_b/m$；$\overline{S}_b$ 为破波带内平均含沙量。

破波带内平均含沙量的计算公式为

$$\overline{S}_b=6.852\times10^{-3}\gamma_s\left(\frac{H_b}{d_b}\right)^2F^{1/F} \tag{6.2.34}$$

故破波带内沿岸输沙率为

$$Q_l=70.6\times10^{-3}\gamma_s g^{1/2}H_b^{5/2}F^{1/F}\sin2\alpha_b \tag{6.2.35}$$

式中，γ_s 为泥沙容重（$kg\cdot m^{-3}$）；F 为修正系数，$F=\dfrac{D_0}{D_k+\alpha/D_k}$；$D_0$ 为特定粒径，$D_0=0.11$ mm；α 为特定面积，$\alpha=0.002\,4\ mm^2$；D_k 为不小于 0.03 mm 的泥沙粒径。若泥沙为小于 0.03 mm 的分散体，则取 0.03 mm 作为絮凝当量粒径。

6.2.9　海岸泥沙冲淤的计算

1. 淤泥质海岸工程泥沙问题

我国淤泥质海岸分布较广，主要分布在大河入海平原沿岸与河口。这类海岸特点是岸滩坡度平坦，潮间带滩涂宽广。如渤海湾地区，潮差 2.5 m 左右，滩地平均坡度为 1/1 000～1/2 000，滩涂宽为 3～5 km；江苏沿岸，潮差为 2～4 m，滩地坡度为 1/1 000～1/5 000，潮间带特别宽广，有的宽达 13 km。淤泥质海岸泥沙以黏性细颗粒泥沙为主，泥沙中值粒径小于 0.031 mm，如连云港泥沙中值粒径为0.003 5 mm、天津港为0.005 mm。泥沙运移形态以悬移质为主，在沙源充沛的地区，也会发现“浮泥”现象。细颗粒泥沙在波浪、潮流等海洋动力的作用下运动，且在海水中具有絮凝作用，常引起岸滩的冲淤变化、港口和航道的淤积。

对于淤泥质海岸，促使海岸演变的基本动力过程是波浪掀沙、潮流输沙，其泥沙运移形态以悬移质为主，因此，造成航道、港池淤积的主要因素是悬沙。现对其回淤计算进行介绍。

(1)外航道回淤计算：在水流越过航道时，由于水深增大，水流速度减小，挟沙能力降低，悬沙落淤。大部分悬移质随水流运移到下游，其余落淤到航道中。航道回淤强度(淤积厚度)可按式(6.2.36)或(6.2.37)计算：

$$\Delta_{s1}=\frac{\alpha\omega_s St}{\gamma_s}\left[1-\left(\frac{h_1}{h_2}\right)^{0.56}\cos^2\theta-\left(\frac{h_1}{h_2}\right)^3\sin^2\theta\right] \tag{6.2.36}$$

式中，Δ为平均淤积厚度(m)；S为对应于附近浅水海域平均水深为h_1的平均含沙量($\mathrm{kg\cdot m^{-3}}$)；ω_s为黏性泥沙絮凝沉速，一般为0.000 4～0.000 5 $\mathrm{m\cdot s^{-1}}$；γ_s为淤积土干容重；t为时间；α为沉积系数；h_1，h_2分别为航道边坡处水深和航道水深(m)；θ为水流与航道轴线夹角(°)。

$$\Delta_{s2}=\frac{\omega_s St}{\gamma_s}\left\{K_1\left[1-\left(\frac{h_1}{h_2}\right)^3\right]\sin\theta+K_2\left[1-\frac{1}{2}\frac{h_1}{h_2}\left(1+\frac{h_1}{h_2}\right)\right]\cos\theta\right\} \tag{6.2.37}$$

式中，K_1和K_2分别为横流和顺流淤积系数，在缺少现场资料的情况下，可分别取为0.35和0.13。

在缺少现场含沙量资料的情况下，S可按下式计算：

$$S=0.027\,3\gamma_s\frac{(|u_c|+|u_w|)^2}{gh_1} \tag{6.2.38}$$

式中，u_c为潮流的时段平均流速和风吹流的时段平均流速之和；u_w为波浪水质点平均水平速度。

(2)口门以内回淤计算：港内淤积量是指港池和内航道淤积的总量，通常采用以下公式计算：

$$\Delta=\frac{KS\omega_s t}{\gamma_s}\left[1-\left(\frac{h_1}{h_2}\right)^3\right]\exp\left[\frac{1}{2}\left(\frac{A}{A_0}\right)^{1/3}\right] \tag{6.2.39}$$

$$M=\frac{706A_0\bar{h}S}{\gamma_s}\eta \tag{6.2.40}$$

式中，M为年淤积量；K为经验系数，其变化幅度为0.14～0.17；S为口门处水体年平均含沙量；h_1，h_2分别为航道边坡处水深和港池、内航道水深(m)；A为掩护区内浅滩水域面积($\mathrm{m^2}$)；A_0为防波堤掩护区总水域面积($\mathrm{m^2}$)；$\bar{h}$为平均潮差(m)；η 为回淤率；706 为全年涨潮次数。

利用实测资料整理回淤率和$\frac{A}{A_0}$之间的关系曲线如图 6.2.3 所示。

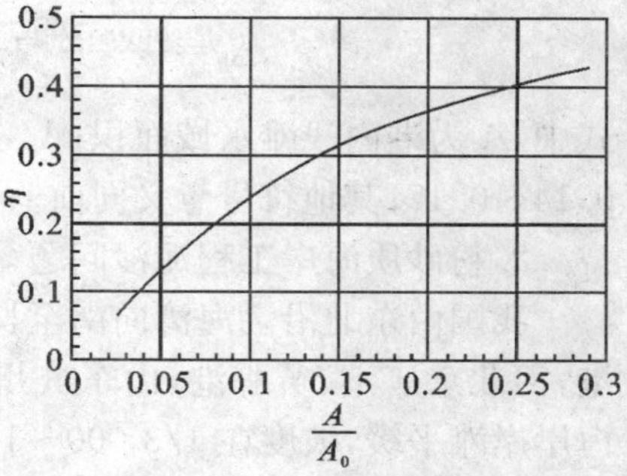

图 6.2.3　η 与 A/A_0 的关系曲线

(3)港池回淤计算：淤泥质海岸港池回淤以悬移质落淤为主，它的回淤强度与进港水体含沙量、港池开挖水深、港口布置形式、港内尚未利用的浅滩水域面积以及泥沙特征等有关。一般来说，港池可归为两大类：开敞式港池(图 6.2.4)和有掩护的港池(图 6.2.5)。不同类型的港池，其淤积强度计算公式也不一样。

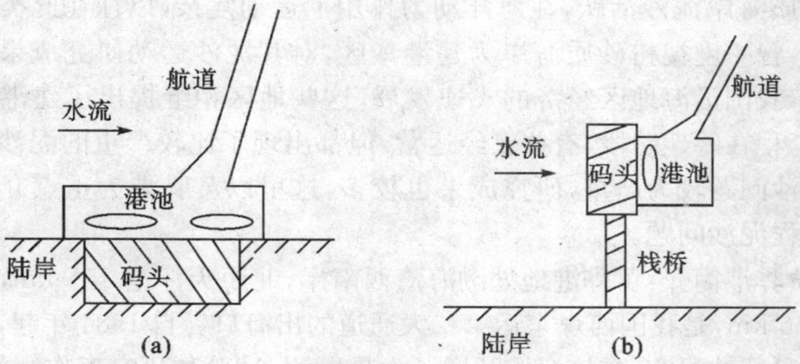

图 6.2.4　开敞式港池

1)开敞式港池。当港池长宽比 $L/B>10$，且浅滩与港池水深之比 $h_1/h_2>0.6$，其回淤强度可按下式计算：

$$\Delta_b=\frac{\alpha_1\omega_s St}{\gamma_s}\left[1-\frac{u_2}{u_1}\left(1+\frac{h_1}{h_2}\right)\right] \tag{6.2.41}$$

式中，u_1 和 u_2 分别为开挖前和后的流速；α_1 为经验系数，可取为 0.13。

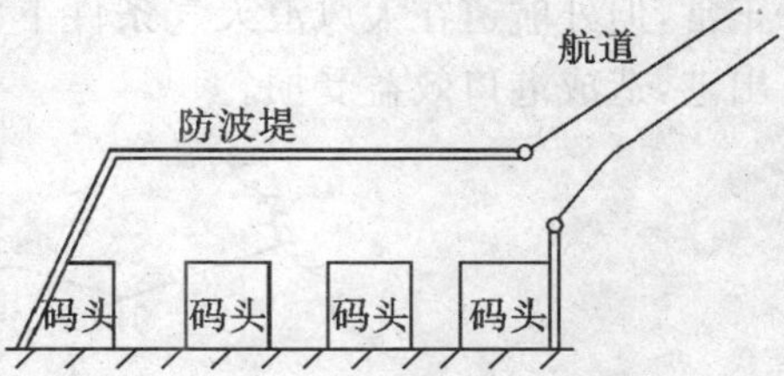

图 6.2.5　有掩护的港池

当港池长宽比 $L/B<10$ 和/或 $h_1/h_2<0.6$，港池回淤可按下式计算：

$$\Delta_b=\frac{\alpha_2\omega_s St}{\gamma_s}\left[1-\left(\frac{h_1}{h_2}\right)^3\right] \tag{6.2.42}$$

式中，α_2 为经验系数，可取为 0.35；其他符号意义同前。

2)掩护式港池。掩护式港池的回淤强度可按以下经验公式计算：

$$\Delta_b=\frac{\alpha_0\omega_s St}{\gamma_s}\left[1-\left(\frac{h_1}{h_2}\right)^3\right]\exp\left[\frac{1}{2}\left(\frac{A}{A_0}\right)^{1/3}\right] \tag{6.2.43}$$

式中，A 为港内浅滩水域面积；A_0 为港内总的水域面积；α_0 为经验系数，可取为 0.14～0.17；其他符号意义同前。

2. 粉砂质海岸工程泥沙问题

我国由东北沿渤海湾向南至长江口北存在不少粉砂质海岸段，如大连庄河港，河北京唐港、黄骅港，山东滨州港、潍坊港、东营港，江苏如东港等。粉砂质海岸岸滩平缓，坡度在 1/3 000～1/4 000 之间。泥沙既有悬移质，又有推移质，还有底部高浓度含沙水体。泥沙在海洋动力作用下易起易沉，在海水中基本不存在絮凝现象。泥沙中值粒径为 0.031～0.125 mm。如黄骅港海岸泥沙中值粒径 D_{50} 为 0.032～0.034 mm，如东港海岸泥沙 D_{50} 为 0.044～0.049 mm。

粉砂质海岸泥沙活跃，在海洋动力作用下运动复杂，以往在此类海岸建港实例很少，曾一度视粉砂质海岸为建港禁区，对其泥沙运动研究成果甚少。近年来，随着我国沿海地区经济的飞速发展，这些地区相继提出了建港辟航的要求，有些工程在筹建阶段，有些已经运营，但都出现了比较严重的泥沙问题。黄骅港的泥沙问题较为严重，研究成果也较多，这里以黄骅港为重点介绍粉砂质海岸的工程泥沙问题。

(1)黄骅港简介：黄骅港地处渤海湾西南岸，北距天津港 105 km，南至黄河入海口 156 km，是我国西煤东运第二大通道的出海口。自 1984 年起，为论证黄骅港建设可行性研究，在该海域开展了大量勘测、试验和研究工作。如今，黄骅港已投产运营，但出现了较严重的泥沙淤积问题。其中港池和内航道淤积尚属正常，但外航道在大风浪天气条件下发生了严重的骤淤现象，影响到船舶满载出港，造成港口效益受损。

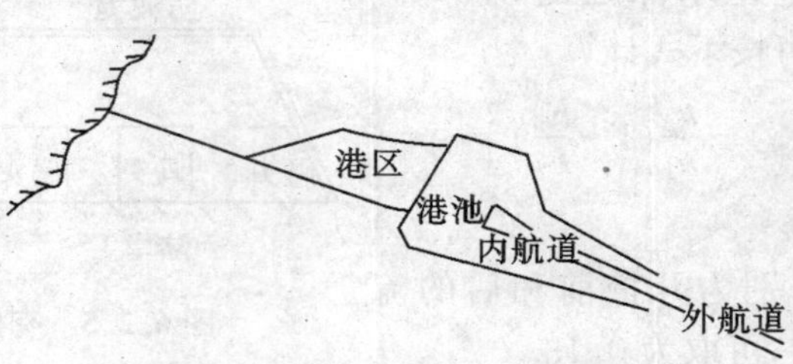

图 6.2.6 黄骅港港池与航道布置

(2)海洋动力作用下的泥沙分析：黄骅港海区属于强潮弱浪型，泥沙运动主要是波浪掀起后随潮流输移，强风天气下风吹流对泥沙的搬运也起到一定作用。因为本海区主要强浪向为 NE，ENE 和 E，与岸线夹角不大，再加上海域岸滩平缓，波浪经过长距离的传播变形后基本与岸线垂直，且平缓岸滩波浪破碎也不会剧烈，引起的沿岸流也不大，故本海岸泥沙运动趋势以横向搬运为主。另外，通过数学模型和遥感图像均发现在大风天，堤头南侧"搓"出一个旋涡，快速旋转的旋涡不仅能使细颗粒泥沙悬浮的时间更长，扩散距离更远，而且它能使滩面上的泥沙做径向运动，指向涡心。旋涡在向外海运动的过程中，如遇到外航道，做径向运动的泥沙会沉积下来。

黄骅港海区泥沙属于细颗粒泥沙，其主要构成为淤泥或粉砂，泥沙运动形式有推移质、悬移质和底部高浓度含沙水体。在实验室和现场都观察到了高浓度含沙水体的存在，在实验水深为 30～40 cm 时，层厚为 3～5 cm，层内含沙浓度可达上层水体含沙浓度的 5 倍左右；在现场近底含沙浓度达到 2～3 $kg \cdot m^{-3}$。底部高浓度含沙层对航道淤积起着重要作用。泥沙来源主要包括三部分：航道两侧滩面泥沙、近岸泥沙和疏浚弃土。在泥沙的运动过程中，波浪冲蚀使泥沙产生分选，粗颗粒泥沙首先沉积，细颗粒泥沙被水流带到深海沉积下来，形成了黄骅港海域浅滩泥沙由浅到深泥沙颗粒越来越细的趋势，并形成了目前黄骅港附近海域广泛分布的浅滩表层粗化层——沙席，厚者 20 cm 左右，薄者只有几厘米。构成"沙席"的泥沙粒径一般为 0.05～0.07 mm，它的存在对黄骅港外航道构成主要威胁。

(3)黄骅港外航道减淤工程措施及分析：就目前对粉砂质海岸的认识水平和黄骅港的自然条件，延长防波堤是可行的整治方案。

1)防波(沙)堤延伸的平面布置。防波堤的平面布置一般有两种形式：堤身轴线与航道走向一致、或与航道走向呈一交角。第一种方式布置的防波堤可以减弱航道两侧滩面泥沙运动的影响，而对近岸泥沙运动考虑较少。第二种方式布置的防波堤以考虑海岸泥沙运动为主。因黄骅港外航道以两侧滩面泥沙运动淤积为主，因此建议采用顺航道防波堤布置，这样既可以减弱航道淤积，投资也相对较少。

黄骅港海区泥沙的运动趋势是由南向北，在航道南侧修建单堤可以减弱水流横穿航道，减少泥沙淤积。但从施工后的流场分析，涨潮时堤后局部区域存在大的环流区，从波浪场分析，大浪向为 E 和 ENE 向，堤后形成阴影区，这两者都为泥沙的淤积创造了环境。另外，单是南侧防波堤，则其对港口北部岸段的近岸泥沙的作用不能消除或减弱，堤前反射波对滩面作用加剧。因此，黄骅港防波堤的布置宜采用双堤方案。

2)延伸防波堤的堤顶高程。防波堤的堤顶高程划分有 3 种形式。

①明堤。明堤的实施能确保沿堤段及港内的减淤效益，且能增加沿堤段航道淤积物的可挖性。但造价高，且沿堤流和口门横流明显，会造成近岸泥沙向

外输移，口门横流对船舶的航行也会形成一定影响。

②中水堤。从黄骅港的泥沙淤积形态看，降低堤顶高程是一种可行的方案。堤顶高程主要取决于减淤效益、航道可挖性、口门横流和沿堤流的改善状况。通过理论分析，认为采用中水堤可以在以下方面得到改善：A. 淤强减小：中水堤实施后，直接从两堤外侧进入航道的沙量减少约 80%，淤强减少 47%。B. 航道的可挖性提高：方案实施后，淤积物中值粒径减小，可挖性增大。C. 缓解口门的横流和沿堤流：根据现场观测和二维潮流数模计算结果表明，中水堤实施后，口门横流和沿堤流明显减弱。

③潜堤。潜堤的优点是工程造价低。当潜堤实施后，沿堤流和口门横流相对较小，对堤头以外航道淤积量和淤积物粒径粗化影响较小。经分析知，潜堤实施后淤强比实施前减小 22%，减淤效果不明显。因其挡沙效果差，航道内淤积物的粒度减小不大，可挖性不会有明显改善。

综合以上分析，建议黄骅港防淤减淤方案采用顺航道走向的中水堤，堤顶高程和长度还需物理模型试验和现场观测、测量来确定。一项投资大的工程项目，其前期观测、试验及理论研究等是必不可少的，需要长期的论证过程才能确定具体的实施方案。

3. 砂质海岸工程泥沙问题

对海岸工程来说，预估建筑物建成后岸滩变化状况是关系到工程成败及正确评价工程对海岸环境的影响的重要问题，因而是海岸动力学追求的一个重大目标。解决的办法除了进行动床模型试验，还可应用数学模型。前者可以比较全面地模拟自然状况，是比较可靠的手段。但是这种方法费用昂贵，花的时间也长，一般工程难以采用。数学模型方法简单易行，目前越来越得到广泛的应用。

岸滩演变的数学模型主要有 2 种：

1)二维模型。该模型用于模拟近岸地区 (x,y) 平面一定范围内的波浪场及流场，并计算在这种波浪、流作用下海底地形的变化。其变形的基本方程式是

$$(1-\varepsilon)\frac{\partial \eta}{\partial t}+\frac{\partial q_x}{\partial x}+\frac{\partial q_y}{\partial y}=0 \tag{6.2.44}$$

式中，η 表示海床高程；q_x，q_y 分别表示 x 与 y 方向的以密实体积计的全沙输沙率；ε 表示泥沙在自然沉积状态下的孔隙率。式(6.2.44)不仅要考虑沿岸方向的输沙率，而且要考虑垂直海岸方向的输沙率。由于横向输沙机理还没有完全掌握，虽提出了若干计算模型，尚未达到成熟的阶段。

2)一维模型。该模型主要是考虑波浪作用下的沿岸泥沙运动及由此产生的岸线变化。它不考虑泥沙的横向运动，认为泥沙的横向运动只是把泥沙在离

岸区与近岸区之间来回搬运，不影响岸线的平均位置。根据这个假定提出的数学模型称为一线理论。目前得到比较大的发展，下面介绍这种方法。

一线理论要求岸线变形满足两个基本方程式：

①岸线上每一点应满足泥沙量的守恒条件，即沿岸输沙的输入率与输出率之差应等于海滩的淤积率。如果海滩上有别的泥沙来源或损失，则也应把这种来源或损失考虑进去。

②岸线上每一点应满足沿岸输沙率与近岸波要素之间的关系式。

泥沙量守恒条件规定了海滩的前进或后退率与沿岸输沙率在沿岸方向的变化之间的关系。图 6.2.7 表示一段岸线，取沿岸为 x 方向，垂直岸为 y 方向，y 方向以向海为正。设该段岸线长为 Δx，Q_1 为进入该段的沿岸输沙率，Q_2 为从该段输出的沿岸输沙率，Q_1，Q_2 均是以天然沉积状态计的体积输沙率。在 Δt 的时段内，该段海滩的淤积量 ΔV 为

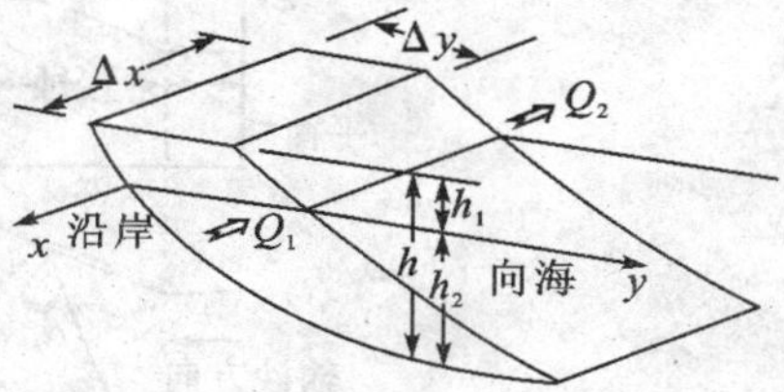

图 6.2.7　岸段内的泥沙平衡关系

$$\Delta V=(Q_1-Q_2)\Delta t \tag{6.2.45}$$

式中的 ΔV 将决定岸线的前进或后退。当考虑长期变形时，可假定海滩不改变其断面形状。按图中的几何关系有

$$\Delta V=h\Delta x\Delta y \tag{6.2.46}$$

式中，ΔV 表示岸线位置的变化。h 为海滩计算剖面高，或活动剖面高，是海滩剖面上变形影响所及的高度范围。h 由 2 部分组成：一部分是计算水位以上的高度 h_1，在海滩发生侵蚀时，其上界可以达到海滩上任何堆积体的顶部标高；在海滩淤进时，其上界大致可取滩肩顶面标高。另一部分为计算水位以下的高度 h_2，其下界即为海岸变形的下界，这个数值的确定有较大的任意性，一般认为下界应取波浪作用下泥沙全面移动的界限水深。不少人建议用明显平行于岸线的那条最大等深线的所在位置。

在式(6.2.45)中，取 $\Delta Q=Q_2-Q_1$，代入式(6.2.46)即得

$$\Delta y=-\Delta Q\frac{\Delta t}{h\Delta x} \tag{6.2.47}$$

对式(6.2.47)取极限，即得泥沙运动的连续方程

$$\frac{\partial y}{\partial t}=-\frac{1}{h}\frac{\partial Q}{\partial x} \tag{6.2.48}$$

式(6.2.48)说明岸线随时间的变化率$\frac{\partial y}{\partial t}$取决于沿岸输沙率沿岸线方向的

变化率$\frac{\partial Q}{\partial x}$。若$\frac{\partial Q}{\partial x}$为正，即沿岸输沙率沿 x 方向增大，则$\frac{\partial y}{\partial t}$为负，表示岸线遭到侵蚀而后退；若$\frac{\partial Q}{\partial x}$为负，即沿岸输沙率沿 x 方向减小，则$\frac{\partial y}{\partial t}$为正，表示岸线因淤积而前进；若$\frac{\partial Q}{\partial x}=0$，即沿岸输沙率沿岸方向不变，则$\frac{\partial y}{\partial t}=0$，表示岸线稳定，输沙是平衡的（图 6.2.8）。

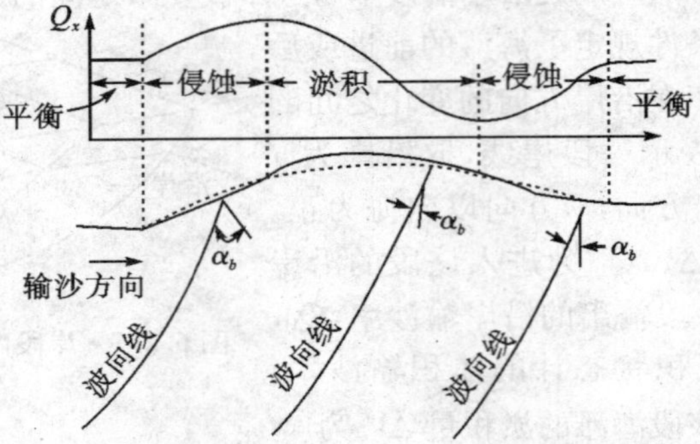

图 6.2.8 岸线变形与沿岸输沙率在沿岸方向的变化之间的关系

沿岸输沙率与近岸波要素的关系式可用前面说过的波能流公式

$$Q=K(Ecn)_0K_r{}^2\cos\alpha_b\sin\alpha_b \tag{6.2.49}$$

将式(6.2.49)代入式(6.2.48)求解，即可得到任意时刻的岸线位置。然而，由于影响 Q 的因素很复杂，在一般情况下，不可能求得理论解。只有在条件比较简单，且作某些近似后才能求得理论解。我们首先来叙述求理论解的方法。

设波浪入射角很小，岸线平直，则式(6.2.49)等号右边的波能流与折射系数在岸线变形过程中可认为不变，且有 $\cos\alpha_b\approx1$。这时，对 Q 发生影响的唯一因子是 $\sin\alpha_b$。设海滩计算剖面的下界处水深为 h_s，波浪到达该处的波向角为 α_s。因为在 h_s 等深线以外的海底地形不受岸线变形的影响，故当岸线平直时，α_s 对于时间及空间均为常值。由斯奈尔定律有

$$\sin\alpha_b=\frac{c_b}{c_s}\sin\alpha_{s\delta} \tag{6.2.50}$$

式中，c_b 表示破波波速；c_s 表示水深 h_s 处的波速；$\alpha_{s\delta}$ 表示水深 h_s 处的波向线与岸线的外法线之间的夹角（图 6.2.9）。显然有

$$\alpha_{s\delta}=\alpha_s-\delta \tag{6.2.51}$$

式中，δ 表示岸线对 x 轴的倾角，$\delta=\arctan(\frac{\partial y}{\partial x})$。

将式(6.2.50)，(6.2.51)代入式(6.2.49)，可得

$$Q=F\sin(\alpha_s-\delta) \quad (6.2.52)$$

式中，$F=K(Ecn)_0 K_r^2 \frac{c_b}{c_s}$，可认为 F 在变形过程中为常值，因此式(6.2.52)中影响 Q 值的因子仅是岸线的倾角 δ。由于入射角很小，可认为 $\cos\alpha_s \approx 1$，$\cos\delta \approx 1$，故

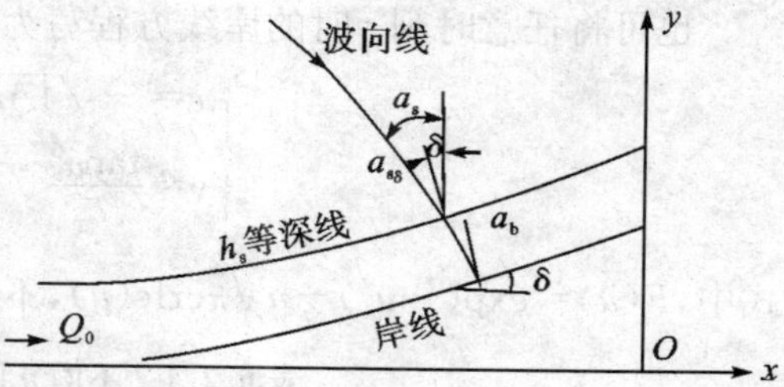

图 6.2.9　波浪近岸时波向角的变化

$$\sin(\alpha_s-\delta)=\tan\alpha_s-\frac{\partial y}{\partial x} \quad (6.2.53)$$

将式(6.2.53)代入式(6.2.52)得

$$Q=F\left(\tan\alpha_s-\frac{\partial y}{\partial x}\right) \quad (6.2.54)$$

将式(6.2.54)代入连续方程式(6.2.48)，并令 $A=F/h$，则

$$\frac{\partial y}{\partial t}=A\frac{\partial^2 y}{\partial x^2} \quad (6.2.55)$$

这是一个抛物型的偏微分方程，可以用来求解许多比较简单的岸线变形问题。

现在来求解原来平直海岸上设置一垂直于岸线的突堤的情况(图 6.2.9)。将 x 轴放在原岸线上，y 轴放在突堤轴线上，若建突堤前的沿岸输沙率为 Q_0，则初始条件与边界条件为：

1)在 $t=0$ 时，$y=0$，$\frac{\partial y}{\partial x}=0$，$Q=Q_0$；

2)在 $t>0$ 时，在 $x=0$ 处，$Q=0$；

3)在 $t>0$ 时，在 $x=-\infty$处，$y=0$，$\frac{\partial y}{\partial x}=0$，$Q=Q_0$。

将初始条件代入式(6.2.54)，可得 $F=\frac{Q_0}{\tan\alpha_s}$，因而有 $A=\frac{Q_0}{h\tan\alpha_s}$。应用上述定解条件，可得到式(6.2.55)的解为

$$y=\frac{\tan\alpha_s}{\sqrt{\pi}}\sqrt{4At}\left[\exp(-u^2)-u\sqrt{\pi}\,\mathrm{erfc}(u)\right] \quad (6.2.56)$$

式中，$u=-\frac{x}{\sqrt{4At}}$，erfc(u)是余误差函数，可用下式表示：

$$\mathrm{erfc}\,(u)=1-\frac{2}{\sqrt{\pi}}\int_0^u \exp(-u^2)\mathrm{d}u \quad (6.2.57)$$

也可将任意时刻 t 时的岸线方程写为

$$\begin{cases} x=-\sqrt{4Atu} \\ y=\dfrac{\tan\alpha_s}{\sqrt{\pi}}\sqrt{4At}F(u) \end{cases} \tag{6.2.58}$$

式中，$F(u)=\exp(-u^2)-u\sqrt{\pi}\text{erfc}(u)$，不同 u 值时的 $F(u)$ 值见表 6.2.2。

表 6.2.1　不同 u 值时的 $F(u)$ 值

u	0	0.1	0.2	0.3	0.4	0.5	0.6	0.7
$F(u)$	1	0.833	0.685	0.557	0.447	0.354	0.276	0.213
u	0.8	0.9	1.0	1.5	2.0			
$F(u)$	0.161	0.121	0.089	0.015	0.002			

利用式(6.2.58)及表 6.2.1，给以不同的 u 值，就很容易得到规定 t 时刻的岸线位置。如果取 $x=0$，则有 $u=0$，$F(u)=1$，由式(6.2.58)的第 2 式即可得到在突堤轴线上岸线的淤积位置与时间 t 的关系

$$(y)_{x=0}=2\left(\frac{Q_0\tan\alpha_s}{\pi h}t\right)^{1/2} \tag{6.2.59}$$

用这个式子也可计算什么时候沿岸输沙将绕过突堤端点而从上游进入下游，这个时间称为拦沙建筑物拦截泥沙的工作年限。根据式(6.2.58)计算突堤上游淤积过程的算例如图 6.2.10 所示。

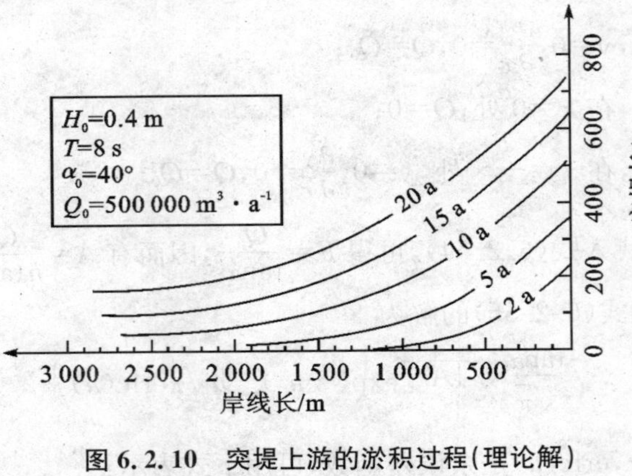

图 6.2.10　突堤上游的淤积过程(理论解)

6.3　泥沙运动数值模拟

目前，研究海岸泥沙运动问题，方法主要有 2 种：物理模型和数学模型。这两种方法都是以现场资料作为试验的基础，但各有其适用范围和优缺点。就物理模型而言，主要存在着比尺效应，投资大，周期长，可移植性差，很难完全适应多因素、大范围、多方案的工程规划问题。而物理模型的缺点正好是数学模型的优点。近几十年来，随着计算机及计算技术的发展，数学模型被越来越广泛地应用于解决近岸工程实际问题。

6.3.1　平直岸线上突堤建设后泥沙淤积计算

对于比较复杂的问题，就不能求得理论解。例如，不规则的初始岸线、不规则的离岸区地形、非定常的来波、变动的水位、海岸上有其他泥沙来源、建筑物对波浪的绕射作用不能忽略等，只要有上述情况中任何一种，理论解就无能为力，这时只好求助于数值解法。

一线理论的岸线变形问题的数值解可用差分方法。首先将岸线沿 x 方向划分为一系列宽度为 Δx 的单元(格子)，并以 x 轴作为基线。Δx 称空间步长。取计算的时步长为 Δt。记任意时刻 $n\Delta t(n=0,1,2,\cdots)$ 时每个单元的岸线位置为 $y_i^{(n)}$，$(i=1,2,\cdots,m)$，其中下标 i 为每个格子的序号，m 为格子总数；若相邻格子间的节点序号写为 $0,1,2,\cdots,m$，则可把每个结点上的沿岸输沙率记为 $Q_i^{(n)}$(图 6.3.1)。就可把微分方程式(6.2.47)写成下面的差分格式：

$$y_i^{(n+1)}-y_i^{(n)}=(Q_i^{(n)}-Q_{i-1}^{(n)})\frac{\Delta t}{h\Delta x} \qquad (6.3.1)$$

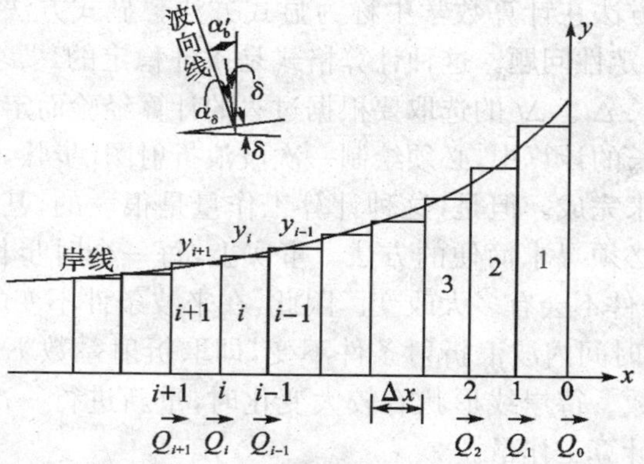

图 6.3.1　岸线变形数值计算图式

沿岸输沙率 $Q_i^{(n)}$ 的计算式可写为

$$Q_i^{(n)}=K(Ecn)_0^{(n)}K_{ri}^{(n)2}\cos\alpha_{bi}^{(n)}\sin\alpha_{bi}^{(n)} \tag{6.3.2}$$

$$\alpha_{bi}^{(n)}=\alpha_{bi}'^{(n)}-\delta_i^{(n)} \tag{6.3.3}$$

式中，$\alpha_{bi}^{(n)}$ 表示破波角；$\alpha_{bi}'^{(n)}$ 表示波浪破碎时的方向角；$\delta_i^{(n)}$ 表示岸线对 x 轴的倾角。

$$\delta_i^{(n)}=\arctan\left(\frac{y_i^{(n)}-y_{i+1}^{(n)}}{\Delta x}\right) \tag{6.3.4}$$

利用式(6.3.1)～(6.3.4)可计算任意 $n\Delta t$ 时刻的岸线位置。计算步骤为

(1)确定岸线的初始位置 $y_i^{(0)}(i=0,1,2,\cdots,m)$。

(2)根据波浪资料，确定深水区的波要素(波高、周期、波向角)，计算深水区的波能流 $(Ecn)_0^{(0)}$。

(3)作出波折射图，确定达到每一节点的破波波向角 $\alpha_{bi}'^{(0)}$ 及折射系数 $K_{ri}^{(0)}$。

(4)根据式(6.3.3)和(6.3.4)计算破波角 $\alpha_{bi}^{(0)}$，然后用式(6.3.2)计算每一结点上的沿岸输沙率 $Q_i^{(0)}(i=0,1,2,\cdots,m)$。其中 Q_0 与 Q_m 为边界上沿岸输沙率，应根据边界条件确定。对于泥沙完全受阻的边界，取 $Q=0$；对于自由的边界，可根据波浪条件计算。一般把自由边界取在不受岸线变形影响的地方，若波浪为定常，则这个边界输沙率在整个变形计算期间为常值。

(5)根据所采用的时步长 Δt 与格子间距 Δx 以及计算剖面高 h，用式(6.3.1)计算新的岸线位置 $y_i^{(1)}(i=1,2,\cdots,m)$。

(6)根据新的岸线位置，重复第2,3,4,5步的计算，算出第二时段末的岸线位置 $y_i^{(2)}(i=0,1,2,\cdots,m)$。

(7)反复进行计算，直至岸线趋于稳定或达到课题所要求的目的时为止。

上面的计算方法在计算数学中称为显式方法。显式方法的特点是计算简单，但存在计算稳定性问题。这种计算格式是条件稳定的，要求计算稳定，就要选取较小的时步长 Δt。Δt 的选取要根据过去的计算经验而定。

在每一时步长的计算中，必须绘制一次波浪折射图(步骤3)，这可应用专门的波折射子程序来完成。但是，这种计算工作量是很大的，甚至一般的计算机难以完成。所以必须寻求简便的方法。事实上，每一个时步长后，岸线变化是很小的，对折射条件不会有多大改变。因此，在来波条件不变的情况下，可假定许多时步长 $N\Delta t$ 时间内波浪折射条件不变，即取折射系数 K_{ri} 与波向角 α_{bi}' 在这段时间内为常数。待岸线形状有较大变化时，重新进行一次折射计算，这样就可以大大节省计算工作量。

当岸线附近的等深线基本平行时，可以用以下的简化程序。

如图 6.3.2 所示，海滩计算剖面的下界水深为 h_s。由前面的讨论可知，在岸线变形过程中，水深小于 h_s 的等深线均平行于岸线；而水深大于 h_s 的等深线不受岸线变化影响，均保持原来位置而与初始岸线(即基线)相平行。因而深水波在接近海岸的传播过程中要受两组平行的等深线的折射，到达破波点的折射系数为

$$K_r=\sqrt{\frac{\cos\alpha_0\cos\alpha_{s\delta}}{\cos\alpha_s\cos\alpha_b}}$$

代入式(6.2.49)得

$$Q=K(Ecn)_0\cos\alpha_0\frac{\cos\alpha_{s\delta}}{\cos\alpha_s}\sin\alpha_b \tag{6.3.5}$$

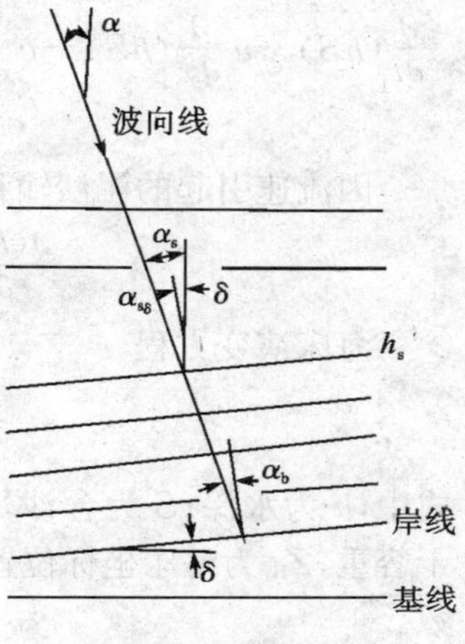

图 6.3.2　波浪受两组平行等深线折射时波向角的变化

式(6.3.5)中的破波角可用梅沃特的公式计算。但此式仅在等深线全部平行时适用。这时我们可以假想在 h_s 以外的等深线也平行于岸线，为了在水深 h_s 处得到与原来两组平行等深线条件下相同的波要素，此假想条件的深水波高 $H_{0\delta}$ 及深水波角 $\alpha_{0\delta}$ 应为

$$\begin{cases}\alpha_{0\delta}=\arcsin\left(\dfrac{c_0}{c_s}\sin\alpha_{s\delta}\right)\\[2ex] H_{0\delta}=\sqrt{\dfrac{\cos\alpha_0\cos\alpha_{s\delta}}{\cos\alpha_{0\delta}\cos\alpha_s}}H_0\end{cases} \tag{6.3.6}$$

这样就可用梅沃特公式求得破波角

$$\alpha_b=\alpha_{0\delta}(0.25+5.5H_{0\delta}/L_0) \tag{6.3.7}$$

由于折射系数与破波角可用式(6.3.4)及(6.3.7)计算，因而使计算程序极大地简化。

图 6.3.3 是一个突堤后长期变形的计算例子。计算条件与图 6.2.10 的理论解完全相同，可以看到，两种结果极为接近。

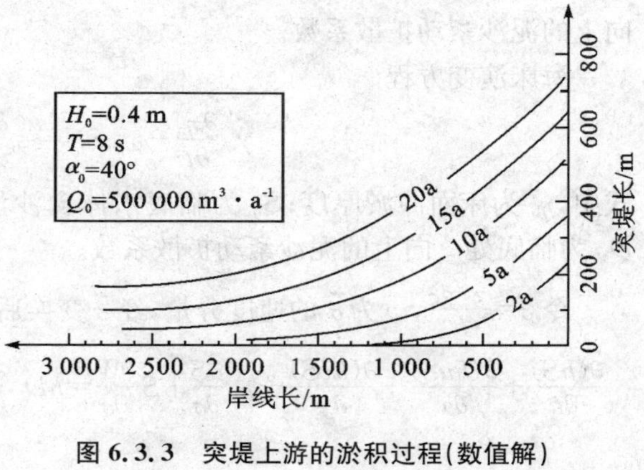

图 6.3.3　突堤上游的淤积过程(数值解)

6.3.2　悬沙数值模拟

1. 二维悬沙数值模型

悬沙扩散方程

$$\frac{\partial}{\partial t}(hS)+u\frac{\partial}{\partial x}(hS)+v\frac{\partial}{\partial y}(hS)+\frac{\partial}{\partial x}\left[D_x\frac{\partial}{\partial x}(hS)\right]+\frac{\partial}{\partial y}\left[D_y\frac{\partial}{\partial y}(hS)\right]=F_s \tag{6.3.8}$$

因流速引起的泥沙输移远大于泥沙自然扩散，故式(6.3.8)可改写成

$$\frac{\partial(hS)}{\partial t}+u\frac{\partial(hS)}{\partial x}+v\frac{\partial(hS)}{\partial y}=F_s \tag{6.3.9}$$

海床演变方程

$$\gamma_s\frac{\partial z_b}{\partial t}+\frac{\partial q_{bx}}{\partial x}+\frac{\partial q_{by}}{\partial y}+F_s=0 \tag{6.3.10}$$

式中，h 为水深；S 为含沙量；D_x 和 D_y 分别为 x，y 向悬沙扩散系数；γ_s 为泥沙干容重；Z_b 为海床坐标位置；q_{bx}，q_{by} 分别为推移质在 x，y 向分量；F_s 为冲淤函数。

$$F_s=\alpha_i\omega_s S\left(1-\frac{S_*}{S}\right)\left(1-\frac{\tau}{\tau_i}\right)\mathrm{sign}\left(\frac{\partial\tau}{\partial t}\right) \tag{6.3.11}$$

式中，α_i 为待定系数；τ 为床面剪切力；ω_s 为泥沙沉降速度；τ_i 为临界床面剪切力；sign 为符号函数；S_* 为水体挟沙力。

2. 三维悬沙数值模型

泥沙对流扩散方程

$$\frac{\partial S}{\partial t}+u\frac{\partial S}{\partial x}+v\frac{\partial S}{\partial y}-\omega_e\frac{\partial S}{\partial z}=\frac{\partial}{\partial x}\left[D_x\frac{\partial S}{\partial x}\right]+\frac{\partial}{\partial y}\left[D_y\frac{\partial S}{\partial y}\right]+\frac{\partial}{\partial z}\left[D_z\frac{\partial S}{\partial z}\right] \tag{6.3.12}$$

式中，S 为含沙量；ω_e 为泥沙有效沉速，$\omega_e=\omega_s-w$，ω_s 为泥沙沉降速度；u，v 与 w 分别为流速在 x 向、y 向与 z 向的分量；D_x，D_y 与 D_z 分别为 x 向、y 向与 z 向上的泥沙紊动扩散系数。

海床演变方程

$$\gamma_s\frac{\partial\eta_b}{\partial t}-\omega_{eb}S_b=\varepsilon_{zb}\frac{\partial S_b}{\partial z} \tag{6.3.13}$$

式中，η_b 为床面冲淤厚度；S_b 为临底水体含沙量；ω_{eb} 为临底处泥沙有效沉速；D_{zb} 为临底处 z 向上的泥沙紊动扩散系数。

令 $\sigma=\dfrac{z-\xi}{h}$，w 为 σ 的速度分量，经 σ 变换后的控制方程为

$$\frac{\partial(hS)}{\partial t}+\frac{\partial(huS)}{\partial x}+\frac{\partial(hvS)}{\partial y}-\omega_e\frac{\partial S}{\partial\sigma}+S\frac{\partial W}{\partial\sigma}=hD_x\frac{\partial^2 S}{\partial x^2}+hD_y\frac{\partial^2 S}{\partial y^2}+\frac{1}{h}\cdot\frac{\partial}{\partial\sigma}\left(D_z\frac{\partial S}{\partial\sigma}\right) \tag{6.3.14}$$

$$\gamma_s\frac{\partial\eta_b}{\partial t}-\omega_{eb}S_b=\frac{D_{zb}}{h}\cdot\frac{\partial S_b}{\partial\sigma} \tag{6.3.15}$$

式中，符号意义同前。

6.3.3　浮泥流数值模拟

浮泥是淤泥质海岸河口地区特有的一种泥沙运动状态。浮泥是贴近海底的一层高浓度含沙水体，它与上层水体有明显的界面，流动性很大。

浮泥流运动控制方程：

连续方程为

$$\frac{\partial h_m}{\partial t}+\frac{\partial}{\partial x}(u_m h_m)+\frac{\partial}{\partial y}(v_m h_m)-\frac{F_s}{\rho_m}+\frac{F_{bm}}{\rho_b}+F_{cm}=0 \tag{6.3.16}$$

动量方程为

$$\frac{\partial u_m}{\partial t}+u_m\frac{\partial u_m}{\partial x}+v_m\frac{\partial u_m}{\partial y}+g\frac{\rho}{\rho_m}\frac{\partial \zeta}{\partial x}+g\frac{\Delta\rho}{\rho_m}\frac{\partial \zeta_m}{\partial x}+\frac{1}{\rho_m h_m}(\tau_{ix}+\tau_{Bx}-\tau_{bx})=\varepsilon\Delta u_m \tag{6.3.17}$$

$$\frac{\partial v_m}{\partial t}+u_m\frac{\partial v_m}{\partial x}+v_m\frac{\partial v_m}{\partial y}+g\frac{\rho}{\rho_m}\frac{\partial \zeta}{\partial y}+g\frac{\Delta\rho}{\rho_m}\frac{\partial \zeta_m}{\partial y}+\frac{1}{\rho_m h_m}(\tau_{iy}+\tau_{By}-\tau_{by})=\varepsilon\Delta v_m \tag{6.3.18}$$

式中，下标“m”表示浮泥；ε 为泥沙竖直扩散系数；F_{bm} 为浮泥与海底间的冲淤函数；τ_{ix}，τ_{iy} 分别为浮泥与海底的剪切应力在 x，y 方向的分量；τ_{Bx}，τ_{By} 分别为宾汉体的临界剪切应力；τ_{bx}，τ_{by} 为上层水体对浮泥面的剪切应力；ζ_m 为浮泥面的变化值；ρ 为水体密度；ρ_m 为浮泥密度，$\Delta\rho=\rho_m-\rho$。

6.4　开敞航道粉砂骤淤长期统计

6.4.1　粉砂骤淤量估计模型的建立

粉砂质海岸开敞航道的淤积计算要考虑 3 方面内容。

1. 主水体悬移质淤积

主水体悬移质进入航道后，因流速减小、挟沙力降低而发生淤积，平均淤积率（用厚度 Δ_{s1} 表示）可用下式表示：

$$\Delta_{s1}=\frac{k_s h_1 u_1 (S_1-S_*)}{\gamma_s{}' b}\sin\theta \tag{6.4.1}$$

式中，k_s 为沉积系数；h_1 为航道边滩水深；u_1 为航道边坡处流速；S_1 为对应于附近浅水海域平均水深为 h_1 的平均含沙量；S_* 为挟沙力；θ 为水流与航道夹角；$\gamma_s{}'$ 为淤积土干容重；b 为航道宽度。

设挟沙水体在航道边坡与航道内分别达到平衡状态，式(6.4.1)中的 S_1 和 S_* 为

$$S_1=\alpha\frac{{u_1}^2}{gh_1} \tag{6.4.2}$$

$$S_*=\alpha\frac{{u_2}^2}{gh_2} \tag{6.4.3}$$

将式(6.4.2)和(6.4.3)代入式(6.4.1)后可得

$$\Delta_{s1}=\frac{k_s h_1 u_1 S_1}{\gamma_s' b}\left[1-\frac{{u_2}^2 h_1}{{u_1}^2 h_2}\right]\sin\theta \tag{6.4.4}$$

当边滩水流斜向进入航道后，流向略有偏转，流速有所降低。现将边滩流速与航道流速分解成垂直航道（x 向）和平行航道（y 向）分量，并忽略流向角的微小变化，则可用下式表示：

$${u_1}^2={u_{1x}}^2+{u_{1y}}^2;\ u_{1x}=u_1\sin\theta;\ u_{1y}=u_1\cos\theta \tag{6.4.5}$$

$${u_2}^2={u_{2x}}^2+{u_{2y}}^2;\ u_{2x}=u_2\sin\theta;\ u_{2y}=u_2\cos\theta \tag{6.4.6}$$

垂直于航道的分量 u_{1x} 和 u_{2x} 有如下关系：

$$u_{2x}=\frac{h_1}{h_2}u_{1x} \tag{6.4.7}$$

平行于航道的分量 u_{1y} 和 u_{2y} 之间有下列关系，

$$\frac{u_{2y}}{u_{1y}}=\left(\frac{h_2}{h_1}\right)^{\beta} \tag{6.4.8}$$

式中，系数 β 经多组水池试验为 0.2。

将式(6.4.5)～(6.4.8)代入式(6.44)得

$$\Delta_{s1}=\frac{k_s h_1 u_1 S_1}{\gamma_s b}\left[1-\left(\frac{h_1}{h_2}\right)^{0.6}\cos^2\theta-\left(\frac{h_1}{h_2}\right)^3\sin^2\theta\right]\sin\theta \tag{6.4.9}$$

式中，h_2 为航道水深；其他符号意义同前。

2. 临底高浓度含沙水体的淤积

由于临底高浓度含沙水体的厚度很小，该水体进入航道后悬沙全部落淤在航道内，这是与主体水中悬沙进入航道后的落淤不同之处，这时航道平均淤积强度可表示为

$$\Delta_{s2}=\frac{k_s h_1 u_1 S_1}{\gamma_s b}A\sin\theta \tag{6.2.10}$$

3. 悬移质总淤积量

悬移质总淤积量可由合并式(6.2.9)和(6.2.10)后求得：

$$\Delta_s=\Delta_{s1}+\Delta_{s2}=\frac{k_s h_1 u_1 S_1}{\gamma_s b}\left[1+A-\left(\frac{h_1}{h_2}\right)^{0.6}\cos^2\theta-\left(\frac{h_1}{h_2}\right)^3\sin^2\theta\right]\sin\theta$$

或

$$\Delta_s=\frac{k_s\omega_s S}{\gamma_s}[1+A-(\frac{h_1}{h_2})^{0.6}\cos^2\theta-(\frac{h_1}{h_2})^3\sin^2\theta]\beta_s,\beta_s=\frac{h_1 u_1\sin\theta}{\omega_s b}\tag{6.2.11}$$

式中，Δ_s 为平均淤积总强度；ω_s 为泥沙沉速；β_s 为航道宽度修正系数，其物理意义是悬移质横越航道时落淤距离与航道宽之比，当 $\beta_s\geqslant 1$ 时，取 $\beta_s=1$；其他符号意义同前。

式(6.2.11)中的系数 k_s 和 A 与当地海洋动力和泥沙条件有关，应通过现场实测资料和水槽试验确定。根据黄骅港区泥沙水槽试验得出：A 为 0.10～0.40；k_s 为 0.34～0.73，平均为 0.53。

4. 推移质淤积

推移质输沙进入航道后全部淤积，因此航道内平均回淤强度(以厚度计)可表示为

$$\Delta_b=\frac{k_b q_{sb}}{\gamma_b{}' b}\sin\theta\tag{6.4.12}$$

将式(6.2.24)代入(6.4.12)并令 $\beta=k_b\alpha_b$，得

$$\Delta_b=\frac{\beta\omega_s\rho_s}{\gamma_b b\sqrt{gD_{50}}}(1-\frac{u_e^2}{u^2})u^3\sin\theta\tag{6.4.13}$$

式中，u_e 为泥沙临界启动流速；u 为流速；γ_b 为推移质泥沙重度；β 为待定系数，可通过实测资料确定。根据水槽试验，潍坊港的 β 为 2.52×10^{-4}～1.69×10^{-3}，平均为 8.45×10^{-4}；黄骅港的 β 为 1.51×10^{-3}～7.33×10^{-3}，平均为4.77×10^{-3}。

5. 外航道骤淤量估计模型

外航道淤积受众多条件控制，如淤积环境、泥沙特性、泥沙运移形态、海洋动力、航道尺度等因素，均对航道淤积有影响。为了解航道淤积，通常采用物理模型、数值模拟和分析计算等方法，其中分析计算因方法简单、费用经济而广为应用。

淤泥质海岸的泥沙运移形态以悬移质为主，泥沙沉速接近常值，淤积条件明确，因此分析计算方法比较成熟，有不少实用计算公式。但在粉砂质海岸，由于控制外航道淤积的因素变化很大，影响航道淤积的机理更加复杂，因此至今尚无比较合适的航道淤积计算公式。下面利用曹祖德提出的“有效风能”的概念，建立粉砂质海岸简单的淤积预报公式。

由于航道淤积主要是由风浪掀沙造成的。风形成浪，浪掀起沙，泥沙流入航道发生淤积。因此，风是航道淤积的起源因素，风况观测也比较容易。设泥

沙运动的能量来自波浪,波浪的能量来自风,即

$$E_s = \alpha_{sv} E_v \tag{6.4.14}$$

$$E_v = \alpha_{vw} E_w \tag{6.4.15}$$

式中,E_s,E_v,E_w 分别为泥沙运动、波浪和风的能量;α_{sv},α_{vw} 分别为相应的能量传递系数。

在上式中消去 E_v,并令 $\alpha_{sw} = \alpha_{sv}\alpha_{vw}$,则得

$$E_s = \alpha_{sw} E_w \tag{6.4.16}$$

式中,α_{sw} 为风对泥沙运动的能量传递系数。

在粉砂质海岸上,风浪作用下泥沙运动的形态有多种,如悬移质、高浓度含沙层和推移质。因此,泥沙运动能量也应包括这几部分,即

$$E_s = E_{s1} + E_{s2} + E_b = E_{s1}\left(1 + \frac{E_{s2}}{E_{s1}} + \frac{E_b}{E_{s1}}\right) \tag{6.4.17}$$

式中,E_{s1},E_{s2},E_b 分别为悬移质、高浓度含沙层和推移质的能量。

由于悬移质比较简单,易于测取,在泥沙运动过程中,各种泥沙运移形态之间因动力不同而形成一定的比例,如令 $\alpha_s = 1 + \frac{E_{s2}}{E_{s1}} + \frac{E_b}{E_{s1}}$,则式(6.4.17)可简写为

$$E_s = \alpha_s E_{s1} \tag{6.4.18}$$

式中,α_s 为泥沙运移形态能量比例系数,其值常大于1。

风浪过程中,悬移质克服各种阻力而悬扬后的能量可用下式表示:

$$E_{s1} = \alpha_{s1} S h g \omega_s t_{sp} \tag{6.4.19}$$

式中,S 为水体含沙量;h 为水深;ω_s 为泥沙沉降速度;t_{sp} 为悬浮时间;α_{s1} 为系数。由式(6.4.19)可得

$$S = \frac{E_{s1}}{\alpha_{s1} h g \omega_s t_{sp}} \tag{6.4.20}$$

航道淤积应由各种运移形态的泥沙组成,即

$$P_s = P_{s1} + P_{s2} + P_b = P_{s1}\left(1 + \frac{P_{s2}}{P_{s1}} + \frac{P_b}{P_{s1}}\right) \tag{6.4.21}$$

式中,P_s 为总淤强;P_{s1},P_{s2},P_b 分别为悬移质、高浓度含沙层和推移质所形成的淤强。

悬移质淤强比较容易计算,各类运移形态泥沙淤强间成一定比例,令

$$\alpha_p = 1 + \frac{P_{s2}}{P_{s1}} + \frac{P_b}{P_{s1}} \tag{6.4.22}$$

则

$$P_s = \alpha_p P_{s1} \tag{6.4.23}$$

根据已有研究，悬移质淤积可由下式计算：

$$P_{s1}=\frac{\alpha_{p1}S\omega_s t_{st}}{\gamma_c}\eta \tag{6.4.24}$$

式中，α_{p1} 为沉降系数；t_{st} 为沉降时间；γ_c 为淤积物干容重；η 为淤积率。

将式(6.4.20)中的 S 代入式(6.4.24)得

$$P_{s1}=\frac{\alpha_{p1}\eta t_{st}}{\alpha_{s1}\gamma_c hgt_{sp}}E_{s1} \tag{6.4.25}$$

将式(6.4.16)、(6.4.18)和(6.4.23)代入(6.4.25)得

$$P_s=\frac{\alpha_{sw}\alpha_p\alpha_{p1}\eta t_{st}}{\alpha_s\alpha_{s1}\gamma_c hgt_{sp}}E_w \tag{6.4.26}$$

由于泥沙运移存在阈值，当水体运动超过此阈值，泥沙才有可能发生运移，并对航道形成淤积。根据现场观测，只有风速达到 6 级以上，且历时达到 2 h 后，航道才发生明显淤积。产生航道淤积的有效风能可用下式表示：

$$E_w=\alpha_v f_w\rho_a[w_6{}^3(t_6-t_0)+w_7{}^3t_7+w_8{}^3t_8+w_9{}^3t_9] \tag{6.4.27}$$

式中，ρ_a 为空气密度；f_w 为风摩阻系数；α_v 为待定系数；w_6，w_7，w_8，w_9 分别为 6 级、7 级、8 级、9 级风速；t_6，t_7，t_8，t_9 分别为足标对应风级的风时；t_0 为临界历时，可取 2～4 h。

将式(6.4.27)代入(6.4.26)，得

$$P_s=\frac{\alpha_{sw}\alpha_v\alpha_p\alpha_{p1}\eta\rho_a f_w t_{st}}{\alpha_s\alpha_{s1}\gamma_c hgt_{st}}[w_6{}^3(t_6-t_0)+w_7{}^3t_7+w_8{}^3t_8+w_9{}^3t_9] \tag{6.4.28}$$

令 $\alpha_{pw}=\frac{\alpha_{sw}\alpha_v\alpha_p\alpha_{p1}\eta\rho_a f_w t_{st}}{\alpha_s\alpha_{s1}\gamma_c t_{st}}$，式(6.4.28)可简化为

$$P_s=\frac{\alpha_{pw}}{gh}[w_6{}^3(t_6-t_0)+w_7{}^3t_7+w_8{}^3t_8+w_9{}^3t_9] \tag{6.4.29}$$

全航道淤积可利用上式分段计算累积而得

$$Q=\alpha_{pw}/g[w_6{}^3(t_6-t_0)+w_7{}^3t_7+w_8{}^3t_8+w_9{}^3t_9]\sum_{i=1}^{n}(\frac{\Delta l_i}{h_i})b \tag{6.4.30}$$

式中，Q 为总淤积量；Δl_i 为分段长度；n 为分段数；$n=l/\Delta l$，l 为航道全长，$l=\sum_{i=1}^{n}\Delta l_i$；$b$ 为航道宽度。

航道边滩平均深度可用下式计算：

$$h_a=\frac{1}{n}\sum_{i=1}^{n}h_i \tag{6.4.31}$$

将式(6.4.31)代入(6.4.30)，得

$$Q=\frac{\alpha_{Qw}bl}{gh_{a}}\left[w_6^{\,3}(t_6-t_0)+w_7^{\,3}t_7+w_8^{\,3}t_8+w_9^{\,3}t_9\right] \tag{6.4.32}$$

式中，α_{Qw}为淤积系数。根据 2002 和 2003 年大风条件下的实测淤积资料，求得α_{Qw}约为 9.76×10^{-4}。

6.4.2　外航道粉砂骤淤量长期预测

以黄骅港为例，介绍外航道粉砂骤淤量的长期预测方法。

黄骅港位于河北省沧州市以东约 90 km 的渤海之滨，是我国西煤东运第二大通道的出海口。一期工程设计年煤炭出海能力 $3\ 000\times10^4$ t，建设 2 座 5×10^4 吨级和 1 座 3.5×10^4 吨级泊位，外航道长 31 km。其平面布置如图 6.2.5 所示。2001 年基本建成后至今，为煤炭南运发挥了巨大作用，取得良好的经济效益。但在大风浪条件下，航道发生了较严重的骤淤问题。一次大风的骤淤量可达到$(100\sim300)\times10^4\ m^3$，大风过后水深淤浅 1.5～2.0 m，尤其是 2003 年 10 月 10～13 日发生的一次 9 级大风，外航道总淤积量达到 $876\times10^4\ m^3$，最大淤强达到 3.5 m，淤强大于 2 m 的分布长度达到 16 km，严重影响了港口的正常运营，造成巨大经济损失。

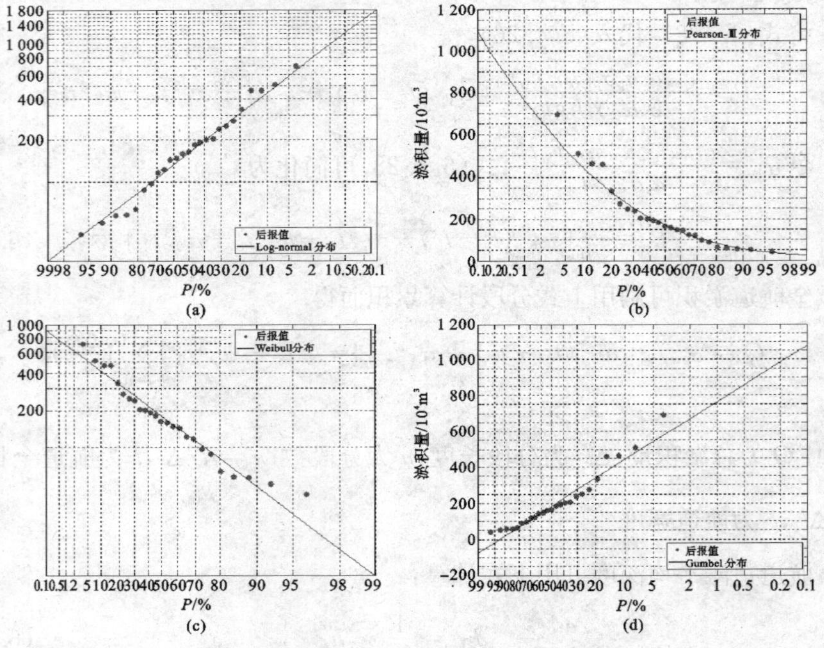

图 6.4.1　粉砂骤淤量的分布拟合

采用基于能量传递为基础导出的式(6.2.32)，根据黄骅港区 1979～2003 年的每年最大风况资料，计算了该航道可能出现的最大风况下的回淤量。对其进行长期预测时，采用 Log-normal、Pearson-Ⅲ、Weibull 和 Gumbel 分布进行适线，将结果分别绘于对数正态概率纸、正态概率纸、威布尔概率纸和鲍威尔概率纸上，见图 6.4.1(a～d)。以与实测经验累积频率点拟合最佳为原则，确定分布类型，依此估计粉砂骤淤量的重现期。

由图 6.4.1(a～d)可见，Gumbel 和 Pearson-Ⅲ分布曲线对于观测点拟合都比较好，前者对小概率点的拟合更佳。

由于四种分布的 K-S 检验统计量 $\hat{D}_n < D_n(0.05)$，因此原始假设都获得通过，可以用于分布的拟合计算，结果见表 6.4.1，其中 q 表示拟合时的观测值与拟合值的平均离差平方和。由长期分布统计结果可知，Log-normal 分布的 q 值最小，说明其与年骤淤量的拟合程度最佳。Gumbel 分布虽然在曲线的小概率一端拟合较好，但在大概率一端的重现值出现负值，这与实际工程不符。从表 6.4.1 亦可看出，四种分布所得重现值差别较大，说明后报年骤淤量对于拟合分布的类型比较敏感。

表 6.4.1　粉砂骤淤量长期统计结果

分布类型	极值分布 K-S 检验		分布拟合结果		
	$\hat{D}_n$	$D_n(0.05)$	q ($\times 10^{-2}$)	重现值/10^4 m^3	
				100a	50a
Log-normal	0.086	0.27	2.52	1 014	820
Pearson-Ⅲ	0.089	0.27	2.55	780	677
Weibull	0.122	0.27	4.90	700	624
Gumbel	0.139	0.27	7.28	781	683

根据 1979～2003 年期间的大风观测数据，后报的每年最大风况产生的外航道粉砂骤淤量。通过比选多种单因素极值统计模式，对年最大粉砂骤淤量进行长期统计预测，采用 Log-normal 分布估计 100 年一遇和 50 年一遇的骤淤量分别为 1 014×10^4 m^3 和 820×10^4 m^3。

第 7 章　海堤的防御标准及其断面设计

海堤是围海工程的主体，也是海岸防护的主要工程措施。其设计主要包括防御标准的确定、断面型式的选择、主要尺度参数的确定以及工程投资分析。这里对海堤设计中的计算原理和构造做法进行介绍。

7.1　海堤防御标准

海堤工程防御标准是指海堤工程防御风暴潮灾害（包括潮位、波浪、风等）的能力，通常以设计潮位（或水位）和设计波浪（或设计风速）的重现期表示。在我国，以往由于潮位、波浪等观测资料短缺，常采用当地的历史最高潮位和某一特定风力级别作为防御标准。当实际发生不大于防御标准的潮位和波浪（或风力）时，按照防御标准设计的海堤及其防护对象应该是安全的。

7.1.1　我国海堤工程防御标准

过去我国海堤工程无统一的防御标准，但沿海省市区根据本地的实践经验和具体条件，一般都制定了地方性海堤防御标准。20 世纪 60 年代，广东、福建等省按海堤的保护面积或保护对象的重要性，将海堤划分为不同等级并规定相应的标准，一般采用历史最高潮位（即历史最高风暴潮水位，简称风暴潮水位或历史高潮位）和某一特定的风级相结合。20 世纪 70 年代以后，浙江、福建等省市逐步采用设计潮位重现期和设计波浪重现期作为标准。现将我国部分省市区的海堤防御标准作一介绍。

1. 广东省

广东省水利厅于 2004 年 5 月颁布了《广东省海堤工程设计导则（试行）》（DB44/T182—2004）地方标准。海堤工程防护对象的防潮标准以防御的潮水的重现期表示。根据防护区社会经济地位的重要性或人口的数量分等别进行防护，各等别的防潮标准如表 7.1.1 所示。

表 7.1.1　广东省防护对象的等别和防潮标准

防护对象的等别		Ⅰ	Ⅱ	Ⅲ	Ⅳ
城镇	重要性	特别重要城市	重要城市	中等城市	一般城市
	非农业人口/万人	≥150	150～50	50～20	≤20
	防潮标准（重现期/a）	≥200	200～100	100～50	50～20
乡村	防护区人口/万人	≥150	150～50	50～20	≤20
	防护区耕地/万亩	≥300	300～100	100～30	≤30
	防潮标准（重现期/a）	100～50	50～30	30～20	20～10
工矿企业	工矿企业规模	特大型	大型	中型	小型
	防潮标准（重现期/a）	200～100	100～50	50～20	20～10
沿海经济发达乡村	防护区人口/万人	≥150	150～50	50～10	<10
	防护区耕地/万亩	≥100	100～30	30～5	<5
	防潮标准（重现期/a）	200～100	100～50	50～20	20～10

海堤工程的级别按表 7.1.2 确定。

表 7.1.2　海堤工程的级别

防潮标准（重现期/a）	≥100	<100，且≥50	<50，且≥30	<30，且≥20	<20，且≥10
海堤工程级别	1	2	3	4	5

2. 广西壮族自治区

20 世纪 50～60 年代不分工程规模大小，防御标准采用历史实测最高风暴潮水位加安全超高 0.3～0.5 m。70～80 年代按工程的防护面积划分等级，不同等级采用不同的标准，情况与广东省 70 年代修订的标准类似。90 年代改变以往采用历史实测高潮位加某一风级的标准，采用重现期标准（设计高潮位和设计波浪同频率），海堤工程等级划分和防御标准如表 7.1.3 所示。

表 7.1.3 海堤工程设计等级及设计防御标准

工程级别	保护范围	设计重现期 N/a	安全超高 /m
Ⅰ	保护面积在5万亩以上,或人口在5万人以上者	20～50	0.5
Ⅱ	保护面积1万～5万亩以上,或人口1万～5万人以上者	10～20	0.5
Ⅲ	保护面积0.1万～1万亩,或人口0.1万～1万人者	5～10	0.3
Ⅳ	保护面积在0.1万亩以下,或人口在0.1万人以下者	5	0.3

3. 福建省

20世纪60年代曾制定海堤防御标准,并建立莆田海堤试验站。70年代在莆田海堤试验站试验与实践的基础上对原标准进行了多次修订。1992年正式颁布了《福建省围垦工程设计技术规程》,其中海堤防御标准见表7.1.4(a)。规程中除基本保留原来的标准外,还增加了实际潮位和设计风速的重现期标准[表7.1.4(b)]。并规定海堤堤顶高程按上述两种标准计算比较后确定,对大、中型工程应取其大者。

表 7.1.4(a) 福建省海堤标准

建筑物级别	围垦面积 /亩	设计潮位	设计风力(级)		波浪爬高累积率 F/%	安全超高 /m
			北、东北	其余		
3	10 000以上	历史最高潮位	12	11	10	0.7
4	3 000～10 000	历史最高潮位	11	10	20	0.5
5	3 000以下	平均年最高潮位	10	10	50	0.3

表 7.1.4(b) 福建省海堤标准

建筑物级别	围垦面积 /亩	设计潮位重现期 /a	设计风速重现期 /a	波浪爬高累积率 F/%	安全超高 /m
3	10 000以上	100～50	50	2	0.7
4	3 000～10 000	50～30	30	5	0.5
5	3 000以下	30～20	10	13	0.3

4. 浙江省

1999年颁发了修订的《浙江省海塘工程技术规范》(以下简称《规定》)。《规定》根据海塘保护范围及其重要程度,对海塘等级和相应的潮位、波浪设计重现期作了规定，见表 7.1.5(a)。

表 7.1.5(a)　浙江省海堤设计标准

海塘级别	保护范围及重要程度	设计重现期 N/a
Ⅰ	保护范围很大，失事后对国民经济有重大影响者；或保护范围虽小，而保护区内有重大工业设施者	50～100
Ⅱ	保护面积在 5 万亩以上或人口在 5 万以上者	20～50
Ⅲ	保护面积在 1 万～5 万亩，或人口在 1 万～5 万者	10～20
Ⅳ	保护面积在 1 万亩以下，或人口在 1 万以下者	10

表 7.1.5(b)　海塘工程等级和设防标准表

海塘工程等级		Ⅰ	Ⅱ	Ⅲ	Ⅳ	Ⅴ
设计重现期/a		200 以上	100	50	20	10
保护对象	城市	人口 150 万以上的特别重要城市	人口 50 万～100 万的重要城市	人口 10 万～50 万的城市	人口 1 万～10 万的城镇	人口 0.1 万～1 万的乡镇
	农村		100 万亩以上的大片平原	5 万～100 万亩的平原	1 万～5 万亩	1 万亩以下
	工矿企业、基础设施	特大型	大型	中型	中型	小型

注：1. 海塘防护对象中的人口、耕地是整个闭合区内的，包括备塘万一溃堤后潮水影响的范围。

2. 表中作为分等级指标的城市人口、农田面积、工矿企业和基础设施，满足其中一项即可。

3. 防护区内如有几个类别的防护对象时，应按要求较高的防护对象工程等级确定；防护对象同时满足同一级别的 2～3 项指标的，经过论证其级别可提高一等。

4. 浙江省沿海地区经济发达，人口密集，Ⅳ～Ⅴ级海塘也可按照表中规定提高一个等级；海岛地区较大陆地区可提高一个等级。

《规定》还指出：表 7.1.5(a)内各级海塘的设计标准，是根据当时经济条件制定的，尚属于低标准，如当地条件许可，可以提高一级。表内各级海塘的设计重现期上下限的取用条件如下：当保护区内有重要工矿设施或属永久性海塘，应取上限；保护区内无重要工矿设施或塘外海涂淤涨，近期可进行围垦的过渡性海塘，可取下限。

根据《规定》，潮位和波浪取用相同的设计重现期。

从20世纪80年代后期起，浙江省对新围大型围涂工程和重要的中小型围涂工程，等级和设计标准均相应提高一级，或设计重现期取上限。

90年代，浙江省遭受9417和9711号台风暴潮袭击，沿海从南到北均出现特高潮位，海塘损失严重。该省在认真总结经验教训，分析研究潮位、风速、波浪资料的基础上，并参照国家有关标准，修订了80年代制定试行的《规定》。修订后的海塘工程等级划分和设防标准如表7.1.5(b)所示。

5.上海市

上海市1974年规定海堤防御标准为：历史最高潮位（吴淞5.72 m）和11级台风相组合。20世纪80年代又提出按100年一遇潮位和11级以上台风相组合的标准设计海堤。对重要的工厂、企业、港口等岸段，防御标准定为100年一遇潮位加12级台风。市区防洪墙的挡潮标准则由100年一遇提高到千年一遇。

6.江苏省

江苏省一线海堤的防御标准，20世纪80年代前为历史最高潮位加10级台风的风浪爬高，再加超高。实际采用时在历史最高潮位上加1.5～2.0 m作为设计堤顶高程。经过历年台风尤其是1981年14号台风（绝大部分岸段达新的历史最高潮位）的考验，凡按此标准修筑的海堤都未破堤。但部分海堤风浪爬高已接近或达到堤顶，海堤损坏严重。

20世纪80年代后，新建海堤按经验确定风浪爬高一般为1.5～2.0 m，再加安全超高0.5～1.0 m。1995年江苏省水利厅对该省沿海高潮位及风浪袭击情况、当时海堤的防御能力及沿海地区的财力条件和经济发展要求，进行综合分析后，提出海堤达标建设标准为：抗御50年一遇高潮位加10级风浪爬高，再加1.0 m安全超高。考虑到部分堤段已发生过的历史最高潮位略高于此，有条件者可采用超50年一遇的历史最高潮位为建设标准。

7.山东省

20世纪90年代以来，山东省遭受了三次特大风暴潮灾，仅1997年8月的特大风暴潮全省直接经济损失即达115亿元。因此，沿海地区迫切要求对防潮堤进行治理加固，提高抗潮能力。1998年11月山东省水利厅制定了《山东省防潮堤工程若干技术问题暂行规定》，其中规定了工程等级划分和设计标准，规定防潮工程根据其防护区内各类防护对象的规模和重要性划分为四等，见表7.1.6(a)。防潮堤的设计标准包括设计潮位、风力、波浪爬高累积率，根据防潮堤的级别按表7.1.6(b)取值。无风速资料的地区，可按设计风力计算。

表 7.1.6(a)　山东省防潮工程等级划分表

等级	保护对象	规模指标	备注
Ⅰ	青岛市区		
Ⅱ	烟台、威海、日照市区、大型企业、养殖、盐业、油田、农田	大于1万人;滩涂养殖或盐田大于1万亩或农田大于5万亩	
Ⅲ	县(市、区)、乡镇、养殖业、盐业、农田	3 000～10 000 人;滩涂养殖或盐田3 000～10 000 亩或农田1万～5万亩	
Ⅳ	一般保护区	小于3 000 人;滩涂养殖或盐田小于3 000亩或农田小于1万亩	

注:Ⅲ级及Ⅲ级以上防潮工程为重要防潮工程,Ⅳ级防潮工程为一般防潮工程。

表 7.1.6(b)　防潮堤达标设计标准表

防波堤级别	设计潮位重现期/a	设计风速重现期/a	风力等级	波浪爬高累积率/%	安全超高/m	
					不允许越浪	允许越浪
Ⅰ	100	100	12	2	0.1	0.5
Ⅱ	50	50	10	3	0.8	0.4
Ⅲ	20	30	10	4	0.7	0.4
Ⅳ	20	20	8	5	0.5	0.3

从各省市区的情况看,随着我国经济建设的发展,资料和经验的积累,标准在逐步提高,不断完善,使海堤的防御能力有了很大提高。

8. 全国标准

由于各省市区制定标准的时间、条件不同,各省市区的工程等级划分和防御的标准不一致。为了适应海堤工程的建设需要,2008 年 11 月我国水利部发布了水利行业标准《海堤工程设计规范》。表 7.1.7(a)、表 7.1.7(b)分别为海堤工程级别划分表和海堤工程防潮标准。

表 7.1.7(a)　海堤工程的级别

防潮标准(重现期/a)	≥100	100～50	50～30	30～20	<20
海堤工程级别	1	2	3	4	5

表 7.1.7(b) 防护对象与海堤工程防潮标准

海堤工程防潮标准（重现期/a）			≥200	200～100	100～50	50～30	30～20	0～10
						50～20		
海堤工程防护对象类别与规模	城市	重要性	特别重要城市	重要城市	中等城市	一般城镇		—
		城镇人口/万人	150	150～50	50～20	20		—
	乡村	防护区人口/万人	—	—	150	150～50	50～20	20
		防护区耕地/万亩	—	—	300	300～100	100～30	30
	工矿企业	规模	—	特大型	大型	中型		小型
	海堤特殊防护区	高新农业/万亩	—	100	100～50	50～10	10～5	5
		经济作物/万亩	—	50	50～30	30～5	5～1	1
		水产养殖业/万亩	—	10	10～5	5～1	1～0.2	0.2
		高新技术开发区/重要性	特别重要		重要	较重要		一般

关于海堤设计中潮位重现期与波浪（或风速）重现期组合的问题，各省市区的做法可分为2种，一种是主张潮、浪重现期相同（即同频率），如浙江、广西；另一种主张两者重现期不同（即异频率），如福建。前者认为，沿海地区出现年最高潮位主要由台风增水所形成，所以高潮位与风速、风浪的关系密切，而且海堤前水深较浅，在较大风浪时堤前往往产生破波，破碎波高（极限波高）与水深有关，也即与潮位有关，因此风浪与潮位的重现期比较接近；后者认为采用潮、浪同频率偏于安全，会使海堤设计标准过高、投资过大，因此采用潮、浪重现期各异。《海堤工程设计规范》建议设计波浪的重现期宜采用与设计高潮位相同的重现期。关于设计潮位和设计波浪（或风速）的重现期组合问题，目前我国沿海省市区仍在开展进一步的研究工作。

7.1.2　基于浪潮组合的台风暴潮强度等级划分

风暴潮灾害对于社会经济的发展具有极大的危害性，是沿海地区可持续发展的主要制约因素之一。如何准确定位风暴的强弱及其成灾的大小，是防潮减灾的主要研究课题之一。作为一种海洋动力现象，风暴潮具有自然属性；而作为一种灾害形式，它同时具有社会属性。目前，研究者对风暴潮的分级主要有以下几类：①基于风暴增水的强度分级，见表 7.1.8；②基于极值水位的强度分级；③基于灾害等级的灾度分级，见表 7.1.9。第 1 类分级在讨论风暴潮的危害因子时，将风暴增水列为第一位；第 2 类分级不仅考虑单独的风暴增水，同时将天文潮、洪水影响计在内，将各种因素共同作用的最终水位作为分级的判据；第 3 类则从灾害损失的观点出发，建立相应的灾度等级。此外，有些研究探讨了风暴强度与灾度的内在关系。

表 7.1.8　风暴潮强度等级表

级别	规模	增水/cm
1	小	≤130
2	中	131～230
3	大	231～430
4	极大	>430

表 7.1.9　灾害等级表

级别	名称	死亡人数/人	淹没田地/万亩	倒塌房屋/万间	经济损失/10^8元
1	轻量潮灾	100 以下	10 以下	0.1 以下	0.5 以下
2	一般潮灾	101～500	11～50	0.1～1	0.5～1.0
3	较大潮灾	501～1 000	51～100	1～2	1.0～10
4	大潮灾	1 001～5 000	101～500	2～5	10～50
5	特大潮灾	5 001～10 000	501～1 000	5～10	50～100
6	罕见特大潮灾	10 000 以上	1 000 以上	10 以上	100 以上

尽管我国的重大风暴潮灾害主要是由台风激发的，但不宜把风暴潮灾害损失简单地归结为台风灾害的损失。实际上风暴潮灾害与台风过境时大风直接作用所产生的灾害之间的界限是容易界定的，原则上把由海水直接作用而造成

的灾害统称为风暴潮灾害。越来越多的研究表明，严重的台风暴潮灾害往往是风暴潮与天文大潮相遇、同时叠加向岸大浪造成的。而上述第 1 和 2 类分级标准仅仅考虑了增水或潮位，没有包括相应波浪对灾害的影响。由于仅仅包含台风过程中的天文潮和增水信息，警戒水位难以全面反映风暴潮灾害的大小。此外，风暴潮的灾害损失分为直接损失（如财产损失和人员伤亡）和间接损失（如修复重建的投入、救灾投入、对生态环境的影响等等），见图 7.1.1。其中，直接损失主要取决于风暴潮的强度及其影响的地域面积。后者与灾区的经济发展水平、地形地势和防灾能力有关。在我国，每次潮灾的资料统计，至今没有统一的标准。由于灾情调查的可靠性问题，使得第 3 类灾度分级的准确程度亦难以保证。而要建立风暴潮强度与灾度的关系，首先必须正确认识风暴潮的致灾强度。

- 风暴潮灾害损失
  - 直接损失
    - 物质财产损失
      - 淹没农田
      - 倒塌房屋及家产
      - 冲毁堤坝、桥梁、道路等
      - 毁坏的船只
      - 破坏的生产设备
    - 人员伤亡
      - 死亡人数
      - 受伤人数
  - 间接损失
    - 灾害救援投入
    - 修复、重建投入
    - 交通、通讯和生产停顿等造成的损失
    - 对生态环境的破坏和影响

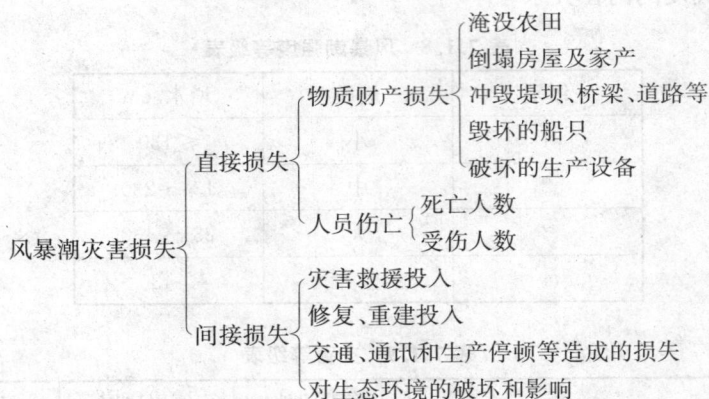

图 7.1.1 风暴潮灾害损失评估指标

本节以青岛地区风暴潮过程的极值水位和波浪同步观测序列为例，考虑台风的出现频次，建立二维复合极值分布模型，得到风暴致灾强度的分布规律。对比已经掌握的潮灾资料，提出了强度等级的划分标准，用以作为对未来台风致灾程度的判据，为进一步的风暴潮社会经济风险评估奠定了基础。

7.1.2 青岛地区的台风暴潮灾害概况

青岛市地处山东半岛西南部，位于东经 119°30′～121°00′，北纬 35°35′～37°09′。新中国成立至 2001 年的 53 年间，影响青岛的台风（指中心深入到35°N 以北地区的台风）共计 77 次，平均 2 年约有 3 次。所有的台风有 87.1%出现在每年的 7～9 月份，8 月份最多，占 39.0%（图 7.1.2）。尽管影响青岛的台风平均每年 1.5 次左右，但台风暴潮灾害并非年年发生。主要原因在于青岛地区风暴潮灾害的出现取决于台风过境时的强度、时间和路径等多种因素。特别是大的风暴潮灾发生时，一要有相当高的组合潮位，二要有相当大的向岸波浪。虽然如此，青岛濒海地区仍然发生了 10 余次台风暴潮灾害，尤其是 20 世纪 80～90 年代，连续发生了 3 次特大台风暴潮灾害，给青岛的经济发展造成了严重的影响，其主要灾况如表 7.1.10 所示。

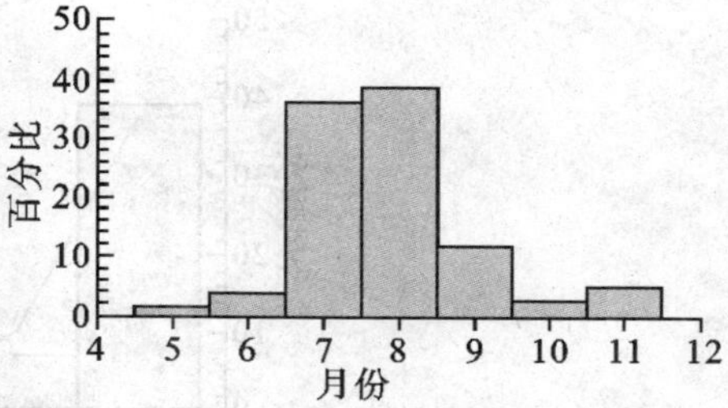

图 7.1.2　青岛地区台风发生次数的月份分布

表 7.1.10　青岛地区 20 世纪 80～90 年代 3 次特大台风暴潮灾况

台风编号	起止时间	最高水位 /cm	显著波高 /m	最大风速 /(m·s^{-1})	直接经济损失 /10^8 RMB
8509	1985.8.14～8.20	531	5.5	35.6	5.08
9216	1992.8.27～9.2	548	5.0	28.8	6.80
9711	1997.8.10～8.21	551	5.2	25.8	2.17

选取新中国成立以来青岛地区发生的致灾台风过程，挑选相应风暴潮时的最大水位以及同时发生的显著波高值，组成长期二维序列，见图 7.1.3 和图 7.1.4。经过 χ^2 检验，在显著水平 0.05 时，台风的发生次数的服从泊松分布，见图 7.1.5。

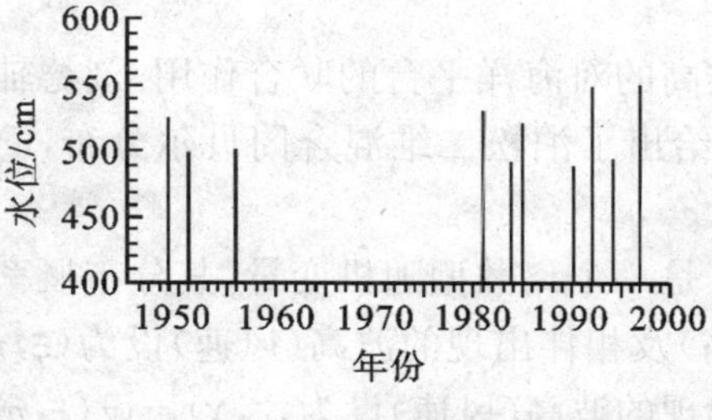

图 7.1.3　致灾台风暴潮的最高水位观测值图

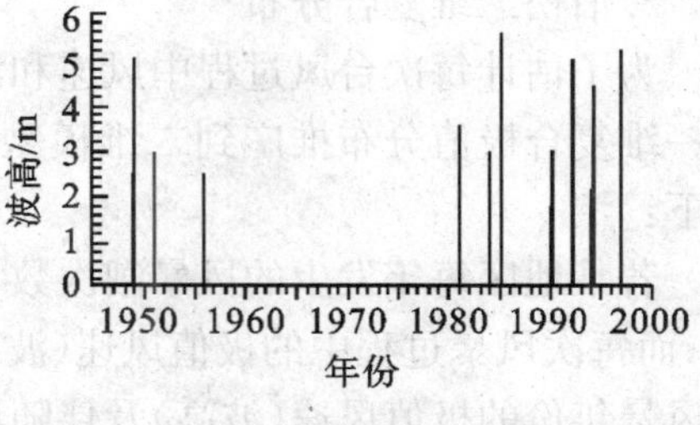

图 7.1.4　致灾台风暴潮的波高观测值

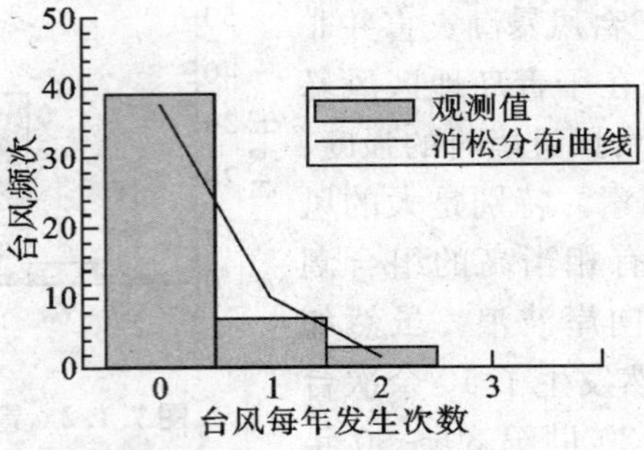

图 7.1.5　台风频次的泊松分布

7.1.3　致灾台风暴潮的长期分布

一维复合极值分布提出以来，已在我国海岸及近海工程中得到应用。最近，我国学者给出了二维泊松混合冈贝尔分布，用于估计我国嵊泗海区台风过程中风速和波高对海洋平台的联合作用。为了对台风暴潮过程中的极值水位与相应波高作出统计分析，本节提出了泊松二维冈贝尔逻辑分布及泊松二维对数正态分布。

1. 边缘统计分布

设总体 X 的分布函数的形式已知，但它的一个或多个参数为未知，借助于总体 X 的一个样本来估计总体未知参数的值的问题称为参数的点估计问题。下面分别对青岛地区风暴潮过程中的最大水位、同时发生的显著波高值以及台风频次进行冈贝尔、对数正态分布和泊松分布的参数估计。采用最小二乘法来估计上述分布的参数，并进行分布的假设检验。

2. 泊松二维复合分布

为了估计每次台风过程中风速和波高的对海洋平台的联合作用，刘德辅等将一维复合极值分布推广到二维模型，给出了泊松二维混合冈贝尔分布，简述如下：

若某地区每年发生的风暴潮次数 n 是一个离散型随机变量，其分布概率为 P_k；而每次风暴过程中的极值风速（波高）及相伴出现的波高（风速）设为(ξ,η)，无风暴年份的极值风速（波高）及伴随出现的波高（风速）设为(ζ,γ)。设(ξ,η)和(ζ,γ)为二维连续型随机向量，二者的联合概率分布函数分别为 $G(x,y)$ 和 $Q(x,y)$。(ξ,η)的联合概率密度函数为 $g(x,y)$；ξ 的分布函数为 $G_x(x)$。设(ξ_i,η_i)为(ξ,η)的第 i 次观测值，n 为与(ξ,η)独立的取值为非负整数的随机变量，其分布函数记作

$$\begin{cases} P\{n=k\}=P_k, k=0,1,\cdots \\ \sum P_k = 1 \end{cases} \tag{7.1.1}$$

定义随机向量(X,Y)

$$(X,Y)=\begin{cases}(\zeta,\gamma), & n=0 \\ (\xi_j,\eta_j)\,|\,\xi_j=\max\limits_{1\leqslant i\leqslant n}\xi_i, n\geqslant 1\end{cases} \tag{7.1.2}$$

则称

$$F_0(x,y)=P_0+\sum_{k=1}^{\infty}P_k\cdot k\cdot\int_{-\infty}^{y}\int_{-\infty}^{x}G_x(u)^{k-1}g(u,v)\mathrm{d}u\mathrm{d}v \tag{7.1.3}$$

为离散型分布 P_k 与连续型分布$G(x,y)$构成的二维复合型极值分布。

设λ为平均每年风暴发生次数，若风暴过程出现频次k符合泊松分布

$$P_k=\frac{\mathrm{e}^{-\lambda}\lambda^k}{k!} \tag{7.1.4}$$

由式(3.2.3)可导出以下形式：

$$F_0(x,y)=\mathrm{e}^{-\lambda}\left(1+\lambda\int_{-\infty}^{y}\int_{-\infty}^{x}\mathrm{e}^{\lambda\cdot G_x(u)}g(u,v)\mathrm{d}u\mathrm{d}v\right) \tag{7.1.5}$$

式(7.1.5)中的$g(x,y)$采用混合冈贝尔分布，则得到泊松二维混合冈贝尔分布。

由于泊松二维混合冈贝尔分布使用的一个必要条件是：两个变量之间的相关关系的取值范围为[1,2/3]，这极大地限制了模型的应用，因为在实际工程中，两个极值序列之间的相关关系不满足上述条件是经常遇到的。为此，本书采用泊松二维冈贝尔逻辑分布，使得二维泊松冈贝尔模型具有普遍适用性。

若$G(x,y)$符合二维冈贝尔逻辑分布，其分布函数为

$$G(x,y)=\exp\left\{-\left[\exp\left(-\frac{x-\mu_1}{\alpha\sigma_1}\right)+\exp\left(-\frac{x-\mu_2}{\alpha\sigma_2}\right)\right]^{\alpha}\right\} \tag{7.1.6}$$

式中，α是表示随机变量x和y之间相关性的参数，若r_{12}为随机变量x和y之间的相关系数，α可按$\sqrt{1-r_{12}}$进行估计。式(7.1.6)中随机变量x和y之边缘分布如下：

$$\begin{cases} G_x(x)=\exp\left[-\exp\left(-\frac{x-\mu_1}{\sigma_1}\right)\right] \\ G_y(y)=\exp\left[-\exp\left(-\frac{x-\mu_2}{\sigma_2}\right)\right] \end{cases} \tag{7.1.7}$$

式中，$\mu_i,\sigma_i(i=1,2)$分别表示随机变量边缘分布的位置参数和尺度参数。对式(7.1.6)中的随机变量x和y求偏导数，得到x和y的联合概率密度函数为

$$g(x,y)=\frac{1}{\alpha\sigma_1\sigma_2}A^{\frac{1}{\alpha}}B^{\frac{1}{\alpha}}(A^{\frac{1}{\alpha}}+B^{\frac{1}{\alpha}})^{\alpha}[\alpha(A^{\frac{1}{\alpha}}+B^{\frac{1}{\alpha}})-(\alpha+1)]\cdot G(x,y) \tag{7.1.8}$$

式中，$A=\exp\left(-\frac{x-\mu_1}{\sigma_1}\right)$，$B=\exp\left(-\frac{x-\mu_2}{\sigma_2}\right)$。将式(7.1.8)代入式(7.1.5)，即得 PBGL 模型。若随机变量 X 和 Y 超过某值 x 和 y 时，其发生概率 p 与累积概率 G 互余，对应的联合重现期 T 则为 p 的倒数。

7.1.4 台风暴潮过程中极值潮位与波高联合概率分析

对水位和波高序列分别进行冈贝尔分布的拟合，经过 K-S 检验，在显著水平 0.05 时，二者皆符合冈贝尔分布，见图 7.1.6 和图 7.1.7。水位与波高联合概率密度见图 7.1.8 和图 7.1.9。

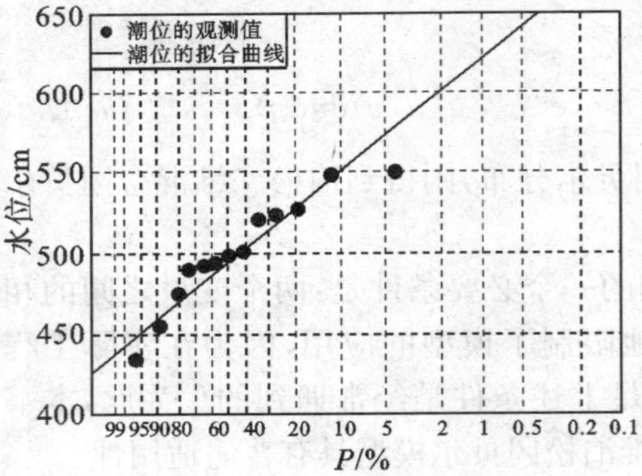

图 7.1.6 水位的冈贝尔分布

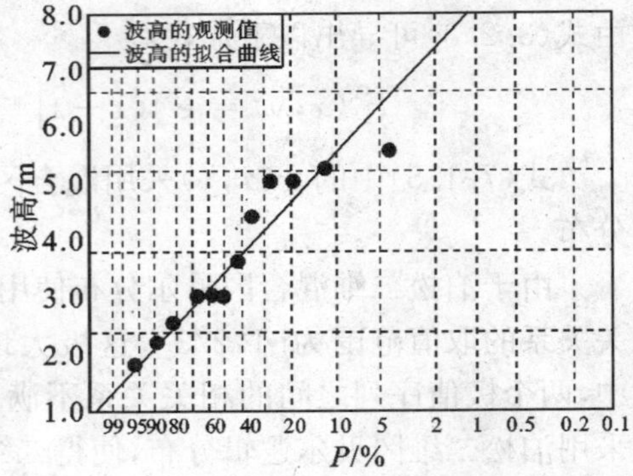

图 7.1.7 波高的冈贝尔分布

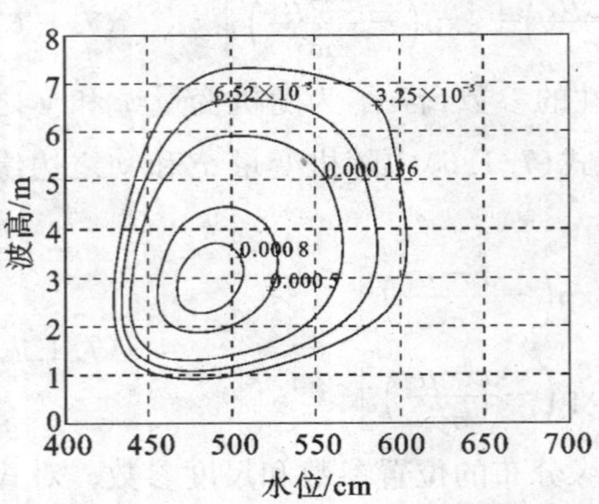

图 7.1.8 波高与水位的联合概率密度等值线

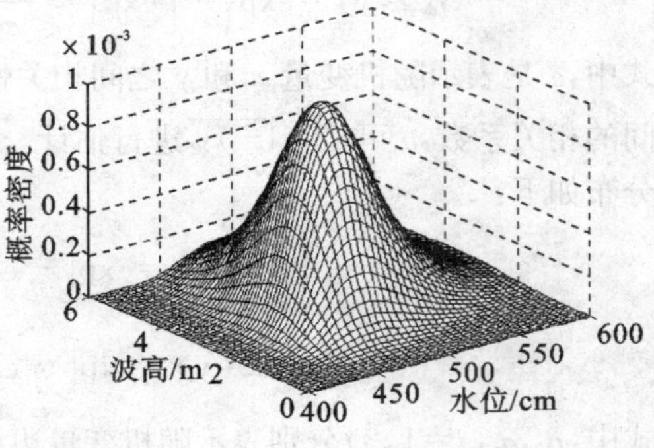

图 7.1.9 波高与水位的联合概率密度

图 7.1.10 表示不同水位条件下，波高的累积率。从图中可以看出，随着水位的增长，累积率随着波高的变化更加显著。可见，单纯的水位值，难以全面描述台风暴潮的灾害的程度。

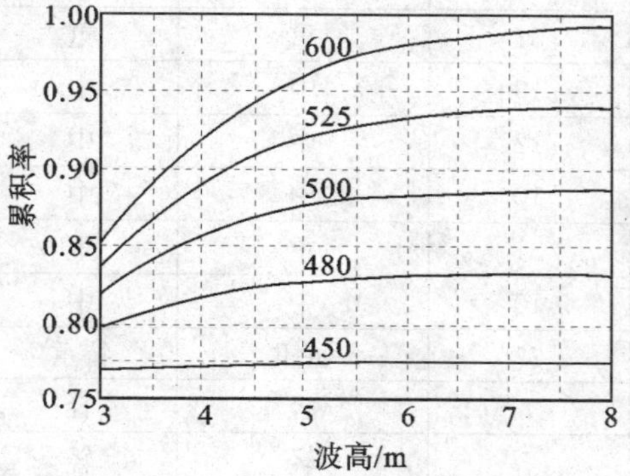

图 7.1.10　不同水位条件下，波高的累积率

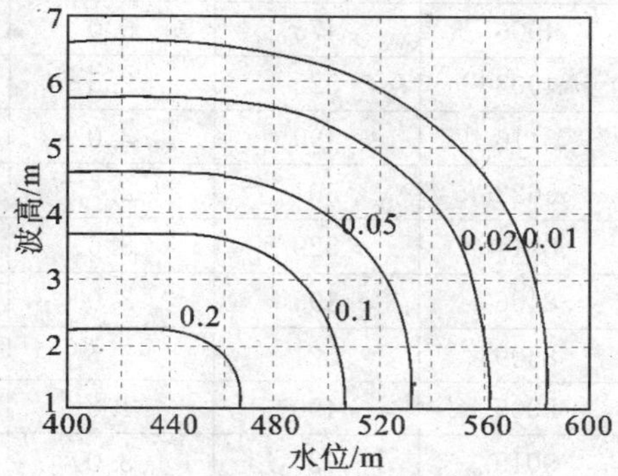

图 7.1.11　联合概率等值线

由泊松二维冈贝尔逻辑分布得到的概率等值线见图 7.1.11。若极值水位到达现在青岛市划定的警戒水位 525 cm，它与波高 3.0 m，4.0 m，5.0 m 和 6.0 m 同时出现的概率分别为 4.46%，2.92%，1.67%和 0.86%。因此，采用警戒水位的概念，难以反映台风暴潮对海岸地区造成灾害的重现特点，不可避免地对灾情大小的理解产生偏差。

根据极值水位与相应波高联合出现的重现期大小，给出台风暴潮致灾强度的等级划分，见表 7.1.11。

表 7.1.11　台风暴潮强度等级

级别	1	2	3	4
致灾强度	轻	中	重	特重
台风暴潮重现期/a	0～10	10～30	30～50	50～200

对新中国成立以来青岛地区的台风暴潮灾害进行重现期的计算，结果列入表 7.1.12。作为比较，同时将李培顺给出的台风暴潮“灾度”列入表 7.1.12。从中可看到，上述台风暴潮强度等级的划分与灾情统计基本吻合。计算结果出入最大的 9415 号台风，计算结果为中，实际灾度为轻，其原因与 9414 号台风暴潮连续受灾有一定影响，人们的防潮减灾意识增强，加上预报及时，使得灾害损失降低。需要指出的是，虽然 9711 号台风暴潮的自然强度最大，从表 7.1.12 可知，其灾情却低于 9216 号台风，其原因在于：由于相关部门对这次台风预报

的准确，发布的及时，使这次台风造成的损失减少到了最低程度。

表 7.1.12　青岛地区台风暴潮致灾强度

台风编号	极值水位/cm	显著波高/m	重现期/a	计算风暴潮强度	灾度
4906	475	5.0	31	重	重
4908	525	2.5	19	中	中
5116	499	3.0	12	中	中
5622	501	2.5	10	中	中
8114	529	3.6	31	重	重
8406	493	3.0	10	中	中
8509	521	5.5	77	特重	特重
9005	490	1.8	7	轻	轻
9015	434	3.0	7	轻	轻
9216	548	5.0	94	特重	特重
9414	494	2.2	9	轻	轻
9415	455	4.4	18	中	轻
9711	551	5.2	111	特重	特重

从表 7.1.12 亦可看出，在台风暴潮过程中，若极值水位与波高同时出现较高值，则致灾强度很大（如 9700，9216 和 8509 号台风）；若潮位较高，相伴出现的波高相对较小，成灾强度亦较轻（如 4908 号台风）。进一步验证了青岛地区的严重台风暴潮灾害是高潮水位与向岸大浪联合作用造成的。

本节提出了泊松二维冈贝尔逻辑分布，对海岸地区台风暴潮致灾强度进行了长期预测。新模式能够反映水位与波高对灾情的综合贡献，克服了以往单一警戒水位的不足，提出了判别台风暴潮致灾强度的新标准。虽然资料有限，模型的普遍适用性尚需进一步检验和完善，但所提出的统计分析方法对我国海岸地区的防潮减灾具有参考意义。

7.2　海堤断面形式

我国沿海居民在抗风浪、御大潮的过程中，因地制宜，就地取材，创造了多种多样的海堤结构型式。就堤身材料而言，主要是当地的土、石料。我国海堤的形式，随堤基高程、风浪潮流大小、土质软硬、施工条件、材料来源及地方习俗的不同而异。早期在平均高潮位或小潮高潮位以上筑堤时，小潮期一般滩地上不淹没，土质较硬，即使滩地淹没时，水深也不大，风浪较小，施工较易。在这类高滩上筑堤，一般以土堤为主，迎水面种植草皮或做干砌块石护坡。在盛产石料的岸段，也常用石磡（即挡土墙式的陡墙）护面。20 世纪 80 年代以后，东南沿海一带高滩地越来越少，堤线逐渐外移到中潮位以下。这时，因滩地较低，土质较软，水深增大，施工时土方易被冲刷流失，因此，在水中施工需要采用土石混合堤。

海堤的断面，按其迎水坡外形通常可分为斜坡式、陡墙式（含直立时）和混合式三类。

7.2.1　斜坡式海堤

工程上把迎水面坡比 $m>1$ 的海堤称为斜坡堤。从堤身材料看，常用的是土堤和土石混合堤，并在迎水面设置护面保护。护面的种类有干（浆）砌石、抛石、混凝土、钢筋混凝土、栅栏板、异型人工块体及水泥土等，我国海堤以砌石护坡使用最广。典型的斜坡式堤断面如图 7.2.1 所示。

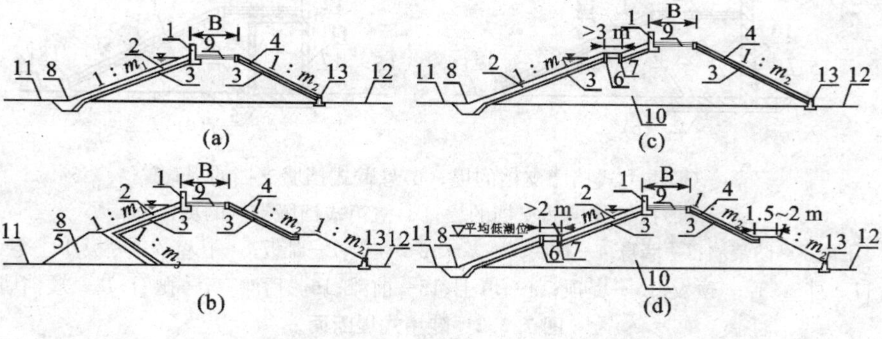

(a)斜坡式堤；(b)堆石棱体及马道的斜坡式堤；

(c)有消浪平台的斜坡堤；(d)在平均低潮位处设置平台的斜坡式堤

1—防浪墙；2—迎海侧护坡；3—反滤；4—背海侧护坡；5—棱体；6—平台外转角；7—平台内转角；8—护脚；9—堤顶；10—填土；11—前滩；12—后滩；13—矮挡墙

图 7.2.1　斜坡式堤断面

斜坡式海堤的优点：迎水坡较平缓，反射波小，大部分波能可在斜坡上消耗，防浪效果较好；地基应力分布较分散均匀，对地基要求较低；稳定性好；施工较简易，便于机械化施工；便于修复。其主要缺点：断面大，占地多；波浪爬高（当迎水坡 $m=1.5\sim2.0$ 时）较大，需较高的堤顶高程，导致投资加大。

斜坡式海堤断面通常临海侧坡比小于背海侧坡比，堤身填料为黏性较大的土时，宜选用较缓的坡；为砂性较大的土时，用较陡的坡。

断面高度大于 6 m 时，背海侧坡宜设置马道，可增加断面的稳定性。风浪作用强烈的堤段，设置消浪平台对消浪有利，波浪经过消浪平台后，爬高迅速衰减，可减轻堤顶防浪的压力，也是降低越浪量的一项有效措施。

7.2.2　陡墙式海堤

此类海堤断面迎水面用块（条）石、混凝土等砌筑成坡比 $m<1.0$ 的陡墙（防护墙）。墙后设置碎石反滤层或土工布反滤，也有采用抛石碴代替的，同时在后方填筑土方。典型的陡墙式堤断面如图 7.2.2 所示，其中 B 为堤顶宽度。

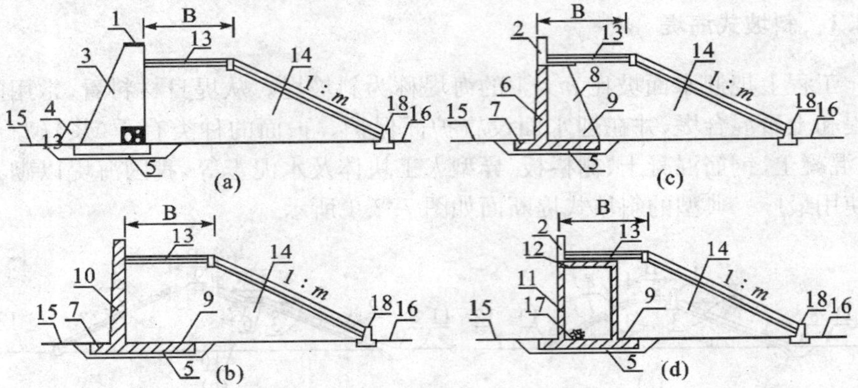

(a)重力式挡墙支挡的堤；(b)悬臂式挡墙支挡的堤；
(c)扶壁式挡墙支挡的堤；(d)空箱式挡墙支挡的堤

1—压顶；2—防浪墙；3—墙身；4—护底；5—基床；6—立板；7—趾板；8—扶壁；9—底板；10—悬臂；11—外壁；12—顶板；13—堤顶；14—填土；15—前滩；16—后滩；17—抛石；18—矮挡墙

图 7.2.2　陡墙式堤断面

陡墙式海堤的优点：断面小，占地少，工程量较省；波浪爬高较斜坡堤小，堤顶高程可略低；施工时采用“土石并举、石方领先”的方法，以石方掩护土方，可减少土方被潮浪冲刷流失。陡墙式海堤的缺点：堤基应力较集中，沉降较大，对地基要求较高；堤前波浪底流速较大，易引起堤脚冲刷，需采取护脚防冲设施；波浪破碎时对防护墙的动力作用强烈，波浪拍击墙身，浪花随风飞越溅落堤顶及内坡，对海堤破坏性较大，因此对砌石结构要求较高，堤顶及内坡也要采取适当防护措施；防护墙损坏后维修较困难。

陡墙式海堤一般位于波浪不大，地基较好的堤段。从水动力学的观点看，一般情况下堤轴线位于破波带外，且受立波作用，或在堤前水浅、波小的堤段，均可考虑采用此类海堤。对软基，石墙下需设置抛石基床，并采取镇压层等地基加固措施。

7.2.3　混合式海堤

此类海堤迎水面由斜坡和陡墙联合组成，主要有两种情况：一种是上部为斜坡，下部为陡墙，墙顶高程一般在高潮位附近或稍低，有的在陡墙顶部留一平台，再接斜坡，如图 7.2.3(c)所示；另一种是上部设陡墙，下部为斜坡，如图 7.2.3(a)所示。

此类海堤迎水面由斜坡和陡墙联合组成，因此，它综合了二者的优点，可根据实际地形进行优化组合；也是分阶段多次加固形成的堤身断面最普遍的一种形式。它的消浪性能好，堤身堤基整体稳定性好。对原有斜坡堤断面，可在不改变原有临海侧护坡的前提下，加高培厚背海侧坡。堤脚后移，成为斜坡堤—斜坡堤。为减少背海侧坡坡脚后移占地，可在原临海侧护坡面上增设消浪平台，并用陡墙式海堤的陡墙支挡二阶堤身土体，成为斜坡式海堤—陡墙式海堤断面形式。对原有陡墙断面，可在不改变原有陡墙的前提下，在原有墙顶增设二阶斜坡或陡墙，这样可组合成陡墙式海堤—斜坡式海堤或陡墙式海堤—陡墙式海堤。典型的混合式断面堤如图 7.2.3 所示，其中 B 为堤顶宽度。

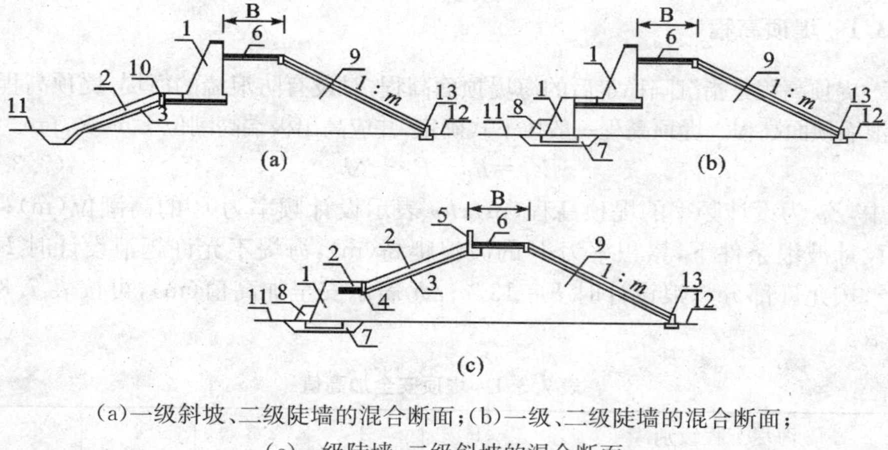

(a)一级斜坡、二级陡墙的混合断面；(b)一级、二级陡墙的混合断面；
(c)一级陡墙、二级斜坡的混合断面

1—陡墙；2—迎海侧护坡；3—反滤；4—平台内转角；5—防浪墙；6—堤顶；
7—基床；8—护脚；9—填土；10—平台外转外；11—前滩；12—后滩；13—矮挡墙

图 7.2.3　混合式堤断面

混合式海堤具有斜坡式和陡墙式两者的特点，如果将两种形式进行适当的组合，合理应用，可发挥两者的优点。但海堤变坡转折处，波流紊乱，结构易遭破坏，需要加固。混合式海堤一般在滩面较低、水深较大的情况下采用。

海堤的外坡还可分为单坡、折坡(折点上下变坡)和设有平台的复式坡。外坡设置平台可减小波浪爬高,降低堤顶高程,有利于堤身的稳定和维修养护,但工程量增大。在堤前涂面较低、堤身较高、风浪较大的堤段,常采用设置平台的复式断面或混合式堤型。

此外,还有一些特殊型式的断面,如弧形挑浪断面,有的外坡上部为弧形、下部为斜坡,也有外坡是弧形的,其目的是利用弧形使来波沿曲面上卷而互相消耗能量,防止或减小波浪越顶。但弧形断面施工较复杂,弧形断面所受竖直向上的波压力较大。

海堤断面的设计,既要经济合理,安全可靠,又要因地制宜,就地取材。选择堤型要根据各种堤型的特点和当地自然条件(地形、地质、潮汐、风力、水流等)、当地材料、施工条件、运营和管理要求、工程造价及供气等因素,进行综合分析研究和技术经济比较,必要时还需做模型试验后才能确定。

7.3 基本断面尺度

7.3.1 堤顶高程

堤顶高程是指沉陷稳定后的海堤顶面高程,对设有防浪墙的海堤,堤顶高程指防浪墙顶面高程。堤顶高程一般按下式确定,并应高出极端高潮位 1.5~2.0 m。

$$Z_P = h_P + R_F + \Delta h \tag{7.3.1}$$

式中,Z_P 为设计频率的堤顶高程(m);h_P 表示设计频率为 P 的高潮位(m);R_F 为设计波浪条件下,累积率为 F 的波浪爬高(m),海堤不允许越浪设计时 $F=2\%$,按允许部分越浪设计时 $F=13\%$;Δh 表示安全加高值(m),可按表 7.3.1 选取。

表 7.3.1 堤顶安全加高值

海堤工程级别	1	2	3	4	5
不允许越浪 Δh/m	1.0	0.8	0.7	0.6	0.5
允许越浪 Δh/m	0.5	0.4	0.4	0.3	0.3

海堤按允许部分越浪设计时,堤顶高程按式(7.3.1)计算,依此计算的越浪量不应大于允许的越浪量。当堤顶临海侧设有稳定坚固的防浪墙时,堤顶高程可算至防浪墙顶面。但不计防浪墙的堤身顶高程仍应高出极端高潮位 $0.5H_{1\%}$。堤路结合的海堤,按允许部分越浪设计时,在保证海堤自身安全及对堤

后越浪水量排泄畅通的前提下，不计防浪墙的堤身顶高程仍应高出极端高潮位0.5 m。

由于地基软弱承载力低或经济等原因，堤顶高程受到限制时，有的高程采用允许越浪方案以降低堤顶高程，如浙江省嘉兴市的海宁、海盐等岸段因地基为高压缩、低强度的软弱土层，海堤堤身不能太高，有些海堤区段经论证后按允许越浪考虑，在堤顶、堤后采取防冲保护措施。也有的采用外坡护面加糙，如设置消浪块体、插砌条石等以提高消浪效果，减小波浪爬高，或采用离岸堤等消浪设施以降低堤顶高程。

软基上的海堤竣工后发生固结沉降，为保证设计堤顶高程，在设计时需要预留沉降量(包括堤身沉降和堤基沉降)。沉降量与堤基地质、堤身土质、填筑密度及施工条件等因素有关，非软土地基可取堤身的3%～5%，加高的海堤可取小值。当土堤高度大于10 m或堤基为软弱地基时，预留沉降量应计算确定。根据浙江省海塘建设经验，海堤竣工后软土地基固结沉降量一般可达塘身高度的10%～20%，对港湾内及新建的海塘取大值，对河口与老海塘加高及地基经塑料排水带处理的取小值。

此外，全球气候变暖，海平面呈明显升高的趋势，未来将会对沿海海堤堤顶高程确定产生影响。据估计，近百年来全球海平面升高速率为1.0～2.0 mm·a^{-1}，根据1992年国家海洋局发布的《中国海平面公报》，大陆沿岸的海平面年变化率为1.1～2.1 mm·a^{-1}，与世界大洋的上升率基本接近。按海区划分，渤海为2.0 mm·a^{-1}，黄海为1.0 mm·a^{-1}，东海为2.7 mm·a^{-1}，南海为2.1 mm·a^{-1}。同时，沿海一些经济较发达地区因过量抽取地下水造成地面沉降，也增加了风暴潮灾对海岸的威胁。

7.3.2　堤顶宽度

堤顶宽度与海堤稳定、防汛、管理、施工、工程规模及交通要求等因素有关。以往我国浙江、福建、广西等省区的海堤，其堤顶宽度一般为3～6 m；有的地区在软基上建堤，顶宽仅2.0 m。对有坍岸可能的堤段，堤顶需要宽一些，以便修复，如钱塘江河口的粉砂土堤，其堤顶宽度一般为6～8 m。上海市海堤的堤顶宽度，顶宽一般为5～10 m。重要工矿企业的海堤，如上海石油化工总厂海堤，堤顶宽度达10 m左右。由以上情况可见，由于我国沿海地区的条件不同，情况各异，海堤堤顶宽度差别很大，但因沿海经济发展和防汛发展和防汛的需要，堤顶宽度有加宽的趋势。《海堤工程设计规范》的海堤堤顶宽度按表7.3.2选取。

表 7.3.2 堤顶宽度

海堤级别	1	2	3～5
堤顶宽度/m	≥5	≥4	≥3

堤顶结构包括防浪墙、堤顶路面、错车道、上堤路、人行道口等。

防浪墙宜设置在临海侧，堤顶以上净高不宜超过 1.2 m，埋置深度应大于 0.5 m。风浪大的防浪墙临海侧，可做成反弧曲面。宜每隔 8～12 m 设置一条沉降缝。防浪墙的代表性断面见图 7.3.1。

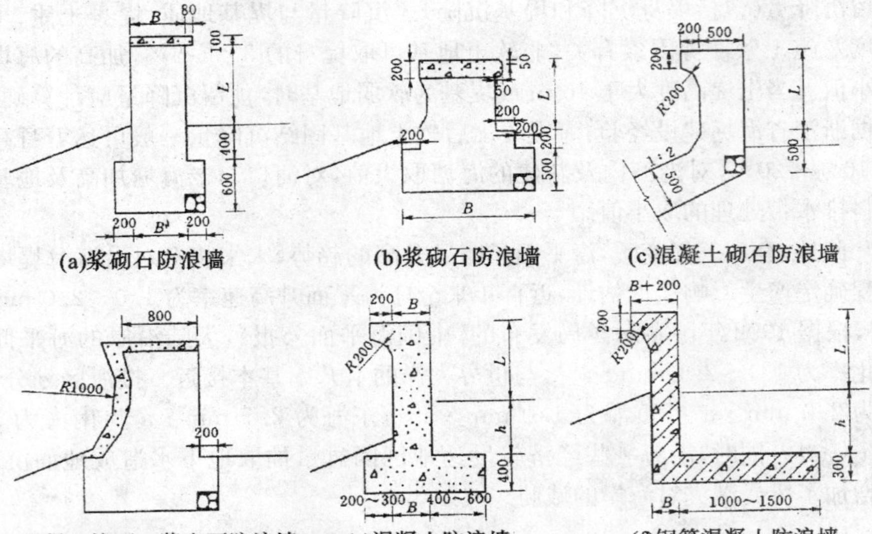

(a)浆砌石防浪墙　(b)浆砌石防浪墙　(c)混凝土砌石防浪墙

(d)混凝土护面，浆砌石防浪墙　(e)混凝土防浪墙　(f)钢筋混凝土防浪墙

图 7.3.1 防浪墙代表性断面图(单位:mm)

堤顶路面结构应根据用途和管理的要求，结合堤身土质条件进行选择。堤顶与交通道路相结合时，其路面结构应符合交通部门的有关规定。一般的路面结构如图 7.3.2 所示。不同类型路面的单坡路拱的平均横坡度可按表 7.3.3 采用。

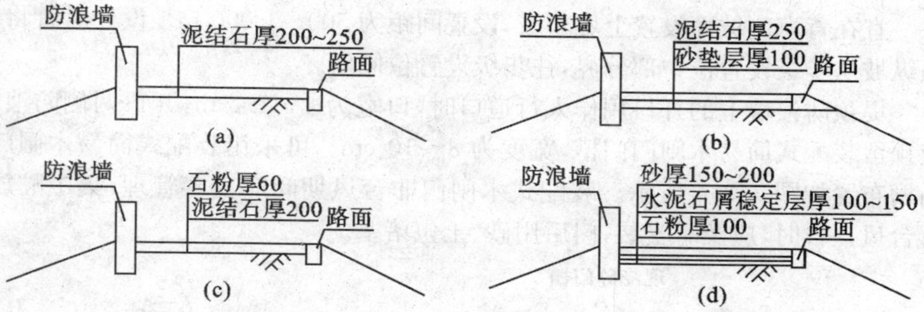

(a)泥结石路面；(b)具有砂垫层的泥结石路面；
(c)具有泥结石的垫层的石粉路面；(d)标准混凝土路面

图 7.3.2　一般路面结构图(单位：mm)

表 7.3.3　各类路面的单坡路拱的平均横坡度

路面类型	单坡路拱的平均横坡度/%
沥青混凝土、水泥混凝土	1～2
整齐石块	1.5～2.5
半整齐石块、不整齐石块	2～3
碎石、砾石等粒料	2.5～3.5
炉渣土、砾石土、砂砾石等	3～4

错车道应根据防汛和管理需要进行设置。堤顶宽度不大于 4.5 m 时，宜在海堤背海侧选择有利位置设置错车道。其平面布置如图 7.3.3 所示。

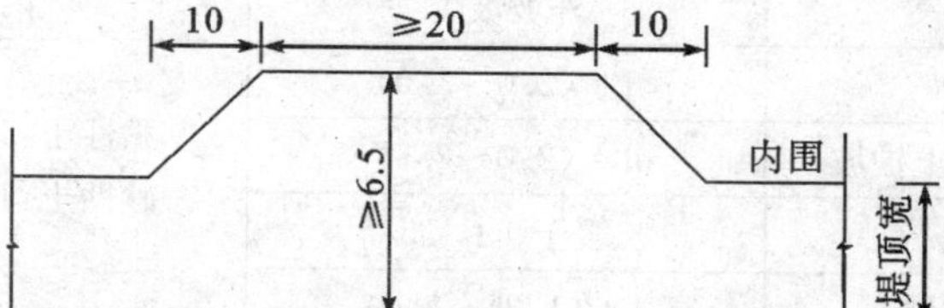

图 7.3.3　错车道平面布置图(单位：m)

根据防潮、管理和群众生产的需要，应在适当位置设置上堤坡道。上堤坡道宜设在海堤的背海侧，可采用加铺转角式交叉型式，道宽不小于 3 m，最大纵坡不宜大于 8%。当交叉角为 45°～90°之间时，圆曲线半径相应为 27～10 m。设置必需的路拱横坡度，将交叉处雨水排出堤外。

宜在背海侧坡面设置上堤步级，设置间距为 500～1 000 m。设计时宜将堤顶纵坡从步级设置位中部分界，往步级设置位倾斜。

堤顶防浪墙上的开口用作人行道口时，口宽为 1～1.2 m，开口两侧防浪墙应预留装配式简易木闸门门槽，宽度为 8～10 cm。可采用装配式简易木闸门，门槽布置如图 7.3.4 所示。装配式木闸门非台风期间应妥善管理，集中贮放，有台风预告时，应及时安装，门后用砂、土包堵塞。

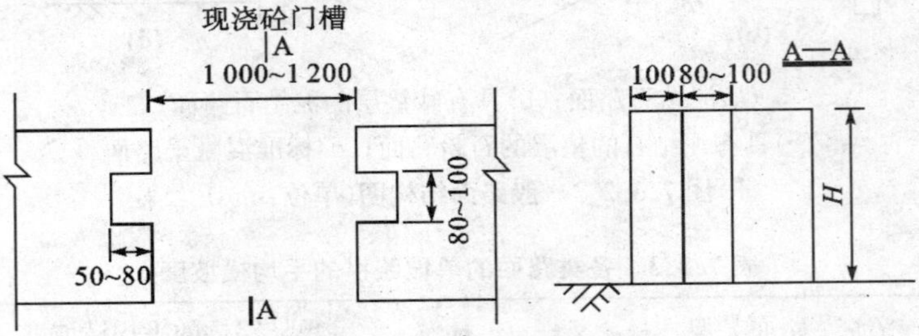

图 7.3.4 装配式简易木闸门门槽布置图(单位：mm)

7.3.3 海堤边坡

影响海堤边坡的因素，主要有海堤断面结构形式、护坡种类、堤身材料与地基土质，同时还考虑波浪作用情况，堤高、工程量、施工方法和运用要求等因素。各地一般都先参照已建类似工程的经验(表 7.3.4)初步拟定边坡，再通过稳定计算和风浪爬高计算，经方案比较后确定合理的海底边坡和海堤断面。

表 7.3.4 海堤内外坡度经验值

护坡类型	外坡坡度	内坡坡度
干砌石护坡	1∶(2.0～3.0)	水上 黏性土：1∶(1.5～3.0) 砂性土：1∶(3.0～5.0) 水下 海泥掺砂：1∶(5.0～10.0) 砂壤土：1∶(5.0～7.0)
浆砌块石、混凝土护坡	1∶(2.0～2.5)	
抛石护坡	缓于 1∶1.5	
人工块体护坡	1∶(1.25～2.0)	
陡墙(防护墙)	1∶(0.2～0.7)	

注：内坡护坡采用干砌块石、浆砌块石、混凝土等水工结构时，其坡度可参照外坡坡度，适当陡一些。

值得注意的是外坡坡度为 1∶(1.5～2.0)时，在一般风浪波陡范围内，波浪在堤坡上爬高较大。因此，为了降低堤顶高程，砌石护坡不宜采用此范围的坡度。

我国有不少海堤采用草皮等植物护坡。采用此种护坡的海堤，外坡较平坦，一般为 1∶(3.0～8.0)，苏北沿海的粉砂土海堤，外坡一般为 1∶(5～15)，如东县有的堤段外坡达 1∶(25～35)。即使如此，遇到强台风暴潮袭击，粉砂土、砂土地区无工程护坡的海堤，外坡仍易被冲蚀，复堤维修工程量很大。

7.3.4　平台

以减小波浪爬高为主要目的在外坡上设置的平台亦称消浪平台。外坡设消浪平台，不仅可减小波浪爬高，而且有利于堤身稳定和维修养护。海堤堤前滩面较低、风浪较大时常设之。据莆田海堤试验站现场观测资料，当平台位于静水位附近、平台宽度为 1～2 倍设计波高时，波浪爬高较单坡时可减少 15%～25%。因此，消浪平台高程一般设在设计高潮位附近或略低于设计高潮位，平台宽度一般不小于 3 m，过窄消浪效果很小，但过宽也不经济，最好通过试验比较后确定平台高程和宽度。

海堤内坡上因稳定、管理维护、排水、防汛等需要设置的平台又称戗台，堤高超过 6.0 m 时常设置戗台，戗台宽度一般不小于 1.5 m。

内坡因交通和机耕需要而设置的通道也称交通平台，它在软基上可起压载的作用，同时还能延长渗径，其宽度一般为 3～6 m。

软基上因地基稳定需要在海堤两侧设置压载(镇压层)时，其高度、宽度可根据经验拟定，并通过稳定计算确定。

7.3.5　护脚

护脚的作用为支承护面结构和防止波浪淘脚。前者要求护脚对护面有足够的支承力，后者要求能防止底脚被淘刷，或发生淘刷时，仍有足够的能力支承护面结构。图 7.3.5 的 4 种护脚型式可以适用于不同的堤段位置。图 7.3.5(a)为直接在堤脚滩涂上挖槽设置护脚。图 7.3.5(b)为风浪很大的堤段采用浆砌条石砌筑后抛石镇压的护脚型式，图 7.3.5(c)、图 7.3.5(d)为抛石棱体护脚和坐落在抛石基床上的浆砌条石护脚。实际施工时，护脚往往在成堤前首先施工，淤泥质堤基上的护脚外轮廓并不鲜明，通常在堤身施工完毕后对护脚的石块进行理砌，以达到护脚的目的。图 7.3.5(a)型护脚通常用于不直接临海的堤脚。图 7.3.5(b)、图 7.3.5(d)型护脚通常用于波浪作用强烈的堤脚。图7.3.5(c)型护脚通常用于直接临海但波浪作用一般的堤脚。

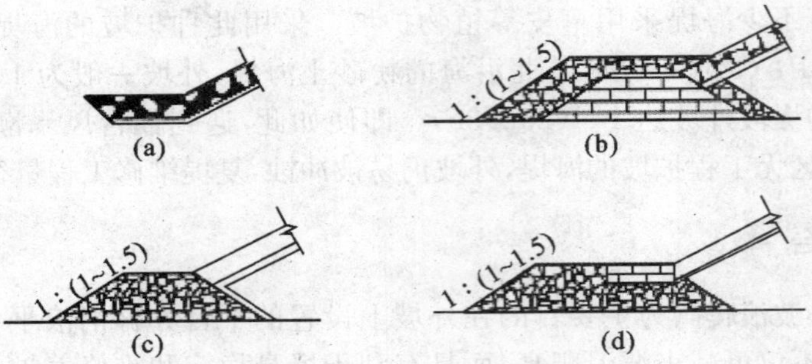

(a)浆砌石护脚；(b)浆砌条石护脚抛石镇压；(c)抛石护脚；(d)抛石基床浆砌条石护脚

图 7.3.5 护脚大样图

7.4 海堤主要构造

7.4.1 护面结构

海堤护面的主要作用是防止风、波浪、越浪水体及降雨对堤表冲蚀破坏。由于地形及自然条件复杂多变，且堤线长，工程量大，因此护面结构应尽量适应上述特点。护面型式应根据堤段的不同地形，与堤段周围环境相协调。

为消除不均匀沉降对护面结构造成的裂缝，应在刚度适度的单元边缘设置沉降缝。温度变化时，护面结构各部位变形的不一致，引起结构裂缝，同样应设置伸缩缝。对护坡结构，厚度方向的尺寸相对于平面方向的尺寸而言较小，因此伸缩主要表现为平面方向的伸缩；挡墙结构为平面应变状态，温度变化时，表现为沿长度的变形受到约束。因此，这两种结构的沉降缝和伸缩缝可合并设置，间距为 8～12 m，缝宽为 10～20 mm，缝内宜设置沥青松木板。为保证堤顶护面混凝土结构的平整度、要求堤身填土的沉降、固结量已基本完成，此时的护面结构不再留沉降缝，而只留伸缩缝。路面设计的术语为胀缝、缩缝。胀缝一般设在堤轴线平面曲线曲率变化的起止部位；直线段较长时，可每 200 m 设一条，缝间通过可以伸缩的拉力杆(钢筋)连接。缩缝一般每 4～6 m 设置一条，采取诱导切割方式，在护面上切割深 3～5 cm、宽 3～8 mm 的假缝形式；当护面板收缩时，将沿此最薄弱断面有规则地自行断裂。缝间填灌沥青类材料。

1. 斜坡堤临海侧护面

(1)干砌石护坡型式为海堤临海侧护坡的常见型式，特别是当地有便宜的石料，且波浪不大时，该护坡型式更具优越性，其结构如图 7.4.1 所示。该护坡型式的特点是能适应堤身的沉降变形，施工简单，容易维修，但整体性差，抗风浪能力弱。

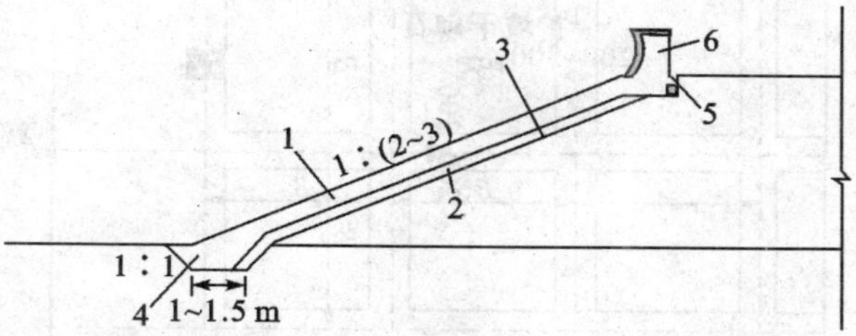

1—干砌块石厚大于 40 cm；2—反滤垫层砂、碎石厚 30 cm 或石碴厚 50 cm；
3—土工织物大于 300 g・m^{-2}；4—护脚；5—防浪墙基础(护坡封顶)；6—防浪墙

图 7.4.1　干砌石护坡结构示意图

护面是护坡的主体，块石应根据计算厚度来选择有规则的石料，并应做好反滤垫层。护面块石主要承受上壅波浪的冲击、掀动和浮托，承受回落水流拖拽及渗流动水压力的顶托，在波浪的交替作用下，坡面砌石易松动、变形失稳，设计时以控制砌石厚度为主。

护坡砌石的始末处及建筑物的交接处往往是护坡的薄弱环节，采取封边措施的主要作用是防止破波水流打击而导致的护面结构失稳，护坡顶应选用大块石封顶。堤顶设置防浪墙时，封顶应结合成防浪墙的底部。

为保证砌体厚度和嵌固力，在波浪作用强烈的堤段，采用长 60 cm 左右的条石竖砌护面。封边处应加宽、加深干砌石厚度，一般宽为 1～2 m，深为 0～1 m。

(2)长为 2～8 m，混凝土或浆砌石框格固定干砌石底同样要做好反滤垫层。封边护脚要求同干砌石护坡。混凝土或浆砌石框格固定干砌石护坡坡面布置如图 7.4.2 所示。

(3)灌砌石护坡具有较好的整体性，外表美观，损波浪能力较强，管理方便。但适应变形能力差，当岸坡发生不均匀沉陷时，砌缝容易出现裂缝。应在堤身土体充分固结、基础沉降已基本完成且土坡基本稳定后施工。经稳定厚度计算，确定护面厚度。混凝土灌砌石，虽造价稍高于浆砌石，但砌筑质量要优于浆砌石，宜用不低于 M10 的水泥砂浆或 C20 混凝土灌砌，并应设置沉降缝。反滤垫层厚度为 30～40 cm，反滤垫层底面可根据需要铺设土工织物或砂。浆砌(混凝土灌砌)块石护坡结构如图 7.4.3 所示。

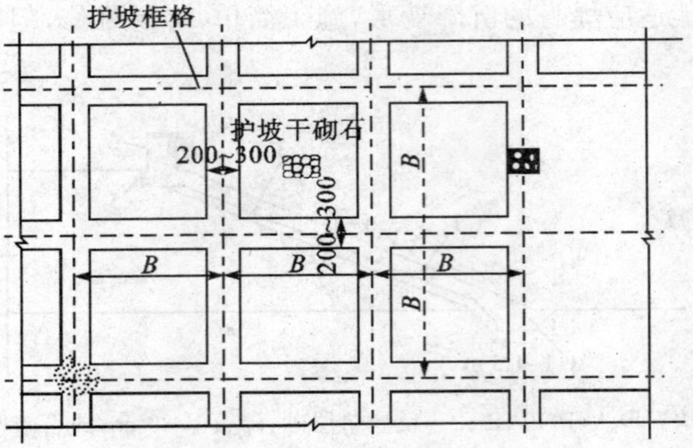

图 7.4.2　混凝土或浆砌石框格固定干砌石护坡坡面布置示意图(单位:mm)

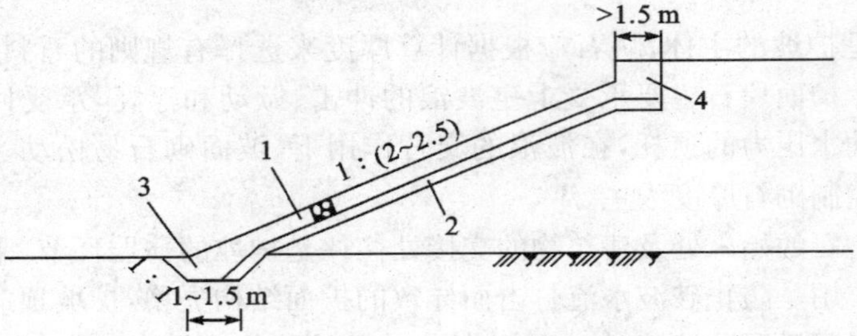

1—M7 砂浆或 C15 混凝土灌砌块石,厚 30～40 cm;
2—反滤垫层,厚 30～40 cm;3—护脚构造;4—封顶

图 7.4.3　浆砌(混凝土砌)块石护坡结构示意图

(4)不直接临海的堤段,要考虑堤岸的生态恢复效应。未发生风暴潮时,临海侧护面应与堤身一体,成为海边的一道靓丽的自然风景线。临海侧护面可采用底部无砂混凝土或干砌石,上部植草或立体土工格栅并植草的工程措施与植物措施相结合的护坡型式。立体土工格栅与无砂混凝土、干砌石之间应有连接措施,保证抗滑稳定和整体性。

无砂混凝土或干砌石间的孔隙,不妨碍上部植草后草根的继续扩展,形成稳定的工程、植物两种型式的复合护坡体。底部干砌石,上部立体土工格栅并植草的工程措施与植物措施相结合的护坡型式主要针对波浪较大的堤段,立体土工格栅可以使临海侧护面的整体性能更好。无砂混凝土厚度应满足坡面内部稳定的要求。同时,厚度不宜小于 200 mm。混凝土强度等级不宜低于 C20。

(5)预制混凝土异型块体的典型代表四脚空心块、扭工块及扭王块体,其稳定重量、护面层厚度及混凝土量按计算确定。块石垫层厚度为 40 cm,取单个块石稳定重量的 1/20～1/10，不得轻于 1/40，块石粒径不小于四脚空心块的最大空隙。

对工程所在区域石料缺乏，而波浪较大的堤段，可采用消浪性能好、稳定性好的四脚空心混凝土块体护坡。该护坡型式为透空结构，因此块石垫层及反滤垫层的设置非常重要。其他型式的人工混凝土块体造价昂贵，应经工程经济比较后，合理选用。安放预制混凝土异型块体护坡型式如图 7.4.4 所示。

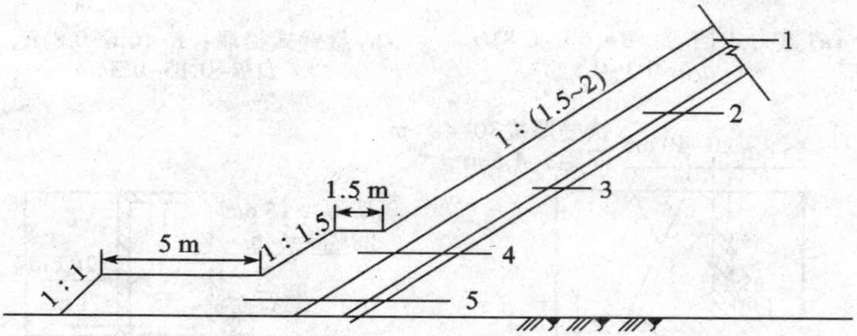

1—预制混凝土异型块体；2—块石垫层，块石重 80～100 kg，厚 40 cm；3—碎石反滤垫层，厚 30 cm；4—抛石棱体块，块石重 200～300 kg；5—护脚块石铺盖

图 7.4.4　安放预制混凝土异型块体护坡示意图

(6)反滤层的作用是防止波浪和地下渗流将堤身土从堤身缝隙中带走。海堤要长期承受波浪荷载的作用，具有瞬时脉动性。由于砂是非黏性材料，成堤后通常需对堤身表面进行防护。如护面与堤身的过渡反滤措施做得不好，堤身填料会被回浪吸走，很容易引起托空，波浪反复作用时导致护面破坏。

2. 陡墙堤临海侧护面

图 7.4.5 中推荐了 4 种陡墙式临海侧挡墙结构型式，供参考。

由于挡墙一般建在有海水浸没的软土地区，基础条件差，施工时一般不设置施工围堰来筑墙，通常在抛石基床上修建挡墙，并在基底抛厚度为 50～100 cm 的砂石垫层以改善挡墙底的地基应力。为加大墙后填土的内摩擦角，减小土压力，采取在墙后一定范围回填砂或石碴，并在填土与砂、石交界面上做好反滤层的措施。避免墙体裂缝的主要措施是设置沉降伸缩缝。墙体临海侧设置排水孔是为了有效地避免墙前、后产生渗透压力。

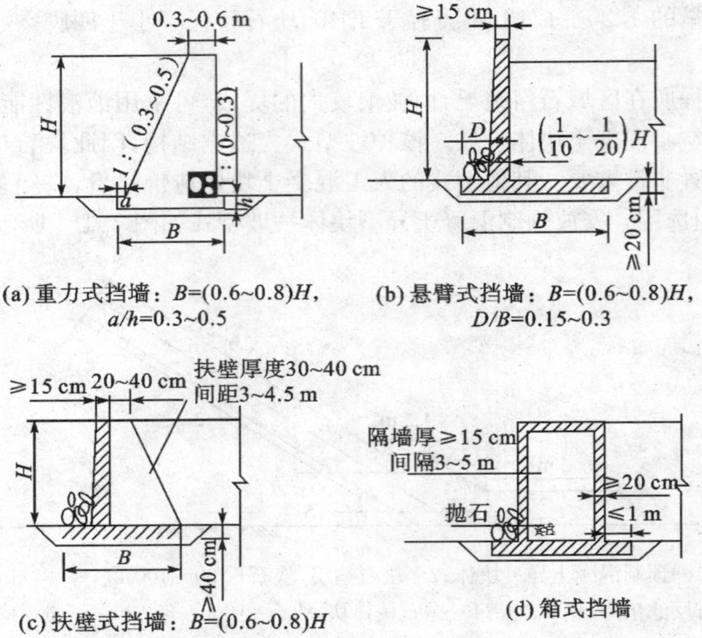

(a) 重力式挡墙：$B=(0.6\sim0.8)H$，$a/h=0.3\sim0.5$

(b) 悬臂式挡墙：$B=(0.6\sim0.8)H$，$D/B=0.15\sim0.3$

(c) 扶壁式挡墙：$B=(0.6\sim0.8)H$

(d) 箱式挡墙

图 7.4.5　陡墙式临海侧挡墙结构尺寸图

箱式挡墙对软基的适应性强，自重轻，箱内可抛填块石或土，为有效地维持墙体稳定，可在箱壁设排水孔和排气孔，使墙内、外水位相等。箱间隔应对称布置，顶部设顶盖。此型式适宜用于基础差，但又与城区景观结合的堤段，它可以通过一些箱顶的小附件，设置花槽、栏杆、公园椅，将堤顶辟为人行道及观景平台。

陡墙式挡墙在原有堤身基础上加高堤围时，可在原有堤上部修筑二阶重力式挡墙，形成混合式堤身断面。为增加挡墙的抗滑稳定性，宜将基底做成逆坡或增加齿坎，顶部与堤顶防浪墙结合，并做混凝土压顶。

悬臂式挡墙一般采用钢筋混凝土结构，基础埋置深度不宜小于 0.8～1 m。

当墙高在 9 m 以上时，采用扶臂式挡墙更经济合理。

3. 混合堤临海侧护面

混合式断面海堤是可以逐年加高的海堤中最常见的断面。由于断面上有消浪平台，减小了波浪的爬高，该断面型式较为灵活。由于平台外转角波受波浪作用强烈，要求顶部做混凝土压顶，压顶可兼做路堤结合时亲水平台的栏杆座，平台内转角受回浪冲刷，也宜做混凝土压顶，此压顶即可作为亲水平台后部的花槽基座或人们观景小憩的公园椅的基座。平台面应留足通气孔。堤顶防浪墙可以通过结构变换，使其成为花槽，既可防浪，又可种植景观植物。总之，混合式断面海堤应为设计者最可施展其想象力和实现多功能的可重塑断面型式。

临海侧多年平均低潮位以上的消浪平台及反压平台内外转角处宜根据风浪条件采取高一个等级的结构措施加以保护。如坡面是干砌石时，上述部位应砌筑浆砌石框格。如坡面是浆砌石时，上述部位应浇筑混凝土梁。

4. 堤顶护面

按现行堤防设计规范要求，堤顶一般兼做防汛道路，平时不通车，应采用工程措施防护。堤顶护面防护以后，堤顶成为台风期间及平时堤段维护管理的主要通道，堤身作为路基，除了有压实度要求外，尚要求基础的固结沉降基本完成。

不允许越浪的海堤，堤顶护面采用混凝土，为刚性护面。建成后，维护工作量小，但一次性投资大，堤身出现结构隐患不易发现。碎石、石粉、泥结石护面，为柔性护面，一次性投资小，能够顺应堤身的沉降变形，但容易损坏，平时维护工作量大。允许部分越浪的堤顶防护有强度要求。刚性护面有混凝土护面，柔性护面有沥青护面，两者均要求设置完善的排水系统。混凝土和沥青护面，一次性投资大。采用混凝土护面对设备要求、施工的难易程度及耐久性方面，要优于沥青护面。

堤顶通车不是指台风期及海堤管理期通车，而是指路堤作为城镇间相互连通，且达到一定标准的路面等级概念上的通车。路面交通是堤段的重要功能，应根据交通等级，做出相应的设计。

5. 背海侧护面

背海侧坡面的现代设计理念强调人性化设计，因此按不允许越浪设计的海堤，优先采用植物措施防护；对按允许部分越浪设计的堤段，应通过越浪量计算，尽量使海水在堤顶汇集，通过排水沟排向后坡脚，使背海侧仍能采用植物措施防护。对堤前水深较大且为主风向，越浪量较大时，可采用工程措施防护。

按照筑堤标准碾压的堤身，土体致密，无腐殖质，很难保证植物成活，因此加铺一定厚度的腐质类土以提高植物成活率，并为其繁殖提供较丰富的营养积蓄地。

越过防浪墙的浪花，与堤顶或后坡碰撞后流速衰减迅速，故后坡的防护主要以能承受垂直于坡面的冲击力为主，无波浪的回流水流的拖拽力，因此护面设置原则应为透水、消能。在保证良好的反滤垫层的基础上，按其造价高低排序，应为干砌石砂浆勾缝、预制混凝土板勾缝、浆砌石。

采用何种护面型式主要从波浪破碎后的流速来考虑，几种护面材料的抗冲流速见表7.4.1。

表7.4.1 护面材料的允许不冲流速

护面材料	现浇混凝土	浆砌石	干砌石
不冲流速/$m\cdot s^{-1}$	5～6.5	2.5～5	2～4

背海侧坡脚宜设置高1 m左右的重力式浆砌石矮挡墙，以防止背海侧坡脚雨水冲刷，造成堤身土料流失。矮挡墙既可保护堤脚，又使工程界限明确，增加美观。

背海侧坡面防护的一般型式如图7.4.6所示。

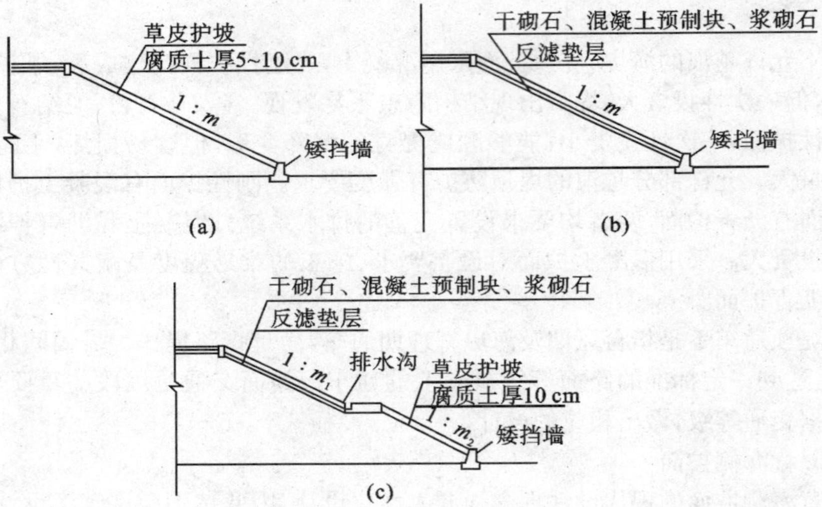

图7.4.6 背海侧坡面防护的一般型式

采用干砌块石或浆砌块石砌筑的海堤护坡，经过海浪多年冲击后，整体性降低，抗海浪冲击能力减弱，在海堤加固扩建时，宜对其进行加固处理。加固方法应结合原有护面的损害程度等因素综合确定。

用预制混凝土异型块体加固护面具有施工方便、适应堤身变形能力强、削减波浪爬高效果好的优点，对于斜坡式护面可优先考虑。

在原护面上浇筑混凝土板的加固措施具有抗海浪冲击能力强、施工方便的优点，但应注意堤脚保护，避免被波浪淘空后面板悬空。采用砂心填筑的堤段不宜采用混凝土护面。混凝土护面下的砂心堤段，在波浪破碎时，自波峰抛出的水流的冲击，对板产生周期性动力荷载，引起护面下砂土的运动。当波浪爬升和自斜坡上下落时，护面构件上的压力交换也引起砂土运动。在波浪作用下，混凝土面板即使止水做得很好，也避免不了板下部填料的移动，最终导致板底空，在波浪作用下，板面被击碎。采用整体式钢筋混凝土护面板应小于 20 m 设置一条温度（沉降）缝。装配式混凝土或钢筋混凝土板也可采用 5 m×5 m、10 m×10 m 的方格板。混凝土护面应伸入镇压层或护脚抛石体 0.5 m 以下。也可在沿护面坡向设置成阶梯形，以提高护面的消波性能，降低反冲波流的速度和冲刷作用。对淤泥质堤基，堤身土体充分固结后，当迎潮面封闭时，可不留排水孔。

混凝土护坡的消浪效果要差于干砌石和浆砌石，适用于已有护面结构的情况下，如斜坡式干砌石、浆砌石护面及陡墙式干砌石、浆砌石护面上。该护面型式整体性好。有时为了加强其消浪效果，可沿护坡面设置阶梯。当混凝土护面处于受潮水和盐、雾作用严重侵蚀性介质环境中时，应考虑抗海水的腐蚀性。

7.4.2　旧海堤护面加固

当旧海堤护面块石较小，难以抗御海浪冲击时，可采用砂浆对原护坡面灌缝并在其上砌筑混凝土、钢筋混凝土或浆砌石框格的方法使护坡块石连成一片，增强抵抗海浪的能力。该加固方法适用于低级别的海堤。浆砌石或混凝土框格应满足下列要求：

(1)灌缝砂浆标号不应低于 M10，混凝土强度（等级）不应低于 C20。

(2)框格垂直海堤轴线方向的间隔宜取 10～15 m，框格截面宽宜取 0.3～0.6 m，高宜取 0.5～0.8 m。

(3)当坡面长度大于 15 m 时，应设置平行于护脚的横格。

(4)框格应与护脚和封顶连成一体。

旧海堤通常为干砌石、浆砌石结构，加固时又将形成新的结构，强调新老结构的排水设施、结构缝衔接应避免加固对原墙构成排水不通畅和变形不协调的现象。

加固时，应判断原排水孔是否合适。

堤顶及背海侧的加固方法同新海堤的加固方法。

7.5　消浪措施

海堤临海侧的削浪措施能削减波能，减小波浪的爬高，减轻结构本身的负担，有利于工程的安全。

波浪爬高与坡面糙率关系很大，因此可增加坡面糙率以提高消浪效果，减少波浪爬高。目前常用的做法有:采用细骨料混凝土灌气块石凸出加糙;插砌(丁砌)条石成排或单个凸出加糙;混凝土板设置消浪齿坎、混凝土栅栏板等。例如,浙江海盐黄家埝斜坡式海塘采用灌砌块石护坡,将块石按梅花形排列,间距 50 cm,块石凸出部分高度一般为 10~20 cm。江苏赣榆海堤(位于海州湾顶部)原设计堤顶高程为 7.5 m,采用混凝土灌砌块石埋设 20~30 cm 高的石柱消浪,梅花形布置,石柱面积占总面积 20%,另加二级圆弧消浪拱,使堤顶高程降低 1.0 m,实际高程为 6.5 m,建成以来经受了多次强台风考验,效果良好。

福建省有的海堤采用插砌条石加糙,单个凸出成梅花形布置或砌成一排排消浪坎,条石突出坡面 10~20 cm,间距 1~1.5 m。试验表明,斜坡堤插砌条石加糙护面的凸出条石可采用水平成排连续排列,即在坡面上形成与堤轴线平行的多条消浪坎,这样便于施工。当加糙率 $K_P=25\%$(即四排条石中凸出一排)时,消浪效果较佳,波浪爬高值小。条石的凸出高度 h' 越大,消浪效果越明显,但 h' 过高对条石稳定不利。目前工程上采用加糙率 K_P 为 25%,条石突出高度 h' 取 0.3 h(h 为条石护面设计厚度,不含凸出部分)或(1.0~1.2)a(a 为条石截面宽度)。在上述条件下,当堤坡 $m=1.5$ 时,波浪爬高可降低 20%;$m=2\sim3$ 时,波浪爬高可降低 30%。

设置消浪平台可减少波浪飞溅,平台上的紊动波流能损失大部分的波浪能量,降低波浪对防浪墙的作用,对断面的稳定也有利。临海侧反弧形陡墙面可防止形成溅浪,降低波浪爬高,其底端应位于冲刷水位线以下,倾角宜小于 35°。为了增强平台的消浪效果,有的在平台边沿设消浪坎或消浪墩,或在平台上埋消浪石并在平台内侧设曲面墙。

堤前种植芦苇、互花米草等防浪作物对消浪和护坡可以起到很大的作用,从而节省工程费用,甚至使环境得到美化。例如,根据上海经验,堤前若有 300 m 宽的旺盛芦苇滩,波浪传到堤前已基本消失;若有 100 m 旺盛芦苇滩,波浪传到堤边波高约衰减一半。芦苇滩宽度达到 100 m 以上的堤段,堤坡通过种植芦竹、杞柳等防浪作物,就基本可不作工程护坡。在芦苇茂盛前可采用铺柴压石或混凝土板护坡过渡,待芦苇茂盛后拆除重复使用。又如浙江苍南、温岭等地沿海,在堤外滩地上种植互花米草,1994 年 17 号强台风暴潮期间显示了很好的消浪作用。苍南海域以南 7.5 km 海堤前种植互花米草,以北 7.5 km 未种,在台风期观察到无草堤段的越浪水体高达十几米,海堤决口 30~50 m,而滩地种植互花米草的堤段海堤安然无恙。南、北海岸带适宜生存的植物种类不同,应根据不同的条件,选择合适的消浪植物品种。次生防浪林应慎重引进,以保证植物的生态安全。

潜堤是一种促使临海侧波浪破碎的主动消浪措施,预制混凝土异型块体护坡、护脚，在海港工程的防波堤上应用已比较成熟，但造价昂贵，应经充分的技术经济比较后决定是否选用。

7.6　岸滩防护

海岸的侵蚀一般是由波浪、海流等动力因素造成的，天然海滩的变化性质有两类：第一类，海岸长期来看是稳定平衡的，仅在短期（或季节性）大风浪作用下掀动岸滩，泥沙基本上垂直于海岸方向运动，造成岸滩短期的冲淤；第二类，海岸的淤进或蚀退是由于纵向（沿岸）输沙不平衡造成的，其变化持续几十年或上百年。海岸的侵蚀指的是第二类，主要成因在于：修建突出海岸的建筑物，改变了天然海滩上波浪和海流的形态，拦截了纵向来砂，破坏了天然海滩的动力平衡，造成建筑物附近海滩的淤积。下游海滩供砂量不足，使建筑物下游一定距离处的海滩发生冲刷。

海滩的侵蚀深度可按以下方法确定：

(1)假定海滩的侵蚀与未修建海堤前的情况一样，如图 7.6.1 所示。现有海滩剖面 $DCEB$，A 点为拟建海堤的地点，DC 为海滩肩部，E 点为长波的破碎点，可由波浪破碎的深度决定，B 点为海滩侵蚀的界限，一般可定在距水边线 10 m 处。

(2)假定 B 点以外的海滩变形很小，如果已知近年该海滩每年平均侵蚀速度 n(m)，若海堤的使用年限为 20 年，则 20 年后滩肩的前缘将从 C 点后退至 D 点，$CD=20n$，20 年后海滩的剖面为 DFB，DF 平行于 CE（即假定滩面的坡度保持不变）。

(3)从 A 点画一垂线，交 DFB 于 A'，则 $ACEBA'$ 即为修建海堤后可能侵蚀掉的面积，A' 即为可能的侵蚀深度。高程 A' 即为新建海堤的底部高程或已建堤防的护底高程。

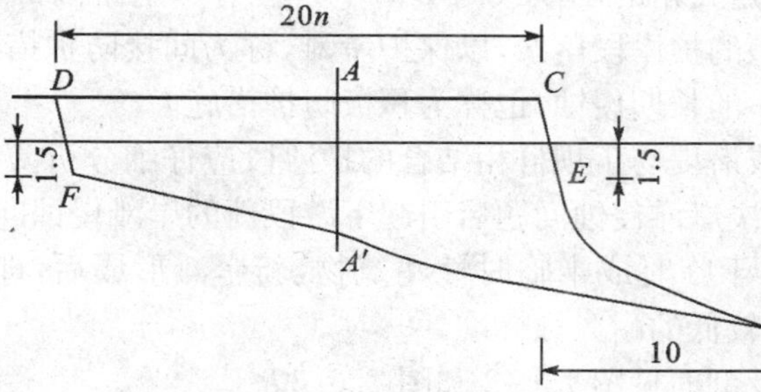

图 7.6.1　海滩的侵蚀深度的确定(单位:m)

可采用混凝土板桩作为护底工程措施。板桩厚度及深度应经护底土压力强度要求计算确定。

海堤的滩岸与堤防的关系密不可分,“保堤必须固岸,固岸必须保滩”是一条普遍经验。在受水流、风浪、潮汐等侵蚀、冲刷情况下会造成破坏的岸滩,需进行防护,以控制和调整水流、稳定岸线,保护海堤的安全。

海堤所处的位置,一类是临海侧无滩或岸滩极窄,修建加固海堤时均须加强护脚,另一类是临海侧有滩或近海水产养殖基地。滩地受水流淘刷危及堤身的安全时,可依附滩岸修建护滩工程。

岸滩防护是海堤加固的重要组成部分,直接关系到加固后的堤身能否稳定,可采用工程措施与植物措施相结合的方法护滩。堤线位于经常不靠海或靠海时水浅、流速小的岸滩,要尽量采用投资省、实施容易、效果好的植物护滩措施。

堤岸防护的长度应根据堤线的走势,所在海域的风向、地形历史上出现的险段分析,对堤轴线曲率半径过小、波能显著集中的凹岸前滩,且面向不利风向的堤段应根据其滩位高低的具体情况,进行工程措施和植物措施的方案比较。滩位高的岸滩采用植物措施比较好,防护的长度无限制,越长越有利于堤岸的防护。滩位低且位于侵蚀性海岸的堤段,只能通过工程措施来防护,防护的长度直接影响相邻的堤段前岸滩的稳定,因此要慎之再慎。

混凝土铰链连锁板具有适应滩面局部不平整、整体性好等优点,在河口冲刷区护岸具有一定的优势。由于河口一般位于感潮区,水位随潮位变化,水域一般含盐,交替出露的混凝土铰链连锁板的连接件为金属结构,锈蚀问题不容忽视,连接件锈蚀后,使结构丧失整体性。

对稳定平衡的海岸,修筑堤防,防止海岸侵蚀坍塌,称为直接防护措施;因其不能解决岸滩的长期冲刷问题,也称为消极防护措施。长期淤进或蚀退的海岸,修建与岸成一定夹角的丁坝或与堤防平行但有一定距离的潜堤(离岸堤),促使泥沙在坝(堤)的护岸段落淤,以保护岸滩,称为间接防护措施;因其能在一定程度上解决海岸的长期侵蚀,也称为积极防护措施。

采用丁坝群或潜堤与丁坝群相结合的护滩段应仔细分析防护段的上、下边界,避免在该段解决岸滩侵蚀问题后引起下游段新的岸滩侵蚀问题。

丁坝、潜堤属于临时或半临时性建筑物,新岸滩形成后,即失去原有的作用,设计时可采用较低的耐久性标准。

典型的布置及剖面见图 7.6.2 和图 7.6.3。

为防止坝头冲刷,要计算冲刷深度,并进行有效防护,以保证坝身的整体性。

对于感潮河段，风浪小，流态与河流基本一致，护岸丁坝头及潜堤（离岸堤）前沿的冲刷推荐采用《堤防工程设计规范》中附录 D. 2 计算。

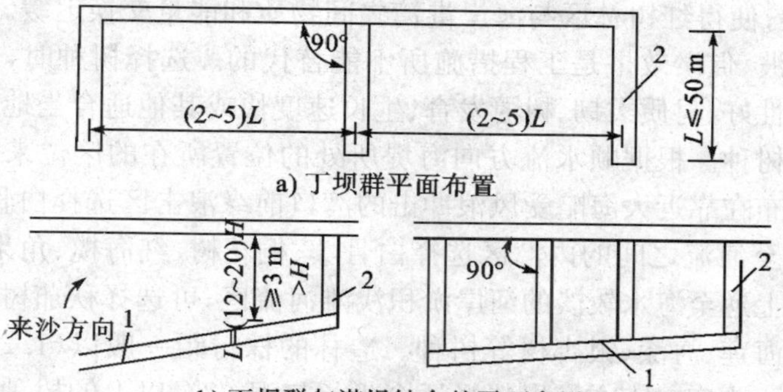

a) 丁坝群平面布置

b) 丁坝群与潜堤结合的平面布置

L—长波破碎的位置；H—波高；1—潜堤；2—丁坝

图 7. 6. 2　丁坝、潜堤的平面布置

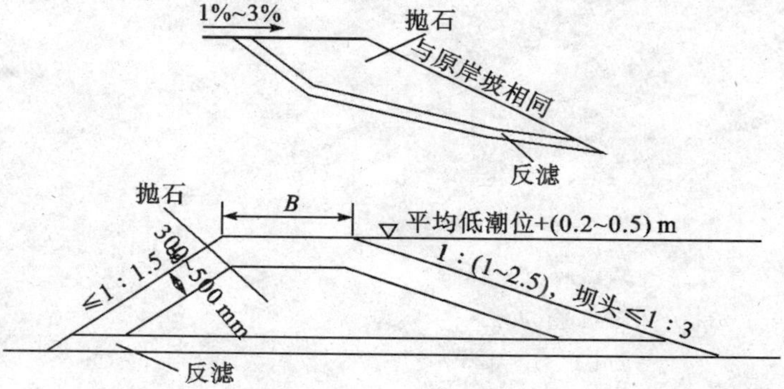

图 7. 6. 3　丁坝横剖面图

海岸护岸丁坝头，海流与波浪作用关系大，且与海岸沙粒的相对密度有关，无相对成熟的公式，故建议采用模型试验论证。

可采用预制桩围栏，形成内抛块石、顶部钢筋混凝土梁锁口的透空式桩式丁坝。桩式护岸造价高，只有在非常重要的堤段，且其他工程措施均不能奏效的情况下，酌情选用。设计时，坝头部分的桩要长于坝身部分的桩，桩底进入冲刷线以下，并保证其承载力。

此外，南方海岸带生长的红树林可御风消浪、护堤护岸、护滩促淤、消除污染、养鱼、美化海岸，创造良好的近海环境。其防浪护岸机制之一为减缓水流机制。中国科学院南海海洋研究所，1993 年 7 月大潮期间对华南三处红树林试验区进行观测，数据显示，红树林对水流的滞缓效应使漫溢流速与排泄流速都很小，极少大于10 cm·s^{-1}，一般仅为相应潮沟流速的1/6～1/13，相应白滩流速的1/3～1/4；使得红树林区与海岸港湾之间物质和能量交换迟缓。因此，种植红树林的消波、促淤效果是工程措施所不能替代的。选择树种时，应选用耐酸碱性及耐淹性好、材质柔韧、树冠发育、生长速度快或其他适合当地生长且防浪效果良好的树种。根据顺水流方向海堤所处的位置所在的区位来选择合适的品种。对分布在靠近大海略受风浪冲击的湾口前缘浪击区选择白骨壤、红海榄树种。湾口至河流之间的内湾区选择白骨壤、桐花树、红海榄、角果木、海莲树种。内湾区上逆至海水较淡的河岸淤积浅滩河流区，可选择秋茄树、桐花树、角果木、木榄、海莲、海漆、银杏树等树种。造林的株行距一般以(1.2～1.8)m×(1.2～1.8)m为宜。南方海岸选择适合生长气温22℃以上的树种造林。北方海岸带引种的大米草、互花米草，其消浪、固堤的效果也比较好。

第 8 章　海堤沉降与稳定性计算

8.1　海堤沉降计算

对于 1～3 级的海堤，应进行沉降计算。为了简化计算，通常采用平均低潮位时的工况作为荷载的计算条件，根据 e-p 曲线，计算堤身和堤基的各部位最终沉降量。计算过程如下所述。

设地基中仅有一层有限厚度的压缩土层，则在大面积均布竖向荷载下只有竖向的压缩变形（图 8.1.1），则沉降量 S 为

$$S=h_1-h_2 \tag{8.1.1}$$

式中，h_1 为土层原来的厚度；h_2 为土层在附加应力作用下沉降稳定后的厚度。

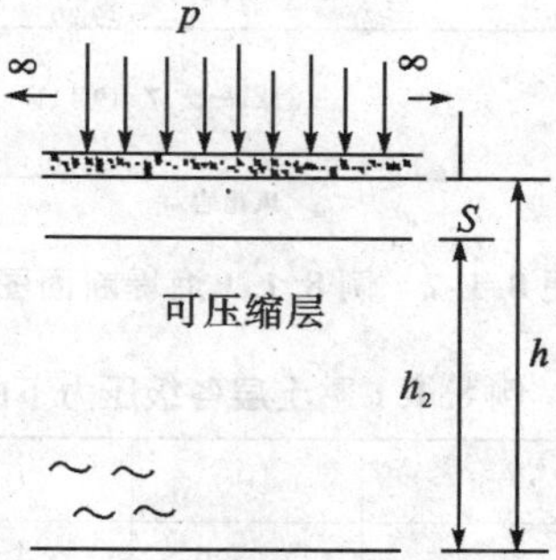

图 8.1.1　土层压缩沉降计算示意图

由于土中的应力状态符合无侧向变形条件，在取得土的室内压缩试验 e-p 曲线后，即可由土层初始有效应力 p_1 和最终有效应力 p_2 分别确定土的初始和最终孔隙比 e_1 和 e_2，按下式计算 S。

$$S=\frac{e_1-e_2}{1+e_1}h_1 \tag{8.1.2}$$

由于地基通常是由不同的土层组成，而且引起地基变形的附加应力在地基

中沿深度分布也有变化。工程中常采用单向压缩分层总和法进行计算.即在地基可能产生压缩的深度内,按土的特性和应力状态的变化划分成若干层,然后按式(8.1.2)计算各分层的变形量 S_i。最后,再将各层的 S_i 总和起来,即得地基表面的最终沉降量 S。

$$S=\sum_{i=1}^{n}S_i=\sum_{i=1}^{n}\frac{e_{1i}-e_{2i}}{1+e_{1i}}h_i \tag{8.1.3}$$

实际施工过程中,应对海堤施工过程加强沉降观测,根据实际沉降观测结果修正计算,预测工后残余沉降和预留各部位超高。

例 8.1.1 某海堤是在原泥面上填筑而成,堤顶高程 2.50 m,原泥面高程 −2.0 m;堤心填料和护面块体为块石,材料规格和下覆土层特性详见图8.1.2。海堤所在水域设计低水位−0.70 m;黏土层各级压力下的孔隙比详见表8.1.1。求海堤堤顶中心点处的最终沉降。

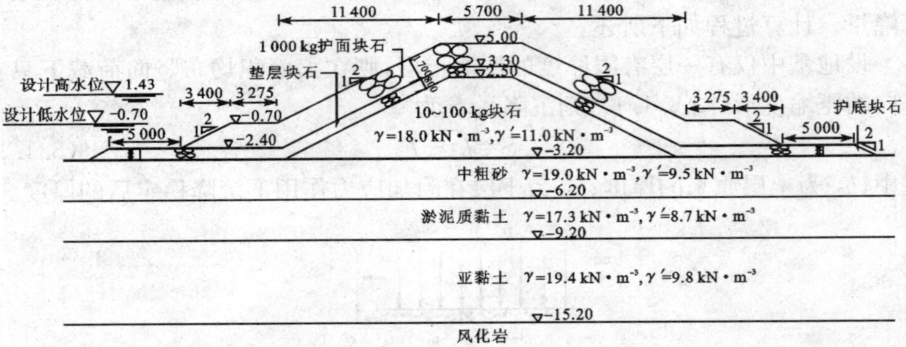

图 8.1.2 例 8.1.1 海堤断面图

表 8.1.1 例 8.1.1 黏土层各级压力下的孔隙比 单位:kPa

材料分区	0	50	100	200	400	600
淤泥质黏土	1.360	1.165	1.020	0.830	0.800	0.780
亚黏土	0.800	0.700	0.650	0.625	0.600	0.580

解 通常防波堤长度远大于其底部宽度,故可按平面问题(条形基础)求解。

1. 求防波堤泥面以上附加应力分布

为了便于查表计算将附加应力分为图 8.1.3 所示的 3 个条形荷载和 2 个三角形荷载。

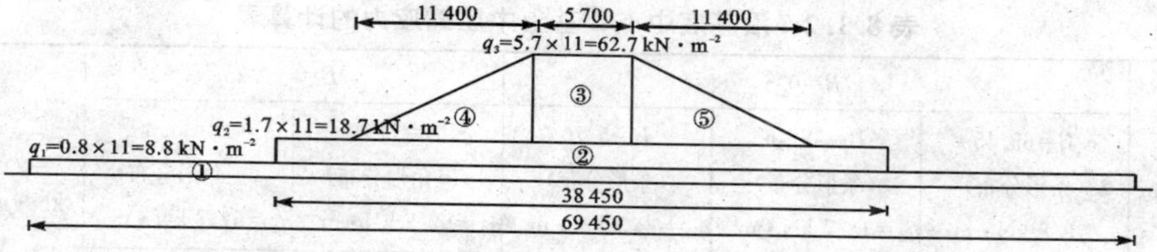

图 8.1.3　例 8.1.1 海堤沉降计算简图

2.基底沉降计算压力的分布

由于防波堤基础已在自重下基本压缩稳定，故基底各点的沉降计算压力等于防波堤泥面以上的附加应力。防波堤基础底部各部位的沉降均可按以上 5 部分附加分布载荷的组合叠加效果来确定。

3.计算地基中自重应力的分布

由原地面算起，在设计低水位以上按天然容重计算，设计低水位以下按浮容重计算。不同深度处的自重应力分别为：

基底面处（中粗砂顶层）：$\sigma_s(0)=0\ \text{kN}\cdot\text{m}^{-2}$

中粗砂底层（淤泥质黏土顶层）：$\sigma_s(-3)=9.5\times3=28.5\ \text{kN}\cdot\text{m}^{-2}$

亚黏土顶层（淤泥质黏土底层）：$\sigma_s(-6)=28.5+8.7\times3=54.6\ \text{kN}\cdot\text{m}^{-2}$

亚黏土中间层：$\sigma_s(-9)=54.6+9.8\times3=84.0\ \text{kN}\cdot\text{m}^{-2}$

亚黏土底层：$\sigma_s(-12)=80.0+9.8\times3=113.4\ \text{kN}\cdot\text{m}^{-2}$

4.计算防波堤基础中心点处可压缩土层深度范围内压缩应力的分布

由于防波堤地基表层土为中粗砂，压缩性很小且透水性大。在施工过程中一般能够压缩稳定，故此层的压缩量忽略不计。

5.按照压缩层的深度进行分层

淤泥质黏土和亚黏土层压缩性大，应分层计算压缩量；由于亚黏土层较厚，分为两层分别进行计算。计算结果详见表 8.1.2，其中：σ_z 表示深度 z 处的压缩应力；B 为荷载分布宽度；x 为计算点相对位置；q_n，$n=1,2\cdots,n$ 表示荷载大小；K_z 表示压缩应力系数，在《港口工程地基规范》(JTJ 250—98)附表 J 中查取。

6.求防波堤中点的沉降量

(1)先确定各分层内的自重应力平均值 σ_{si} 与压缩应力平均值 σ_{zi}，近似地以各分层的顶面与底面的应力平均值表示。

表 8.1.2 沿基底中点 2 基土中压缩应力的计算表

z/m	x/B=0.5									x/B=−0.25						$\sum\sigma_z$ /kN·m⁻²
	B=69.45（条形分布）$q_1=8.8$ kN·m⁻²			B=38.45（条形分布）$q_2=18.7$ kN·m⁻²			B=5.70（条形分布）$q_3=62.7$ kN·m⁻²			B=11.4（三角形分布）$q_4=62.7$ kN·m⁻²			B=11.4（三角形分布）$q_5=62.7$ kN·m⁻²			
	z/B	K_z	σ_z	z/B	K_z	σ_z	z/B	K_z	σ_z	z/B	K_z	σ_z	z/B	K_z	σ_z	
3	0.04	0.998	8.78	0.08	0.997	18.64	0.53	0.796	49.91	0.26	0.076	4.77	0.26	0.076	4.77	86.87
6	0.09	0.997	8.77	0.16	0.986	18.43	1.05	0.531	33.29	0.53	0.163	10.22	0.53	0.163	10.22	80.93
9	0.13	0.991	8.72	0.23	0.963	18.01	1.58	0.386	24.20	0.79	0.187	11.72	0.79	0.187	11.72	74.37
12	0.17	0.984	8.66	0.31	0.925	17.30	2.11	0.295	18.50	1.05	0.182	11.41	1.05	0.182	11.41	67.28

其中，第一分层：初始自重应力平均值

$$\bar{\sigma}_s=\frac{1}{2}(28.5+54.6)=41.55\ \text{kN}\cdot\text{m}^{-2}$$

压缩应力平均值

$$\bar{\sigma}_z=\frac{1}{2}(86.87+80.93)=83.90\ \text{kN}\cdot\text{m}^{-2}$$

第二、三分层的初始应力、压缩应力平均值详见表 8.1.3。

(2)按各分层的初始应力平均值$\bar{\sigma}_{si}$与最终应力平均值($\bar{\sigma}_{si}+\bar{\sigma}_{zi}$)，由表 8.1.1 所示的土层压缩参数绘制土层的 e-p 曲线，在所绘制的 e-p 曲线上查取初始孔隙比 e_{1i} 与最终孔隙比 e_{2i}（表 8.1.3）。

(3)按式(8.1.3)列表计算沿基底中点 2 土层各分层变形量 S_i 值，求和后乘以地区经验系数 m，得出基础中点的最终沉降量 S。

表 8.1.3 基底中点沉降量计算表

分层编号	分层厚度 h_i/cm	初始应力平均值 /kN·m⁻²	压缩应力平均值 /kN·m⁻²	最终应力平均值 /kN·m⁻²	e_{1i}	e_{2i}	$\frac{e_{1i}-e_{2i}}{1+e_{1i}}$	$S_i=\frac{e_{1i}-e_{2i}}{1+e_{1i}}h_i$
1	300	41.55	83.90	125.45	1.20	0.97	0.104 5	31.36
2	300	69.30	77.65	146.95	0.68	0.64	0.023 8	7.14
3	300	98.70	70.83	169.53	0.65	0.63	0.012 1	3.64
地区经验系数 $m=1.05$，$\sum S_i=42.1$ cm，则最终计算沉降 $S=1.05\times42.14=44.25$ cm								

8.2　海堤稳定性计算

8.2.1　海堤失稳的成因与类型

海堤建成后，在使用中可能会遇到各种各样的情况，如台风季节风浪的袭击、海流冲刷、超载堆货引起的地基基础破坏等因素，均会使海堤失稳。现分述如下：

1. 波浪引起海堤失稳

通常发生在台风季节，此时如果风浪较大，会有一定比例的护面块体破裂或滑落，造成局部边坡坍塌变缓。这种情况发生后需要对局部坍塌变缓的坡面进行修复。

2. 海流和波浪底流速淘刷引起的失稳

强烈的海流冲刷会使海堤的局部边坡坍塌变缓，海堤护底设施抵抗不住海流的冲刷，堤脚将被破坏，堤脚的坡度逐渐变陡，直至失去平衡引起岸坡失稳破坏，即为通常所说的崩岸险情。这种破坏多发生在海流较大或沿堤流较强的区域。

3. 地基问题引起的滑坡

海堤地基天然强度不足或基础处理达不到预期效果，引起海堤地基失稳。这种情况危害性很大，失稳后很难修复，一般定义为工程质量事故。

造成这种严重破坏的主要原因：①设计时选用的计算强度指标与实际强度不符，没有对海堤地基的土质进行深入调查，钻探过于简单，地质勘探资料没有揭示严重的地质局部突变，没有探查到堤防地基中软弱夹层或者探查深度不够等。②在深厚软黏土地基上筑堤，基础处理施工扰动使地基强度暂时降低，在地基土强度还没有来得及恢复时，后续的回填施工加载较快，致使荷载强度超过了地基土的极限承载能力。因此，在软土地基上建设堤防工程通常要增加侧向位移、孔隙水压力的监检测措施，合理控制施工进度，避免加载速度过快产生不利影响。③施工期监检测措施不力，或因为工期紧而忽视了位移和孔隙水压力消散等情况的实时观测结果。

4. 其他原因

偶然因素的作用，如地震和海啸的作用，在已经建成的海堤前疏浚挖泥等人为因素，均有可能使海堤失稳。

8.2.2 海堤失稳的典型模式

按边坡失稳滑动的形式可分为浅层滑动与深层滑动，如图 8.2.1 和图8.2.2 所示。

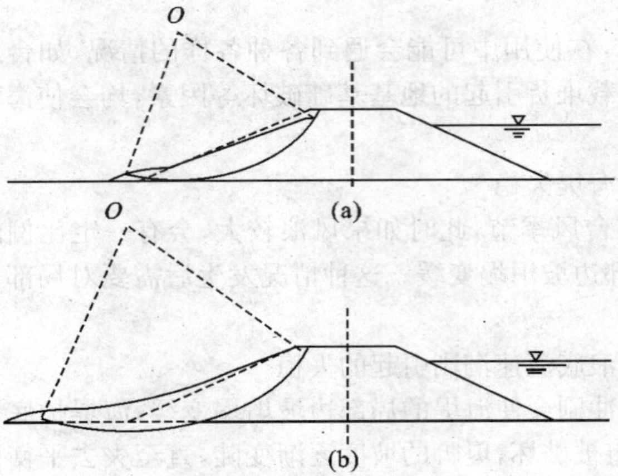

图 8.2.1 边坡失稳的浅层滑动

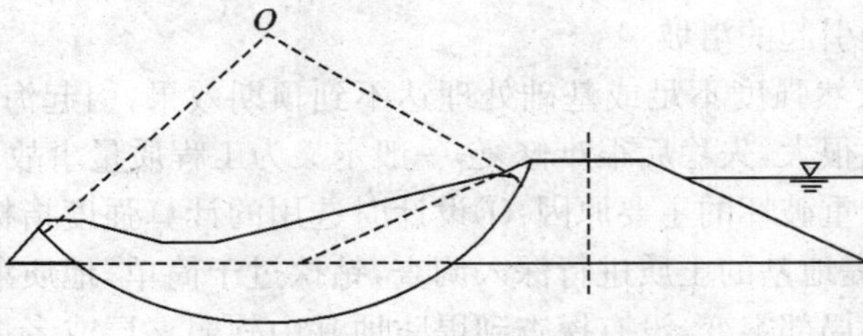

图 8.2.2 边坡失稳的深层滑动

按滑弧的形式可分为圆弧滑动和复式滑动，圆弧滑动面一般发生在均质土中，滑动面近似于圆弧。复式滑动面通常发生在土体中较薄的软弱层。另外，对于特别深厚的软黏土，在较大堆载作用下发生复式滑动的可能性也非常大，应引起足够的重视。

8.2.3 海堤稳定性的计算方法

软基上海堤失稳滑动时通常沿着一个近似圆弧的滑动面旋转下滑，在坡顶处滑动面近于垂直，在接近坡脚处滑动面与地面斜交，坡脚附近的地面有较大的侧向位移并有隆起，如图 8.2.3 所示。

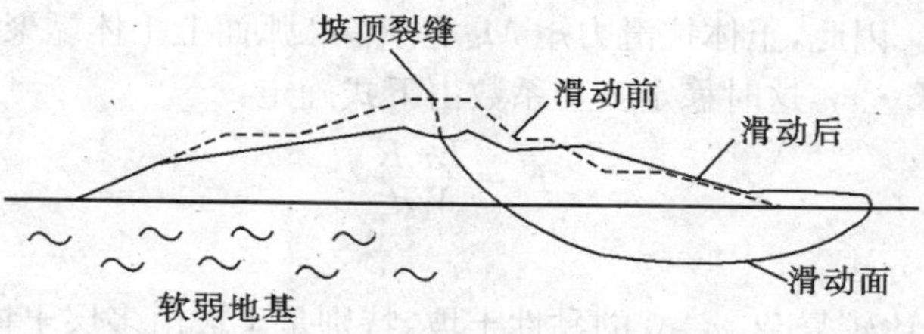

图 8.2.3　软基上的海堤失稳

在岩石或较硬的近似刚性基础上由砂、块石回填而成的海堤，堤体内部的滑动面近于平面[图 8.2.4(a)]；在基础中存在软弱夹层时，可能会出现由曲线和直线组合成的复式滑动面[图 8.2.4(b)]。

图 8.2.4　刚性基础上的海堤失稳

分析海堤稳定性时，一般按平面问题沿长度方向取单位长度来计算。海堤的稳定性计算通常考虑采用总应力方法，这与使用过程积累的经验较多有关。主要计算方法介绍如下：

1. 整体圆弧滑动法

对于均质黏性土边坡，在验算一个已知土坡断面的稳定性时，先假定多个不同的滑动圆弧，通过试算找出多个相应的稳定安全系数值。所找到的土坡稳定的最小安全系数的滑弧，即为该土坡的最危险滑弧。

图 8.2.5 表示一个均质的纯黏性土坡(摩擦角 $\varphi=0$)。AC 为假设的滑动圆弧，弧长为 L，O 为圆心，R 为半径。边坡失稳破坏意味着滑动土体绕圆心 O 发生转动。如果把滑动土体作为刚性隔离体，土体重量绕圆心 O 的转动力矩为 $M_O=Wd$，d 为过滑动土体重力相对圆心 O 的力臂。由于 $\varphi=0$，滑动面是光滑的，土体重量在滑动面上的反力一定垂直于滑动面，即反力通过圆心 O，其产生

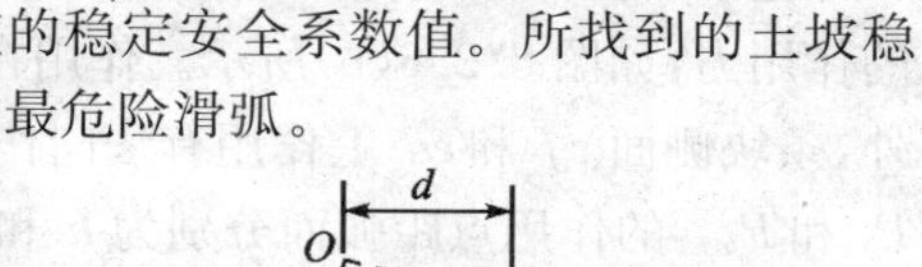

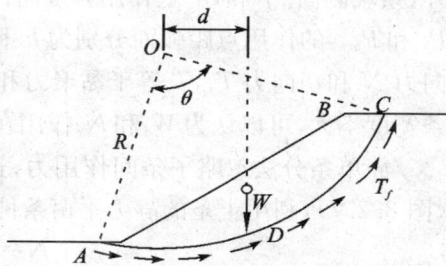

图 8.2.5　纯黏性土坡圆滑滑动

的力矩等于 0。因此，土体抗滑力矩 M_R 等于 AC 弧面上土体黏聚力产生的抗滑力矩，其值为 $L\cdot\tau_f$，这时稳定安全系数由下式确定：

$$F_s=\frac{L\tau_f R}{Wd} \tag{8.2.1}$$

2. 简单条分法

对于外形比较复杂，$\varphi>0$ 的黏性土坡，特别是土坡由多层土构成时，滑动土体的重力及其重心位置不难确定，但是假定的滑动面穿过不同的土层，每层土的抗剪强度不可能相同，另外土体重力在圆弧面上产生的反力也不一定通过圆心。针对此情况，费伦纽斯(1927)在土坡稳定性分析中提出简单条分法，即将滑动土体分成若干垂直土条，把每个土条当成刚性体，分别计算作用于各土条上的力对圆心的滑动力矩和抗滑力矩，如图 8.2.6(a)所示。

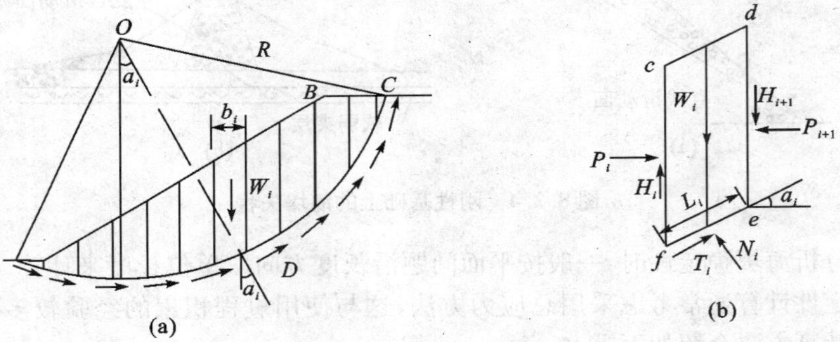

图 8.2.6 简单条分法计算示意图

把滑动土体分成若干土条后，土条的两个侧面存在左右相邻土条对其产生的作用力，如图 8.2.6(b)所示。作用在第 i 土条的作用力，除了土条自重 W_i 以外，条块侧面 cf 和 ed 上作用有法向作用力 P_i 和 P_{i+1}，切向作用力 H_i 和 H_{i+1}，P_i 和 P_{i+1} 的作用点距弧面分别为 h_i 和 h_{i+1}。圆弧段的长度为 l_i，其上作用着法向力 N_i 和切向力 T_i，T_i 等于黏聚力和摩擦力之和，$T_i=c_il_i+N_i\tan\varphi_i$。由于土条宽度不大，可以认为 W_i 和 N_i 作用在弧段的中点。

简单条分法忽略了条间作用力，这样作用于土条的力就仅有 W_i，N_i 及 T_i（图 8.2.7），利用土条的静力平衡条件，即得

$$N_i=W_i\cos\theta_i \tag{8.2.2}$$

$$T_i=W_i\sin\theta_i \tag{8.2.3}$$

式中，W_i 为土条的重力，按下式计算：

$$W_i=\gamma_i b_i h_i \tag{8.2.4}$$

式中，γ_i 为土的重度；h_i 为土条的中心高度；b_i 为土条的宽度。

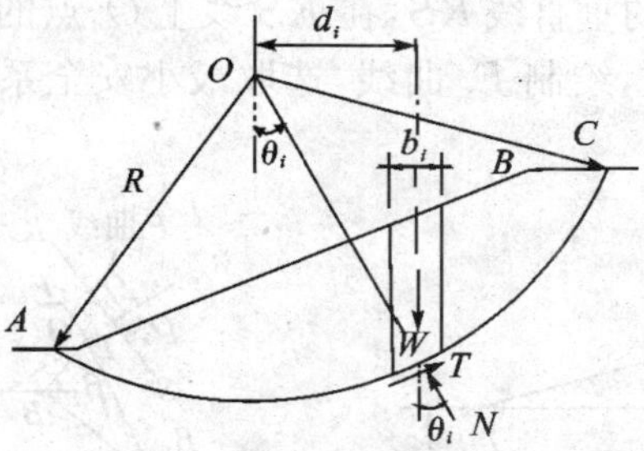

图 8.2.7　简单条分法计算示意图

在滑动面上，由所有土条自重引起的切向力所产生的滑动力矩（对滑动圆心）为

$$\sum T_i R = \sum W_i \sin\theta_i \cdot R \tag{8.2.5}$$

由所有土条底部抗剪强度所产生的抗滑力矩（对滑动圆心）为

$$\sum \tau_{fi} l_i \cdot R = \sum (N_i \tan\varphi_i + c_i l_i) R \tag{8.2.6}$$

$$F_s = \frac{M_r}{M_s} = \frac{\sum (N_i \tan\varphi_i + c_i l_i) R}{\sum W_i \sin\theta_i \cdot R} \tag{8.2.7}$$

$$F_s = \frac{\sum (W_i \cos\theta_i \tan\varphi_i + c_i l_i)}{\sum W_i \sin\theta_i} \tag{8.2.8}$$

计算经验表明：此公式不考虑土条间的作用力，使算得的安全系数偏低（即偏于安全），但对 φ 为零或 φ 值很小的软黏土用此法求出的稳定安全系数并不一定偏于安全。

采用简单条分法，确定最危险滑动圆弧要经过大量试算工作。目前由于计算机的普及，通过编制自动计算圆心点网格的方法，可以很容易找到最危险滑动圆弧的圆心和半径。在计算机没有普及之前，费伦纽斯提出了减少试算次数的有效方法，他的研究成果显示：$\varphi=0$ 的简单土坡的最危险滑动圆弧通过坡脚，其圆心位于图 8.2.8 中 AO 与 BO 两线的交点。图中 β_1 和 β_2 与坡度或坡角的关系详见表 8.2.1；当 $\varphi\neq0$ 时最危险的滑动圆弧的圆心将沿图 8.2.8(b)中的 MO 线向左上方移动。O 点的位置取决于坡角 β，可按表 8.2.1 确定。而 M 点则位于坡顶之下 $2H$ 深处，距坡脚的水平距离为 $4.5H$。计算时沿 MO 延长线上分别取 $O_1, O_2, O_3, \cdots$ 作为圆心，绘出相应的通过坡脚的滑弧。分别按式(8.2.8)求出各滑弧的安全系数 $F_{s1}, F_{s2}, F_{s3}, \cdots$，绘出 F_s 的曲线，最后求出 MO

延线上土坡稳定的最小安全系数 F_{smin}（相应的圆心为 O_n），如图 8.2.8(b)所示。然后通过 O_n 点作 MO 的垂直线 KS，在 KS 线上 O_n 点的两侧再取几个圆心，分别求出相应的安全系数，绘制 F_s 曲线，选取最小安全系数，作为土坡稳定的最终安全系数。

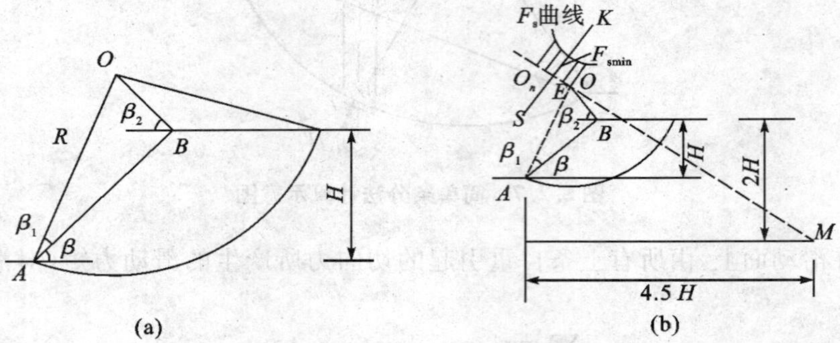

图 8.2.8　圆弧滑动法确定滑动圆心示意图

表 8.2.1　β_1，β_2 的数值

坡角 β	坡度 1∶m（垂直∶水平）	β_1	β_2
60°	1∶0.58	29°	40°
45°	1∶1.0	28°	37°
33°47′	1∶1.5	26°	35°
26°34′	1∶2.0	25°	35°
18°26′	1∶3.0	25°	35°
11°19′	1∶5.0	25°	37°

3. 毕肖普法

毕肖普于 1955 年提出了考虑土条间作用力的土坡稳定分析方法，称毕肖普法。

当土坡处于稳定状态（$F_s>1$）时，任一土条底部滑弧上的抗剪强度只发挥了一部分作用，并与切向力 T_i 相平衡，如图 8.2.9(a)所示，其平衡方程如下：

$$T_i=\frac{c_i l_i}{F_s}+\frac{N_i\tan\varphi_i}{F_s} \tag{8.2.9}$$

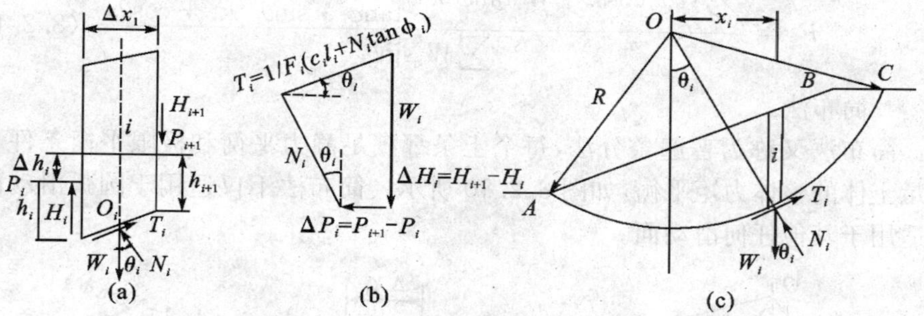

图 8.2.9　毕肖普法圆弧滑动计算示意图

如图 8.2.9(b)所示，如果将所有的力投影到弧面的法线方向上，则得

$$N_i=[W_i+(H_{i+1}-H_i)\cos\theta_i-(P_{i+1}-P_i)\sin\theta_i]\tag{8.2.10}$$

当整个滑动土体处于平衡状态时，如图 8.2.9(c)所示，各土条对圆心的力矩之和为零，此时条间作用力为内力，将互相抵消。因此，得到下述力矩平衡方程：

$$\sum W_ix_i-\sum T_iR=0\tag{8.2.11}$$

将式(8.2.9)、式(8.2.10)代入式(8.2.11)，且 $x_i=R\sin\theta_i$，最后得到土坡稳定的安全系数为

$$F_s=\frac{\sum c_il_i+\sum[(W_i+H_{i+1}-H_i)\cos\theta_i-(P_{i+1}-P_i)\sin\theta_i]\tan\varphi_i}{\sum W_i\sin\theta_i}\tag{8.2.12}$$

实际上，毕肖普建议不计土条间的切向力之差，即令 $H_{i+1}-H_i=0$，式(8.2.12)就简化为

$$F_s=\frac{\sum c_il_i+\sum[W_i\cos\theta_i-(P_{i+1}-P_i)\sin\theta_i]\tan\varphi_i}{\sum W_i\sin\theta_i}\tag{8.2.13}$$

所有作用力在铅直及水平向的总和都应为零，即 $\sum F_X=0$，$\sum F_Y=0$，并结合式(8.2.13) 和 $H_{i+1}-H_i=0$，得出

$$P_{i+1}-P_i=\frac{\frac{1}{F_s}W_i\cos\theta_i\tan\varphi_i+\frac{c_il_i}{F_s}-W_i\sin\theta_i}{\frac{\tan\varphi_i\sin\theta_i}{F_s}+\cos\theta_i}\tag{8.2.14}$$

将式(8.2.14)代入式(8.2.13)，并简化得到

$$F_s = \frac{\sum (c_i l_i \cos\theta_i + W_i \tan\varphi_i) \cdot \dfrac{1}{\tan\varphi_i \cdot \sin\theta_i / F_s + \cos\theta_i}}{\sum W_i \sin\theta_i} \tag{8.2.15}$$

4. 简布法

简布法又称为普遍条分法，每个土条都满足静力平衡和极限平衡条件，也满足土体的整体力矩平衡，如图 8.2.10 所示。简布法不仅适用于圆弧滑动面，也适用于其他任何滑动面。

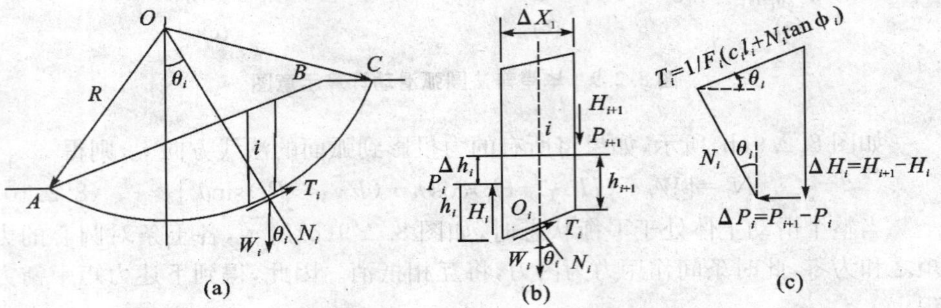

图 8.2.10 简布法圆弧滑动计算示意图

对单一的土条进行受力分析，可以得到两个力的平衡方程，即 $\sum F_Y = 0$，得

$$W_i + \Delta H_i = N_i \cos\theta_i + T_i \sin\theta_i \tag{8.2.16}$$

$\sum F_X = 0$，得

$$\Delta P_i = T_i \cos\theta_i - N_i \sin\theta_i \tag{8.2.17}$$

由以上两个方程可以得到

$$\Delta P_i = T_i \left(\cos\theta_i + \frac{\sin^2\theta_i}{\cos\theta_i}\right) - (W_i + \Delta H_i)\tan\theta_i \tag{8.2.18}$$

根据圆弧切线方向的极限平衡条件，并考虑安全系数，得到如下极限平衡方程：

$$T_i = \frac{c_i l_i + N_i \tan\varphi_i}{F_s} \tag{8.2.19}$$

由上述三个平衡方程，可以推导出

$$N_i = \frac{1}{\cos\theta_i}(W_i + \Delta P_i - T_i \sin\theta_i) \tag{8.2.20}$$

$$T_i=\frac{\frac{1}{F_s}\cdot\left[c_i l_i+\frac{1}{\cos\theta_i}(W_i+\Delta H_i)\tan\varphi_i\right]}{1+\frac{\tan\varphi_i\tan\theta_i}{F_s}} \tag{8.2.21}$$

把式(8.2.20)和(8.2.21)代入式(8.2.18)得

$$\Delta P_i=\frac{1}{F_s}\frac{\sec^2\theta}{1+\frac{\tan\varphi_i\tan\theta_i}{F_s}}[c_i l_i\cos\theta_i+(W_i+\Delta H_i)\tan\theta_i]-(W_i+\Delta H_i)\tan\theta_i \tag{8.2.22}$$

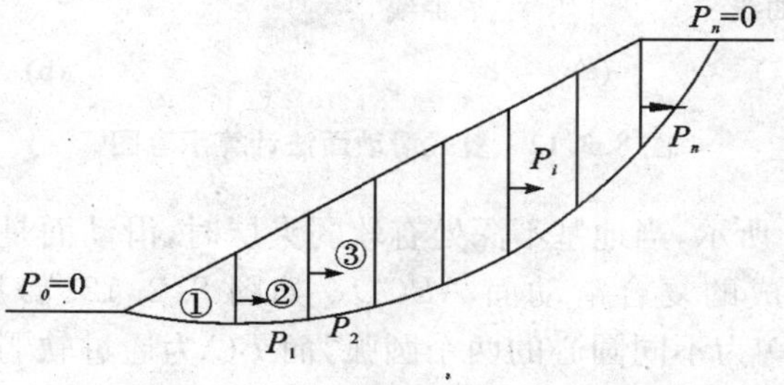

图 8.2.11　条块侧面的法向力示意图

图 8.2.11 表示作用在条块侧面的法向力为 $P_{i+1}=P_i+\Delta P_{i+1}$，$P_1=\Delta P_1$，$P_2=\Delta P_1+\Delta P_2$，依次类推 $P_i=\sum_{i=1}^{n}\Delta P_i$。因为整个土体的重力 $\sum W_i$ 和弧面上的法向力 $\sum N_i$ 与切向力 $\sum T_i$ 满足静力平衡条件，在没有其他水平外力作用下，P_i 为

$$P_i=\sum_{i=1}^{n}\Delta P_i=0 \tag{8.2.23}$$

将式(8.2.22)代入(8.2.23)，整理后得

$$F_s=\frac{\sum[c_i l_i\cos\theta_i+(W_i+\Delta H_i)\tan\varphi_i]}{\sum(W_i+\Delta H_i)\tan\theta_i}\cdot\frac{\sec^2\theta_i}{1+\tan\theta_i\tan\varphi_i/F_s} \tag{8.2.24}$$

5. 复式滑动面法

一般情况下失稳土坡的滑动面近似于圆弧形，因此利用圆弧滑动法进行分析计算。如果海堤堤身或地基中存在着比较明显的软弱夹层，土体会沿着软弱层滑动，滑动面就变成了圆弧与直线相结合形成的复合形滑动面。在《堤防工程设计规范》中规定，这种情况宜采用改良圆弧法，即复式滑动面法。

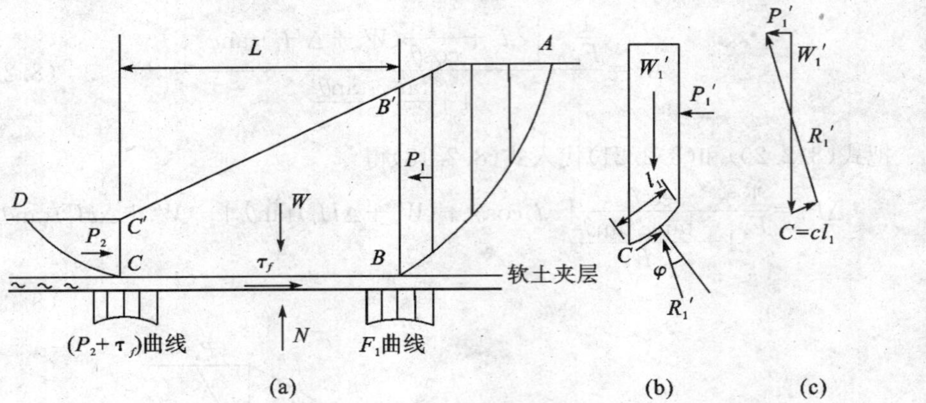

图 8.2.12　复式滑动面法计算示意图

如图 8.2.12 所示，当地基不深处有软弱夹层时，滑动面是由圆弧和通过软弱夹层的直线组成的复合滑动面 $ABCD$。如图 8.2.12(a)所示复合滑动面 $ABCD$，AB 与 CD 为不同圆心的两个圆弧，而 BC 为通过软弱夹层的直线。假设滑动土体内三个滑块中 ABB' 滑块产生的滑动力为 P_1，$C'CD$ 滑块产生的抗滑力为 P_2（P_1 与 P_2 的作用方向都假设为水平），以及由 $B'BCC'$ 滑块自重在软弱夹层中引起的抗滑阻力 T_j，则土块稳定的安全系数可用下式来计算：

$$F_s=\frac{P_2+T_f}{P_1} \tag{8.2.25}$$

式中，T_f 为抗滑阻力，按下式计算：

$$T_f=W\tan\varphi+cL$$

式中，W 为滑块 $B'BCC'$ 的自重(kN)；c 为软弱夹层的黏聚力(kPa)；φ 为软弱夹层的内摩擦角(°)。

P_1 和 P_2 可用作图的方法求解，将滑动土块 ABB' 按条分法分成若干条块，忽略土条间的竖向剪切力，只考虑土条间的水平作用力。如图 8.2.11(c)所示，取第一条块进行分析，其中重力 W_1 和黏聚力 cl_1 为已知量，作用在条块两侧上的水平合力 P_1' 和滑动弧段上的反力 R_1 的方向已知但是大小未知，根据 $\sum F_X=0$ 和 $\sum F_Y=0$ 两个平衡方程可以解出 P_1' 和 R_1 这两个未知量，依次类推，可以解出任一土条上的 P_i' 和 R_i，可见 $P_1=\sum P_i'$，用同样的方法可以求出 P_2。为了简化计算，P_1 和 P_2 可以近似地按主动土压力和被动土压力计算。在港口工程规范中就推荐使用这种简化算法。

6. 有限元法

以上算法基本上是把土坡划分成有限宽度的土条，以刚性体假设为基础，考虑静力平衡条件和极限平衡条件的算法。有限元法则把土坡划分为多个土体单元（图 8.2.13），以弹性或弹塑性变形体为基础，计算出土坡内的应力分布，然后再引入圆弧滑动面的概念，验算滑动土体的抗滑稳定性。

用有限元法可以计算出每个单元的应力、应变和每个结点的结点力和位移。当土坡的边界条件、受力状态和各土体单元的力学特性均为已知时，可以通过有限元软件计算出土坡内各单元的应力和应变。假设一滑动圆弧（图 8.2.13），然后把滑动面划分成若干小弧段 Δl_i，如果小弧段划分的足够短，每个小弧段中点的应力可以代表整个小弧段上的应力，其数值采用有限元应力分析计算结果，可根据弧段中点所在单元的应力确定，表示为 σ_{xi}，σ_{zi} 和 τ_{xzi}。如果小弧段 Δl_i 与水平线的夹角为 θ_i，则作用在弧段上的法向应力和剪应力分别为

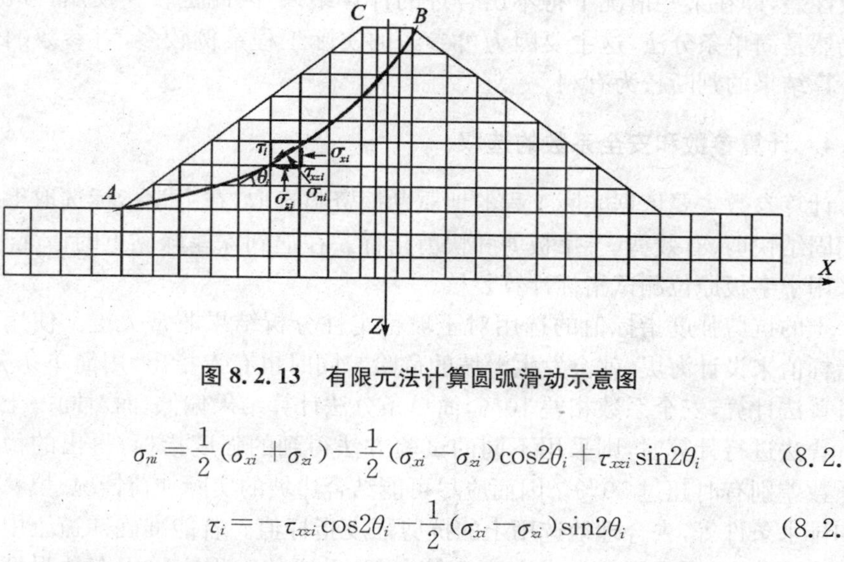

图 8.2.13　有限元法计算圆弧滑动示意图

$$\sigma_{ni}=\frac{1}{2}(\sigma_{xi}+\sigma_{zi})-\frac{1}{2}(\sigma_{xi}-\sigma_{zi})\cos 2\theta_i+\tau_{xzi}\sin 2\theta_i \tag{8.2.26}$$

$$\tau_i=-\tau_{xzi}\cos 2\theta_i-\frac{1}{2}(\sigma_{xi}-\sigma_{zi})\sin 2\theta_i \tag{8.2.27}$$

根据摩尔-库伦强度理论，该点土的抗剪强度为

$$\tau_{ri}=c_i+\sigma_{ni}\tan\varphi_i \tag{8.2.28}$$

将滑动面上所有小弧段的剪应力和抗剪强度分别求出后，则沿着滑动面的总的剪切力和抗剪力分别为

$$f=\sum_{i=1}^{n}\tau_i\Delta l_i \tag{8.2.29}$$

$$f_{\mathrm{r}}=\sum_{i=1}^{n}\tau_{ri}\Delta l_i=\sum_{i=1}^{n}(c_i+\sigma_{ni}\tan\varphi_i)\Delta l_i \tag{8.2.30}$$

可见边坡稳定的安全系数为

$$F_s = f_r/f = \sum_{i=1}^{n}(c_i + \sigma_{ni}\tan\varphi_i)\Delta l_i / \sum_{i=1}^{n}\tau_{ri}\Delta l_i \tag{8.2.31}$$

有限元法以土体的应力和变形分析为基础进行边坡稳定分析，滑动土体自然满足静力平衡条件，因此计算过程不用引入大量的人为假定。但是，当边坡接近失稳状态时，单元土体的状态将发生很大的变化，数值模拟的难度较大，主要原因是很难找到反映土体实际状况的土力学计算模型。如果在土力学计算模型上有所突破，则该方法推广应用前景将十分广阔。

7. 计算方法评述

在实际工程中可以根据具体情况采用适当的计算方法，目前由于计算机的普及应用，类似的计算程序很多，过于简化的算法在实际中已经很少使用，如整体圆弧法；实际应用中简单条分法和毕肖普法较常用，由于简布法计算结果的收敛性差，即在某些情况下得不出合理的计算结果，因此也较少使用。最常用的仍然是简单条分法，这主要因为可参考的实际工程案例较多，对参数的取值和计算结果的判断较为有利。

8.2.4 计算参数和安全系数的选取

计算参数主要依据实际工程的地质勘探资料选取，在力学指标选取上可以采用固结快剪、有效剪、十字板剪和快剪指标。在遇到深厚软黏土的情况下，一般采用十字板原位测试指标计算复核。

土的抗剪强度指标值的选用对土坡稳定性分析结果非常关键。使用过高的指标值来设计海堤，就会发生滑坡的危险。同时也有人指出，用简单条分法、毕肖普法计算，安全系数相差10%，简单条分法计算结果偏低；而对同一土坡按毕肖普法进行计算时，则采用不同的试验方法得到的强度指标，得出的稳定安全系数差别有时超过50%。因而应尽可能结合边坡的实际加荷情况、填料的性能和排水条件等，去合理地选用土的抗剪强度指标值。若能准确知道土中孔隙水压力的分布，则采用有效应力法比较合理，重要的工程应采用有效强度指标进行核算。

《堤防工程设计规范》(GB 50286—98)对土堤的抗滑稳定安全系数作了明确的规定，详见表8.2.2。

交通部《港口工程地基规范》(JTJ 250—98)的最小抗力分项系数(相当于安全系数)详见表8.2.3。表中除注明了计算方法外，按考虑条块间作用力的毕肖普法和不考虑条间作用力的简单条分法进行计算，所计算的安全系数不应小于表8.2.3所示的数值。

表 8.2.2　土堤抗滑稳定安全系数

堤防工程的级别		1	2	3	4	5
安全系数	设计条件	1.30	1.25	1.20	1.15	1.10
	地震条件	1.20	1.15	1.10	1.05	1.05

表 8.2.3　港口工程边坡最小安全系数

强度指标	计算方法		最小抗力分项系数
固结快剪直剪	毕肖普法	黏性土坡	1.2～1.4
		其他土坡	1.3～1.5
	简单条分法		1.1～1.3
有效剪	毕肖普法		1.3～1.5
十字板剪 无侧限抗压强度 三轴不排水剪	简单条分法		1.1～1.3
快剪直剪	简单条分法		根据经验取值

《海堤工程技术规范》(SL 435—2008)规定，海堤的整体抗滑稳定计算分为正常运用情况和非常运用情况，各种情况下的计算工况及其临海侧、背海侧的水位组合按表 8.2.4 采用。海堤整体抗滑稳定计算采用瑞典圆弧滑动法进行计算，其整体抗滑稳定安全系数不应小于表 8.2.5 规定的数值，其中地震工况下计算方法按《水工建筑物抗震设计规范》(SL 203—97)执行。采用其他稳定分析方法得到的安全系数应另作论证。土的抗剪强度指标是稳定计算中最为关键的指标，其值可用直剪仪或三轴仪或十字板仪测定。作用于防浪墙上的荷载可分为基本荷载和特殊荷载两类。基本荷载包括自重、设计潮位时的波浪压力、土压力及其他出现机会较多的荷载。特殊荷载包括地震荷载及其他出现机会较少的荷载。防浪墙的稳定计算可参照《海堤工程技术规范》进行。

表 8.2.4　海堤整体抗滑稳定计算工况及海堤两侧水位组合

运用情况	计算工况	计算边坡	临海侧潮位	背海侧水位
正常运用情况	设计高潮位	背海坡	设计高潮位	常水位
	设计低潮位	临海坡	设计低潮位或滩涂面高程	最高水位
	水位降落	临海坡	设计高潮位降落至滩涂面高程或齐压载平台顶	最高水位

（续表）

运用情况	计算工况	计算边坡	临海侧潮位	背海侧水位
非常运用情况Ⅰ	施工期	背海坡	施工期设计高潮位或设计高潮位	施工期最低水位或无水
		临海坡	施工期设计低潮位或设计低潮位或滩涂面高程或齐压载平台顶	施工期最高水位
非常运用情况Ⅱ	地震	背海坡	平均潮位	平均水位
		临海坡	平均潮位	平均水位

表 8.2.5　海堤整体抗滑稳定安全系数

海堤工程的级别		1	2	3	4	5
安全系数	正常运用条件	1.30	1.25	1.20	1.15	1.10
	非常运用条件Ⅰ	1.20	1.15	1.10	1.05	1.05
	非常运用条件Ⅱ	1.10	1.05	1.05	1.00	1.00

8.2.5　防止海堤失稳的工程措施

在软土地基上建设海堤，采用的地基加固处理的方法很多，置换法是常用的方法，即采用挖填、抛石挤淤、爆破挤淤、挤密砂桩或挤密碎石桩等方式将软黏土全部或部分置换为砂土或开山石。软黏土厚度不大，通常采用挖填和抛石挤淤方式；遇到深厚软黏土的情况，应根据软土的性质和堤防施工的具体情况选择其他方式进行处理。通常采用排水固结法、垫层法、土工织物铺垫法或自重预压法等。

设计时应提出保证土坡稳定的施工措施，施工时应采用有利于土坡稳定的施工方法和施工程序。设计过程中若发现土坡稳定性不足，应根据具体情况选用合理措施，如放缓坡度、铺排水砂垫层、铺设土工织物、夹筋、打设竖向排水通道、设置反压平台或分期施加荷载等。

在施工中加强观测以便及时发现可能出现的失稳迹象，当出现失稳迹象时应及时采取如削坡、坡脚压载、坡顶减载、井点排水、增设防滑板桩等应急措施。对软土，特别是灵敏度较高的软土应放慢加荷速率，以防止边坡失稳。在坡顶或岸壁后吹填土时应采用有效的排水措施以防产生过大的水头差。基坑底部如有承压水影响稳定时，应采取临时降压措施。堆放弃土应离坡肩一定距离，堆载不宜过高，并应考虑堆载产生的超孔隙水压力的不利作用。当坡脚可能被冲刷时，应采取防护措施。

例 8.2.1　如图 8.2.14 所示，一均质黏性土坡，高 20 m，边坡为 1∶3，土的内摩擦角 $\beta=20^\circ$，黏聚力 $c=9.81$ kPa，土的重度 $\gamma=17.66\ \text{kN}\cdot\text{m}^{-3}$，试用简单条分法计算土坡稳定安全系数。

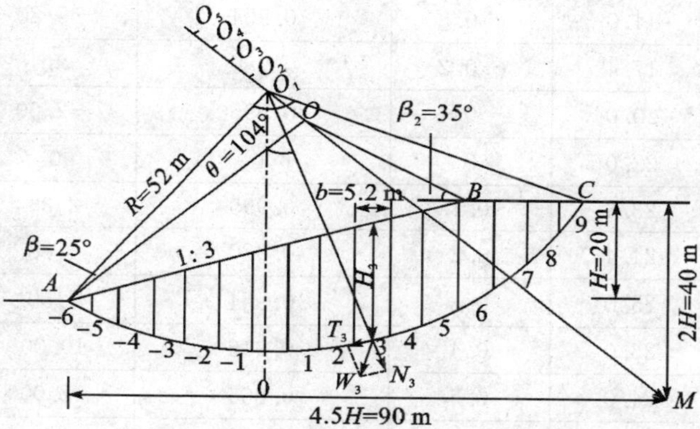

图 8.2.14　例 8.2.1 圆弧滑动计算示意图

解　按费伦纽斯最小圆弧滑动算法计算滑弧的中心：

(1)按比例绘制土坡的剖面图，假定滑弧圆心及相应滑弧的位置。因为是均质土坡，其边坡为 1∶3，由表 8.2.1 查得 $\beta_1=25^\circ$，$\beta_2=35^\circ$，作 MO 延长线，在 MO 延长线上任取一点 O_1，作为第一次试算，通过坡脚作相应的滑弧 AC，其半径 $R=52$ m。

(2)将滑动土体 ABC 分成若干土条，并对土条进行编号。为了计算方便，土条宽度取滑弧半径 1/10，即取 $b=0.1R=5.2$ m。土条编号一般取滑弧圆心的铅垂线作为 0 号，逆滑动方向依次为 $-1,-2,-3,\cdots$；反方向依次为 $+1,+2,+3,\cdots$。

(3)量出各土条的中心高度 h_i，并列表计算 $\sin\alpha_i$，$\cos\alpha_i$ 及 $\sum h_i\sin\alpha_i$，$\sum h_i\cos\alpha_i$ 等值，详见表 8.2.6。其中 $\sin\alpha_i=\dfrac{nb}{R}=\dfrac{n\times 0.1R}{R}=0.1n$（$n$ 为土条编号），土条编号为正表示滑动力与滑动方向相同，土条编号为负表示滑动力与滑动方向相反。

表 8.2.6 圆弧滑动计算表

土条编号	h_i/m	$\sin\alpha_i$	$\cos\alpha_i=\sqrt{1-\sin^2\alpha_i}$	$h_i\sin\alpha_i$	$h_i\cos\alpha_i$
−6	2.7	−0.6	0.800	−1.62	2.16
−5	6.4	−0.5	0.866	−3.20	5.55
−4	10.0	−0.4	0.916	−4.00	9.16
−3	14.0	−0.3	0.954	−5.20	13.36
−2	17.4	−0.2	0.980	−3.48	17.10
−1	20.0	−0.1	0.995	−2.00	19.00
0	22.0	0	1	0	22.00
1	23.6	0.1	0.995	2.36	23.40
2	24.4	0.2	0.980	4.88	23.20
3	25.0	0.3	0.954	7.50	24.90
4	25.0	0.4	0.916	10.00	22.90
5	24.0	0.5	0.866	12.00	20.80
6	20.8	0.6	0.800	12.48	16.60
7	16.0	0.7	0.715	11.20	11.45
8	10.8	0.8	0.600	8.64	6.48
9	2.8	0.9	0.436	2.52	1.22
$\sum$	—	—	—	52.08	240.18

滑动两侧端土条的宽度一般不会恰好等于 b，在计算过程中，可以把该土条的实际高度 h_i 折算成假定宽度为 b 时的高度 $h_i{}'$，使折算后的土条面积 $bh_i{}'$ 与实际土条面积相等，则折算后土条的高度 $h_i{}'=\dfrac{b_ih_i}{b}$，同时对该土条对应的 $\sin\alpha_i$ 也进行调整。

以编号为−6 的土条为例，该土条的实际高度 $h_i=3$ m，实际宽度 $b_i=4.68$ m，如果假定土条宽度均为 5.2 m，则折算后的土条高度 $h_i{}'=\dfrac{3\times4.68}{5.2}=2.7$ m；

$$\sin\alpha_{-6}=-\left(\frac{5.5b+0.5b_{-6}}{R}\right)=-\left(\frac{5.5\times5.2+0.5\times4.68}{5.2}\right)=-0.595$$

(4)求出滑弧中心角 $\theta=104°$，计算滑弧长度

$$\widehat{L}=\sum l_i=\frac{\pi}{180}\theta R=\frac{\pi}{180}\times104\times52=94.3\ \text{m}$$

(5)将以上计算结果代入式(8.2.8)得

$$F_s=\frac{\sum(W_i\cdot\cos\theta_i\tan\varphi_i+c_il_i)}{\sum W_i\sin\theta_i}=\frac{\sum c_il_i+\sum\gamma_ib_ih_i\cos\alpha_i\tan\varphi_i}{\sum\gamma_ib_ih_i\sin\alpha_i}$$

$$=\frac{c\widehat{L}+\gamma b\tan\varphi\sum h_i\cos\alpha_i}{\gamma b\sum h_i\sin\alpha_i}=\frac{9.81\times94.3+17.66\times5.2\times0.364\times240.18}{17.66\times5.2\times52.08}$$

$$=1.89$$

(6)在 MO 延长线上重新假定滑弧中心 O_2，O_3，…，重复以上计算，求出相应的安全系数 F_{s1}，F_{s2}，F_{s3}，…，绘图找出 MO 上最小安全系数对应的滑弧中心 O_n，然后通过 C 作 MO 的垂线 KS，在 KS 上 O_n 两侧假定几个滑弧中心，重复上述过程，通过绘图找出 KS 上的最小安全系数 F_{smin}，此数值即所要求的土坡稳定安全系数值。

例 8.2.2　计算图 8.2.15 中带有软弱夹层的土沿 $ABCD$ 复合滑动面滑动的安全系数 F_s（设 BB' 和 CC' 可以当成光滑的挡土墙背，按朗肯公式计算土压力）。填土的容重 $\gamma=19\ \text{kN}\cdot\text{m}^{-3}$，抗剪强度指标 $c=10\ \text{kN}\cdot\text{m}^{-2}$，$\varphi=30°$。软弱夹层的抗剪强度指标 $c_u=12.5\ \text{kN}\cdot\text{m}^{-2}$，$\varphi_u=0$。

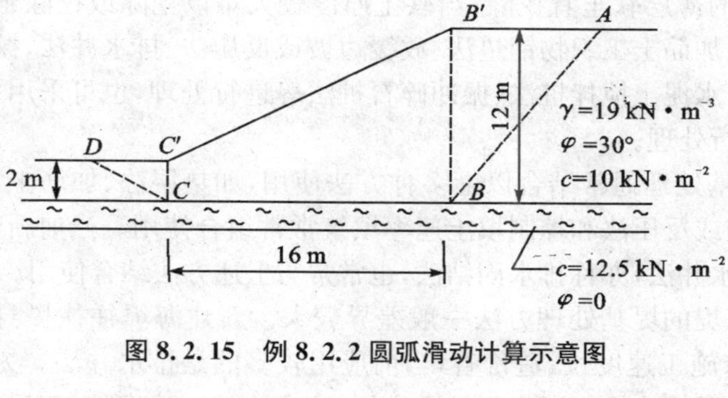

图 8.2.15　例 8.2.2 圆弧滑动计算示意图

解　求作用于 BB' 面上的朗肯主动土压力：

$$E_a=\frac{1}{2}\gamma H_1^2K_a-2cH_1\sqrt{K_a}+\frac{1}{2}\gamma z_0^2K_a$$

$$K_a=\tan^2\left(45°-\frac{\varphi}{2}\right)=\tan^2 30°=0.333$$

$$z_0=\frac{2c}{\gamma\sqrt{K_a}}=\frac{2\times10}{19\times\sqrt{0.333}}=1.82\ \text{m}$$

$$E_a=\frac{1}{2}\times19\times12^2\times0.333-2\times10\times12\times0.577+\frac{1}{2}\times19\times1.82^2\times0.333$$

$$=455.5-138.5+10.5=327.5\ \text{kN}$$

求作用于 CC' 面上的朗肯被动土压力：

$$E_p = \frac{1}{2}\gamma H_2^2 K_p + 2cH_2\sqrt{K_p}$$

式中，

$$K_p = \tan^2\left(45° + \frac{\varphi}{2}\right) = \tan^2 60° = 3.0$$

$$E_p = \frac{1}{2} \times 19 \times 2^2 \times 3.0 + 2 \times 10 \times 2 \times \sqrt{3.0} = 183.2\ \text{kN}$$

沿复合滑动面滑动的稳定安全系数为

$$F_s = \frac{cl + E_p}{E_a} = \frac{12.5 \times 16 + 183.2}{327.5} = \frac{383.2}{327.5} = 1.17$$

8.3 软土堤基处理

软土是指天然孔隙比不小于 1.0，且天然含水量大于液限的细粒土，包括淤泥、淤泥质土、泥炭、泥炭质土等。在沿海地区以淤泥、淤泥质土为主。

对浅埋的薄层软土宜挖除；当软土厚度较大难以挖除或挖除不经济时，可采用垫层法、加筋土工织物铺垫法、放缓边坡或反压法、排水井法、抛石挤淤法、爆炸置换法、水泥土搅拌桩法、振冲碎石桩法等进行处理，也可采用多种方法结合的方式进行处理。

软土堤基处理通常结合以上多种方法使用，如垫层法、加筋土工织物铺垫法、放缓边坡或反压法和控制填土速率填筑常常组合使用。当前新建海堤应用较多的是排水井法，亦称排水固结法，也常常与上述方法结合使用。

新、旧海堤的堤基处理方法一般差异较大。新建海堤往往堤身高度大、地基软弱，要求施工速度快、造价省，当前应用较多的是排水井法。另外，在一定条件下，爆破置换法也逐渐得到推广应用，该方法施工速度快，工后沉降小。旧堤加固一般限制条件较多，地基经土体多年沉降固结作用，强度较高，因此适合采用反压法。由于复合地基法受施工条件和造价因素的限制，一般应用较少，而对于特殊堤段或对沉降变形要求严格的局部堤段，可采用复合地基方法。

旧堤加固一般新增荷载较小，不用做太多处理，难点是新建海堤。

新建海堤各种常用方法比较如下：

(1)堤身自重预压法，造价低，工期很长。

(2)排水井法，造价与工期介于堤身自重预压法和复合地基方法之间。

(3)复合地基方法，造价高，但工期短。

黄骅港航道整治工程防波堤就选用排水井法(打塑料排水板)＋堤身自重

预压法(控制填土速率填筑)＋反压法,如图 8.3.1 所示。

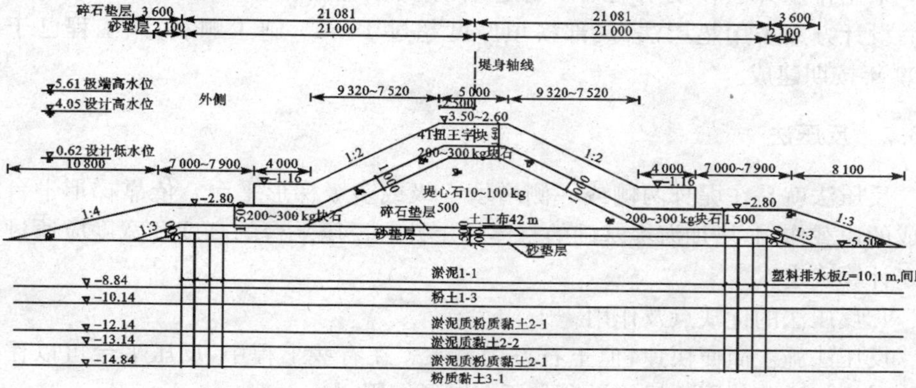

图 8.3.1　黄骅港航道整治工程防波堤软土堤基处理设计断面

8.3.1　垫层法

采用垫层法时,垫层透水材料可以加速软土排水固结,透水材料可采用砂、砂砾、碎石,必要时可采用土工织物作为隔离、加筋材料。但在防渗体部位,应避免造成渗流通道。

新建海堤或新增荷载较大的旧海堤加固,为加速固结沉降,一般会在底部设一层透水材料,同时起到换填和排水固结的作用。

福州罗源湾港区碧里作业区 5 号泊位端部护岸工程,堤基为含水量高达80%的淤泥层,最大厚度达 20 m,如图 8.3.2 所示。总工期只有 5 个月,包括海堤填筑和堤内吹填。

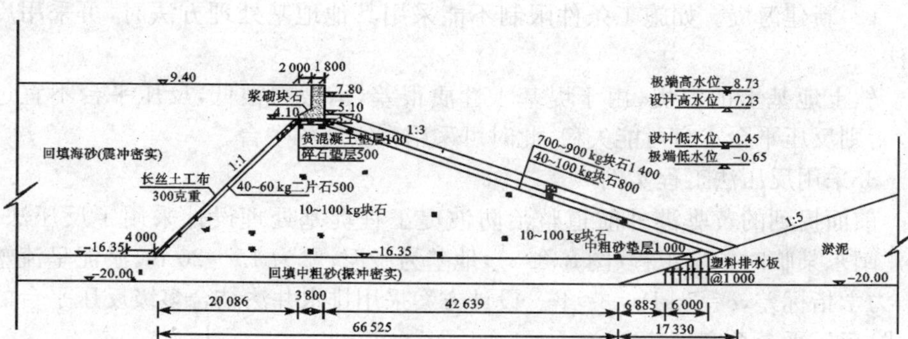

图 8.3.2　福州罗源湾港区碧里作业区 5 号泊位端部护岸工程垫层法处理软土堤基设计断面(尺寸单位:mm;高程单位:m)

采用排水井法在工期上难以满足，采用爆破置换法对周围环境影响较大，最后设计方案采用垫层法，局部换填厚度超过 15 m。施工顺利，该工程已于 2009 年按期建成。

8.3.2 反压法

反压法就是在堤身两侧或一侧增填一级或多级梯形平台。依靠梯形平台形成的边载作用，增加海堤基础的整体稳定性。反压平台的高度和宽度应通过稳定计算确定。

1. 反压法的优缺点及作用

反压法施工简便快速，但土石方用量大。在有些工程中，反压平台可以作为临时施工道路使用。反压平台主要有以下作用：

(1)减小堤身坡趾的应力差，使地基的应力状态发生改变，限制在堤身荷载作用下出现塑性挤出和地面隆起，提高海堤的整体稳定性。

(2)在反压平台作用范围内附加应力会使地基产生部分固结，从而使地基土强度有一定增长。

(3)在海堤处坡的反压平台还有一定的消浪及防冲作用。

2. 计算方法和适用范围

反压平台的宽度和高度应通过整体稳定计算确定，在保证整体稳定满足本标准要求的情况下反压平台的宽度和高度不宜过大，以减少工程量。其适用范围如下：

(1)旧堤加固。当整体稳定性不能满足设计规范要求而又相差不大时，采用反压法可很好地解决稳定问题。

(2)新建海堤。如施工条件限制不能采用其他地基处理方法时，可采用反压法。

软土地基上的海堤，由于堤基土性质很差，承载力很低，反压平台不宜过高，否则反压平台本身可能失稳，此时可采用多级反压平台。

3. 采用反压法工程实例

前面提到的黄骅港外航道整治防波堤工程堤基处理设计采用了反压法。福建闽东某临时护岸工程(图 8.3.3)，地基为淤泥，厚为 15～20 m，淤泥呈流塑状，力学指标差，$c=5$ kPa，$\varphi=4°$。设计方案采用排水井法结合多级反压平台的方式，反压平台总宽度达 60 m。

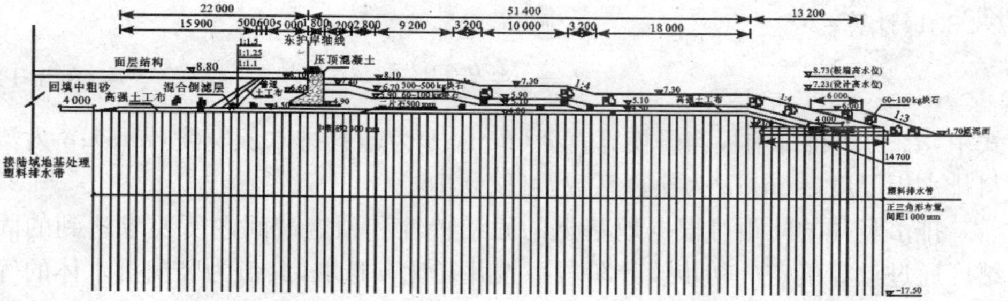

图 8.3.3　福建闽东某临时护岸工程加固采用反压法处理软土堤基设计断面
（高程单位：m）

采用反压法较容易地解决了整体稳定问题。

8.3.3　排水井法

排水井法是将塑料排水板或砂井等排水竖井垂直插入软土地基中，同时在地表铺设排水砂垫层，缩短水平和垂直方向的排水路径，加速排水固结，使地基强度快速增长，以确保堤身的整体稳定性，减小堤体的工后沉降。

1. 适用范围

排水井法目前广泛应用于深厚软黏土上的海堤建设，这类工程的施工工期通常要求较紧。

2. 排水井法的设计流程

(1)选择排水井的材料。

(2)根据堤型、土层、地质、工期等条件结合工程经验假设其断面尺寸、间距、排列方式、深度及处理范围。

(3)根据工期、设计断面等假定荷载分级、加载速率及间歇时间。

(4)计算地基土的固结度，利用固结度计算结果确定软土强度增长和工后沉降，并用强度增加后的参数进行整体稳定性计算。

(5)根据沉降和整体稳定性计算结果调整排水井的间距、排列方式、深度及加载过程等，使排水井法的设计安全经济。

其中固结度计算是整体稳定计算、沉降计算和工后沉降计算的基础，也是确定排水井法设计参数的重要依据，因此固结度计算是排水井法设计中的重点计算项目，其计算方法详见 8.3.7。

3. 排水竖井的尺寸和间距设计

排水竖井分普通砂井、袋装砂井和塑料排水板。普通砂井直径可取 300～500 mm，袋装砂井直径可取 70～120 mm。塑料排水板的当量换算直径可按式

(8.3.1)计算。

$$d_p = \alpha \frac{2(b+\delta)}{\pi} \tag{8.3.1}$$

式中，d_p 为塑料排水板当量换算直径(mm)；b 为塑料排水板宽度(mm)；δ 为塑料排水板厚度(mm)；α 为换算系数，可取 0.75。

排水竖井的间距可根据地基土的固结特性和预定时间内所要求达到的固结度通过计算确定。初步设计阶段可按井径比 n 选取，其值为竖向排水体的等效排水圆柱体直径与竖向排水体的直径之比。通常，塑料排水板或袋装砂井的间距可按 n 为 15～22 选用，最大不超过 25。普通砂井的间距可按 n 为 6～8 选用，最大不超过 10。

4. 排水竖井的布置方式、处理范围和深度设计

排水竖井的平面布置可采用等边三角形或正方形排列。竖井的有效排水直径 d_e 与间距 S 的关系为：等边三角形排列时 $d_e=1.05S$；正方形排列为 $d_e=1.128S$。

排水竖井一般布置在堤身荷载较大的区域，以满足稳定和沉降要求为原则，应避免由于不同排水条件可能发生的不均匀沉降。同时还应满足内坡防渗要求，为防止形成渗透通道，应在堤身下方用透水性较差的黏性土隔断，让固结排出的水沿透水垫层往两边渗出。

排水竖井的深度应根据海堤的整体稳定性、沉降要求和工期等因素确定。竖井宜穿透软土层。

《建筑地基处理技术规范》(JGJ 79—2002)中规定："对以地基抗滑稳定性控制的工程，竖井深度至少应超过最危险滑动面 2.0 m。对以变形控制的建筑，竖井深度应根据在限定的预压时间内需完成的变形量确定。竖井宜穿透受压土层。"由于海堤一般以整体抗滑稳定性作为控制，在稳定计算中最危险滑动面随处理深度的变化而变化，但一般不会超过软土层。由于排水竖井的深度对整体稳定的影响较大，因此竖井应穿透软土层。

5. 砂垫层要求

砂垫层的厚度不应小于 500 mm，视表层土质软弱程度，垫层厚度宜在 0.8～1.5 m 范围内选用。砂料宜采用中粗砂，黏粒含量不宜大于 3%，砂料中可混有少量粒径小于 50 mm 的砾石。砂垫层的干密度应大于 $1.5\ g\cdot cm^{-3}$，其渗透系数宜大于 $1\times10^{-2}\ cm\cdot s^{-1}$。

6. 监检测措施

对 1～3 级海堤，宜在现场选择试验段进行试验，在试验过程中应进行沉降、侧向位移、孔隙水压力等项目的监测并进行原位十字板剪切试验和室内土

工试验。根据试验段获得的监测资料确定加载速率控制指标、推算土的固结系数、固结度及最终沉降等，以指导整段海堤的设计和施工。在施工期应沿海堤轴线选择合理的间距布置监检测试验项目，以确保海堤实施过程的稳定性。

8.3.4 土工织物铺垫法

土工织物铺垫法就是在堤身地基表面铺设排水垫层，在垫层内夹铺一层或多层高抗拉强度的土工织物，或在地基表面先铺一层土工织物，在其上再铺设排水垫层，形成土工织物—垫层系。

1. 土工织物铺垫法的作用

(1)隔离作用，减少土石料大量挤入表层软土中。

(2)形成良好的表层排水面，有利于孔隙水压力的消散。

(3)保持堤身底部连续完整，约束浅层软土的侧向变形，使地基应力分布更均匀。因此，可以提高地基承载力、增加稳定性，并能减小差异沉降。

2. 适用范围和整体稳定计算模式

土工织物铺垫法目前也广泛应用于软黏土上的海堤建设，在深厚软黏土基础上的海堤设计方案中，通常和排水井法配合使用。

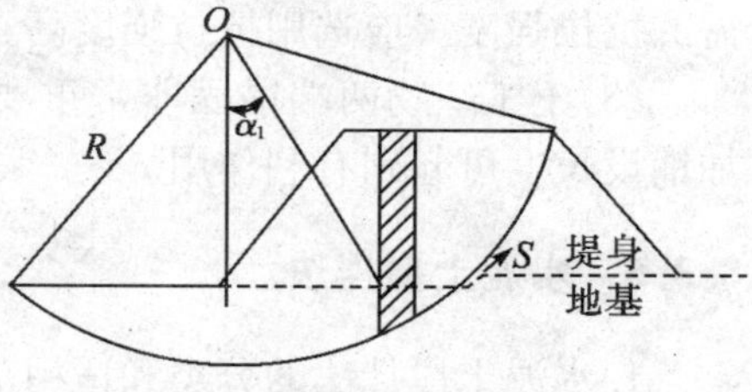

图 8.3.4 考虑土工织物的稳定计算

由于土工织物、垫层以及地基的相互作用非常复杂，其作用机理也未完全搞清，一般采用荷兰法进行整体稳定性计算。荷兰法假定发生破坏时土工织物发挥拉力的作用点是土工织物和滑动圆弧的交点，作用方向与滑动弧相切，如图 8.3.4 所示。在整体稳定计算分析中，当滑弧通过土工织物时，需在整体稳定计算式中的抗滑力矩部分增加一项 ΔM_r，即

$$\Delta M_r = TRn \tag{8.3.2}$$

式中，ΔM_r 为由于土工织物作用而增加的单位宽度抗滑力矩(kN·m)；T 为单位宽度土工织物允许抗拉强度(kN)；R 为滑弧半径(m)；n 为土工织物层数。

将式(8.3.2)代入瑞典圆弧滑动法抗滑稳定的各计算式中时，要将式(8.3.2)中的 R 消除。

3. 土工织物铺设位置的确定

可先对未用土工织物的情况进行整体稳定分析，求出最危险滑弧的位置，以图 8.3.5 为例，设 ABC 为最危险滑弧，土工织物铺设的起点应在堤身下 B 点以右，末端在海堤外坡，锚固长度应起到足够的锚固作用，宜进行全断面铺设。

4. 土工织物铺垫的效果检验

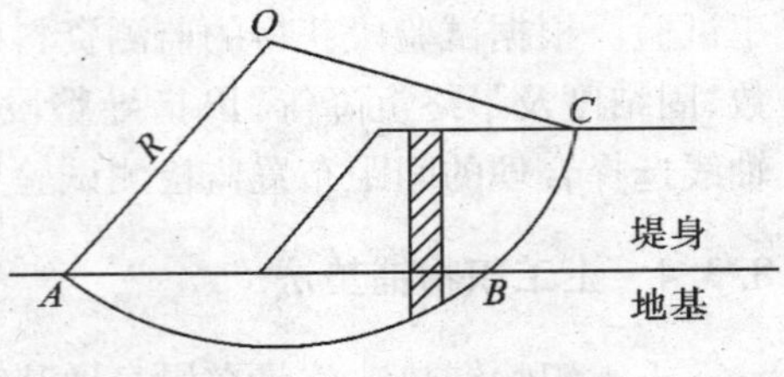

图 8.3.5 土工织物的铺设

很多工程实例显示，土工织物铺垫对圆弧滑动法计算出的安全系数的提高并不大，但实体工程的稳定性却显著增加，分析其主要原因可能是铺设土工织物后地基中的应力场发生了改变，应变场也有变化，并且地基土的侧向位移也受到土工织物的限制。以上这些正面效应至今尚未能定量计算，因此土工织物铺垫法的作用机理和计算方法还有待进一步研究。

5. 土工织物铺垫设计应注意的问题

(1)铺设位置和层数的确定方法。先对未用土工织物的情况进行稳定分析，求出最危险滑弧的位置，按图 8.3.5 的方式，采用全断面铺设，一直铺设至海堤坡脚末端。铺设层数一般不超过两层。

(2)根据整体稳定所需的附加抵抗弯矩和铺设层数，反算铺设土工织物所需的抗拉强度。应选用抗拉强度高、延伸率低和摩擦特性好的材料。

(3)土工织物两端锚固非常重要，应采用有效措施予以加强。通常适当增加铺设长度可起到有利作用。

8.3.5 水泥土搅拌法

1. 水泥土搅拌法的分类和适用范围

水泥土搅拌法分为深层搅拌法(以下简称湿法)和粉体喷搅法(以下简称干法)。水泥土搅拌法适用于处理正常固结的淤泥及淤泥质土。当用于处理泥炭土、有机质土、塑性指数 $I_p > 25$ 的黏土、地下水具有腐蚀性以及无工程经验的地区，必须通过现场试验确定其适用性。

2. 地质资料收集和现场试验要求

确定处理方案前应收集拟处理区域内详尽的岩土工程资料。尤其是填土层的厚度和组成，软土层的分布范围和分层情况，地下水位及 pH 值，土的含水量、塑性指数和有机质含量等。

设计前应进行拟处理土的室内配比试验和现场成桩试验。针对现场拟处理的最弱层软土性质，选择合适的固化剂、外掺剂及其掺量，为设计提供各种龄期、各种配比的强度参数。

3. 需要确定的主要设计参数

主要是搅拌桩的置换率和长度。竖向承载搅拌桩桩长及置换率应通过承载力、变形计算确定，并宜穿透软土层到达承载力相对较高的土层；为提高抗滑稳定性而设置的搅拌桩，其桩长及置换率应通过稳定计算确定，并超过危险滑弧以下 2 m。

湿法的加固深度不宜大于 20 m，干法不宜大于 15 m。水泥土搅拌桩的桩径不宜小于 500 mm。

4. 固化剂及外掺剂

固化剂宜选用等级为 32.5 以上级别的混合型或普通硅酸盐水泥。水泥掺量宜为 12%～20%。外掺剂可根据工程需要和土质条件选用早强、缓凝、减水以及节省水泥等作用的材料，但应避免污染环境。

5. 水泥搅拌桩承载力确定和计算

根据《建筑地基处理技术规范》，竖向承载的水泥土搅拌桩复合地基的承载力特征值应通过现场单桩或多桩复合地基荷载试验确定。初步设计时可根据搅拌桩面积置换率、单桩竖向承载力特征值、桩间土承载力特征值等，按式(8.3.3)计算确定。

$$f_{spk}=m\frac{R_a}{A_p}+\beta(1-m)f_{sk} \tag{8.3.3}$$

式中，f_{spk} 为复合地基承载力特征值(kPa)；m 为面积置换率；R_a 为单桩竖向承载力特征值(kN)；A_p 为桩的截面积(m^2)；β 为桩间土承载力折减系数，当桩端土未经修正的承载力特征值大于桩周土的承载力特征值的平均值时，可取 0.1～0.4，差值大时取低值；当桩端土未经修正的承载力特征值小于或等于桩周土的承载力特征值的平均值时，可取0.5～0.9，差值大时或设垫层时取高值；f_{sk} 为桩间土承载力特征值(kPa)，可取天然地基承载力特征值。

单桩竖向承载力特征值可取式(8.3.4)和式(8.3.5)计算值的小值。

$$R_a = u_p\sum_{i=1}^{n} q_{si}H_i + \alpha q_p A_p \tag{8.3.4}$$

$$R_a=\eta f_{cu}A_p \tag{8.3.5}$$

式中，f_{cu} 为与搅拌桩桩身水泥土配比相同的室内加固土试块(边长为 70.7 mm 的立方体，也可采用边长 50 mm 的立方体)在标准养护条件下 90 d 龄期的立方体抗压强度平均值(kPa)；u_p 为桩的周长(mm)；n 为桩长范围内所划分的土层数；q_{si} 为桩周第 i 层土的侧阻力特征值，对淤泥可取 4～7 kPa，对淤泥质土可取 6～12 kPa，对软塑状态的黏性土可取 10～15 kPa，对可塑状态的黏性土可取 12～18 kPa；H_i 为桩长范围内第 i 层土的厚度(m)；q_p 为桩端地基土未经修正的承载力特征值(kPa)；α 为桩端天然地基土的承载力折减系数，可取 0.4～0.6，承载力高时取低值。

6. 搅拌桩复合地基的等效强度指标计算

根据《广东省海堤工程设计导则(试行)》进行以下计算:

(1)搅拌桩复合地基的等效强度指标可按式(8.3.6)和式(8.3.7)计算确定。

$$c=c_1m+c_2(1-m) \tag{8.3.6}$$

$$\varphi=\arctan\left(\frac{\tan\varphi_1}{1+\dfrac{K_2}{\beta K_1}}+\frac{\tan\varphi_2}{1+\dfrac{\beta K_1}{K_2}}\right) \tag{8.3.7}$$

式中,m 为面积置换率;c_1 为搅拌桩桩身黏聚力(kPa),可按式(8.3.8)计算;φ_1 为搅拌桩桩身内摩擦角,取 φ_1 为 $20°\sim24°$,桩身强度高时取高值,否则取低值;c_2 为软土层黏聚力;φ_2 为软土层内摩擦角;K_1 为搅拌桩的刚度($kN\cdot m^{-1}$),可按式(8.3.9)计算;K_2 为桩周软土部分的刚度($kN\cdot m^{-1}$),可按式(8.3.10)计算;β 为桩的沉降 S_1 和桩周软土部分沉降 S_2 之比,即 $\beta=S_1/S_2$,对填土,一般 $S_1<S_2$,可取 $\beta=0.5$,对刚性基础,则 $S_1=S_2$,取 $\beta=1$。

(2)搅拌桩桩身黏聚力可按式(8.3.8)计算确定。

$$c_1=\frac{\eta f_{cu}}{2\tan(45°+\dfrac{\varphi}{2})} \tag{8.3.8}$$

式中,f_{cu} 为与搅拌桩桩身水泥土配比相同的室内加固土试块(边长为 70.7 mm 的立方体,也可采用边长 50 mm 的立方体)在标准养护条件下 28 d 龄期的立方体抗压强度平均值(kPa);η 为桩身强度折减系数,粉体喷搅法可取 0.20~0.30,深层搅拌法可取 0.25~0.33。

(3)搅拌桩及桩周软土刚度可按式(8.3.9)~式(8.3.14)计算确定。

$$K_1=\frac{k_1k_2k_3}{k_1k_2+k_2k_3+k_3k_1} \tag{8.3.9}$$

$$K_2=\frac{A_2E_s}{l} \tag{8.3.10}$$

$$k_1=\frac{A_1E'}{d(1-\mu^2)\omega} \tag{8.3.11}$$

$$k_2=\frac{A_1E_p}{l} \tag{8.3.12}$$

$$k_3=\frac{A_1E''}{d(1-\mu^2)\omega} \tag{8.3.13}$$

式中,k_1 为搅拌桩桩顶土层的刚度($kN\cdot m^{-1}$);k_2 为搅拌桩桩身的压缩刚度($kN\cdot m^{-1}$);k_3 为搅拌桩桩底土层的刚度($kN\cdot m^{-1}$);A_1 为搅拌桩截面积(m^2);A_2 为桩周土截面积(m^2);d 为搅拌桩直径(m);μ 为泊松比,可取 $\mu=0.3$;ω 为形状系数,$\omega=0.79$;E'为桩顶土层的变形模量(kPa);E''为桩底土层的变形模量(kPa);E_p 为搅拌桩的压缩模量,可取 E_p 为$(100\sim120)f_{cu}$(kPa),对桩

较短或桩身强度较低者应取低值，反之可取高值；E_s 为桩间土的压缩模量(kPa)；l 为搅拌桩桩长(m)。

7. 搅拌桩复合土层的沉降计算

根据《建筑地基处理技术规范》，搅拌桩复合土层的压缩变形可按式(8.3.14)和式(8.3.15)计算。

$$s=\frac{(p_z+p_{zl})}{2E_{sp}} \tag{8.3.14}$$

$$E_{sp}=mE_p+(1-m)E_s \tag{8.3.15}$$

式中，p_z 为搅拌桩复合土层顶面的附加压力值(kPa)；p_{zl} 为搅拌桩复合土层底面的附加压力值(kPa)；E_{sp} 为搅拌桩复合土层的压缩模量(kPa)；E_s 为桩间土的压缩模量(kPa)；E_p 为搅拌桩的压缩模量，可取 E_p 为(100～120)f_{cu}(kPa)。

8.3.6　堤身自重预压法

当施工工期允许时，可采用分层填筑，并控制分层填筑的速率。填土速率和间歇时间应通过计算、试验或结合类似工程分析确定。

1. 原理及优缺点

堤身自重预压就是按预先设定的施工控制指标分期分级加载，利用堤身自重荷载预压，使地基发生排水固结，使地基土强度增加后，最后达到设计使用荷载要求。

堤身自重预压法是软土堤基处理方法中一种最经济最简便的方法，其缺点是施工工期较长。许多旧海堤由于建设的条件限制，都是用堤身自重预压法修筑而成的。旧堤加固是在原堤身基础上加高培厚，本身就是采用堤身自重预压法，这种方法充分利用了旧堤多年自重压载产生的软土层地基承载力提高的效应。

为了克服施工工期较长的缺点，堤身自重预压法通常结合其他地基处理方法，如换填垫层法、土工织物铺垫、反压法等。

2. 分级加载的计算方法

加载速率和间歇时间可通过固结度和整体稳定计算结合现场试验和类似工程分析确定，以保证施工期的整体稳定安全系数满足规范要求。采用堤身自重预压法的关键是控制填筑速率和加强监测，分级加载后要有足够的间歇期，使填土产生的超孔隙水压力消散，地基强度得到提高。

8.3.7　地基固结度计算

1. 竖向排水平均固结度计算

当地基的附加应力 σ_z 呈均匀分布(如图 8.3.6 中 $\alpha=1$ 的情况)，某一时间 t

的竖向平均固结度(%)为

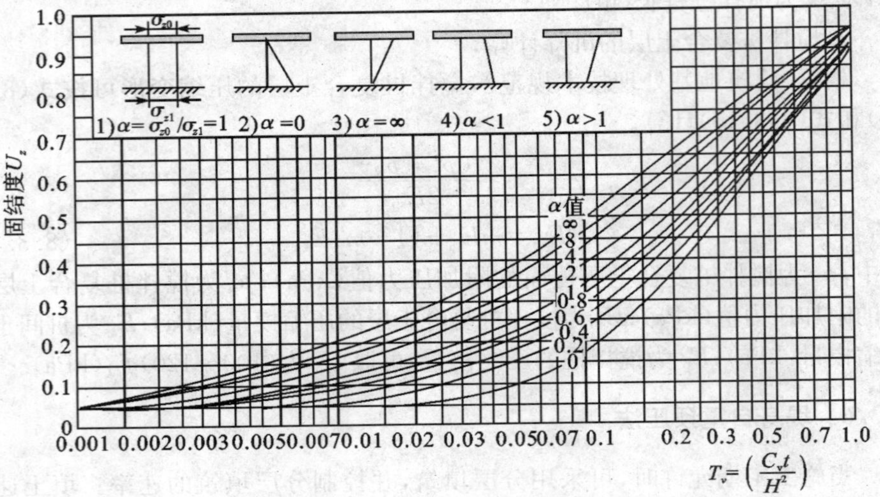

图 8.3.6　固结度 U_z 与时间因素 T_v 关系曲线

$$\overline{U}_z = 1 - \frac{8}{\pi^2}\sum_{m=1,3,\cdots}^{\infty}\frac{1}{m^2}e^{\frac{-m^2\pi^2}{4}T_v} \tag{8.3.16}$$

式中,

$$T_v = \frac{C_v t}{H^2} \tag{8.3.17}$$

为竖向固结时间因数(无因次);m 为正奇数(1,3,5,…);t 为固结时间(s);H 为竖向排水距离,单面排水时为土层厚度,双面排水时取土层厚度的一半(cm);C_v 为竖向固结系数($cm^2\cdot s^{-1}$)。上述变量计算如下图所示。

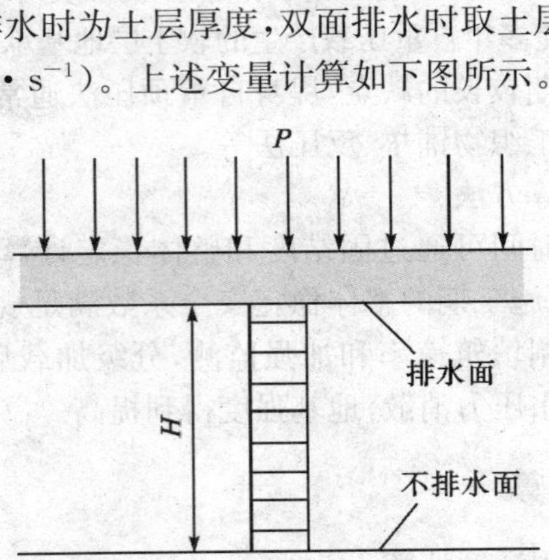

图 8.3.7　附加应力均匀分布时固结度计算示意

当$\overline{U_z}>30\%$时，可用下式计算：

$$\overline{U_z}=1-\frac{8}{\pi^2}e^{\frac{-\pi^2}{4}T_v} \tag{8.3.18}$$

对旧堤加固工程，由于加载时间较长，固结度一般已超过30%，因此可用式(8.3.18)计算。对新建海堤，计算初始阶段的固结度时不可用式(8.3.18)，因为用式(8.3.18)计算$t=0$时，固结度已达18.9%，显然与实际不符，易产生较大误差。

若计算要求较高，则可按地基附加应力呈不同的几何图形从图8.3.6查取。

2.成层地基平均固结度计算

根据《浙江省海塘工程技术规定》、《广东省海堤工程设计导则(试行)》进行以下计算：

(1)当地基是由不同土类、不同土性的两层或两层以上的土层组成时，要计算其固结度，可用各分层的平均指标按均匀土层进行计算。平均指标可按式(8.3.19)～式(8.3.21)计算。

$$\overline{K}=\frac{\sum_{i=1}^{n}h_i}{\sum_{i=1}^{n}\frac{h_i}{K_i}} \tag{8.3.19}$$

$$\overline{E}_s=\frac{\sum_{i=1}^{n}h_i}{\sum_{i=1}^{n}\frac{h_i}{E_{s_i}}} \tag{8.3.20}$$

$$\overline{C}_v=\frac{\overline{K}\,\overline{E_s}}{r_w} \tag{8.3.21}$$

为了简化计算，也可将各土层的C_{vi}按土层厚度加权平均，用该值进行固结度计算。上述变量计算如图8.3.8所示。其中E_s表示土的压缩模量(kPa)，K表示土的刚度(kN·m^{-1})。

(2)若软土地基中交替出现连续砂层时，则按各层黏性土的排水条件(单面或双面排水)，分别求出各黏性土层的固结度U_1，U_2，…，然后按式(8.3.22)求出整个土层的平均固结度$\overline{U}_z$。上述变量计算如图8.3.9所示。

$$\overline{U}_z=\frac{\sum_{i=1}^{n}U_ih_i}{\sum_{i=1}^{n}h_i} \tag{8.3.22}$$

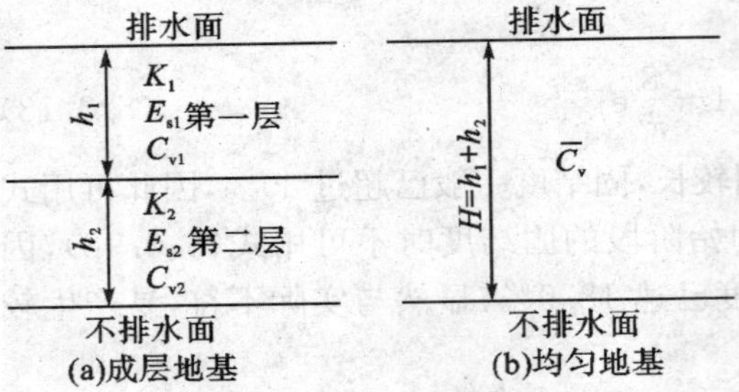

图 8.3.8 成层地基固结度计算示意

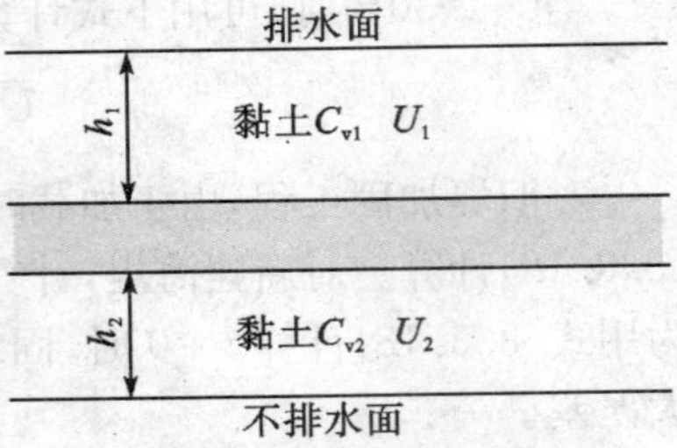

图 8.3.9 有多层透水层时固结度计算示意

3. 有排水竖井的固结度计算

(1)根据《建筑地基处理技术规范》一级或多级等速加载条件下，当固结时间为 t 时，对应总荷载的地基平均固结度可按式(8.3.23)计算。

$$\overline{U}_t=\sum_{i=1}^{n}\frac{q_i}{\sum\Delta p}\left[(T_i-T_{i-1})-\frac{\alpha}{\beta}e^{-\beta t}(e^{\beta T_i}-e^{\beta T_{i-1}})\right] \tag{8.3.23}$$

式中，$\overline{U}_t$ 为 t 时间地基的平均固结度；t 为固结时间(d)；q_i 为第 i 级荷载的加载速率($\mathrm{kPa\cdot d^{-1}}$)；$\sum\Delta p$ 为各级荷载的累加值(kPa)；T_i，T_{i-1}分别为第 i 级荷载加载的起始和终止时间(从零点算起)(d)，当计算第 i 级荷载加载过程中某时间 t 的固结度时，T_i 改为 t。

α 和 β 为参数，根据地基土排水固结条件按表 8.3.1 采用。对排水井地基，表 8.3.1 中所列 β 为不考虑涂抹和井阻影响的参数值。

表 8.3.1 α,β 值

参数	排水固结条件			说明
	竖向排水固结 $\overline{U}_z>30\%$	向内径向排水固结	竖向和向内径向排水固结(竖井穿透软土层)	
α	$\frac{8}{\pi^2}$	1	$\frac{8}{\pi^2}$	式中，$F_n=\frac{n^2}{n^2-1}\ln n-\frac{3n^2-1}{4n^2}$，$c_h$ 为土的径向排水固结系数($\mathrm{cm^2\cdot s^{-1}}$)；$c_v$ 为土的竖向排水固结系数($\mathrm{cm^2\cdot s^{-1}}$)；$H$ 为土层竖向排水距离(cm)；$\overline{U}_z$ 为双面排水土层或固结应力均匀分布的单面排水土层平均固结度
β	$\frac{\pi^2 c_v}{4H^2}$	$\frac{8c_h}{F_n d_e^2}$	$\frac{8c_h}{F_n d_e^2}+\frac{\pi^2 c_v}{4H^2}$	

(2)根据《建筑地基处理技术规范》，当排水竖井采用挤土方式施工时，应考虑涂抹对土体固结的影响。当竖井的纵向通水量 q_w 与天然土层水平向渗透系数 K_h 的比值较小，长度又较长时，尚应考虑井阻影响。瞬时加载条件下，考虑涂抹和井阻影响时，径向排水平均固结度可按式(8.3.24)～式(8.3.28)计算。

$$\overline{U}_r = 1 - e^{\frac{8C_h}{Fd_e^2}t} \tag{8.3.24}$$

$$F = F_n + F_s + F_r \tag{8.3.25}$$

$$F_n = \left(\frac{n^2}{n^2-1}\right)\ln n - \frac{3n^2-1}{4n^2} \tag{8.3.26}$$

$$F_s = \left(\frac{K_h}{K_s} - 1\right)\ln s \tag{8.3.27}$$

$$F_r = \frac{\pi^2 L^2}{4}\frac{K_h}{q_w} \tag{8.3.28}$$

式中，$\overline{U}_r$ 为固结时间 t 时竖井地基径向排水平均固结度；c_h 为软土层的径向排水固结系数($cm^2 \cdot s^{-1}$)；d_e 为竖井的有效排水直径(m)；K_h 为软土层的水平向渗透系数($cm \cdot s^{-1}$)；K_s 为涂抹区土的水平向渗透系数，取 K_s 为$(\frac{1}{5} \sim \frac{1}{3})K_h$($m \cdot s^{-1}$)；$s$ 为涂抹区直径 d_s 与竖井直径 d_w 的比值，取 s 为 2.0～3.0，对中等灵敏黏性土取低值，对高灵敏黏性土取高值；n 为井径比，$n = \frac{d_e}{d_w}$；q_w 为竖井纵向通水量，按单位水力梯度下单位时间的排水量($cm^3 \cdot s^{-1}$)计算；L 为竖井深度(cm)。

一级或多级等速加载条件下，考虑涂抹和井阻影响时竖井穿透软土层地基的平均固结度可按式(8.3.23)计算，其中 $\alpha = \frac{8}{\pi^2}$，$\beta = \frac{8C_h}{F_n d_e^2} + \frac{\pi^2 C_v}{4H^2}$。

(3)根据《广东省海堤工程设计导则(试行)》中分级加载固结度计算。

按式(8.3.24)计算 t 时刻的固结度是假定荷载是一次瞬时施加的。实际施工时荷载都是分期分级逐渐施加的，因此要计算分级加载时软土的固结度。假定每一级荷载增量所引起的固结过程是独立进行的，与上一级或下一级荷载增量的固结无关；每一级荷载增量是在加荷起止时间的中点一次瞬时加足的；某一时间 t 的总平均固结度等于该时各级荷载作用下固结度的叠加。总平均固结度可按式(8.3.29)计算。

$$\overline{U}_t = \frac{\sum U_i \Delta P_i}{\sum \Delta P_i} \tag{8.3.29}$$

式中，$\overline{U}_t$ 为分级加荷时时间 t 的总平均固结度；U_i 为第 i 级荷载增量作用下时间 t 的平均固结度，固结时间从该级荷载增量加荷起止时间的中点算起；ΔP_i 为

第 i 级荷载增量。

为了更精确地计算单级或多级荷载作用下软土地基的固结度，可将各级荷载进一步细化成多级荷载进行固结度计算。

(4)对排水竖井未打穿软土层时，应分别计算竖井范围土层的平均固结度和竖井底面以下软土层的平均固结度。

排水竖井未打穿软土层时，《广东省海堤工程设计导则(试行)》提出，排水竖井处理区也是一个固结体，而不是一个完整的排水体。固结度计算时应把竖井处理体等效为一定的排水距离。排水距离 ΔH 可按式(8.3.30)计算。

$$\Delta H=\sqrt{\frac{K_2}{K_1}}h_1 \tag{8.3.30}$$

$$K_1=K_v+\frac{32h_1{}^2}{\pi^2F_nd_e{}^2}K_h \tag{8.3.31}$$

式中，K_1 为竖井处理后复合体的等效竖向渗透系数；K_2 为竖井下软土的竖向渗透系数；h_1 为竖井处理范围内软土层厚度(cm)。

竖井下未打穿部分软土的固结计算厚度为

$$h=h_2+\Delta H \tag{8.3.32}$$

式中，h_2 为竖井下软土层厚度(cm)。

求出 H 值后，代入式(8.3.17)中求得 T_v，然后用式(8.3.16)或式(8.3.18)即可求出竖井下软土的竖向平均固结度 $\overline{U}_z$。

8.4　海堤稳定性计算实例

某工程海堤建设在深厚的软黏土上，详见图 8.4.1，海堤建设区的淤泥及淤泥质土厚度 4.6～49.0 m，平均厚度在 25 m 以上，含水率高、压缩性高、承载力低。各土层设计计算参数详见表 8.4.1～表 8.4.3。

针对软土层厚、土力学指标差的特点，为了保证海堤建设过程和使用期的安全稳定，主要采取了以下措施：

(1)在堤脚位置挖除 5～8 m 厚淤泥，换填海砂；

(2)在堤体范围内铺排水砂垫层 1～2 m，乘潮打塑料排水板；

(3)堤身底部铺设土工格栅，分层抛填海堤堤身，按位移、孔隙水压力消散和沉降的监、检测指标，适时抛填加载，海堤分级回填的过程分步骤进行。

海堤的施工顺序如下：基槽开挖、基槽抛砂、打设堤下排水板、铺设土工布和软体排、抛填堤心石、抛填压脚棱体、抛填二片石和混合倒滤层、护岸丁砌块石以及块石护面、护岸后 75 m 范围内地基处理、浆砌块石、护岸后回填开山石。

表 8.4.1　土层初始设计参数

土质类型	水上重度 /kN·m^{-3}	水下重度 /kN·m^{-3}	黏聚力/kPa	摩擦角/°
回填开山土石	18	11	0	38
回填海砂	18	10	0	28
回填块石	18	11	0	45
回填碎石	18	11	0	38
挤淤块石	18	11	0	40
淤泥(0～5 m)	15.9	5.9	7.80	1.81
淤泥(5～10 m)	15.9	5.9	8.13	1.71
淤泥(10～20 m)	15.9	5.9	16.35	3.27
淤泥(20～25 m)	15.9	5.9	16.31	3.51
淤泥(>25 m)	15.9	5.9	36.30	0
淤泥质土	17.5	9	26.31	5.10
粉质黏土	18	10	49.60	16.50

表 8.4.2　土层排水固结后设计参数

土质类型	水上重度 /kN·m^{-3}	水下重度 /kN·m^{-3}	黏聚力/kPa	摩擦角/°
淤泥(0～5 m)	15.9	5.9	2.96	14.33－1.04＝13.29
淤泥(5～10 m)	15.9	5.9	5.13	13.42－1.62＝11.8
淤泥(10～20 m)	15.9	5.9	3.78	14.31－1.11＝13.2
淤泥(>20 m)	15.9	5.9	8.46	13.43－1.96＝11.5
淤泥质土	17.5	9	14.69	16.91－3.03＝13.88

表 8.4.3　竖向排水参数

土质类型	压缩系数/MPa^{-1}	压缩指数
淤泥(0～5 m)	2.07	0.23
淤泥(5～10 m)	1.96	0.22
淤泥(10～20 m)	2.06	0.23
淤泥(>20 m)	1.67	0.20
淤泥质土	0.81	0.11

可见本工程海堤建设重点应该考虑深厚软黏土对整体稳定性的影响，此工程实例结合了排水井法、垫层法、土工织物铺垫、反压法和自重预压法，同时在施工期对堤体的沉降和位移要实时进行观测。以上各项措施到位，能够确保工程建设的可靠性。

根据上述几何参数和物理力学参数建立计算模型，并输入 Geoslope 计算软件，计算出施工期各级加载时段护岸的整体抗滑稳定安全系数，结果详见表 8.4.4。最后两级加载最危险的滑弧如图 8.4.2 所示。

表 8.4.4 整体稳定计算结果

加荷级	安全系数		
	简单条分法	简布法	毕肖普法
施工 0 级	—	—	—
施工 1 级	1.631	1.829	1.774
施工 2 级	1.631	1.829	1.774
施工 3 级	1.578	1.829	1.774
施工 4 级	1.145	1.829	1.774
施工 5 级	1.145	1.829	1.774
施工 6 级	1.145	1.829	1.774
施工 7 级	1.145	1.829	1.774
施工 8 级	1.145	1.829	1.774
施工 9 级	1.145	1.829	1.774
施工 10 级	1.145	1.829	1.774
施工 11 级	1.008	1.829	1.658
施工 12 级	1.008	1.829	1.658
施工 13 级	0.874	1.605	1.390
施工 14 级	1.057	1.623	1.574
施工 15 级	1.103	1.683	1.571
施工 16 级	1.099	1.712	1.587
施工 17 级	1.102	1.691	1.576
施工 18 级	1.102	1.692	1.577
施工 19 级	1.103	1.685	1.478
施工 20 级	1.103	1.685	1.573
加载 21 级	1.102	1.632	1.427

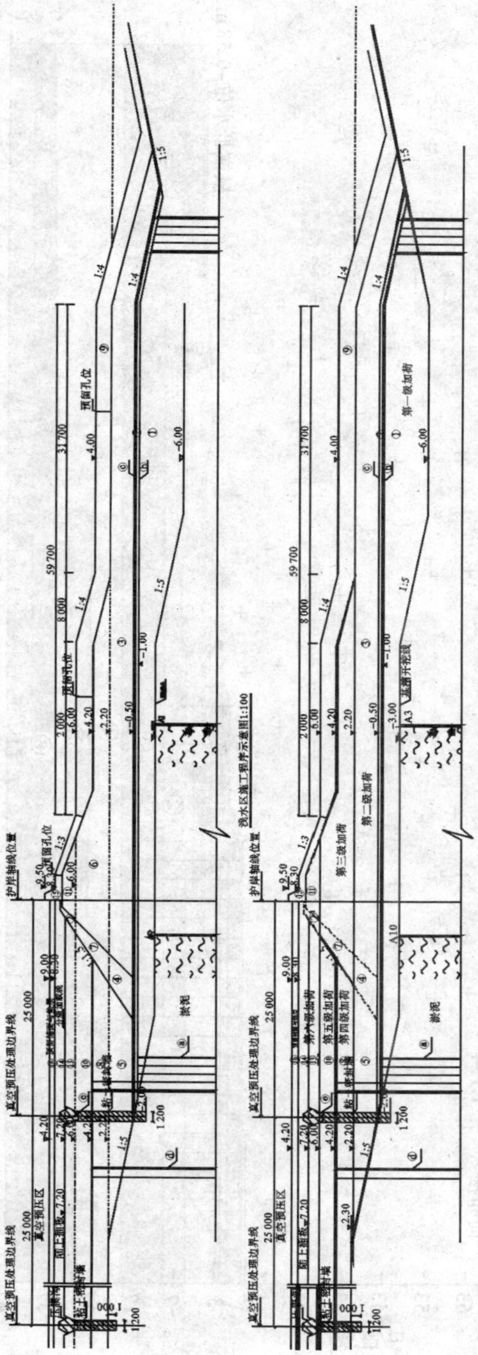

真空预压处理边界线
真空预压区
护岸轴线位置
预留孔位
浅水区施工程序示意图1:100
第一级加荷
第二级加荷
第三级加荷
淤泥
59 700
31 700
25 000
1:4
1:5

图8.4.1　某海堤断面图

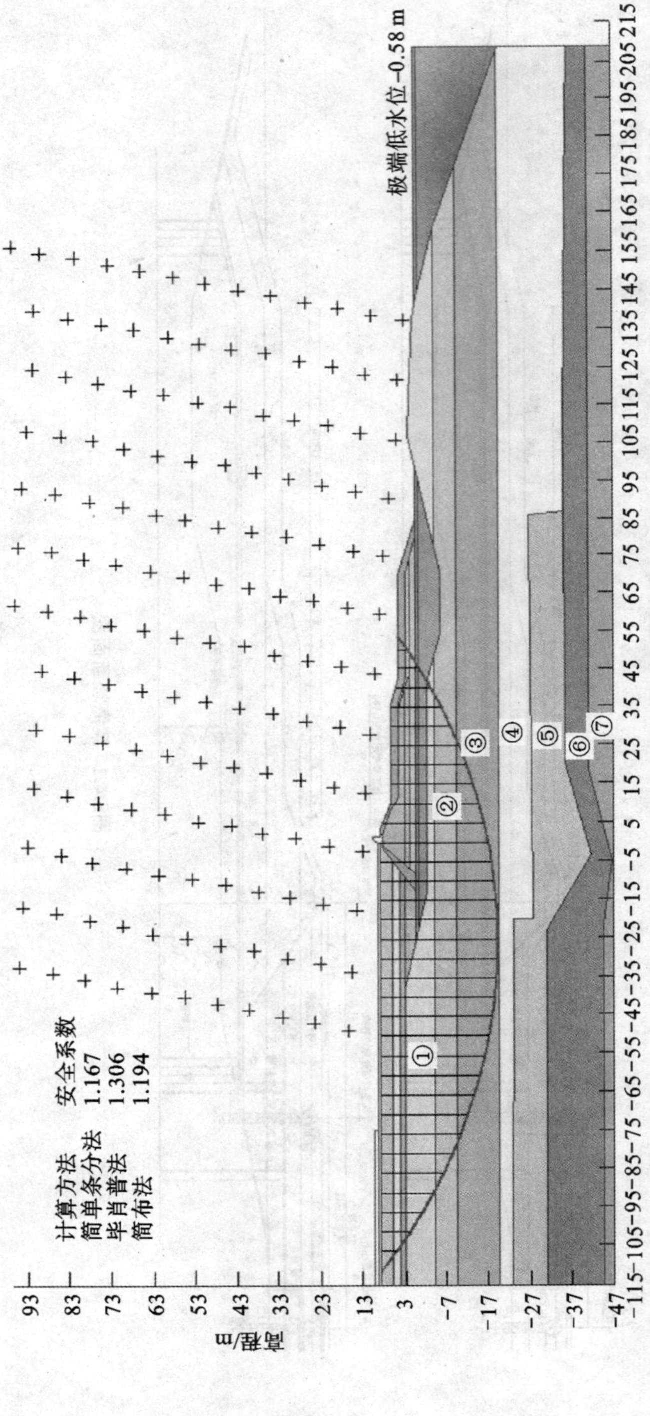

图8.4.2 海堤工程实例最后一级加载稳定性计算结果

第 9 章　海岸工程模型试验

9.1　量纲分析

在前述各章节的研究中，采用了密度、长度、时间、速度势、力及能量等物理量来描述波浪现象及其对结构物的作用，这些物理量按其性质可分为多种类别，并可用不同的量纲来标志，如长度[L]、时间[T]、质量[M]、力[F]等。

量纲可分为基本量纲和诱导量纲。基本量纲必须具有独立性，即一个基本量纲不能从其他基本量纲推导出来，也就是不依赖于其他基本量纲。由基本量纲推导出的其他物理量的量纲称为诱导量纲。例如，[L]，[T]和[M]是相互独立的量，故可以作为基本量纲，但[L]，[T]和速度量纲[v]就不是相互独立的，因为[v]=[L/T]，如果[L]，[T]取作基本量纲，[v]就不能作为基本量纲，它只能作为一个诱导量纲。

在各种力学问题中，任何一个力学量的量纲可以由[L]，[T]和[M]导出，故一般取长度[L]、时间[T]和质量[M]为基本量纲，如果 x 为任一物理量，可用三个基本量纲的指数乘积形式来表示：

$$[x]=[L^{\alpha}][T^{\beta}][M^{\gamma}] \tag{9.1.1}$$

式(9.1.1)称为量纲公式。量 x 的物理性质可由量纲指数 α,β,γ 来反映，如果 α,β,γ 指数有一个不为零时，就可以说 x 为一有量纲的量。

从式(9.1.1)可得力学中常见的量纲有：

(1)如 $\alpha\neq0,\beta=0,\gamma=0$　　x 为一几何学的量；

(2)如 $\beta\neq0,\gamma=0$　　x 为一运动学的量；

(3)如 $\gamma\neq0$　　x 为一动力学的量。

例如，动力黏滞系数 μ，由牛顿摩擦定律知 $\mu=\dfrac{\tau}{\dfrac{\mathrm{d}u}{\mathrm{d}n}}$，分子 τ 为切应力，其量纲为$\left[\dfrac{F}{L^2}\right]$，力$[F]=[MLT^{-2}]$，分母$\dfrac{\mathrm{d}u}{\mathrm{d}n}$为速度梯度，则 μ 的量纲公式为

$$[\mu]=\frac{\left[\frac{F}{L^{2}}\right]}{\left[\frac{v}{L}\right]}=\frac{\left[MLT^{-2}\right]}{\left[\frac{LT^{-1}}{L}\right]}=[ML^{-1}T^{-1}] \tag{9.1.2}$$

由于$[M]$量纲的指数为1($\neq 0$)，可以说动力黏滞系数为一动力学量。

当式(9.1.1)中的$\alpha=\beta=\gamma=0$时，即

$$[x]=[L^0][T^0][M^0]=[1] \tag{9.1.3}$$

我们称$[x]$为无量纲量，它具有数值的特征。

例如，流体力学中已学到的摩阻无量纲雷诺数$Re=\frac{vd\rho}{\mu}$。已知流速v的量纲为$[LT^{-1}]$，有效尺度d的量纲为$[L]$，黏滞系数μ的量纲为$[ML^{-1}T^{-1}]$，水密度ρ的量纲为$[ML^{-3}]$，则雷诺数的量纲

$$\begin{aligned}Re&=[LT^{-1}]\cdot[L]\cdot\frac{[ML^{-3}]}{[ML^{-1}T^{-1}]}\\&=[L^0][T^0][M^0]=[1]\end{aligned} \tag{9.1.4}$$

为一无量纲量。

无量纲量具有如下特点：

无量纲即无量又无单位，它的数值大小与所选用的单位无关。如果一流动状态的雷诺数$Re=2\,000$，不论采用的是哪一种单位制，其数值保持不变。并且在模型和原型两种规模大小不同的运动现象中其无量纲是不变的。在模型试验中，为模拟与原型状态相似的模型状态，常用相同的无量纲量作为相似判据，无量纲量在模型及原型的物理状态中应保持不变，这是相似原理的基础之一，后面将详细介绍。

凡是能正确反映客观规律的物理方程，其各项的量纲都必须是一致的，这称为量纲的和谐原理。这是量纲分析的基本原理。例如，描述黏性流体运动的纳维-斯托克斯方程为

$$\frac{\partial \boldsymbol{v}}{\partial t}+(\boldsymbol{v}\cdot\nabla)\boldsymbol{v}=\boldsymbol{X}-\frac{1}{\rho}\nabla\cdot\boldsymbol{p}+\nu\nabla^2\boldsymbol{v} \tag{9.1.5}$$

式中各项的量纲均为$[LT^{-2}]$，因而该式是满足量纲和谐原理的。

下面介绍量纲分析法中的普遍理论——布金汉π定理。

任何一个物理过程，如包含有n个物理量，而其涉及m个基本量纲(比如力学问题涉及三个基本量纲)，则这个物理过程可由n个物理量组成的$(n-m)$个无量纲所表达的关系式来描述。因习惯用π来表示这些无量纲量，就把这个定理称为π定理。

设影响物理过程的n个物理量为$x_1,x_2,\cdots,x_n$，其数学表示为

$$f(x_1, x_2, \cdots, x_n) = 0 \tag{9.1.6}$$

这几个物理量中，包含有 m 个基本量纲，根据 π 定理，这个物理过程可用$(n-m)$个无量纲(取前 m 个量纲为基本量纲，我们可以通过调换物理量的次序来达到)

$$\pi_s = \frac{x_m + s}{x_1^{y_{1s}} \cdot x_2^{y_{2s}} \cdot \cdots \cdot x_m^{y_{ms}}} \tag{9.1.7}$$

式中，$s=1,2,3,\cdots,n-m$；$y_{1s}, y_{2s}, \cdots, y_{ms}$ 为 π_s 的各基本量纲的量纲指数，可用如下关系式来描述，即

$$F(\pi_1, \pi_2, \cdots, \pi_{n-m}) = 0 \tag{9.1.8}$$

9.2　相似原理

在波浪对海岸结构物的作用问题中，有些问题不能单纯依靠理论分析求得解答，而要依靠实验研究来解决，相似原理就是实验的基本依据，也是对海浪现象进行分析的一个重要手段，在本书所涉及的海浪运动，结构物的作用，泥沙运动及浮力力学等方面，都广泛应用模型实验来进行研究。相似原理就是模型实验的理论基础。

什么是相似呢？两个物理现象的相应点上所有表征运动状况的物理量都维持各自的固定比例关系，则这两个物理现象就是相似的，表征物理现象的量具有不同的性质，而表征波动现象的量主要有三种：表征几何形状的，表征运动状况的以及表征动力的物理量。因此，两个波动现象的相似，可以用几何相似、运动相似和动力相似来描述。

对于模型实验来说，几何相似是指原型和模型两个系统的几何形状相似。要求两系统中所有相应尺度都维持一定的比例关系，即

$$\lambda_l = \frac{l_p}{l_m} \tag{9.2.1}$$

式中，l_p 代表原型某一部位的长度，l_m 代表模型相应部位的长度，λ_l 为长度比尺。

几何相似的结果必然使任何两个相应的面积 A 和体积 V 也都维持一定的比例关系，即

$$\lambda_A = \frac{A_p}{A_m} = \lambda_l^2 \tag{9.2.2}$$

$$\lambda_V = \frac{V_p}{V_m} = \lambda_l^3 \tag{9.2.3}$$

可以看出，几何相似是通过长度比尺 λ_l 来表达的，只要任何一对相应长度都维持一定的比例关系 λ_l，就保证两系统的几何相似。

运动相似是指质点的运动情况相似，即相应质点在相应瞬间做相应的位移，所以运动状态的相似要求原型和模型相应质点的速度和加速度相似。如以 u，a 分别代表质点速度和加速度，取 λ_t 为时间比尺，则运动相似要求

$$\lambda_u = \frac{u_\mathrm{p}}{u_\mathrm{m}} = \frac{\lambda_l}{\lambda_t} \tag{9.2.4}$$

$$\lambda_a = \frac{a_\mathrm{p}}{a_\mathrm{m}} = \frac{\lambda_l}{\lambda_t^{\ 2}} \tag{9.2.5}$$

在原型和模型的各相应点上维持不变。

动力相似是指作用于两系统相应点的各种作用力均维持一定的比例关系，如以 F_p 代表原型中某点的作用力，以 F_m 代表模型中相应点的同样性质的作用力，则动力相似要求

$$\lambda_F = \frac{F_\mathrm{p}}{F_\mathrm{m}} \tag{9.2.6}$$

维持固定的比例。

上述这三种相似是原型与模型保持完全相似的重要特征与属性，这三种相似是相互联系和互为条件的，几何相似也可以理解为运动相似和动力相似的前提和依据，而动力相似是决定两个物理现象相似的主要因素，运动相似则可以认为是几何相似和动力相似的表现。总之，三种相似是一个彼此密切相关的整体，三者缺一不可。

动力相似中原型与模型相应点的各种作用力可以从不同的角度进行分类，但最根本的是从流体的物理性质进行分类，如万有引力特性所产生的重力、流体黏滞性所产生的黏滞力、压缩性所产生的弹性力等。另外，还有液体的惯性所引起的惯性力，除惯性力外上述作用力都是企图改变流动状态的力，而惯性力是企图维持液体原有运动状态的力。液体的波动就是惯性力和其他各种力相互作用的结果，如果我们以其他各种性质的力与惯性力的比例来表示其比例关系，在原型和模型中，这种比例保持固定不变。这些比例称作表征动力相似的准数。

下面用描述黏性流体运动的方程来研究表示动力相似的准数，在纳维-斯托克斯方程(9.1.5)中，外力作用只考虑重力作用，则对于原型和模型来讲，分别由下列方程给出：

$$\frac{\partial \boldsymbol{v}_\mathrm{p}}{\partial t_\mathrm{p}} + (\boldsymbol{v}_\mathrm{p} \cdot \nabla_\mathrm{p}) \boldsymbol{v}_\mathrm{p} = g_\mathrm{p} - \frac{1}{\rho_\mathrm{p}} \nabla_\mathrm{p} p_\mathrm{p} + \nu_\mathrm{p} \nabla_\mathrm{p}^{\ 2} \boldsymbol{v}_\mathrm{p} \tag{9.2.7}$$

$$\frac{\partial \boldsymbol{v}_{\mathrm{m}}}{\partial t_{\mathrm{m}}}+(\boldsymbol{v}_{\mathrm{m}}\cdot\nabla_{\mathrm{m}})\boldsymbol{v}_{\mathrm{m}}=g_{\mathrm{m}}-\frac{1}{\rho_{\mathrm{m}}}\nabla_{\mathrm{m}}p_{\mathrm{m}}+\nu_{\mathrm{m}}\nabla_{\mathrm{m}}{}^{2}\boldsymbol{v}_{\mathrm{m}} \tag{9.2.8}$$

两个相似运动间存在比尺关系如下：

密度比尺为$\lambda_\rho=\frac{\rho_{\mathrm{p}}}{\rho_{\mathrm{m}}}$，运动黏滞系数比尺为$\lambda_\nu=\frac{\nu_{\mathrm{p}}{}^2}{\nu_{\mathrm{m}}}$，压力比尺为$\lambda_P=\frac{P_{\mathrm{p}}}{P_{\mathrm{m}}}$，重力加速度比尺为$\lambda_{\mathrm{g}}=\frac{g_{\mathrm{p}}}{g_{\mathrm{m}}}$，速度比尺为$\lambda_v=\frac{v_{\mathrm{p}}}{v_{\mathrm{m}}}$，时间比尺为$\lambda_t=\frac{t_{\mathrm{p}}}{t_{\mathrm{m}}}$，长度比尺为$\lambda_l=\frac{l_{\mathrm{p}}}{l_{\mathrm{m}}}$，

将上述比尺关系代入式(9.2.7)中，得

$$\frac{\lambda_v}{\lambda_t}\cdot\frac{\partial \boldsymbol{v}_{\mathrm{m}}}{\partial t_{\mathrm{m}}}+\frac{\lambda_v{}^2}{\lambda_l}(\boldsymbol{v}_{\mathrm{m}}\cdot\nabla_{\mathrm{m}})\boldsymbol{v}_{\mathrm{m}}$$
$$=\lambda_g g_{\mathrm{m}}-\frac{\lambda_P}{\lambda_\rho\lambda_g}\cdot\frac{1}{\rho_{\mathrm{m}}}\nabla_{\mathrm{m}}p_{\mathrm{m}}+\frac{\lambda_v\lambda_\nu}{\lambda_l{}^2}\cdot\nu_{\mathrm{m}}\nabla_{\mathrm{m}}{}^2\boldsymbol{v}_{\mathrm{m}} \tag{9.2.9}$$

如果两个运动相似，则式(9.2.8)、(9.2.9)应恒等，这就要求式(9.2.9)中各项无量纲系数互等，即

$$\frac{\lambda_v}{\lambda_t}=\frac{\lambda_v{}^2}{\lambda_l}=\lambda_g=\frac{\lambda_P}{\lambda_\rho\lambda_g}=\frac{\lambda_v\lambda_\nu}{\lambda_l{}^2} \tag{9.2.10}$$

(1)　(2)　(3)　(4)　(5)

式中，(1)为加速度项，(2)为定常加速度，(3)为重力项，(4)为压力项，(5)为黏滞项。以第 2 项遍除各项得

$$\frac{\lambda_l}{\lambda_t\lambda_v}=\frac{\lambda_g\lambda_l}{\lambda_v{}^2}=\frac{\lambda_P}{\lambda_\rho\lambda_v{}^2}=\frac{\lambda_\nu}{\lambda_l\lambda_v} \tag{9.2.11}$$

将各种比尺关系代入式(9.2.11)则有无量纲关系：

$$\begin{cases}\dfrac{l_{\mathrm{p}}}{v_{\mathrm{p}}t_{\mathrm{p}}}=\dfrac{l_{\mathrm{m}}}{v_{\mathrm{m}}t_{\mathrm{m}}}\\[2mm]\dfrac{v_{\mathrm{p}}{}^2}{g_{\mathrm{p}}l_{\mathrm{p}}}=\dfrac{v_{\mathrm{m}}{}^2}{g_{\mathrm{m}}l_{\mathrm{m}}}\\[2mm]\dfrac{v_{\mathrm{p}}l_{\mathrm{p}}}{\nu_{\mathrm{p}}}=\dfrac{v_{\mathrm{m}}l_{\mathrm{m}}}{\nu_{\mathrm{m}}}\\[2mm]\dfrac{P_{\mathrm{p}}}{\rho_{\mathrm{p}}v_{\mathrm{p}}{}^2}=\dfrac{P_{\mathrm{m}}}{\rho_{\mathrm{m}}v_{\mathrm{m}}{}^2}\end{cases} \tag{9.2.12}$$

式(9.2.12)中的无量纲都是相似准数，则由式(9.2.12)我们取

$$\text{斯特劳哈尔准数 } Sr=\frac{l}{vt} \tag{9.2.13}$$

$$\text{佛汝德准数 } Fr=\frac{v}{\sqrt{gl}} \tag{9.2.14}$$

$$\text{雷诺准数 } Re=\frac{vl}{\nu} \tag{9.2.15}$$

$$欧拉准数\ Eu=\frac{P}{\rho v^2} \tag{9.2.16}$$

由纳维-斯托克斯方程所描述的 2 个不可压缩黏性流体的运动保持相似，上列 4 个准数必须相等。这是判断相似的标志和判据，也称为相似准则。

四个相似准则的含义为：

斯特劳哈尔准则表征运动的非恒定性。

欧拉准则表征压力与惯性力比值。

佛汝德准则表征重力与惯性力的比值。

雷诺准则表征黏滞力与惯性力的比值。

前面介绍了相似现象的特征和属性，下面就相似的必要和充分条件作些说明。波动力学问题，一般可由微分方程来表述。显然两个相似的波动必然被同一微分方程所描述，这是波动现象相似的首要条件。

微分方程有一般的解，也有特定的解，某一个特定的波动就相应于微分方程的一个特定的单值解。两个波动现象的相似，就意味着它们具有相似的单值解。造成单值解的条件称为单值条件。

单值条件包括以下几个方面：

1)边界条件——波动场的几何尺度，边界的运动情况及边界的性质。

2)初始条件——初始时刻的波动情况。

3)物性条件——液体的物性，如密度、黏滞系数等。

但只有两个相似条件不能保证波动的相似，还必须有第三个相似条件及有关的相似准数要互等。而组成各准数的物理量中，有的是边界条件或初始条件的因素之一，由这些物理量组成的准数称为相似的条件准数。因此，这些条件准数的相等是相似的必要条件。另一些物理量不属于边界条件或初始条件，它们与单值条件无关，它们的相等就不是相似的条件，而是相似的结果。比如前面讲到的 Fr，Re，Sr 准数为条件准数，而 Eu 为结果准数。

综上所述，波动相似的必要和充分条件是：

1)相似波动必须由同样的微分方程来描述；

2)单值条件相似；

3)条件准数相等。

在具体进行模型实验时，相似条件中前两个条件容易办到，而第三个条件即准数条件是不容易办到的。对于自由表面波动问题，因为同时受重力和黏滞力作用，则从理论上就要求同时满足佛汝德准则和雷诺准则，才能保证原型和模型的相似。

在进行较大规模的模型实验时，一般取同一种流体——水，并且都在地球

上而加速度 g 也不变，则由佛汝德准则 $Fr_p = Fr_m$ 得

$$\frac{v_p}{\sqrt{g_p l_p}} = \frac{v_m}{\sqrt{g_m l_m}} \tag{9.2.17}$$

因为 $g_p = g_m$，即 $\lambda_g = 1$，则有

$$\lambda_v = \lambda_l^{\frac{1}{2}} \tag{9.2.18}$$

而由雷诺准则 $Re_p = Re_m$，得

$$\frac{v_p l_p}{\nu_p} = \frac{v_m l_m}{\nu_m} \tag{9.2.19}$$

因为水质性质不变，$\nu_p = \nu_m$，即 $\lambda_\nu = 1$，则有

$$\lambda_v = \lambda_l^{-1} \tag{9.2.20}$$

从式(9.2.18)和(9.2.20)的矛盾可以看出，要使 Fr 数和 Re 数同时满足则要求 $\lambda_l = 1$，这就失去了模型试验的意义了。

在实际工程中，为解决这一矛盾，就要对黏滞力的作用和影响作具体深入分析。我们在流体力学中已学过，雷诺数是判别流态的一个标准。在不同的流动形态下，黏滞力对流动阻力的影响是不同的：当雷诺数较小时，流态为层流状态，此时黏滞力作用相似要求雷诺数相等；当雷诺数大到一定程度，成为紊流形态的充分发展阶段后，阻力相似并不要求雷诺数相等，只要考虑佛汝德数即可，因此在进行模型试验比尺的确定时，要考虑到这个问题，尽量避免 Fr 数与 Re 数的矛盾，使试验真实地反映原型的物理特性。

9.3　模型试验的分类及研究内容

海岸工程模型试验根据研究手段的不同可分为数值模型试验和物理模型试验两种。这两种试验方法都是研究波浪、潮流对海岸工程作用的有力工具，两者的巧妙结合，往往可以解决实际工程中的一些棘手问题。

数值模型试验是在一定的边界条件下，通过求解描述流体或泥沙运动的数学方程，研究波浪、潮流的传递规律或岸滩的演变规律。进行数值计算时，首先应弄清要解决的问题和影响因素，建立数学模型，确定相应的边界条件，通过计算机进行求解。在应用数值模型求解问题时，首先对模型进行检验和判断，证明计算方案的可行性和结果的可靠程度。常用的数值计算方法有有限差分法和有限元法等。

数值模型试验的优点是快速、灵活、费用低；缺点是试验中波浪、潮流运动过于理想化，海岸工程中许多需要研究的动力过程不能组成封闭的方程组，特别是针对紊流的研究尚停留在几种理想的流动状态和不太复杂的边界条件上。

目前对于工程实际问题，数值模拟方法的预报能力不及物理模型。

物理模型试验是将所研究海域的边界（含水工建筑物）及海浪运动形态，依据一定的相似准则按比尺进行缩小，利用人工设备在试验室内复演天然波况、流体运动的状态和过程，从而研究波浪与水工建筑物的相互作用、水流和波浪作用下的泥沙运动和输移过程、床面的冲淤变形、污染物质的扩散浓度分布及影响范围等。

物理模型试验的优点是试验中展现的现象较为直观，反映的演变规律和作用状态较为准确；缺点是往往受到试验场地、仪器设备、动力装置和资金投入等条件的限制，试验过程繁琐，费用较高。

物理模型试验按研究的范围和内容分为整体物理模型试验、局部整体物理模型试验和断面物理模型试验。前两者用于研究三维波浪问题，后者用于研究二维波浪问题。就试验现象的准确性而言，前两者优于后者，但由于前两者模型比尺相对较大，后者较小，考虑到比尺效应，许多波浪特征值，如波压力、越浪量等的测试一般在断面物理模型试验中解决。

整体物理模型试验一般对整个工程区域进行研究，模型比尺往往较大，研究内容包括波浪的传播与变形、港内水域的平稳度和船行波，斜向波、多向波和船行波等对水工建筑物的作用等。整体物理模型试验一般在室内水池中进行，如果在室外水池进行，应避免因风引起的涟波或小波的影响，模型制作范围必须包括试验要求研究的区域和对研究区域波浪要素有影响的水域；选取模型比尺时，要根据试验水池和建筑物的尺度、造波机的造波能力和测试仪器的测量精度，尽量选取较小的比尺。

局部整体物理模型试验是选取工程的一定区域进行研究，研究内容一般是验证工程局部在斜向浪作用下的稳定性，试验要求一般同断面物理模型试验基本一致，模型比尺一般较整体物理模型试验小，较断面物理模型试验大。由于局部物理模型试验考虑了地形、岸坡、斜向浪及周边建筑物的影响，反映的试验现象比断面物理模型试验更为准确，所以越来越受到工程设计人员的重视。

断面物理模型试验是选取工程结构的一个断面进行研究，主要研究波浪对斜坡式、直墙式建筑物的正向作用。斜坡堤测试内容包括护面块体（块石）的稳定性、胸墙的稳定性、胸墙迎浪面波压力测量和墙底波浪浮托力测量、护底块石的稳定性、堤顶越浪量测量等；直立堤测试内容包括结构稳定性、直墙上波压力及墙底浮托力测量，堤顶越浪量测量等。断面物理模型试验的模型比尺根据水槽和建筑物结构尺度、造波机的造波能力及试验仪器的测量精度确定，一般比尺较小。

物理模型试验按基床底质的不同分为定床试验和动床试验。定床指试验中基床固定不变(即硬质基床),定床试验主要研究基床上部结构的稳定性及波浪传递规律;动床指试验中基床发生变化,一般指淤泥或沙土等软基,动床试验主要研究在波浪、潮流作用下工程区域的冲淤变化规律。

物理模型试验按水平方向和垂直方向所采用比尺的情况分为正态模型试验和变态模型试验。正态模型指水平向和垂直向采用相同的比尺,正态模型准确反映了工程原型的情况;变态模型指水平向和垂直向采用的比尺不同,水平比尺和垂直比尺的比值称为变态率。当整体物理模型试验的试验条件受到限制时,可以采用变态模型。变态整体物理模型应按重力相似设计,并根据现场资料和试验要求进行分析,满足主要的相似条件,合理选取模型比尺,并对相似条件进行验证。一般变态率不大于 5。

9.4　试验设备和仪器

本节主要介绍波浪物理模型试验中常用的造波设备和测试仪器。

9.4.1　造波设备简介

20 世纪 60 年代以前,波浪模型试验全部采用规则波,随机的海域天然波况被简化为以有效波高 $H_{1/3}$ 及相应的波周期 $T_{1/3}$ 为特征的波。产生这种规则波的设备常见的有击块式、提水式等。此后,随着计算机技术的迅速发展,不规则波造波机研制成功,这种造波机不仅可以很好地模拟波列中不同累计频率的波高和周期,而且可以同时制作多个方向的波浪,并有较强的操作性,使造波系统由单纯的机械式向人工智能化发展,节省了大量的人力,且使试验周期大大缩短。测量仪器、数据采集及处理技术也有了较大的改进,使模型试验的精度有了很大的提高。

目前国内试验室常用的不规则波造波机有两种:一种是液压伺服多向不规则波造波机,该造波机的原理是利用伺服阀控制液压油缸,推动造波板产生不规则波,并利用相位差生成不同方向的波浪;另一种是低惯量直流电机式多向不规则造波机,该造波机利用电磁阀控制电机,推动造波板产生不规则波。两种造波机均由计算机控制,通过输入谱型、有效波高、有效周期、水深和随机因子等数据,控制造波板的行程和频率,产生符合要求的波浪。这两种造波机均能容易地制作出规则波。

下面是海军工程设计研究院工程综合试验研究中心目前使用的试验水池、水槽及配备的造波机。

图 9.4.1 是该中心长 55 m、宽 30 m、深 1.2 m 的室内水池配备的液压伺服

多向不规则造波机，造波宽度 26.0 m；图 9.4.2 是长 84.0 m、宽 1.4 m、高 2.6 m 的风浪水槽，该水槽可以同时模拟波浪和风的作用，配备有低惯量直流电机式不规则造波机。

图 9.4.1 液压式造波机

图 9.4.2 风浪水槽

9.4.2 测量仪器简介

波浪模型试验的主要测量仪器有浪高仪、波压仪和流速仪。测量仪器一般包括三部分，即传感器、放大器和记录器，传感器是其中最关键的部分，而传感器最重要的是分辨率，即对水温和水质变化的稳定性，以及在测量范围内保持线性。

浪高仪大多用电阻式和电容式两种（图 9.4.3），波压仪有应变丝式和电容式两种（图 9.4.4）；波动流速仪常用的为螺旋式流速仪。数据采集系统及软件界面如图 9.4.5 所示。

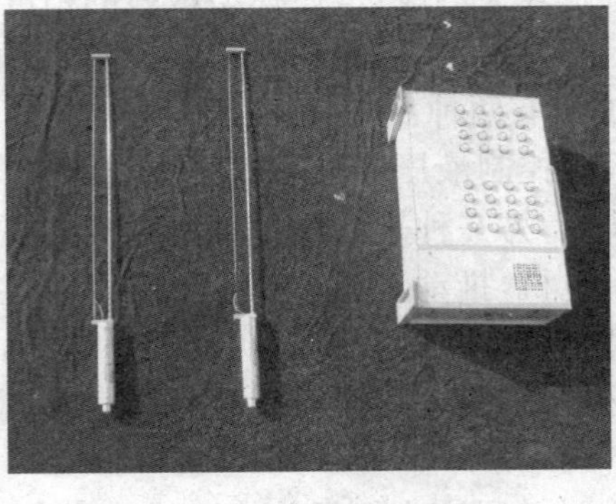

图 9.4.3 浪高仪及采集处理系统

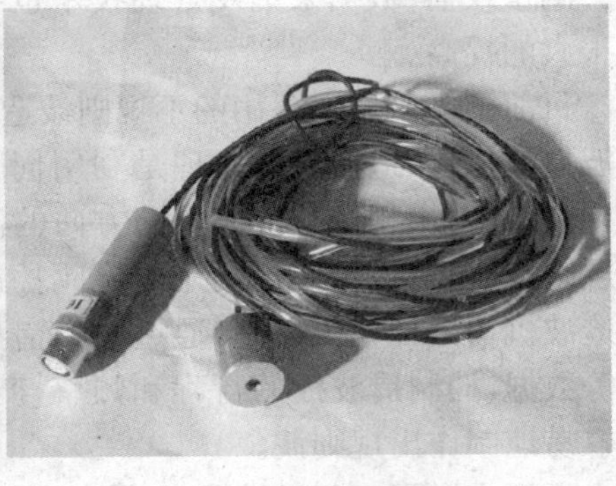

图 9.4.4 波压仪

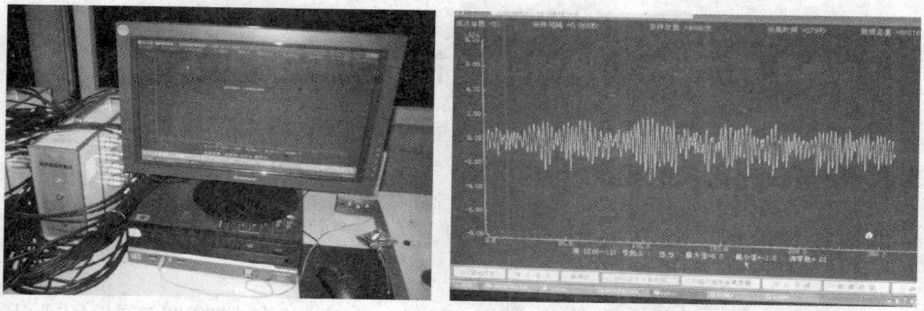

图 9.4.5　数据采集系统及软件界面

9.4.3　试验设备和测量仪器要求

波浪模型试验水槽的有效段长度应大于 10 倍波长，水槽宽度大于 0.5 m。水槽两侧壁与水槽中轴线距离允许偏差应为±2 mm。水槽和水池的首、尾两端应设置消浪装置，且尾部消浪装置应能消除 90%以上的反射波，并应采取措施消除或减小造波机二次反射波的影响。有斜向反射时，水池的两侧也应设置消浪装置。

波浪模型试验的生波和生流等设备应满足下列要求：

(1)生波设备产生的波形平稳、重复性好。

(2)生流设备产生的水流平稳。

波浪模型试验测量仪器应满足下列要求：

(1)置于水中的传感器不应破坏波形和流场。

(2)测量系统应满足灵敏度和稳定性要求，在满足量程条件下 2 h 内的零漂允许偏差应为±5%，波高仪线性允许偏差应为±2%，总力仪、波压仪和波动流速仪的线性允许偏差应为±5%。

(3)测波浪力时，测力系统的自振频率不宜小于测力频率的 6 倍，不规则波的测力频率宜取高频一侧力谱能量为总能量 30%处的频率，当不满足要求时，应按下列公式修正：

$$F=\mu F_i \tag{9.4.1}$$

$$\mu=\left[\left(1-\frac{\omega^2}{\omega_0^2}\right)^2+\left(2\varepsilon\frac{\omega}{\omega_0^2}\right)^2\right]^{1/2} \tag{9.4.2}$$

式中，F 为修正后的力(N)；F_i 为实测的力(N)；μ 为修正系数；ω 为作用力的圆频率($rad \cdot s^{-1}$)；ω_0 为未考虑阻尼时测力系统的自振圆频率($rad \cdot s^{-1}$)；ε 为测力系统阻尼系数(s^{-1})。

9.5 模型设计的相关规定及要求

9.5.1 模型长度比尺的要求

波浪物理模型试验宜采用正态模型，正态模型的长度比尺应满足以下要求：

(1)整体物理模型长度比尺不应大于150。当有船舶模型置于其中时，长度比尺不应大于80，船行波试验时，长度比尺不宜大于30。

(2)断面物理模型长度比尺应满足表9.5.1所示要求。

表9.5.1 断面物理模型长度比尺

序号	建筑物型式	模型长度比尺
1	斜坡式、直墙式、水下管线	≤40
2	桩基、墩柱	≤60
3	浮式	≤80

(3)波浪、波浪与水流及其建筑物、岸滩等相互作用的模型设计，应满足重力相似，不同物理量的比尺按表9.5.2所示各式确定。

表9.5.2 不同物理量比尺

序号	物理量	比尺
1	长度	$\lambda = l_p / l_m$
2	时间	$\lambda_t = \lambda^{1/2}$
3	频率	$\lambda_f = \lambda^{-1/2}$
4	速度	$\lambda_u = \lambda^{1/2}$
5	压强	$\lambda_p = \lambda$
6	力	$\lambda_F = \lambda^3$
7	流量	$\lambda_Q = \lambda^{5/2}$
8	单宽流量	$\lambda_q = \lambda^{3/2}$
9	能量	$\lambda_E = \lambda^4$

表中：l_p 为建筑物原型长度；l_m 为建筑物模型长度。

9.5.2　整体模型基本要求

为减小水池边界和造波板对波浪反射的影响，同时保证所生产的波浪在到达建筑物时较为平稳，且波浪的折射、绕射和反射不受边界的影响，造波机与建筑物模型的间距应大于 6 倍平均波长。模型中设有防波堤堤头时，堤头与水池边界的间距应大于 3 倍平均波长，单突堤堤头与水池边界的距离应大于 5 倍平均波长，并应在水池边界设消浪装置，减小反射影响。进行多向不规则波试验时，研究区域应位于多向波的有效范围内。

整体模型试验中，地形（包括水域边界）的制作至关重要，它直接关系到试验中所反映的现象和测量数据的准确性。地形制作时应满足以下条件：

(1)采用不小于 1∶5 000 的地形图；

(2)地形和水工建筑物制作时应设置 1～2 个水准点；

(3)制模断面和控制点高程的允许偏差为±1 mm，抹面后的地形高程允许偏差为±2 mm。

为保证试验资料的准确性，试验前应将波浪等动力因素和边界条件与工程水域的实测资料进行验证。

原始入射波测点应设置在水深较大、波形平稳处。在进行港内水域平稳度试验时，还应在每个泊位码头前 1/2 船宽处增设不少于 1 个测波点，试验为规则波且建筑物为直墙时，增设的测波点应布置在波腹处。

9.5.3　断面模型基本要求

建筑物模型与造波机间的距离应大于 6 倍平均波长。要求测量建筑物后的波要素时，建筑物模型与试验水槽尾部消波器间的距离应大于 2 倍平均波长。

建筑物模型及其构件的几何尺度允许偏差应为±1%，且控制在±5 mm 内。有重心和质量相似要求的建筑物构件，其重心位置允许偏差应为±2 mm，质量允许偏差应为±3%。单个护面块体、垫层、棱体、基床和护底块石质量允许偏差应为±5%。

9.5.4　试验波谱的选择

《波浪模型试验规程》规定波浪模型试验应模拟单向不规则波，必要时模拟多向不规则波。不规则波的模拟包括波浪要素（不同累计频率的波高和周期）的模拟和海浪谱的模拟。所采用波浪谱最好是工程水域实测的波谱，如果没有实测波谱，可采用现行行业标准《海港水文规范》(JTJ 213—98)中规定的波谱或其他合适的波谱。

《海港水文规范》对于风浪频谱的规定见本书 3.3.2 中的文氏谱。

如已知波浪谱的零阶矩、谱峰频率和谱尖因子，风浪频谱可按下列公式计算：

(1)深水水域

当 $0 \leqslant f \leqslant 1.15 f_P$ 时，

$$S_\eta(f)=\frac{m_0 P}{f_p}\exp\left\{-95\left[\ln\frac{P}{1.522-0.24P+0.00292P^2}\right]\left(\frac{f}{f_P}-1\right)^{12/5}\right\} \tag{9.5.1}$$

当 $f>1.15 f_P$ 时，

$$S_\eta(f)=1.749 m_0 f_p^3(1.522-0.245P+0.00292P^2)\frac{1}{f^4} \tag{9.5.2}$$

$$P=\frac{f_p S_\eta(f_p)}{m_0}, 1.54\leqslant P\leqslant 6.77 \tag{9.5.3}$$

式中，m_0 为波浪谱的零阶矩（m^2）；f_p 为谱峰频率（s^{-1}）。

(2)有限深度水域

$$S_\eta(f)=\frac{m_0 P}{f_p}\exp\left\{-95\left[\ln\frac{P(5.813-5.137H^*)}{(6.77-1.088P+0.013P^2)(1.307-1.426H^*)}\right]\left(\frac{f}{f_p-1}\right)^{12/5}\right\} \tag{9.5.4}$$

当 $f>1.15 f_p$ 时，

$$S_\eta(f)=\frac{m_0}{f_p}\frac{(6.77-1.088P+0.013P^2)(1.307-1.426H^*)}{5.813-5.137H^*}\left(1.15\frac{f_p}{f}\right)^m \tag{9.5.5}$$

$$P=\frac{f_p S_\eta(f_p)}{m_0}, 1.27\leqslant P\leqslant 6.77 \tag{9.5.6}$$

上述波谱是根据中国海洋大学的有关研究得出的，为了检验该风浪谱，曾在我国渤、黄、东和南海历次测量中搜集并分析了 1 770 余个谱曲线，并选取一部分风浪特征明显的供验证用。检验结果表明，就目前海浪计算的精度和要求而言，它与实测结果的符合程度是满意的。需要说明的是：当谱的尖度因子不满足上述条件时，可采用其他合适的风浪频谱形式。

在工程应用中，目前国际上经常使用的风浪谱包括 Pierson-Moscowitz 谱（简称 P-M 谱）、Bretschneider 谱或与其类似的谱及 JONSWAP 谱等。一般情况下，如果试验资料中给出的波浪条件不满足规范谱（即上述规范中给出的波谱），一般采用改进的 JONSWAP 型谱。该谱由英、荷、美、德等国家的有关单位在中等风况和有限风距的情况下测得，多数使用经验表明，此谱和实测结果符合较好，而且适用于不同成长阶段的风浪，目前已得到广泛应用。我国海洋工作者在研究中也曾将规范谱、JONSWAP 谱与我国黄海、南海海区的实测谱进行过比较，发现两者均与实测谱吻合较好；日本的合田良实也建议在实际工程中采用改进的 JONSWAP 型谱。该谱的计算公式如下：

$$S(f)=\beta_j H_{1/3}{}^2 T_p{}^{-4} f^{-5}\exp\left[-\frac{5}{4}(T_p f)^{-4}\right]\cdot \gamma^{\exp[-(f/f_p-1)^2/2\sigma^2]} \tag{9.5.7}$$

其中，

$$\beta_j=\frac{0.062\ 38}{0.230+0.033\ 6\gamma-0.185(1.9+\gamma)^{-1}}\cdot[1.094-0.019\ 15\ln\gamma] \tag{9.5.8}$$

$$T_p=\frac{T_{H1/3}}{1-0.132(\gamma+0.2)^{-0.559}} \tag{9.5.9}$$

或

$$T_p=\frac{\overline{T}}{1-0.532(\gamma+2.5)^{-0.569}},\gamma=3.3 \tag{9.5.10}$$

9.6　物理模型试验的实施

物理模型试验是一项技术性较强的工作，过程繁琐、复杂，要求懂得一定的专业理论知识，具有一定的实践经验，同时必须熟练掌握造波机的操作方法和测试仪器的操作原理。为使读者掌握这项海岸工程建设中重要的研究手段，下面简要介绍物理模型试验的过程。

1. 熟悉试验资料，明确试验目的和要求

海岸工程模型试验所需要的资料主要有：

(1)进行整体模型试验时应提供工程所处海区地形图，比尺一般不小于 1∶5 000。

(2)水工建筑物结构图，包括平面布置图、断面图及局部结构大样图。

(3)水文资料：包括试验水位，波浪谱型、波浪方向、不同累积频率的波高和周期等。

试验前应仔细阅读、分析试验任务书，明确试验目的、试验内容和要求，同时根据上述内容认真编写试验大纲，做到心中有数、有的放矢。

2. 确定模型比尺

模型比尺 λ 一般指几何比尺 λ_l，这是最基本的比尺，其他量的比尺，均可由其换算而得。选择合适的模型比尺非常重要。进行整体模型时,为便于观测试验现象,一般希望 λ 小一点,模型大一些,但往往受场地和造波能力的限制,因此 λ 不能太小;如果仅仅为了适应一个较小的场地而将 λ 取得太大,即模型小一些,这又会影响到模型精度要求。通常模型比尺根据水池大小、造波机的造波能力和波浪的有效作用区域等控制因素综合考虑后确定。

根据《波浪模型试验规程》(JTJ/T 234—2001),整体模型长度比尺不应大于 150,断面物理模型长度比尺一般不大于 40。

具体初选 λ 的方法如下

首先在地形图上划出模型试验必须包括的范围矩形(图 9.6.1)。这个矩形的边长须满足两个要求:

(1)在波向上(纵向),为保证造波机前波浪充分成长,同时避免反射波的影响,建筑物和造波机间距离一般不小于 6 倍波长;

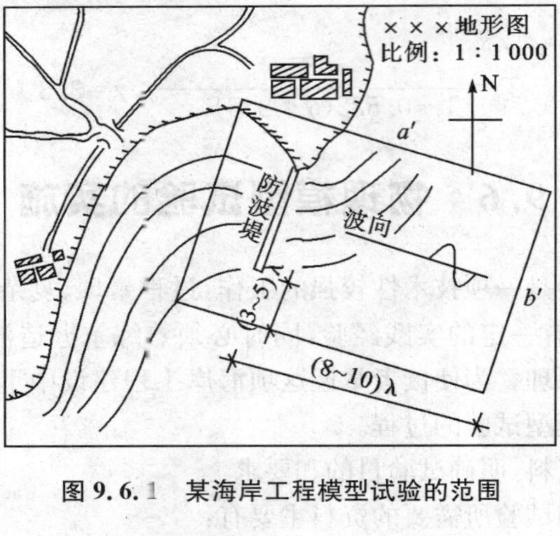

图 9.6.1　某海岸工程模型试验的范围

(2)在横向上,为避免池边干扰,矩形宽边要保证跨过建筑物的全长再增加 3～5 个波长的距离。

该矩形划好后,将边长略加增减以处理成现有水池相似形,最后将该相似形的某一边长如 a' 乘以地图比尺 m 再除以现有水池相应边长 a,就得到 λ_l,即有

$$\lambda_{l\mathrm{I}} = a'\frac{m}{a} \tag{9.6.1}$$

下面讨论如何按模型精度要求检验上述初选比尺 $\lambda_{l\mathrm{I}}$,并加以修正。这里所谈的模型精度,是指模型流态反映原型的真实程度,这与模型比尺的选择有

很大关系。如果模型比尺取得太大，即模型做得太小，则可能使模型的流态与原型不同。因为原型波动一般在紊流范围内，这才能保证流态的相似，并且忽略雷诺准则的影响以避免上一节讲到的两准数（与佛汝德数）的矛盾。模型比尺太大，可能使得模型中的波动流态处于过渡区或层流区，使流态失真。

为了消除这个失真现象，必须对所选的比尺进行修正，即有

$$\lambda_{l\mathrm{II}}=\frac{l_{\mathrm{p}}}{l_{\mathrm{m}}}=\beta\lambda_l' \tag{9.6.2}$$

式中，λ_l' 表示按模型精度要求初选的几何比尺；β 表示修正系数；β 是雷诺数和波陡 δ 的函数，二者关系如图 9.6.2 所示。

在波要素为已知，即波陡一定的情况下，β 仅随 Re 改变。这时，Re 越小 β 越大，Re 越大 β 越小，当 Re 大到一定程度，则 β 可以视为 1。这时说明模型水流已处于紊流区，流态不产生失真，几何比尺亦就不需要再修正了。于是，我们在按模型精度要求选取几何比尺 λ_l' 时总是取一个合适的雷诺数使得 $\beta=1$，则此时 $\lambda_{l\mathrm{II}}$ 与 λ_l' 相等。

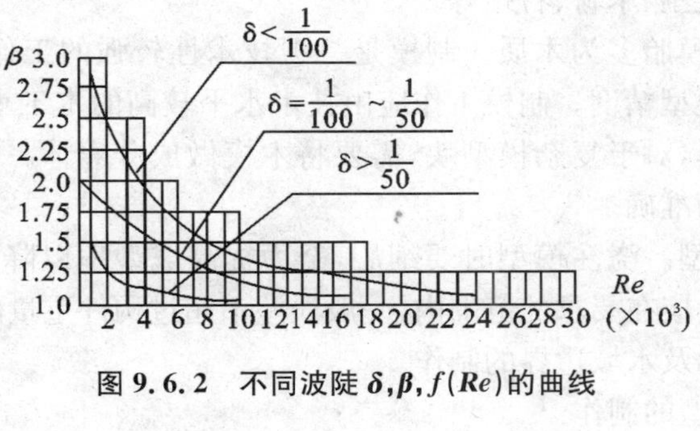

图 9.6.2　不同波陡 δ, β, $f(Re)$ 的曲线

按经验，λ_l' 有如下表达式：

$$\lambda_l'=\lambda_{l0}\left(\frac{Re}{\alpha}\right)^{-\frac{2}{3}} \tag{9.6.3}$$

式中，λ_{l0} 表示按模型精度要求的几何比尺，对于波动系统可定义为

$$\lambda_{l0}=\frac{\text{原型中所要求的波高}}{\text{模型中可以观测到的最小波高}} \tag{9.6.4}$$

在模型中，波高小于 2 cm 时，无论电测还是目测，都不能准确地被测出，故上述模型可以观测到的最小波高通常取为 2 cm。

模型试验中，对于原始入射波，规则波波高和不规则波有效波高不应小于 2 cm，规则波周期不应小于 0.5 s，不规则波谱峰周期不应小于 0.8 s。如果选择的比尺过大，模拟的原始入射波高和周期过小，水的黏滞力和表面张力将起显

著作用，不能满足重力相似准则，同时会严重影响试验的测试精度。故上述模型可以观测到的最小波高通常取为 2 cm。

$$\alpha=\frac{C_m}{2\nu} \tag{9.6.5}$$

式中，C_m 表示模型波速，即 $C_m=\sqrt{gh_m}$；h_m 表示模型水深，即 $h_m=\frac{h_p}{\lambda_{l0}}$。其中，$h_p$ 表示原型水深；ν 表示流体动力学黏滞系数。

将以上各量的数值，以及按图 9.6.2 令 $\beta=1$ 查得的 Re 值代入式(9.6.3)中，即可求得 λ_l'，也就是 $\lambda_{l\mathrm{II}}$。将 $\lambda_{l\mathrm{I}}$ 与 $\lambda_{l\mathrm{II}}$ 比较，如果 $\lambda_{l\mathrm{I}}<\lambda_{l\mathrm{II}}$，则 $\lambda_{l\mathrm{I}}$ 就可以作为试验用的几何比尺，如果 $\lambda_{l\mathrm{I}}>\lambda_{l\mathrm{II}}$，则相应摒弃 $\lambda_{l\mathrm{I}}$，这时需要加大场地。

3. 水工建筑物构件模型的制作

(1)选材。个体构件的制作，首先是选材。为保证相似，要注意材料的容重及摩擦系数，从工艺性出发，还要考虑到材料的可塑性和易于脱模，材料来源和经济指标也应作为选材的原则。在这些原则中，首要的是保证相似，通常材料有水泥、砂、混凝土、木材、石蜡等。

(2)制模。模胎多为木质。制模是一项技术性较强的工作，模胎的加工质量直接影响到模型精度。制模工作应由技术水平较高的木工承担，模胎应便于浇注和模型脱模，对于复杂模型块，需要将木模做成分离体。模具制作应保证构件模型尺寸的准确。

(3)浇注模型。浇注模型时要细心，努力提高成型率以降低成本。浇注成的构件模型重量应在要求的范围内，一般误差不超过构件重量的±5%。

4. 海底地形及水域边界的制作

(1)整体模型的制作

整体物理模型试验模型包括试验区域海底地形模型(包括水域边界)和水工建筑物模型，其制作程序如下：

1)根据试验海区范围和试验波浪方向，确定模型制作区域。整体模型试验一般包括多个波浪方向，模型区域应保证研究对象位于波浪有效区内，并保证建筑物与造波机间距离、建筑物与水池边界间距离满足规范要求。

2)模型区域的平面控制。平面控制一般采用网格控制，具体是将试验区域沿造波板方向及其垂直方向绘制等分的网格，根据地形和建筑物在网格中的位置进行水平定位。网格线间距根据地形变化的幅度确定，如果地形变化幅度不大，一般取 1.0 m，如果地形变化幅度较大，应适当加密。

3)海底地形的高程控制。绘制网格线后，根据地形图确定网格交叉点处的高程，并将高程换算成模型值。高程点一般采用水准仪控制。水域边界和岩石地质的高程变化幅度一般较大，其高程一般采用断面法控制。制作断面的材料选取易于裁剪的板材（一般采用三合板或薄铁皮），制作时先用记号笔在板上画出不同水平位置的高程点，并连成折线，再沿折线裁剪板材，切割好后将断面立于相应位置处，利用水准仪确定断面两端的高程，断面两侧用基土固定。

4）基土的填充。控制点制作完成后，根据控制点的高低填充基土，基土一般采用容易密实的石碴或沙土，填充沙土时应注意保护高程点。基土填好后进行密实处理。

5）表面处理。基土密实后对基土表面进行抹面处理，对于淤泥质地基一般进行光滑处理，对于岩石地基或沙质地基应进行加糙处理，保证海底糙度的相似，抹面前应对高程控制点进行校验，抹面后高程控制点误差应小于 2 mm。

（2）断面模型制作

港工断面多指防波堤、护岸或码头岸线结构的断面。这些建筑物是由个体构件或块体组成。在水槽内制作模型时，先根据试验水位和建筑物的相对关系，在水槽壁上画出断面图线，标明各种控制尺寸，然后将构件和块体按图摆放。

另外要注意的是模型的测量部位，方案的待选部位要便于拆装、更换，防止每更换一个方案便要拆毁全部模型。在制作和布置模型时还应照顾到测量仪器的安装方便、记录准确等。有的应便于摄影，布置灯光和取景部位合理有效等。

5. 试验前的准备

（1）对造波机进行检查。造波机一般分为直流电机式和液压伺服式两种。试验前应对造波机进行检查，保证其机械性能良好，并具有良好的重复性。

（2）测试仪器的率定。试验前应对测试仪器全部通电检验，并对浪高仪等进行率定，如有故障及时排除。

（3）准备充足的水源和畅通的排灌水系统。

（4）在水池边界设置消波网，减小反射波的影响。

（5）拟定试验程序。事先将需要测得的物理量进行规划，排列测量组次、先后顺序并制成表格，以便逐次进行试验，从而避免重测和漏测。

6. 依据波试验

依据波试验即模拟水工建筑物建设之前工程海区的原始入射波浪。整体物理模型试验在地形制作完成后、放置水工建筑物之前进行依据波试验。

波浪的模拟应满足重力相似准则，波浪模型试验宜模拟单向不规则波，必要时应模拟多向不规则波，所采用波谱宜模拟工程水域的实测波谱，无实测波谱时，可采用现行行业标准《海港水文规范》中规定的波谱或其他合适的波谱，必要时应模拟波列及波群。

依据波试验中所模拟的各累积频率波高、周期必须在误差要求范围内。《波浪模型试验规程》规定，规则波平均波高和周期、不规则波有效波高和有效周期或谱峰周期的允许偏差均为±5%。

断面物理模型试验一般不制作地形，依据波试验在摆放水工建筑物模型之前进行。

7.水工建筑物模型制作

依据波试验后进行水工建筑物模型制作。建筑物模型制作一般采用断面法，利用网格进行平面控制，利用水准仪进行高程控制。制作建筑物模型的方法和材料根据建筑物型式和试验内容确定。

(1)直立堤模型的制作：直立堤常用的结构型式有沉箱式、方块式和浆砌块石式。如果是波高测量试验，建筑物模型制作只遵循几何相似准则，可以采用砖块和水泥砂浆现场砌筑，也可利用有一定硬度的铁皮预制，只需保证建筑物外表与原型相似即可；如果是稳定试验，必须遵循几何相似和重力相似准则，建筑物模型采用模具制作，保证其形状和重量与原型相似。

(2)斜坡堤模型的制作：斜坡堤一般由胸墙、堤心石、垫层石、块石棱体和人工护面块体组成。堤心石用有一定级配的碎石代替，垫层石和块石棱体根据规定的重量范围选取，人工块体和胸墙采用模具制作。制作斜坡堤模型时先根据设计图布置断面，然后堆填不同重量的块石，摆放胸墙和人工块体。人工块体的摆放型式根据设计要求和《防波堤设计与施工规范》确定，一般分为规则摆放和不规则摆放两种型式。

建筑物模型的几何尺度和高程误差应控制在±1 mm之内。

8.结构模型试验

水工建筑物模型制作完成后进行结构模型试验。

(1)如果是稳定试验，试验前先用小波作用一段时间，然后用标准波浪试验。先采用小波进行试验的目的是让块体、块石自行密实，不至于在大波突然作用下失稳。标准波浪总的作用时间不应少于2 h(原型值)，即一个风暴潮的作用时间，为避免反射波浪的影响，可以分次进行。

(2)如果是波高或波压力测量试验，试验前应根据测点布置图安置好浪高仪或波压仪，并确保仪器处于良好的工作状态。试验时取得的数据应具有规律性，每个工况至少取得三组合理、相近的数据。

(3)试验过程中应仔细观察试验现象，并作好记录，以便于正确分析试验现象，撰写试验报告。如果进行数据测量，要将每组次测点位置绘图标明，组次编号与其记录波形要严格对应标明；如果在稳定试验中出现结构失稳现象，应认真分析失稳原因，并及时和设计人员沟通，共同研究出现的问题，制订出合理的修改方案。

9. 试验数据的处理

(1)对试验数据的处理一定要认真，做到一丝不苟。模型试验中测量数据时必须重复多次，每组数据必须符合同一规律，所提供的试验数据应该是至少 3 组试验数据的平均值。

(2)如资料出现异常现象，应准确判明其因由，以科学态度对待，不能轻舍轻取。

(3)试验数据的处理及模型值和原型值间的换算要准确，处理完后必须由他人进行校核。

(4)撰写试验报告时，要对试验现象进行必要的描述、分析，仔细推敲提出的试验结论。另外，撰写试验报告要注意书写工整、规矩，语言要简练不留歧义。

9.7　物理模型试验实例

9.7.1　整体物理模型试验实例

1. 工程简介

某地拟对一天然海湾进行改造，建设项目包括海湾周边护岸及道路、码头和防波堤，为保证工程建成后周边护岸不上水，同时了解海湾及码头区域的波高分布情况，进行了本次整体物理模型试验。

2. 试验目的

通过整体物理模型试验，测量波浪从深海传至拟建防波堤处的设计波浪要素；测量波浪传入港湾后，港湾周边拟建水工建筑物前的波浪分布情况；测量防波堤和周边水工建筑物建好后港湾内部的波浪分布规律；同时通过整体物理模型试验测定不同方案建筑物的稳定性，为工程方案的确定提供科学依据。

3. 试验资料

(1)试验波向

试验采用 SW，NW，NNW 向波浪进行。

(2)试验水位

试验高水位为 4.181 m；试验低水位为 2.021 m。

(3)试验波浪

根据建设单位提供的波浪资料，试验海区波浪入射点(海图水深 5.02 m)不同水位和方向的波浪要素如表 9.7.1 所示。

表 9.7.1 试验波要素一览表

波向 / 水位/m	SW		NW		NNW	
	H_s/m	T_s/s	H_s/m	T_s/s	H_s/m	T_s/s
4.181	2.50	9.18	2.95	5.50	3.15	5.50
2.021	2.45	9.18	2.80	5.50	3.00	5.50

(4)水工建筑物

拟建工程区域现有工程包括一座 IGLOO block 码头和长约 54 m 的干砌石防波堤。拟建工程主要位于海湾内，包括防波堤、码头、滑道和斜坡式护岸。工程设计平面图及不同建筑物的结构图如下：

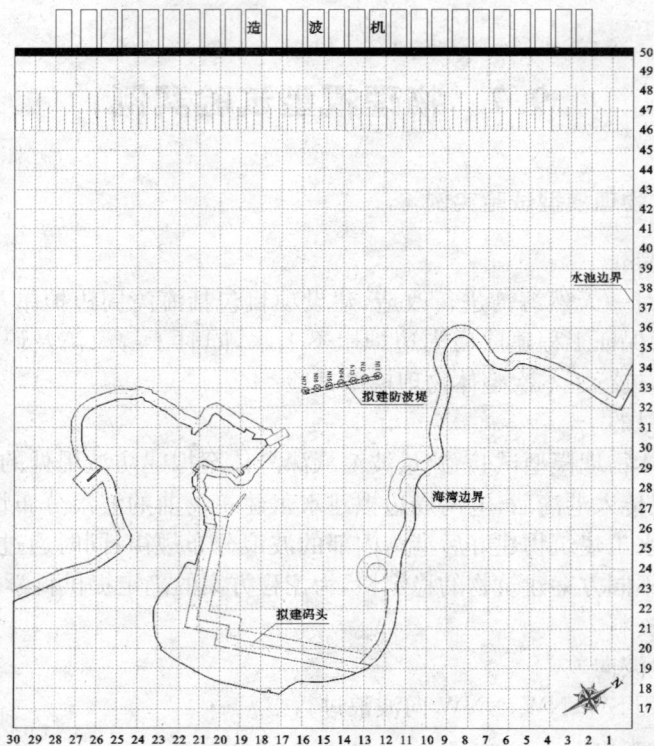

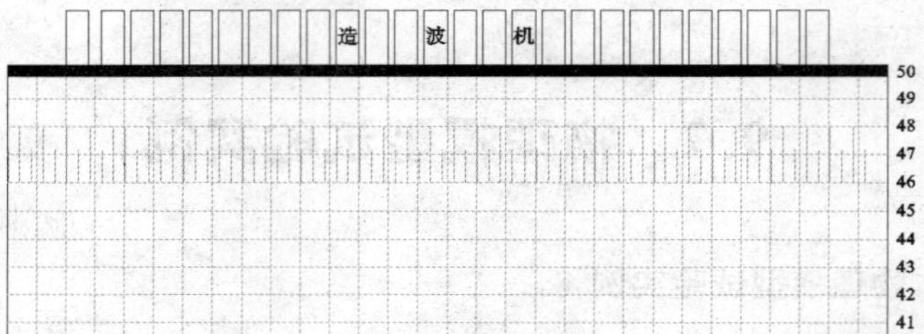

图 9.7.1 模型布置图

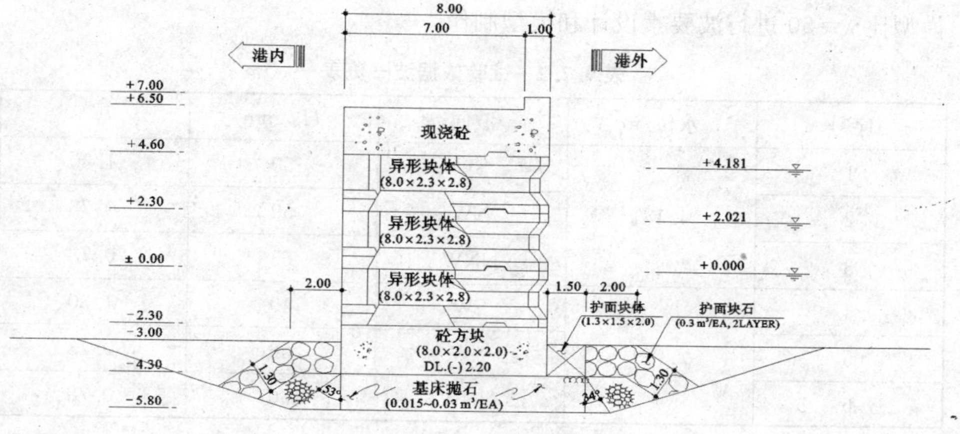

图 9.7.2　防波堤断面图

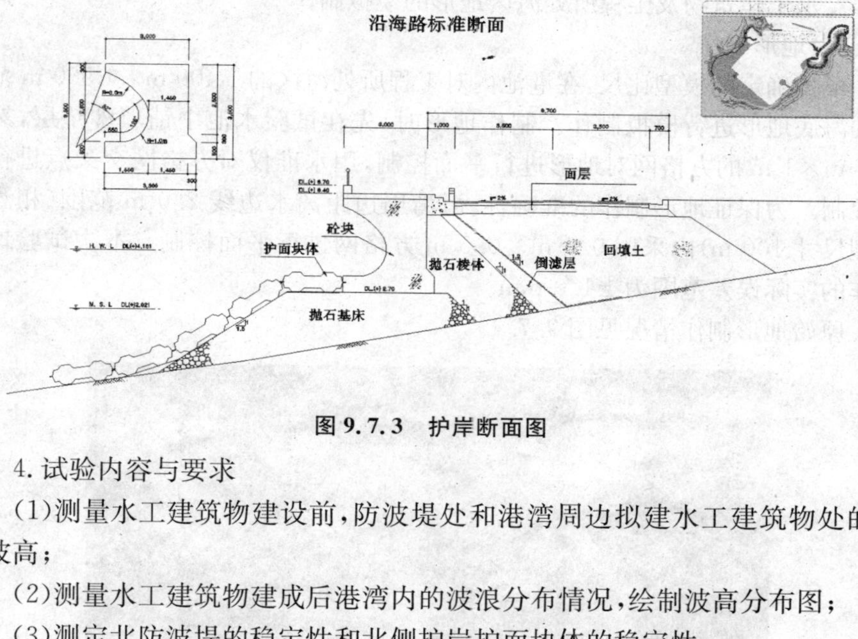

图 9.7.3　护岸断面图

4. 试验内容与要求

(1)测量水工建筑物建设前，防波堤处和港湾周边拟建水工建筑物处的设计波高；

(2)测量水工建筑物建成后港湾内的波浪分布情况，绘制波高分布图；

(3)测定北防波堤的稳定性和北侧护岸护面块体的稳定性。

5. 试验设备与仪器

试验在长 55 m、宽 30 m、深 1.2 m 的室内水池中进行，采用的设备与仪器包括液压式定波机、浪高仪及数据采集与处理系统。

6. 试验波要素的确定

根据《波浪模型试验规程》(JTJ/T 234—2001)，综合考虑各种控制因素，按

模型比 λ=50 进行波要素设计和模型制作。

表 9.7.2 试验依据波一览表

序号	水位/m	波向	H_s/mm	T_s/s
1	4.181	SW	50	1.30
2		NW	59	0.78
3		NNW	63	0.78
4	2.021	SW	49	1.30
5		NW	56	0.78
6		NNW	60	0.78

注:波高模型比尺为 $\lambda_H=\lambda=50$,周期模型比尺为 $\lambda_T=\lambda^{0.5}$。

7. 水工建筑物及工程所处海区地形的模拟制作

(1)地形制作

根据确定的模型比尺,在港池内对工程所处海区的 1 400 m×1 500 m 范围内的海底地形进行模拟制作。制作地形时,先在试验水池中铺填沙垫层,然后用 1 m×1 m 的方格网对地形进行平面控制,用水准仪对方格网交叉点进行高程控制。为保证地形制作的准确性,海湾周边距离水边线 2.0 m 范围(相当于原型尺寸 100 m)内采用 0.5 m×0.5 m 方格网进行平面控制。本次试验地形制作的实际误差范围为±1.0 mm。

原始地形制作情况见图 9.7.4。

图 9.7.4 工程区域原始地形制作情况

(2)水工建筑物的制作

由于试验要求测定湾口防波堤的稳定性,所以防波堤模型要严格按几何相似和重力相似准则制作,不同块体的尺寸、重量见表 9.7.3。模型的制作见图

9.7.5。

表 9.7.3　防波堤块体重量一览表

序号	块体	原型尺寸 /m	原型重量 /t	模型尺寸 /mm	模型重量 /g
1	WAROCK block	—	68.8	—	550.4
2	胸墙	8×1.8×10	358.3	160×36×200	2 866.4
3	垫块	8.0×2.0×2.0	73.6	160×40×40	588.8
4	护块	1.5×1.3×2.0	8.97	30×26×40	71.76
5	大块石(块)	0.3 m^3	0.795	—	6.36
6	块石基床(块)	0.015～0.03 m^3	0.04～0.08	—	0.318～0.636

图 9.7.5　防波堤构件及模型布置图

8. 依据波试验

地形制作好后进行依据波试验。依据波分三个方向:SW,NW,NNW,两种水位:4.181 m,2.021 m。所制作依据波均为不规则波。具体值见表 9.7.4 和图 9.7.6。

表 9.7.4　实际制作依据波一览表

序号	水位/m	波向	H_s/mm	T_s/s
1	4.181	SW	50	1.30
2		NW	59	0.78
3		NNW	63	0.78
4	2.021	SW	49	1.30
5		NW	56	0.85
6		NNW	60	0.89

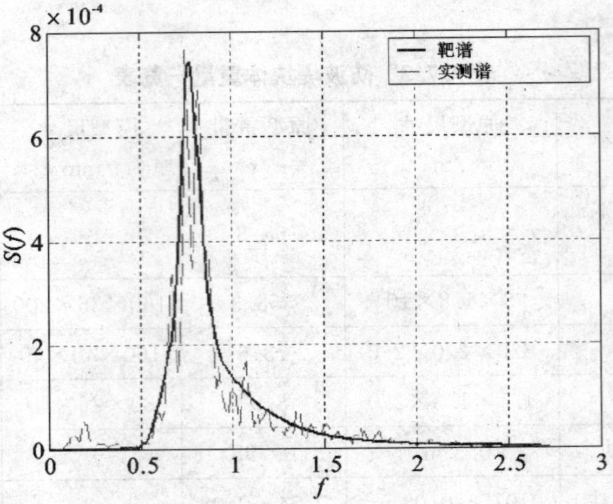

图 9.7.6　水位 4.081 m,SW 向依据波波谱与靶谱的比较

9. 模型试验

港湾浪高仪布置情况如图 9.7.7 所示。

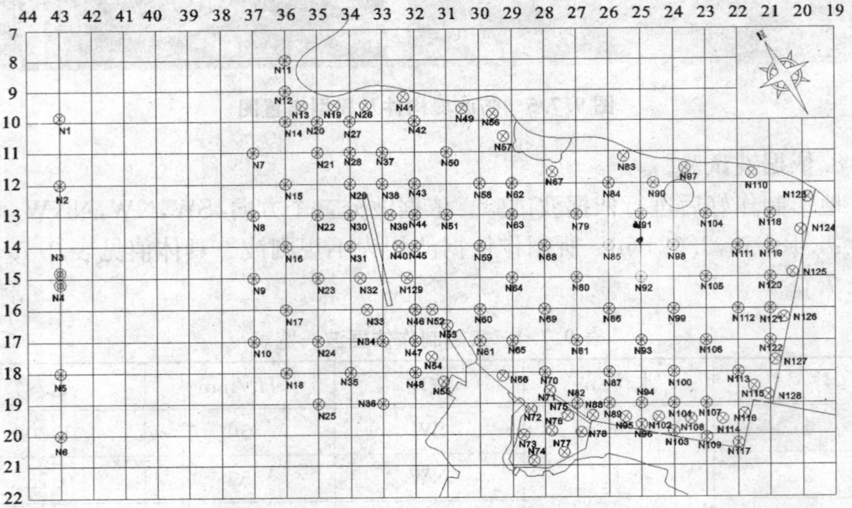

图 9.7.7　浪高仪布置图

根据实测波高绘制的港湾内波高分布如图 9.7.8 所示。

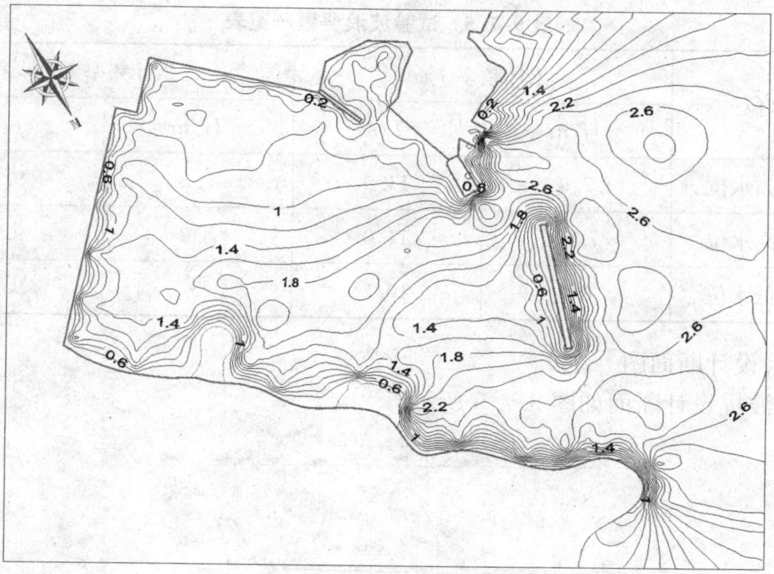

图 9.7.8　实测港湾波高分布图

9.7.2　断面物理模型试验实例

1. 试验目的

某基地海上主体工程为一个 800 m 长的突堤码头(兼做防波堤)，由于该码头面向外海，地理条件复杂，且无任何掩护条件，台风季节极易受到波浪袭击，为使工程设计与建设更加经济合理、安全可靠，进行了本次断面物理模型试验。

2. 试验内容及要求

(1)测试设计高水位时，在设计波高作用下，直立堤码头断面的过水情况，合理确定挡浪墙顶标高。

(2)观测每个试验水位下设计波高的波态，测定直立堤断面在波峰时的波压力值、波谷时的波吸力值、码头断面的浮托力及越浪后对码头面的打击力；并观测码头断面的稳定情况。

(3)试验采用 $H_{1\%}$ 规则波，波周期采用平均周期。

3. 试验资料

(1)潮位

设计高水位为 4. 12 m；设计低水位为 0. 58 m；极端高水位为 5. 27 m。

(2)波浪

试验波浪要素见表 9. 7. 5。

表 9.7.5　试验波浪要素一览表

水位	累计频率 1%		累计频率 13%	
	H/m	T/s	H/m	T/s
极端高水位	7.9	11.0	5.3	9.5
设计高水位	7.55	11.0	5.2	9.5
设计低水位	6.7	10.5	5	9.5

(3)设计断面图

防波堤设计断面如图 9.7.9 所示。

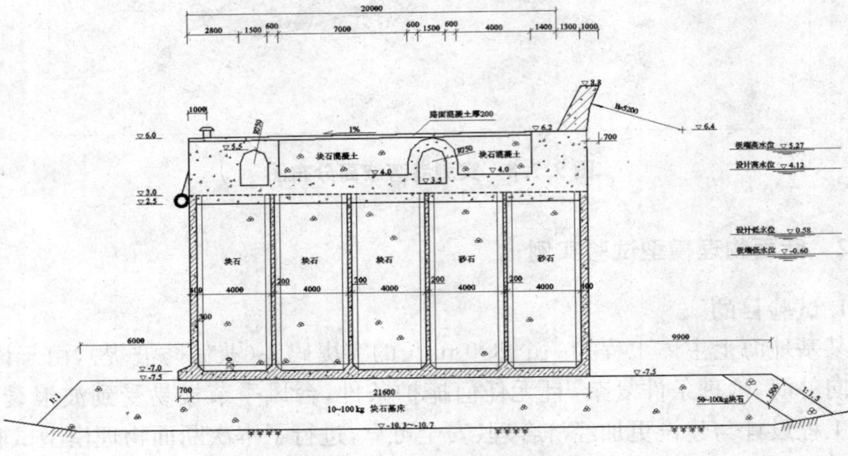

图 9.7.9　防波堤断面图

4. 试验设备及试验方法

(1)试验设备与仪器

试验在长 40 m、宽 1.0 m、高 1.5 m 的玻璃水槽中进行，水槽一端装有不规则造波机，能产生正向不规则波。波高及波压力测量采用 SG2000 型数据采集及处理系统。

(2)模型比尺的确定

综合考虑各种因素，确定模型比尺 λ=40。

(3)依据波的确定

表 9.7.6 断面模型试验工况一览表

工况	水位	水深		波高		平均周期		备注
		原型 /m	模型 /mm	原型 /m	模型 /mm	原型 /s	模型 /s	
1	极端高水位	14.27	356.8	7.9	197.5	11.0	1.74	$H_{1\%}$
2	设计高水位	13.12	328.0	7.55	188.8	11.0	1.74	$H_{1\%}$
3	设计低水位	9.58	239.5	6.7	167.5	10.5	1.66	$H_{1\%}$

注:表中仅列出了波压力测力时的试验工况。

(5)模型制作

模型制作遵循几何相似和重力相似的原则,重量的模型比尺为 $\lambda_G=\lambda^3=40^3$。

表 9.7.7 断面模型试验模型重量表

结构类别	原型重/t	模型重/kg	备注
沉箱箱体	2 708.25	42.32	
沉箱上部胸墙	3 736.15	58.38	含封顶混凝土
沉箱内填石	7 801.74	121.90	
栅栏板	4.21	0.07	

压力传感器布置情况见图 9.7.10,图中 A1～A9、B1～B5 表示传感器的安装位置。图中尺寸均以毫米计。

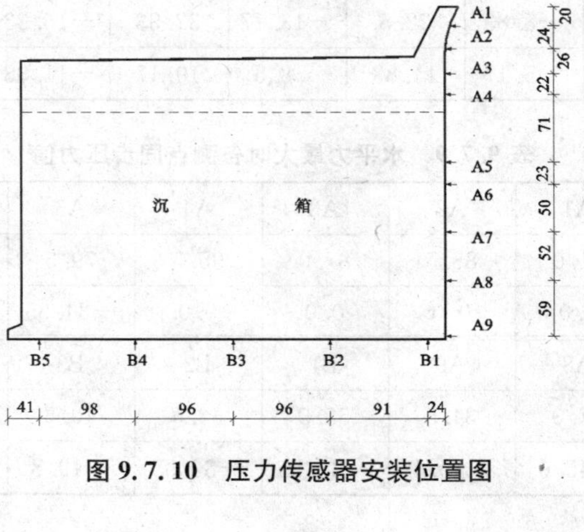

图 9.7.10 压力传感器安装位置图

5. 模型试验

鉴于试验过程较为繁琐，本书仅给出各测点的实测波压力值和波压力分布图。为比较实测数据和理论计算结果的差异，将理论计算结果和实测结果绘制在了同一图中，图中实线表示实测结果，虚线表示理论计算结果。图中压力值除特别注明外，均为理论计算结果。

表 9.7.8 各测点实测压力峰谷值

测点号	平均峰值/kPa	平均谷值/kPa	1/3 峰值/kPa	1/3 谷值/kPa	1/10 峰值/kPa	1/10 谷值/kPa	1/100 峰值/kPa	1/100 谷值/kPa
A1	50.17	−23.83	88.83	−27.0	122.5	−27.0	135.5	−27.0
A2	49.0	0.0	85.17	0.0	111.67	0.0	130.5	0.0
A3	89.17	0.0	123.67	0.0	123.67	0.0	123.67	0.0
A4	52.50	−0.17	77.17	−0.17	97.0	−0.17	115.0	−0.17
A5	36.33	−24.33	54.67	−34.17	67.83	−35.83	82.33	−35.83
A6	38.33	−25.83	58	−36.67	74.0	−42.33	98.33	−46.0
A7	38.0	−883.17	56.33	−35.67	71.5	−41.5	100.0	−46.17
A8	38.0	−25.0	56.83	−35.17	76.67	−41.0	116.33	−46.0
A9	36.67	−24.17	54.0	−34.5	71.0	−40.5	89.5	−45.67
B1	34.50	−17.83	50.5	−9.17	68.0	−32.17	110.67	−38.83
B2	27.17	−17.5	41.17	−25.17	55.5	−30.17	80.17	−34.17
B3	22.0	−11.0	32.0	−16.5	43.5	−20.67	57.5	−25.5
B4	14.67	−8.83	22.5	−13.17	32.33	−16.33	43.83	−20.5
B5	10.0	−5.17	14.83	−8.5	19.17	−11.33	25.83	−13.17

表 9.7.9 水平力最大时各测点同步压力值 单位：kPa

测点号	A1	A2	A3	A4	A5	A6	A7
波峰时	71.0	88.5	87.0	95.5	79.5	92.5	88.0
波谷时	0.0	0.0	0.0	0.0	−34.35	−45.5	−46.2
测点号	A8	A9	B1	B2	B3	B4	B5
波峰时	87.0	34.5	55.0	63.5	40.5	15.6	6.35
波谷时	−45.6	−45.1	−35.85	−32.55	−19.8	−13.8	−2.55

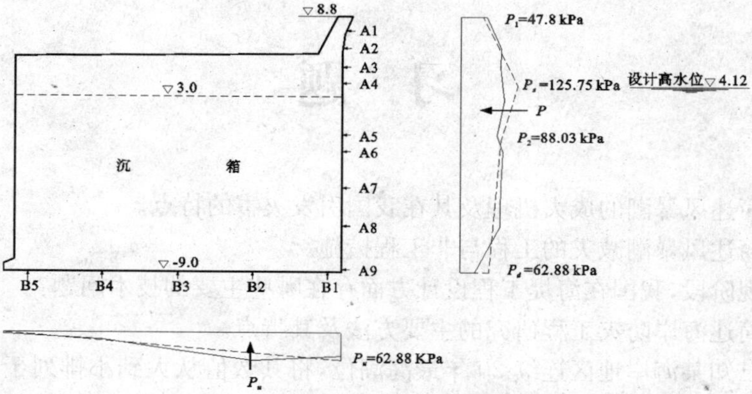

图 9.7.11　总水平力最大时的同步压力分布图

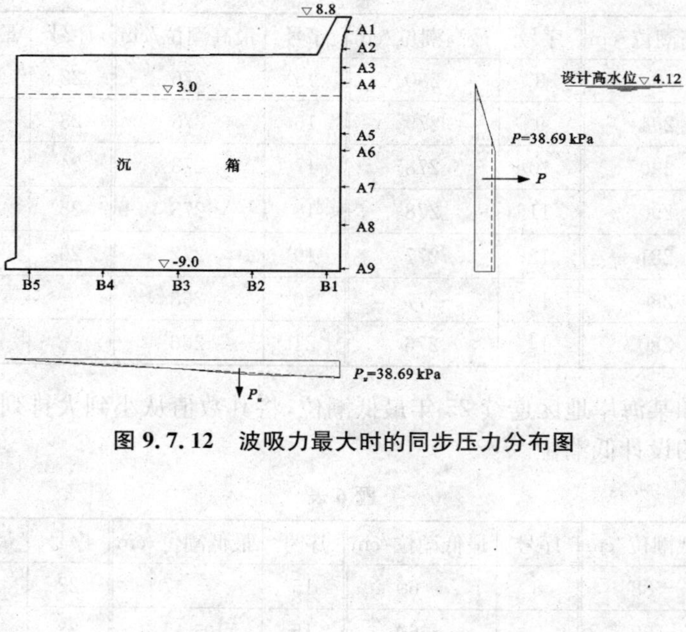

图 9.7.12　波吸力最大时的同步压力分布图

习题

1. 简述风暴潮的成灾机理及其在我国引发灾害的特点。

2. 简述风暴潮减灾的工程与非工程措施。

3. 现阶段，我国在海堤工程设计方面存在哪些主要的技术问题？

4. 简述海岸防灾工程研究的主要方法及其特点。

5. 已知某海岸地区连续20年最高潮位，将其数值从大到小排列于下表，计算此地的设计高潮位。

题5表

序号	最高潮位/cm	序号	最高潮位/cm	序号	最高潮位/cm	序号	最高潮位/cm
1	334	8	280	15	276	22	265
2	294	9	279	16	273	23	264
3	290	10	278	17	273	24	259
4	290	11	278	18	273	25	255
5	281	12	277	19	272	26	255
6	280	13	277	20	268	—	—
7	280	14	276	21	266	—	—

6. 已知某海岸地区连续25年最低潮位，将其数值从小到大排列于下表，试计算此地的设计低潮位。

题6表

序号	最低潮位/cm	序号	最低潮位/cm	序号	最低潮位/cm	序号	最低潮位/cm
1	−88	8	−60	15	−47	22	−38
2	−69	9	−60	16	−45	23	−32
3	−67	10	−59	17	−45	24	−27
4	−65	11	−58	18	−45	25	−27
5	−63	12	−57	19	−44	—	—
6	−62	13	−51	20	−40	—	—
7	−60	14	−47	21	−39	—	—

7. 已知某海岸地区的一整年各向波高出现频率(单位:%)的统计资料如下表所示,试绘制该地区的波浪玫瑰图。

题 7 表

波高/m 波向	≤0.5	0.6~0.8	0.9~1.0	1.1~1.5	≥1.6	$\sum$
N	13.06	1.64	0.23	0.05	0.05	15.03
NNE	2.15	0.34		0.03		2.52
NE	0.70	0.07				0.77
ENE	0.58	0.25	0.10	0.02		0.95
E	1.86	0.44	0.10	0.02	0.05	2.47
ESE	4.61	0.88	0.19	0.15	0.05	5.88
SE	23.60	4.12	0.51	0.71	0.19	29.13
SSE	8.25	0.70	0.05	0.12	0.05	9.17
S	6.9	0.44	0.25	0.10		7.69
SSW	2.08	0.29		0.02	0.03	2.42
SW	3.37	0.12	0.03			3.52
WSW	1.57	0.05				1.62
W	2.21	0.02				2.23
WNW	1.75	0.03				1.78
NW	6.09	0.10				6.19
NNW	4.24	0.17				4.41
C	4.22					4.22

8. 波高的统计分析:

(1)将波高按大小排列,见下表,求波系的 $H_{1\%}$,$H_{4\%}$,$H_{13\%}$,$H_{1/10}$,$H_{1/3}$。

题 8 表

H_i/m	n_i	H_i/m	n_i	H_i/m	n_i	H_i/m	n_i
2.5	1	1.7	2	1.1	4	0.5	7
2.2	1	1.6	2	1.0	7	0.4	6
2.1	2	1.5	10	0.9	5	0.3	8
2.0	7	1.4	7	0.8	5	0.2	4
1.9	4	1.3	2	0.7	5	0.1	1
1.8	2	1.2	9	0.6	10	—	—

(2)按深水波高的理论分布求 $H_{1\%}$，$H_{4\%}$，$H_{13\%}$，$H_{1/10}$，$H_{1/3}$，并与实际值比较。

9. 在某深水海域测得了一场风浪，其波谱的形式为 $S(\omega)=\frac{A}{\omega^p}\exp(-\frac{B}{\omega^q})$，其中 $A=0.78$，$B=0.20$，$p=5$，$q=4$，求这场风浪的 $\overline{H}$，$H_{1/3}$，$H_{1/10}$，$H_{10\%}$，$\overline{T}$和$\overline{L}$。

10. 某海洋观测站连续 26 年最大波高如下表所示，试用多种线型进行波高的长期统计分析，求该港的 100 年一遇、50 年一遇和 10 年一遇的波高值。

题 10 表

序号	1	2	3	4	5	6	7	8	9	10
波高/m	7.0	5.7	4.4	4.0	3.9	3.6	3.5	3.5	3.4	3.3
序号	11	12	13	14	15	16	17	18	19	20
波高/m	3.0	3.0	2.9	2.8	2.8	2.7	2.7	2.7	2.6	2.5
序号	21	22	23	24	25	26	—	—	—	—
波高/m	2.5	2.5	2.4	2.2	2.1	1.7	—	—	—	—

11. 某海洋观测站连续 26 年最大周期如下表所示，试用多种线型进行周期的长期统计分析，求该港的 100 年一遇、50 年一遇和 10 年一遇的周期值。

题 11 表

序号	1	2	3	4	5	6	7	8	9	10
周期/s	10.0	9.9	9.8	9.2	9.2	9.0	9.0	8.8	8.6	8.5

（续表）

序号	11	12	13	14	15	16	17	18	19	20
周期/s	8.5	8.4	8.0	7.8	7.7	7.7	7.6	7.1	6.9	6.8
序号	21	22	23	24	25	26	—	—	—	—
周期/s	6.7	6.6	6.5	6.0	5.7	4.9	—	—	—	—

12. 已知某海洋观测站短期测波资料如下表所示，试推算 100 年一遇、50 年一遇设计波高值。

题 12 表

$H_{1/3}$/m	出现次数	$H_{1/3}$/m	出现次数	$H_{1/3}$/m	出现次数
≥3.4	1	2.2～2.3	7	1.0～1.1	32
3.2～3.3	2	2.0～2.1	9	0.8～0.9	41
3.0～3.1	1	1.8～1.9	15	0.6～0.7	52
2.8～2.9	4	1.6～1.7	20	0.4～0.5	56
2.6～2.7	6	1.4～1.5	24	0.2～0.3	44
2.4～2.5	6	1.2～1.3	32	0.0～0.1	13

13. 已知某观测站风速记录如下表所示，工程所在地的水深 20 m，风距 200 km，试根据气象资料推算该场风浪的最大波高与周期。

题 13 表

日期	时间	风速/m·s^{-1}
11 月 3 日	8:00	7
	14:00	6
	20:00	10
11 月 4 日	2:00	10
	8:00	10
	14:00	9
	20:00	7
11 月 5 日	2:00	7

14. 已知：某时刻台风中心位于北纬 40°处，P_{∞} = 1 013.3 hPa，P_0 = 920.1 hPa (1 hPa = 0.75 mmHg)，R = 70 km，V_F = 14 m · s^{-1}。求：深水最大有效波高及其对应的最大有效周期，台风移动方向垂直右侧和顺台风移动方向离台风中心 200 km 后方的有效波高及其对应的有效周期。

15. 某海岸地区进行码头建设，已知此处海底坡度小于 1/50，对外海波浪进行波浪折射图的绘制，折射开始与结束的两条波浪折射线的间距分别为 b_0 和 b_1，水深与波浪条件如下，请计算要求的设计波高。

(1) b_0 = 1.7 cm，b_1 = 1.3 cm，d_0 = 30 m，d_1 = 8 m，$\overline{H_0}$ = 3 m，$\overline{T_0}$ = 7 s，求 $H_{1\%}$，$H_{5\%}$，$H_{13\%}$。

(2) b_0 = 3.5 cm，b_1 = 2.1 cm，d_0 = 30 m，d_1 = 8 m，$\overline{H_0}$ = 3 m，$\overline{T_0}$ = 7 s，求 $H_{1\%}$，$H_{5\%}$，$H_{13\%}$。

(3) b_0 = 1.56 cm，b_1 = 1.80 cm，d_0 = 30 m，d_1 = 8 m，$\overline{H_0}$ = 3 m，$\overline{T_0}$ = 7 s，求 $H_{1\%}$，$H_{5\%}$，$H_{13\%}$。

16. 已知建筑物前波高为 H = 4 m，周期 T = 7.5 s；建筑物前水深 d = 9 m，基床上水深 d_1 = 7 m，堤前坡度 i = 0。试用《海港水文规范》的方法计算直墙式建筑物上受到波峰和波谷作用时的波压力。

17. 设建筑物前波高为 H = 5 m，周期 T = 10 s；建筑物前水深 d = 8 m，基床上水深 d_1 = 6 m，堤前坡度 i = 0。试用《海港水文规范》的方法计算直墙式建筑物上受到波峰和波谷作用时的波压力。

18. 若建筑物前波高为 H = 3 m，周期 T = 7 s；建筑物前水深 d = 5 m，基床上水深 d_1 = 3 m，堤前坡度 i = 0。试用《海港水文规范》的方法计算直墙式建筑物上受到波峰和波谷作用时的波压力。

19. 海床泥沙粒径为 0.2 mm，水深 10 m，波周期 6 s，问：泥沙在多大波高作用下开始起动？若已知起动波高为 4 m，临界起动水深为多少？

20. 已知高浓度含沙层厚度为 0.5 m，含沙量为 5 kg · m^{-3}，流速为 0.3 m · s^{-1}，求输沙率。

21. 若航道平均水深为 10 m，宽度为 140 m，长 21 km，t_0 为 2 h，6 级风共持续了 9 h，7 级风共持续了 14 h，8 级风共持续了 12 h，9 级风共持续了 8 h，求这场大风造成的淤积量。

22. 泥沙密度为 2 650 kg · m^{-3}，水密度为 1 000 kg · m^{-3}，沉降速度为 0.000 3 m · s^{-1}，水流速度为 0.7 m · s^{-1}，波浪水质点速度为 0.5 m · s^{-1}，α，β 分别取值 0.7，0.5，求水体挟沙力。

23. 海堤稳定性计算有哪些主要方法？其适用条件有何不同？

24. 采用分层总和法计算海堤沉降量后通常要进行结果修正，请简述结果修正在海堤施工中的作用，并简述结果修正的手段。

25. 某海堤工程建筑在淤泥质海岸上，原泥面高程为 2 m 左右，堤脚处高程为－9.8 m；堤顶和后方陆域回填至 4.9 m 高程处。堤体抛石棱体底高程为－2.6 m，原地面至高程－13.0 m 左右均为淤泥和淤泥质黏土。设计高水位为 3.3 m，设计低水位为－0.5 m，棱体后的地下水位按 2.5 m 考虑。后方陆域的堆货荷载为 30 kPa。海堤断面尺度和各层土物理力学指标详见下图。用简单条分法通过计算验证该海堤的整体稳定性。

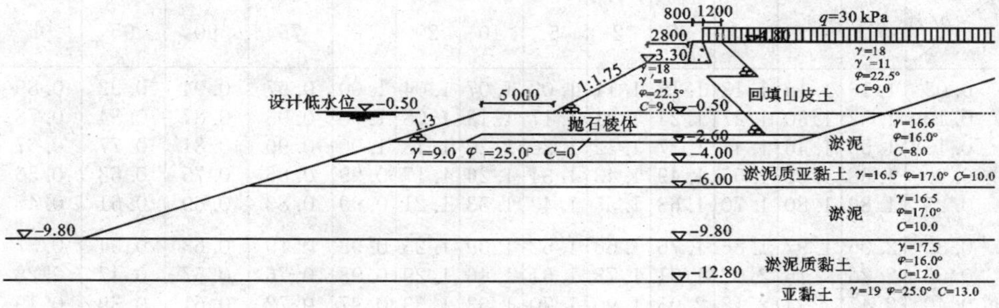

题 25 图

26. 何为量纲分析？它有哪些特点？

27. 试述物理模型试验应遵循的相似原理。

28. 物理模型试验如何分类？简述其主要研究内容。

29. 模型设计包括哪些内容？有何要求？

30. 简述海岸工程物理模型试验的基本过程。

附　录

附表 1　Pearson-Ⅲ型累积频率曲线的模比系数 K_p 值表

(1) $C_s=C_v$

C_v \ p/%	0.1	0.2	0.5	1	2	5	10	20	50	75	90	95	99
0.05	1.16	1.15	1.13	1.12	1.11	1.09	1.07	1.04	1.00	0.97	0.94	0.92	0.89
0.10	1.32	1.30	1.27	1.24	1.21	1.17	1.13	1.08	1.00	0.93	0.87	0.84	0.78
0.15	1.50	1.46	1.41	1.37	1.32	1.26	1.20	1.13	1.00	0.90	0.81	0.77	0.67
0.20	1.68	1.62	1.55	1.49	1.43	1.34	1.26	1.17	0.99	0.86	0.75	0.68	0.56
0.25	1.86	1.80	1.70	1.63	1.55	1.43	1.33	1.21	0.99	0.83	0.69	0.61	0.47
0.30	2.06	1.97	1.86	1.76	1.66	1.52	1.39	1.25	0.98	0.79	0.63	0.54	0.37
0.35	2.26	2.16	2.02	1.91	1.78	1.61	1.46	1.29	0.98	0.76	0.57	0.47	0.28
0.40	2.47	2.34	2.18	2.05	1.90	1.70	1.53	1.33	0.97	0.72	0.51	0.39	0.19
0.45	2.69	2.54	2.35	2.19	2.03	1.79	1.60	1.37	0.97	0.69	0.45	0.33	0.10
0.50	2.91	2.74	2.52	2.34	2.16	1.89	1.66	1.40	0.96	0.65	0.39	0.26	0.02
0.55	3.14	2.95	2.70	2.49	2.29	1.98	1.73	1.44	0.95	0.61	0.34	0.20	−0.06
0.60	3.38	3.16	2.88	2.65	2.41	2.08	1.80	1.48	0.94	0.57	0.28	0.13	−0.13
0.65	3.62	3.38	3.07	2.81	2.55	2.18	1.87	1.52	0.93	0.53	0.23	0.07	−0.20
0.70	3.87	3.60	3.25	2.97	2.68	2.27	1.93	1.55	0.92	0.50	0.17	0.01	−0.27
0.75	4.13	3.84	3.45	3.14	2.82	2.37	2.00	1.59	0.91	0.46	0.12	−0.05	−0.33
0.80	4.39	4.08	3.65	3.31	2.96	2.47	2.07	1.62	0.90	0.42	0.06	−0.10	−0.39
0.85	4.67	4.33	3.86	3.49	3.11	2.57	2.14	1.66	0.88	0.37	0.01	−0.16	−0.44
0.90	4.95	4.57	4.06	3.66	3.25	2.67	2.21	1.69	0.86	0.34	−0.04	−0.22	−0.49
0.95	5.24	4.83	4.28	3.84	3.40	2.78	2.28	1.73	0.85	0.31	−0.09	−0.27	−0.55
1.00	5.53	5.09	4.49	4.02	3.54	2.86	2.34	1.76	0.84	0.27	−0.13	−0.32	−0.59
1.05	5.83	5.35	4.72	4.21	3.69	2.98	2.41	1.78	0.82	0.22	−0.17	−0.37	−0.63
1.10	6.14	5.62	4.94	4.40	3.84	3.08	2.47	1.81	0.80	0.19	−0.21	−0.41	−0.67
1.15	6.45	5.90	5.17	4.59	3.99	3.19	2.54	1.85	0.79	0.14	−0.26	−0.45	−0.71
1.20	6.77	6.18	5.39	4.78	4.14	3.29	2.61	1.88	0.77	0.11	−0.30	−0.49	−0.74
1.25	7.10	6.48	5.63	4.98	4.31	3.40	2.68	1.91	0.75	0.07	−0.34	−0.53	−0.77
1.30	7.44	6.77	5.86	5.17	4.47	3.50	2.74	1.94	0.73	0.04	−0.38	−0.56	−0.79
1.35	7.78	7.08	6.11	5.38	4.63	3.61	2.81	1.97	0.71	0.01	−0.42	−0.60	−0.82
1.40	8.13	7.38	6.36	5.58	4.79	3.72	2.88	1.99	0.69	−0.02	−0.46	−0.64	−0.85
1.45	8.48	7.70	6.62	5.79	4.95	3.82	2.94	2.02	0.66	−0.06	−0.50	−0.67	−0.87
1.50	8.85	8.02	6.87	6.00	5.11	3.92	3.00	2.04	0.64	−0.10	−0.53	−0.70	−0.89

(2) $C_s = 1.5C_v$

C_v \ p/%	0.1	0.2	0.5	1	2	5	10	20	50	75	90	95	99
0.05	1.16	1.15	1.13	1.12	1.10	1.08	1.06	1.04	1.00	0.97	0.94	0.92	0.89
0.10	1.33	1.31	1.27	1.24	1.21	1.17	1.13	1.08	1.00	0.93	0.87	0.84	0.78
0.15	1.51	1.47	1.42	1.37	1.32	1.26	1.19	1.12	1.00	0.90	0.81	0.77	0.68
0.20	1.70	1.65	1.57	1.51	1.44	1.35	1.26	1.16	1.00	0.86	0.75	0.69	0.58
0.25	1.91	1.83	1.73	1.65	1.56	1.44	1.33	1.20	0.99	0.83	0.69	0.62	0.49
0.30	2.12	2.03	1.90	1.80	1.68	1.53	1.40	1.25	0.98	0.79	0.63	0.55	0.40
0.35	2.35	2.23	2.07	1.95	1.81	1.62	1.46	1.28	0.97	0.75	0.58	0.49	0.33
0.40	2.58	2.44	2.25	2.10	1.94	1.72	1.53	1.32	0.96	0.71	0.52	0.42	0.25
0.45	2.83	2.66	2.44	2.26	2.07	1.82	1.60	1.35	0.95	0.68	0.47	0.36	0.18
0.50	3.08	2.89	2.64	2.43	2.21	1.92	1.67	1.39	0.94	0.64	0.41	0.30	0.11
0.55	3.35	3.13	2.84	2.60	2.35	2.02	1.73	1.42	0.93	0.60	0.36	0.25	0.06
0.60	3.63	3.38	3.04	2.78	2.50	2.12	1.80	1.46	0.91	0.56	0.31	0.19	0.00
0.65	3.92	3.64	3.25	2.95	2.64	2.22	1.87	1.49	0.90	0.52	0.27	0.14	−0.04
0.70	4.22	3.90	3.48	3.12	2.79	2.32	1.94	1.52	0.88	0.48	0.22	0.09	−0.08
0.75	4.53	4.17	3.70	3.32	2.87	2.42	2.00	1.55	0.87	0.45	0.18	0.05	−0.12
0.80	4.85	4.46	3.93	3.52	2.96	2.53	2.07	1.58	0.85	0.41	0.14	0.01	−0.16
0.85	5.18	4.75	4.16	3.72	3.19	2.63	2.19	1.61	0.83	0.37	0.10	−0.02	−0.19
0.90	5.52	5.05	4.40	3.92	3.42	2.74	2.21	1.65	0.80	0.33	0.06	−0.06	−0.22
0.95	5.87	5.37	4.50	4.12	3.58	2.84	2.27	1.67	0.78	0.30	0.02	−0.09	−0.24
1.00	6.23	5.68	4.91	4.33	3.74	2.95	2.33	1.69	0.76	0.27	−0.02	−0.13	−0.26
1.05	6.60	6.01	5.17	4.54	3.91	3.05	2.39	1.71	0.74	0.24	−0.05	−0.16	−0.27
1.10	6.98	6.34	5.43	4.76	4.08	3.16	2.45	1.74	0.71	0.21	−0.08	−0.19	−0.29
1.15	7.37	6.68	5.70	4.97	4.25	3.27	2.51	1.75	0.69	0.18	−0.10	−0.20	−0.30
1.20	7.77	7.01	5.98	5.20	4.42	3.38	2.58	1.77	0.66	0.14	−0.13	−0.22	−0.31
1.25	8.17	7.37	6.26	5.32	4.59	3.48	2.64	1.79	0.63	0.10	−0.15	−0.23	−0.31
1.30	8.59	7.72	6.54	5.65	4.76	3.59	2.70	1.81	0.61	0.07	−0.17	−0.25	−0.32
1.35	9.02	8.09	6.83	5.88	4.93	3.69	2.75	1.82	0.59	0.04	−0.19	−0.26	−0.32
1.40	9.46	8.46	7.12	6.12	5.10	3.80	2.81	1.83	0.55	0.01	−0.22	−0.28	−0.32
1.45	9.90	8.84	7.42	6.36	5.28	3.90	2.85	1.83	0.52	0.00	−0.23	−0.29	−0.33
1.50	10.36	9.22	7.72	6.60	5.47	4.00	2.90	1.84	0.49	−0.05	−0.25	−0.30	−0.33

(3) $C_s=2C_v$

C_v \ p/%	0.1	0.2	0.5	1	2	5	10	20	50	75	90	95	99
0.05	1.16	1.15	1.13	1.12	1.11	1.08	1.06	1.04	1.00	0.97	0.94	0.92	0.89
0.10	1.34	1.31	1.27	1.25	1.21	1.17	1.13	1.08	1.00	0.93	0.87	0.84	0.78
0.15	1.54	1.48	1.43	1.38	1.33	1.26	1.20	1.12	0.99	0.90	0.81	0.77	0.69
0.20	1.73	1.67	1.59	1.52	1.45	1.35	1.26	1.16	0.99	0.86	0.75	0.70	0.59
0.25	1.96	1.87	1.77	1.67	1.58	1.45	1.33	1.20	0.98	0.82	0.70	0.63	0.52
0.30	2.19	2.08	1.94	1.83	1.71	1.54	1.40	1.24	0.97	0.78	0.64	0.56	0.44
0.35	2.44	2.31	2.13	2.00	1.84	1.64	1.47	1.28	0.96	0.75	0.59	0.51	0.37
0.40	2.70	2.54	2.32	2.16	1.98	1.74	1.54	1.31	0.95	0.71	0.53	0.45	0.30
0.45	2.98	2.80	2.53	2.33	2.13	1.84	1.60	1.35	0.93	0.67	0.48	0.40	0.26
0.50	3.27	3.05	2.74	2.51	2.27	1.94	1.67	1.38	0.92	0.64	0.44	0.34	0.21
0.55	3.58	3.32	2.97	2.70	2.42	2.04	1.74	1.41	0.90	0.59	0.40	0.30	0.16
0.60	3.89	3.59	3.20	2.89	2.57	2.15	1.80	1.44	0.89	0.56	0.35	0.26	0.13
0.65	4.22	3.89	3.44	3.09	2.74	2.25	1.87	1.47	0.87	0.52	0.31	0.22	0.10
0.70	4.56	4.19	3.68	3.29	2.90	2.36	1.94	1.50	0.85	0.49	0.27	0.18	0.08
0.75	4.93	4.52	3.93	3.50	3.06	2.46	2.00	1.52	0.82	0.45	0.24	0.15	0.06
0.80	5.30	4.84	4.19	3.71	3.22	2.57	2.06	1.54	0.80	0.42	0.21	0.12	0.04
0.85	5.69	5.17	4.46	3.93	3.39	2.68	2.12	1.56	0.77	0.39	0.18	0.10	0.03
0.90	6.08	5.51	4.74	4.15	3.56	2.78	2.19	1.58	0.75	0.35	0.15	0.08	0.02
0.95	6.48	5.86	5.02	4.38	3.74	2.89	2.25	1.60	0.72	0.31	0.13	0.07	0.01
1.00	6.91	6.22	5.30	4.61	3.91	3.00	2.30	1.61	0.69	0.29	0.11	0.05	0.01
1.05	7.35	6.59	5.59	4.84	4.08	3.10	2.35	1.62	0.66	0.26	0.09	0.04	0.01
1.10	7.79	6.97	5.88	5.08	4.26	3.20	2.41	1.63	0.64	0.23	0.07	0.03	0.00
1.15	8.24	7.36	6.19	5.32	4.44	3.30	2.46	1.64	0.61	0.21	0.06	0.02	0.00
1.20	8.70	7.76	6.50	5.57	4.62	3.41	2.51	1.65	0.58	0.18	0.05	0.02	0.00
1.25	9.18	8.16	6.82	5.81	4.80	3.51	2.56	1.65	0.55	0.16	0.04	0.01	0.00
1.30	9.67	8.57	7.14	6.06	4.98	3.61	2.60	1.65	0.52	0.14	0.03	0.01	0.00
1.35	10.17	8.99	7.46	6.31	5.16	3.71	2.65	1.65	0.50	0.12	0.02	0.01	0.00
1.40	10.67	9.41	7.78	6.56	5.35	3.81	2.69	1.64	0.47	0.10	0.02	0.01	0.00
1.45	11.20	9.85	8.11	6.82	5.54	3.91	2.73	1.64	0.44	0.09	0.01	0.00	0.00
1.50	11.73	10.30	8.44	7.08	5.73	4.00	2.77	1.63	0.42	0.07	0.01	0.00	0.00

(4) $C_s=2.5C_v$

C_v \ p/%	0.1	0.2	0.5	1	2	5	10	20	50	75	90	95	99
0.05	1.16	1.15	1.14	1.12	1.11	1.08	1.07	1.04	1.00	0.97	0.94	0.92	0.89
0.10	1.35	1.31	1.28	1.25	1.22	1.17	1.13	1.08	1.00	0.93	0.88	0.84	0.79
0.15	1.55	1.50	1.44	1.39	1.34	1.26	1.20	1.12	0.99	0.89	0.82	0.77	0.70
0.20	1.76	1.70	1.61	1.54	1.46	1.35	1.26	1.16	0.98	0.86	0.76	0.70	0.61
0.25	2.00	1.92	1.79	1.70	1.60	1.45	1.33	1.20	0.97	0.82	0.70	0.64	0.54
0.30	2.25	2.14	1.98	1.86	1.73	1.55	1.40	1.24	0.96	0.78	0.65	0.58	0.47
0.35	2.53	2.39	2.19	2.03	1.87	1.65	1.47	1.27	0.95	0.75	0.60	0.53	0.41
0.40	2.81	2.64	2.40	2.21	2.02	1.75	1.54	1.30	0.94	0.71	0.55	0.47	0.36
0.45	3.12	2.91	2.62	2.40	2.17	1.85	1.60	1.33	0.92	0.67	0.51	0.43	0.32
0.50	3.44	3.19	2.85	2.59	2.32	1.96	1.67	1.36	0.90	0.63	0.47	0.39	0.29
0.55	3.79	3.50	3.10	2.79	2.48	2.07	1.73	1.39	0.88	0.60	0.43	0.35	0.26
0.60	4.14	3.81	3.35	3.00	2.64	2.17	1.80	1.42	0.86	0.56	0.39	0.32	0.24
0.65	4.52	4.14	3.61	3.21	2.81	2.27	1.86	1.44	0.83	0.53	0.36	0.30	0.23
0.70	4.90	4.47	3.88	3.43	2.98	2.39	1.92	1.46	0.81	0.50	0.33	0.27	0.22
0.75	5.31	4.82	4.16	3.66	3.15	2.49	1.98	1.47	0.78	0.46	0.31	0.26	0.21
0.80	5.73	5.18	4.44	3.89	3.33	2.60	2.04	1.49	0.75	0.43	0.28	0.24	0.21
0.85	6.17	5.55	4.73	4.12	3.50	2.70	2.10	1.50	0.72	0.40	0.27	0.23	0.21
0.90	6.61	5.93	5.03	4.36	3.68	2.80	2.15	1.50	0.70	0.37	0.25	0.22	0.20
0.95	7.09	6.33	5.34	4.60	3.86	2.90	2.20	1.51	0.67	0.35	0.24	0.21	0.20
1.00	7.55	6.73	5.65	4.85	4.04	3.01	2.25	1.52	0.64	0.33	0.23	0.21	0.20
1.05	8.04	7.14	5.97	5.10	4.22	3.11	2.29	1.52	0.61	0.31	0.22	0.20	0.20
1.10	8.54	7.56	6.29	5.35	4.41	3.21	2.34	1.52	0.58	0.29	0.21	0.20	0.20
1.15	9.06	8.00	6.62	5.60	4.59	3.30	2.38	1.51	0.55	0.27	0.21	0.20	0.20
1.20	9.58	8.44	6.95	5.86	4.78	3.40	2.42	1.50	0.53	0.26	0.21	0.20	0.20
1.25	10.12	8.90	7.29	6.12	4.97	3.50	2.44	1.49	0.50	0.25	0.21	0.20	0.20
1.30	10.67	9.37	7.64	6.38	5.16	3.60	2.47	1.48	0.48	0.24	0.20	0.20	0.20
1.35	11.24	9.84	8.00	6.64	5.34	3.68	2.50	1.46	0.45	0.23	0.20	0.20	0.20
1.40	11.81	10.31	8.35	6.91	5.52	3.76	2.53	1.45	0.43	0.23	0.20	0.20	0.20
1.45	12.40	10.79	8.70	7.17	5.70	3.83	2.56	1.43	0.40	0.22	0.20	0.20	0.20
1.50	12.99	11.28	9.06	7.44	5.88	3.91	2.58	1.44	0.37	0.22	0.20	0.20	0.20

(5) $C_s=3C_v$

C_v \ p/%	0.1	0.2	0.5	1	2	5	10	20	50	75	90	95	99
0.05	1.17	1.15	1.14	1.12	1.11	1.08	1.07	1.04	1.00	0.97	0.94	0.92	0.89
0.10	1.35	1.32	1.29	1.25	1.22	1.17	1.13	1.08	0.99	0.93	0.88	0.85	0.79
0.15	1.56	1.51	1.45	1.40	1.35	1.26	1.20	1.12	0.99	0.89	0.82	0.78	0.70
0.20	1.79	1.72	1.63	1.55	1.47	1.35	1.27	1.16	0.98	0.86	0.76	0.71	0.62
0.25	2.05	1.95	1.82	1.72	1.61	1.46	1.34	1.20	0.97	0.82	0.71	0.65	0.56
0.30	2.32	2.19	2.02	1.89	1.75	1.56	1.40	1.23	0.96	0.78	0.66	0.60	0.50
0.35	2.61	2.46	2.24	2.07	1.90	1.66	1.47	1.26	0.94	0.74	0.61	0.55	0.46
0.40	2.92	2.73	2.46	2.26	2.05	1.76	1.54	1.28	0.92	0.70	0.57	0.50	0.42
0.45	3.26	3.03	2.70	2.46	2.21	1.87	1.60	1.32	0.90	0.67	0.53	0.47	0.39
0.50	3.62	3.34	2.96	2.67	2.37	1.98	1.67	1.35	0.88	0.64	0.49	0.44	0.37
0.55	3.99	3.66	3.21	2.88	2.54	2.08	1.73	1.36	0.86	0.60	0.46	0.41	0.36
0.60	4.38	4.01	3.49	3.10	2.71	2.19	1.79	1.38	0.83	0.57	0.44	0.39	0.35
0.65	4.81	4.36	3.77	3.33	2.88	2.29	1.85	1.40	0.80	0.53	0.41	0.37	0.34
0.70	5.23	4.73	4.06	3.56	3.05	2.40	1.90	1.41	0.78	0.50	0.39	0.36	0.34
0.75	5.68	5.12	4.36	3.80	3.24	2.50	1.96	1.42	0.76	0.48	0.38	0.35	0.34
0.80	6.14	5.50	4.66	4.05	3.42	2.61	2.01	1.43	0.72	0.46	0.36	0.34	0.34
0.85	6.62	5.92	4.98	4.29	3.59	2.71	2.06	1.43	0.69	0.44	0.35	0.34	0.34
0.90	7.11	6.33	5.30	4.54	3.78	2.81	2.10	1.43	0.67	0.42	0.35	0.34	0.33
0.95	7.62	6.76	5.62	4.80	3.96	2.91	2.14	1.43	0.64	0.39	0.34	0.34	0.33
1.00	8.15	7.20	5.96	5.05	4.15	3.00	2.18	1.42	0.61	0.38	0.34	0.34	0.33
1.05	8.68	7.66	6.31	5.32	4.34	3.10	2.21	1.41	0.58	0.37	0.34	0.33	0.33
1.10	9.24	8.13	6.65	5.57	4.50	3.19	2.23	1.40	0.56	0.36	0.34	0.33	0.33
1.15	9.81	8.59	7.00	5.83	4.70	3.26	2.26	1.38	0.54	0.35	0.34	0.33	0.33
1.20	10.40	9.08	7.36	6.10	4.89	3.35	2.30	1.36	0.51	0.35	0.33	0.33	0.33
1.25	11.00	9.57	7.72	6.36	5.07	3.43	2.31	1.34	0.49	0.35	0.33	0.33	0.33
1.30	11.60	10.06	8.09	6.64	5.25	3.51	2.33	1.31	0.47	0.34	0.33	0.33	0.33
1.35	12.21	10.57	8.45	6.91	5.42	3.59	2.34	1.30	0.45	0.34	0.33	0.33	0.33
1.40	12.83	11.09	8.88	7.17	4.61	3.66	2.34	1.27	0.43	0.34	0.33	0.33	0.33
1.45	13.47	11.62	9.20	7.45	5.77	3.72	2.35	1.23	0.42	0.34	0.33	0.33	0.33
1.50	14.13	12.15	9.58	7.72	5.95	3.78	2.35	1.21	0.40	0.33	0.33	0.33	0.33

(6) $C_s=3.5C_v$

C_v \ $p/\%$	0.1	0.2	0.5	1	2	5	10	20	50	75	90	95	99
0.05	1.17	1.16	1.14	1.12	1.11	1.09	1.07	1.04	1.00	0.97	0.94	0.92	0.89
0.10	1.36	1.33	1.29	1.26	1.22	1.17	1.13	1.08	0.99	0.93	0.88	0.85	0.79
0.15	1.58	1.52	1.46	1.41	1.35	1.27	1.20	1.12	0.99	0.89	0.82	0.78	0.71
0.20	1.82	1.74	1.64	1.56	1.48	1.36	1.27	1.16	0.98	0.86	0.76	0.72	0.64
0.25	2.09	1.99	1.85	1.74	1.62	1.46	1.34	1.19	0.96	0.82	0.71	0.66	0.58
0.30	2.38	2.24	2.06	1.92	1.77	1.57	1.40	1.22	0.95	0.78	0.67	0.61	0.53
0.35	2.70	2.52	2.29	2.11	1.92	1.67	1.47	1.26	0.93	0.74	0.62	0.57	0.50
0.40	3.04	2.82	2.53	2.31	2.08	1.78	1.53	1.28	0.91	0.71	0.58	0.53	0.47
0.45	3.40	3.14	2.79	2.52	2.25	1.88	1.60	1.31	0.89	0.67	0.55	0.50	0.45
0.50	3.78	3.48	3.06	2.74	2.42	1.99	1.66	1.33	0.86	0.64	0.52	0.48	0.44
0.55	4.20	3.83	3.34	2.96	2.58	2.10	1.72	1.34	0.84	0.60	0.50	0.46	0.44
0.60	4.62	4.20	3.62	3.20	2.76	2.20	1.77	1.35	0.81	0.57	0.48	0.45	0.43
0.65	5.08	4.58	3.92	3.44	2.94	2.30	1.83	1.36	0.78	0.55	0.46	0.44	0.43
0.70	5.54	4.98	4.23	3.68	3.12	2.41	1.88	1.37	0.75	0.53	0.45	0.44	0.43
0.75	6.02	5.38	4.55	3.92	3.30	2.51	1.92	1.38	0.72	0.50	0.44	0.43	0.43
0.80	6.53	5.81	4.87	4.18	3.49	2.61	1.97	1.37	0.70	0.49	0.44	0.43	0.43
0.85	7.05	6.25	5.20	4.43	3.67	2.70	2.00	1.36	0.67	0.47	0.44	0.43	0.43
0.90	7.59	6.71	5.54	4.69	3.86	2.80	2.04	1.35	0.64	0.46	0.43	0.43	0.43
0.95	8.15	7.18	5.89	4.95	4.05	2.89	2.06	1.34	0.61	0.45	0.43	0.43	0.43
1.00	8.72	7.65	6.25	5.22	4.23	2.97	2.09	1.32	0.59	0.45	0.43	0.43	0.43
1.05	9.31	8.13	6.60	5.49	4.41	3.05	2.11	1.29	0.56	0.44	0.43	0.43	0.43
1.10	9.91	8.62	6.97	5.76	4.59	3.13	2.13	1.28	0.54	0.44	0.43	0.43	0.43
1.15	10.51	9.13	7.33	6.03	4.76	3.20	2.14	1.26	0.53	0.43	0.43	0.43	0.43
1.20	11.14	9.65	7.71	6.29	4.95	3.28	2.15	1.23	0.51	0.43	0.43	0.43	0.43
1.25	11.78	10.18	8.10	6.56	5.12	3.34	2.16	1.20	0.50	0.43	0.43	0.43	0.43
1.30	12.44	10.70	8.46	6.84	5.29	3.40	2.16	1.18	0.48	0.43	0.43	0.43	0.43
1.35	13.11	11.24	8.84	7.11	5.45	3.44	2.16	1.14	0.47	0.43	0.43	0.43	0.43
1.40	13.78	11.78	9.23	7.37	5.62	3.49	2.15	1.11	0.47	0.43	0.43	0.43	0.43
1.45	14.46	12.34	9.61	7.64	5.73	3.55	2.14	1.07	0.46	0.43	0.43	0.43	0.43
1.50	15.17	12.90	10.01	7.89	5.93	3.59	2.12	1.04	0.45	0.43	0.43	0.43	0.43

(7) $C_s=4C_v$

p/% C_v	0.1	0.2	0.5	1	2	5	10	20	50	75	90	95	99
0.05	1.17	1.16	1.14	1.12	1.11	1.08	1.06	1.04	1.00	0.97	0.94	0.92	0.89
0.10	1.37	1.34	1.30	1.26	1.23	1.18	1.13	1.08	0.99	0.93	0.88	0.85	0.80
0.15	1.59	1.54	1.47	1.41	1.35	1.27	1.20	1.12	0.98	0.89	0.82	0.78	0.72
0.20	1.85	1.77	1.66	1.58	1.49	1.37	1.27	1.16	0.97	0.85	0.77	0.72	0.65
0.25	2.13	2.02	1.87	1.76	1.64	1.47	1.34	1.19	0.96	0.82	0.72	0.67	0.60
0.30	2.44	2.30	2.10	1.94	1.79	1.57	1.40	1.22	0.94	0.78	0.68	0.63	0.56
0.35	2.78	2.60	2.34	2.14	1.95	1.68	1.47	1.25	0.92	0.74	0.64	0.59	0.54
0.40	3.15	2.92	2.60	2.36	2.11	1.78	1.53	1.27	0.90	0.71	0.60	0.56	0.52
0.45	3.54	3.25	2.87	2.58	2.28	1.89	1.59	1.29	0.87	0.68	0.58	0.54	0.51
0.50	3.96	3.61	3.15	2.80	2.46	2.00	1.65	1.30	0.84	0.64	0.55	0.53	0.51
0.55	4.39	3.99	3.44	3.04	2.63	2.10	1.70	1.31	0.82	0.62	0.54	0.52	0.50
0.60	4.35	4.38	3.75	3.29	2.81	2.21	1.76	1.32	0.79	0.59	0.52	0.51	0.50
0.65	5.34	4.78	4.07	3.53	2.99	2.31	1.80	1.32	0.76	0.57	0.51	0.50	0.50
0.70	5.84	5.21	4.39	3.78	3.18	2.41	1.85	1.32	0.73	0.55	0.51	0.50	0.50
0.75	6.36	5.65	4.72	4.04	3.36	2.50	1.88	1.32	0.71	0.54	0.51	0.50	0.50
0.80	6.90	6.11	5.06	4.30	3.55	2.60	1.91	1.30	0.68	0.53	0.50	0.50	0.50
0.85	7.46	6.58	5.42	4.55	3.74	2.68	1.94	1.29	0.65	0.52	0.50	0.50	0.50
0.90	8.05	7.06	5.77	4.82	3.92	2.76	1.97	1.27	0.63	0.51	0.50	0.50	0.50
0.95	8.65	7.55	6.13	5.09	4.10	2.84	1.99	1.25	0.60	0.51	0.50	0.50	0.50
1.00	9.25	8.05	6.50	5.37	4.27	2.92	2.00	1.23	0.59	0.50	0.50	0.50	0.50
1.05	9.87	8.57	6.87	5.63	4.46	3.00	2.01	1.20	0.57	0.50	0.50	0.50	0.50
1.10	10.52	9.10	7.25	5.91	4.63	3.06	2.01	1.18	0.56	0.50	0.50	0.50	0.50
1.15	11.18	9.62	7.62	6.18	4.80	3.12	2.01	1.15	0.54	0.50	0.50	0.50	0.50
1.20	11.85	10.17	8.01	6.45	4.96	3.16	2.01	1.11	0.53	0.50	0.50	0.50	0.50
1.25	12.52	10.71	8.40	6.71	5.12	3.21	2.00	1.07	0.53	0.50	0.50	0.50	0.50
1.30	13.22	11.27	8.79	6.96	5.29	3.25	1.99	1.04	0.52	0.50	0.50	0.50	0.50
1.35	13.92	11.83	9.17	7.24	5.44	3.30	1.97	1.00	0.52	0.50	0.50	0.50	0.50
1.40	14.64	12.40	9.55	7.50	5.59	3.32	1.94	0.96	0.51	0.50	0.50	0.50	0.50
1.45	15.37	13.09	9.95	7.77	5.74	3.36	1.91	0.93	0.51	0.50	0.50	0.50	0.50
1.50	16.10	13.57	10.34	8.02	5.88	3.38	1.88	0.90	0.51	0.50	0.50	0.50	0.50

(8) $C_s = 5C_v$

C_v \ $p/\%$	0.1	0.2	0.5	1	2	5	10	20	50	75	90	95	99
0.05	1.17	1.16	1.14	1.13	1.11	1.09	1.07	1.04	1.00	0.97	0.94	0.92	0.89
0.10	1.38	1.35	1.30	1.27	1.23	1.18	1.13	1.08	0.99	0.93	0.88	0.85	0.80
0.15	1.63	1.57	1.49	1.43	1.36	1.27	1.20	1.12	0.98	0.89	0.82	0.79	0.73
0.20	1.91	1.82	1.70	1.60	1.51	1.38	1.27	1.15	0.97	0.85	0.77	0.74	0.68
0.25	2.22	2.10	1.93	1.80	1.66	1.48	1.34	1.18	0.95	0.81	0.74	0.69	0.65
0.30	2.67	2.40	2.17	2.00	1.82	1.58	1.40	1.21	0.93	0.78	0.69	0.66	0.62
0.35	2.95	2.74	2.44	2.21	1.99	1.69	1.46	1.23	0.90	0.75	0.67	0.64	0.61
0.40	3.36	3.09	2.72	2.44	2.16	1.80	1.52	1.24	0.88	0.72	0.64	0.62	0.60
0.45	3.81	3.47	3.01	2.68	2.34	1.90	1.56	1.25	0.85	0.69	0.63	0.61	0.60
0.50	4.28	3.87	3.32	2.92	2.52	2.00	1.62	1.26	0.82	0.67	0.61	0.60	0.60
0.55	4.77	4.28	3.65	3.17	2.71	2.11	1.67	1.26	0.79	0.65	0.61	0.60	0.60
0.60	5.29	4.72	3.98	3.43	2.88	2.20	1.71	1.25	0.77	0.63	0.61	0.60	0.60
0.65	5.83	5.18	4.32	3.69	3.08	2.30	1.73	1.24	0.74	0.62	0.60	0.60	0.60
0.70	6.40	5.66	4.68	3.95	3.26	2.38	1.76	1.22	0.71	0.62	0.60	0.60	0.60
0.75	7.00	6.14	5.03	4.22	3.44	2.46	1.79	1.20	0.68	0.61	0.60	0.60	0.60
0.80	7.60	6.64	5.40	4.50	3.61	2.54	1.80	1.18	0.67	0.61	0.60	0.60	0.60
0.85	8.23	7.16	5.77	4.76	3.80	2.61	1.81	1.15	0.65	0.60	0.60	0.60	0.60
0.90	8.88	7.69	6.15	5.03	3.97	2.66	1.81	1.13	0.64	0.60	0.60	0.60	0.60
0.95	9.55	8.22	6.53	5.30	4.14	2.72	1.81	1.10	0.63	0.60	0.60	0.60	0.60
1.00	10.20	8.77	6.92	5.57	4.30	2.77	1.80	1.06	0.62	0.60	0.60	0.60	0.60
1.05	10.92	9.33	7.31	5.82	4.47	2.81	1.79	1.03	0.62	0.60	0.60	0.60	0.60
1.10	11.63	9.89	7.69	6.09	4.61	2.85	1.77	0.99	0.61	0.60	0.60	0.60	0.60
1.15	12.34	10.48	8.08	6.36	4.76	2.89	1.74	0.95	0.61	0.60	0.60	0.60	0.60
1.20	13.08	11.06	8.46	6.62	4.90	2.91	1.71	0.92	0.61	0.60	0.60	0.60	0.60
1.25	13.83	11.64	8.86	6.88	5.03	2.93	1.68	0.88	0.60	0.60	0.60	0.60	0.60

(9) $C_s=6C_v$

p/% C_v	0.1	0.2	0.5	1	2	5	10	20	50	75	90	95	99
0.05	1.18	1.16	1.14	1.13	1.11	1.09	1.06	1.04	1.00	0.97	0.94	0.93	0.91
0.10	1.40	1.36	1.31	1.28	1.24	1.18	1.13	1.08	0.99	0.93	0.88	0.86	0.81
0.15	1.66	1.60	1.51	1.45	1.38	1.28	1.20	1.12	0.98	0.89	0.83	0.81	0.76
0.20	1.96	1.86	1.73	1.63	1.52	1.38	1.27	1.15	0.96	0.85	0.78	0.75	0.71
0.25	2.31	2.16	1.98	1.83	1.69	1.48	1.33	1.17	0.94	0.82	0.75	0.72	0.69
0.30	2.69	2.50	2.24	2.05	1.86	1.59	1.40	1.19	0.92	0.78	0.72	0.69	0.67
0.35	3.11	2.87	2.53	2.28	2.03	1.69	1.45	1.21	0.89	0.76	0.70	0.68	0.67
0.40	3.57	3.25	2.83	2.52	2.21	1.80	1.50	1.22	0.86	0.73	0.68	0.67	0.67
0.45	4.06	3.66	3.15	2.77	2.39	1.90	1.54	1.22	0.83	0.71	0.68	0.67	0.67
0.50	4.58	4.10	3.48	3.02	2.58	2.00	1.59	1.21	0.80	0.69	0.67	0.67	0.67
0.55	5.12	4.50	3.83	3.28	2.76	2.09	1.62	1.20	0.78	0.69	0.67	0.67	0.67
0.60	5.70	5.04	4.18	3.55	2.94	2.18	1.65	1.18	0.75	0.68	0.67	0.67	0.67
0.65	6.30	5.53	4.54	3.82	3.12	2.25	1.66	1.16	0.73	0.68	0.67	0.67	0.67
0.70	6.92	6.05	4.91	4.09	3.30	2.33	1.67	1.13	0.71	0.67	0.67	0.67	0.67
0.75	7.56	6.57	5.29	4.36	3.47	2.39	1.68	1.10	0.70	0.67	0.67	0.67	0.67
0.80	8.23	7.11	5.67	4.63	3.64	2.44	1.67	1.07	0.69	0.67	0.67	0.67	0.67
0.85	8.91	7.66	6.06	4.89	3.80	2.49	1.66	1.03	0.68	0.67	0.67	0.67	0.67
0.90	9.61	8.22	6.45	5.16	3.96	2.53	1.65	1.00	0.68	0.67	0.67	0.67	0.67
0.95	10.33	8.80	6.83	5.42	4.10	2.56	1.62	0.96	0.67	0.67	0.67	0.67	0.67
1.00	11.07	9.38	7.22	5.68	4.25	2.59	1.59	0.93	0.67	0.67	0.67	0.67	0.67
1.05	11.82	9.97	7.62	5.94	4.38	2.61	1.56	0.89	0.67	0.67	0.67	0.67	0.67

附表 2　Gumbel 分布的 $\lambda_{p,n}$ 值表

n	频率 p/%							
	0.1	0.2	0.5	1	2	4	5	10
8	7.103	6.336	5.321	4.551	3.779	3.001	2.749	1.953
9	6.909	6.162	5.174	4.425	3.673	2.916	2.670	1.895
10	6.752	6.021	5.055	4.322	3.587	2.847	2.606	1.848
11	6.622	5.905	4.957	4.238	3.516	2.789	2.553	1.809
12	6.513	5.807	4.874	4.166	3.456	2.741	2.509	1.777
13	6.418	5.723	4.802	4.105	3.405	2.699	2.470	1.748
14	6.337	5.650	4.741	4.052	3.360	2.663	2.437	1.724
15	6.265	5.586	4.687	4.005	3.321	2.632	2.408	1.703
16	6.196	5.523	4.634	3.939	3.283	2.601	2.379	1.682
17	6.137	5.471	4.589	3.921	3.250	2.575	2.355	1.664
18	6.087	5.426	4.551	3.888	3.223	2.552	2.335	1.649
19	6.043	5.387	4.518	3.860	3.199	2.533	2.317	1.636
20	6.006	5.354	4.490	3.836	3.179	2.517	2.302	1.625
22	5.933	5.288	4.435	3.788	3.139	2.484	2.272	1.603
24	5.870	5.232	4.387	3.747	3.104	2.457	2.246	1.584
26	5.816	5.183	4.346	3.711	3.074	2.433	2.224	1.568
28	5.769	5.141	4.310	3.680	3.048	2.412	2.205	1.553
30	5.727	5.104	4.279	3.653	3.026	2.393	2.188	1.541
35	5.642	5.027	4.214	3.598	2.979	2.356	2.153	1.515
40	5.576	4.968	4.164	3.554	2.942	2.326	2.126	1.495
45	5.522	4.920	4.123	3.519	2.913	2.303	2.104	1.479
50	5.479	4.881	4.090	3.491	2.889	2.283	2.087	1.466
60	5.410	4.820	4.038	3.445	2.852	2.253	2.059	1.446
70	5.359	4.774	4.000	3.413	2.824	2.230	2.038	1.430
80	5.319	4.738	3.970	3.387	2.802	2.213	2.022	1.419
90	5.287	4.710	3.945	3.365	2.784	2.199	2.008	1.409
100	5.261	4.686	3.925	3.349	2.770	2.187	1.998	1.401
200	5.130	4.568	3.826	3.263	2.698	2.129	1.944	1.362
500	5.032	4.481	3.752	3.200	2.645	2.086	1.905	1.333
1 000	4.992	4.445	3.722	3.174	2.623	2.069	1.889	1.321
∞	4.936	4.395	3.679	3.137	2.592	2.044	1.886	1.305

（续附表 2）

n	频率 p/%							
	25	50	75	90	95	97	99	99.9
8	0.842	−0.130	−0.897	−1.458	−1.749	−1.923	−2.224	−2.673
9	0.814	−0.133	−0.879	−1.426	−1.709	−1.879	−2.172	−2.609
10	0.790	−0.136	−0.865	−1.400	−1.677	−1.843	−2.129	−2.556
11	0.771	−0.138	−0.854	−1.378	−1.650	−1.813	−2.095	−2.514
12	0.755	−0.139	−0.844	−1.360	−1.628	−1.788	−2.065	−2.478
13	0.741	−0.141	−0.836	−1.345	−1.609	−1.769	−2.040	−2.447
14	0.729	−0.142	−0.829	−1.331	−1.592	−1.748	−2.018	−2.420
15	0.718	−0.143	−0.823	−1.320	−1.578	−1.732	−1.999	−2.396
16	0.708	−0.145	−0.817	−1.308	−1.564	−1.716	−1.980	−2.373
17	0.699	−0.146	−0.811	−1.299	−1.552	−1.703	−1.965	−2.354
18	0.692	−0.146	−0.807	−1.291	−1.541	−1.691	−1.951	−2.338
19	0.685	−0.147	−0.803	−1.283	−1.532	−1.681	−1.939	−2.323
20	0.680	−0.147	−0.800	−1.277	−1.525	−1.673	−1.930	−2.311
22	0.669	−0.149	−0.794	−1.265	−1.510	−1.657	−1.910	−2.287
24	0.659	−0.150	−0.788	−1.255	−1.497	−1.642	−1.893	−2.266
26	0.651	−0.151	−0.783	−1.246	−1.486	−1.630	−1.879	−2.249
28	0.644	−0.152	−0.779	−1.239	−1.477	−1.619	−1.866	−2.233
30	0.638	−0.153	−0.776	−1.232	−1.468	−1.610	−1.855	−2.219
35	0.625	−0.154	−0.768	−1.218	−1.451	−1.591	−1.832	−2.191
40	0.615	−0.155	−0.762	−1.208	−1.438	−1.576	−1.814	−2.170
45	0.607	−0.156	−0.758	−1.198	−1.427	−1.564	−1.800	−2.152
50	0.601	−0.157	−0.754	−1.191	−1.418	−1.553	−1.788	−2.138
60	0.591	−0.158	−0.748	−1.180	−1.404	−1.538	−1.770	−2.115
70	0.583	−0.159	−0.744	−1.172	−1.394	−1.526	−1.756	−2.098
80	0.577	−0.159	−0.740	−1.165	−1.386	−1.517	−1.746	−2.085
90	0.572	−0.160	−0.737	−1.160	−1.379	−1.510	−1.737	−2.075
100	0.568	−0.160	−0.735	−1.155	−1.374	−1.504	−1.720	−2.066
200	0.549	−0.162	−0.723	−1.134	−1.347	−1.474	−1.694	−2.023
500	0.535	−0.164	−0.714	−1.117	−1.326	−1.451	−1.668	−1.990
1 000	0.529	−0.164	−0.710	−1.110	−1.318	−1.442	−1.657	−1.976
∞	0.520	−0.164	−0.705	−1.110	−1.306	−1.428	−1.641	−1.957

附表 3　泊松-冈贝尔分布 γ 值表

重现期/a	n \ N	10	15	20	25	30	40	50
	8	4.298	3.846	3.524	3.274	3.069	2.743	2.489
	10	4.317	3.887	3.582	3.344	3.149	2.841	2.601
	12	4.347	3.933	3.638	3.409	3.221	2.925	2.693
	14	4.381	3.978	3.691	3.468	3.286	2.997	2.773
	16	4.412	4.017	3.737	3.519	3.341	2.059	2.839
	18	4.446	4.058	3.783	3.568	3.393	3.117	2.901
	20	4.485	4.103	3.831	3.620	3.447	3.174	2.962
	22	4.519	4.141	3.872	3.664	3.493	3.223	3.014
	24	4.551	4.177	3.911	3.704	3.536	3.269	3.062
	26	4.581	4.211	3.947	3.743	3.576	3.311	3.106
100	28	4.611	4.243	3.982	3.779	3.613	3.351	3.147
	30	4.639	4.274	4.015	3.813	3.649	3.389	3.187
	35	4.706	4.346	4.091	3.893	3.730	3.474	3.275
	40	4.768	4.412	4.159	3.963	3.803	3.550	3.353
	45	4.824	4.472	4.221	4.027	3.868	3.618	3.423
	50	4.876	4.527	4.278	4.086	3.928	3.679	3.486
	60	4.971	4.625	4.380	4.190	4.034	3.788	3.598
	70	5.054	4.711	4.468	4.280	4.126	3.882	3.693
	80	5.128	4.788	4.547	4.360	4.207	3.965	3.778
	90	5.195	4.858	4.618	4.432	4.280	4.040	3.853
	100	5.257	4.920	4.682	4.497	4.345	4.106	3.921
	8	3.518	3.063	2.738	2.483	2.274	1.941	1.679
	10	3.576	3.144	2.836	2.595	2.398	2.083	1.837
	12	3.633	3.216	2.919	2.688	2.498	2.196	1.960
	14	3.686	3.281	2.992	2.768	2.583	2.291	2.062
	16	3.732	3.336	3.054	2.834	2.655	2.369	2.147
	18	3.778	3.389	3.112	2.896	2.720	2.440	2.222
	20	3.826	3.442	3.169	2.957	2.783	2.507	2.292
	22	3.867	3.488	3.219	3.009	2.837	2.565	2.353
	24	3.906	3.531	2.264	3.057	2.887	2.618	2.409
	26	3.943	3.571	3.307	3.101	2.933	2.667	2.460
50	28	3.977	3.609	3.346	3.143	2.976	2.712	2.507
	30	4.010	3.644	3.384	3.182	3.016	2.755	2.551
	35	4.086	3.726	3.470	3.271	3.108	2.850	2.650
	40	4.155	3.799	3.545	3.349	3.188	2.934	2.736
	45	4.217	3.864	3.613	3.419	3.259	3.008	2.812
	50	4.274	3.924	3.675	3.482	3.324	3.074	2.880
	60	4.376	4.030	3.784	3.593	3.437	3.191	3.001
	70	4.464	4.121	3.878	3.689	3.535	3.291	3.101
	80	4.543	4.203	3.961	3.774	3.620	3.378	3.190
	90	4.614	4.275	4.035	3.849	3.697	3.456	3.269
	100	4.678	4.341	4.102	3.917	3.765	3.526	3.340

（续附表 3）

重现期/a	n \ N	10	15	20	25	30	40	50
25	8	2.726	2.263	1.929	1.667	1.449	1.098	0.816
	10	2.825	2.386	2.072	1.826	1.622	1.294	1.034
	12	2.909	2.487	2.186	1.950	1.755	1.443	1.196
	14	2.982	2.573	2.280	2.052	1.863	1.563	1.325
	16	3.044	2.644	2.359	2.136	1.953	1.661	1.431
	18	3.102	2.710	2.430	2.212	2.032	1.747	1.522
	20	3.159	2.773	2.497	2.282	2.106	1.825	1.605
	22	3.209	2.827	2.556	2.344	2.169	1.893	1.676
	24	3.255	2.877	2.609	2.399	2.227	1.954	1.740
	26	3.297	2.924	2.658	2.450	2.280	2.010	1.799
	28	3.337	2.967	2.703	2.498	2.329	2.062	1.853
	30	3.375	3.007	2.745	2.542	2.375	2.110	1.903
	35	3.460	3.099	2.841	2.641	2.476	2.216	2.013
	40	3.536	3.179	2.925	2.727	2.565	2.308	2.108
	45	3.604	3.250	2.999	2.803	2.643	2.389	2.191
	50	3.666	3.315	3.065	2.871	2.713	2.461	2.265
	60	3.775	3.429	3.182	2.991	2.834	2.586	2.393
	70	3.869	3.526	3.282	3.093	2.938	2.692	2.502
	80	3.953	3.612	3.370	3.182	3.028	2.785	2.596
	90	4.027	3.688	3.448	3.261	3.108	2.866	2.679
	100	4.094	3.757	3.518	3.332	3.180	2.940	2.753
10	8	1.629	1.138	0.775	0.479	0.225	−0.215	−0.615
	10	1.790	1.332	0.996	0.726	0.498	0.113	−0.216
	12	1.916	1.479	1.160	0.907	0.693	0.340	0.045
	14	2.019	1.597	1.291	1.048	0.845	0.512	0.238
	16	2.104	1.694	1.398	1.163	0.967	0.649	0.390
	18	2.180	1.779	1.490	1.261	1.072	0.764	0.515
	20	2.252	1.857	1.573	1.349	1.163	0.863	0.622
	22	2.313	1.924	1.645	1.425	1.243	0.950	0.715
	24	2.369	1.985	1.710	1.493	1.314	1.026	0.797
	26	2.421	2.041	1.769	1.555	1.379	1.095	0.870
	28	2.468	2.092	1.823	1.612	1.437	1.158	0.936
	30	2.512	2.140	1.873	1.664	1.491	1.215	0.996
	35	2.612	2.246	1.984	1.779	1.610	1.341	1.128
	40	2.698	2.337	2.079	1.878	1.712	1.447	1.239
	45	2.775	2.418	2.163	1.964	1.800	1.539	1.334
	50	2.844	2.490	2.237	2.040	1.878	1.621	1.419
	60	2.963	2.614	2.366	2.172	2.013	1.760	1.562
	70	3.066	2.720	2.474	2.283	2.126	1.876	1.681
	80	3.155	2.812	2.569	2.379	2.223	1.977	1.784
	90	3.234	2.894	2.652	2.463	2.309	2.064	1.874
	100	3.305	2.967	2.726	2.539	2.386	2.143	1.953

附表 4　二项-对数正态分布的 x_p 值表

n ＼ T/a	10	25	50	100	n ＼ T/a	10	25	50	100
p/%	10	4	2	1	p/%	10	4	2	1
30	2.696	2.998	3.206	3.402	220	3.303	3.560	3.740	3.912
40	2.791	3.084	3.288	3.479	230	3.315	3.571	3.752	3.923
50	2.862	3.150	3.350	3.538	240	3.327	3.583	3.762	3.933
60	2.919	3.203	3.400	3.587	250	3.338	3.593	3.772	3.943
70	2.967	3.247	3.442	3.627	260	3.349	3.603	3.782	3.953
80	3.008	3.285	3.478	3.661	270	3.360	3.613	3.792	3.961
90	3.043	3.318	3.510	3.691	280	3.370	3.623	3.801	3.970
100	3.075	3.347	3.538	3.718	290	3.379	3.632	3.809	3.978
110	3.103	3.374	3.562	3.742	300	3.389	3.640	3.818	3.986
120	3.129	3.397	3.585	3.763	310	3.398	3.649	3.826	3.994
130	3.152	3.419	3.606	3.783	320	3.406	3.657	3.834	4.002
140	3.174	3.439	3.625	3.802	330	3.415	3.665	3.841	4.009
150	3.194	3.458	3.643	3.819	340	3.423	3.673	3.848	4.016
160	3.212	3.475	3.660	3.835	350	3.431	3.680	3.856	4.023
170	3.230	3.492	3.675	3.850	360	3.438	3.687	3.862	4.030
180	3.246	3.507	3.690	3.864	370	3.446	3.694	3.869	4.036
190	3.261	3.521	3.703	3.877	380	3.453	3.701	3.876	4.042
200	3.276	3.535	3.716	3.889	390	3.460	3.707	3.882	4.048
210	3.290	3.547	3.729	3.901	400	3.467	3.714	3.888	4.054

附表 5 浅水波高、波速和波长与相对水深的关系表

$\frac{d}{L_0}$	$\frac{d}{L}$	$\frac{C}{C_0}$和$\frac{L}{L_0}$	$\frac{H}{H_0}$	$\frac{d}{L_0}$	$\frac{d}{L}$	$\frac{C}{C_0}$和$\frac{L}{L_0}$	$\frac{H}{H_0}$
0.002 0	0.017 9	0.111 9	2.119 0	0.105 0	0.145 3	0.722 6	0.929 0
0.002 5	0.020 0	0.125 0	2.005 0	0.110 0	0.149 6	0.735 2	0.925 7
0.003 0	0.021 9	0.136 9	1.917 0	0.115 0	0.153 9	0.747 4	0.922 8
0.003 5	0.023 7	0.147 7	1.847 0	0.120 0	0.158 1	0.758 9	0.920 4
0.004 0	0.025 3	0.157 9	1.788 0	0.125 0	0.162 4	0.770 0	0.918 6
0.004 5	0.026 9	0.167 4	1.737 0	0.130 0	0.166 5	0.780 4	0.916 9
0.005 0	0.028 4	0.176 4	1.692 0	0.135 0	0.170 8	0.790 5	0.915 6
0.005 5	0.029 8	0.184 8	1.654 0	0.140 0	0.174 9	0.800 2	0.914 6
0.006 0	0.031 1	0.192 9	1.620 0	0.145 0	0.179 1	0.809 4	0.913 9
0.006 5	0.032 4	0.200 7	1.589 0	0.150 0	0.183 3	0.818 3	0.913 3
0.007 0	0.033 6	0.208 2	1.561 0	0.155 0	0.187 5	0.826 7	0.913 1
0.007 5	0.034 8	0.215 4	1.536 0	0.160 0	0.191 7	0.834 9	0.913 0
0.008 0	0.036 0	0.222 3	1.512 0	0.165 0	0.195 8	0.842 7	0.913 1
0.008 5	0.037 1	0.229 0	1.491 0	0.170 0	0.200 0	0.850 1	0.913 4
0.009 0	0.038 2	0.235 6	1.471 0	0.175 0	0.204 2	0.857 2	0.913 9
0.009 5	0.039 3	0.241 9	1.452 0	0.180 0	0.208 3	0.864 0	0.914 5
0.010 0	0.040 3	0.248 0	1.435 0	0.185 0	0.212 5	0.870 6	0.915 2
0.015 0	0.049 6	0.302 2	1.307 0	0.190 0	0.216 7	0.876 7	0.916 1
0.020 0	0.057 6	0.347 0	1.226 0	0.195 0	0.220 9	0.882 7	0.917 0
0.025 0	0.064 8	0.386 0	1.168 0	0.200 0	0.225 1	0.888 4	0.918 1
0.030 0	0.071 4	0.420 5	1.125 0	0.205 0	0.229 3	0.893 9	0.919 3
0.035 0	0.077 5	0.451 7	1.092 0	0.210 0	0.233 6	0.899 1	0.920 5
0.040 0	0.083 3	0.480 2	1.064 0	0.215 0	0.237 8	0.904 1	0.921 8
0.045 0	0.088 8	0.506 6	1.062 0	0.220 0	0.242 1	0.908 8	0.923 1
0.050 0	0.094 2	0.531 0	1.023 0	0.225 0	0.246 3	0.913 4	0.924 5
0.055 0	0.099 3	0.553 8	1.007 0	0.230 0	0.250 6	0.917 8	0.926 1
0.060 0	0.104 3	0.575 3	0.993 2	0.235 0	0.254 9	0.921 9	0.927 6
0.065 0	0.109 3	0.595 4	0.981 5	0.240 0	0.259 2	0.925 9	0.929 1
0.070 0	0.113 9	0.614 4	0.971 3	0.245 0	0.263 5	0.929 6	0.930 7
0.075 0	0.118 6	0.632 4	0.962 4	0.250 0	0.267 9	0.933 2	0.932 3
0.080 0	0.123 2	0.649 3	0.954 8	0.255 0	0.272 2	0.936 7	0.934 0
0.085 0	0.127 7	0.665 5	0.948 1	0.260 0	0.276 6	0.940 0	0.935 6
0.090 0	0.132 2	0.680 8	0.942 2	0.265 0	0.281 0	0.943 1	0.937 3
0.095 0	0.136 6	0.695 3	0.937 1	0.270 0	0.285 4	0.946 1	0.939 0
0.100 0	0.141 0	0.709 3	0.932 7	0.275 0	0.289 8	0.949 0	0.940 6

（续附表 5）

$\frac{d}{L_0}$	$\frac{d}{L}$	$\frac{C}{C_0}$和$\frac{L}{L_0}$	$\frac{H}{H_0}$	$\frac{d}{L_0}$	$\frac{d}{L}$	$\frac{C}{C_0}$和$\frac{L}{L_0}$	$\frac{H}{H_0}$
0.280 0	0.294 2	0.951 6	0.942 3	0.405 0	0.409 8	0.988 5	0.977 0
0.285 0	0.298 7	0.954 2	0.944 0	0.410 0	0.414 5	0.989 1	0.978 0
0.290 0	0.303 1	0.956 7	0.945 6	0.415 0	0.419 3	0.989 8	0.979 0
0.295 0	0.307 6	0.959 0	0.947 3	0.420 0	0.424 1	0.990 4	0.979 8
0.300 0	0.312 1	0.961 1	0.949 0	0.425 0	0.428 9	0.990 9	0.980 8
0.305 0	0.316 6	0.963 3	0.950 5	0.430 0	0.433 7	0.991 4	0.981 6
0.310 0	0.321 1	0.965 3	0.952 2	0.435 0	0.438 5	0.991 9	0.982 4
0.315 0	0.325 7	0.967 2	0.953 8	0.440 0	0.443 4	0.992 4	0.983 2
0.320 0	0.330 2	0.969 0	0.955 3	0.445 0	0.448 2	0.992 9	0.983 9
0.325 0	0.334 9	0.970 7	0.956 8	0.450 0	0.453 1	0.993 3	0.984 7
0.330 0	0.339 4	0.972 3	0.958 3	0.455 0	0.457 9	0.993 7	0.985 2
0.335 0	0.344 0	0.973 8	0.959 8	0.460 0	0.462 8	0.994 1	0.986 0
0.340 0	0.346 8	0.975 3	0.961 3	0.465 0	0.467 6	0.994 4	0.986 7
0.345 0	0.353 2	0.976 7	0.962 6	0.470 0	0.472 5	0.994 7	0.987 3
0.350 0	0.357 9	0.978 0	0.964 0	0.475 0	0.477 4	0.995 1	0.987 8
0.355 0	0.362 5	0.979 2	0.965 4	0.480 0	0.482 2	0.995 3	0.988 5
0.360 0	0.367 2	0.980 4	0.966 7	0.485 0	0.487 1	0.995 6	0.989 0
0.365 0	0.371 9	0.981 5	0.968 0	0.490 0	0.492 0	0.995 9	0.989 6
0.370 0	0.376 6	0.982 5	0.969 3	0.495 0	0.496 9	0.996 1	0.990 0
0.375 0	0.381 3	0.983 5	0.976 5	0.500 0	0.501 8	0.996 4	0.990 5
0.380 0	0.386 0	0.984 5	0.971 7	0.600 0	0.600 6	0.999 0	0.996 5
0.385 0	0.390 7	0.985 4	0.972 8	0.700 0	0.700 2	0.999 7	0.998 8
0.390 0	0.395 5	0.986 2	0.973 9	0.800 0	0.800 1	0.999 9	0.999 6
0.395 0	0.400 2	0.987 0	0.975 0	0.900 0	0.900 0	1.000 0	0.999 9
0.400 0	0.405 0	0.987 7	0.976 1	1.000 0	1.000 0	1.000 0	1.000 0

附表 6 《海港水文规范》中的直立式护面波浪力计算方法

方法	范围		波峰作用时计算式	波峰作用时示意图	波谷作用时计算式	波谷作用时示意图
破碎立波	$H/L>1/14$		—	—	—	—
立波波浪力	$d\geqslant 1.8H$；$d/L=0.05\sim0.139$	$d\geqslant1.8H$；$d/L=0.05\sim0.12$ 浅水立波法 [方法(1)]	$\frac{p}{\gamma d}=A_p+B_p(H/d)^q$	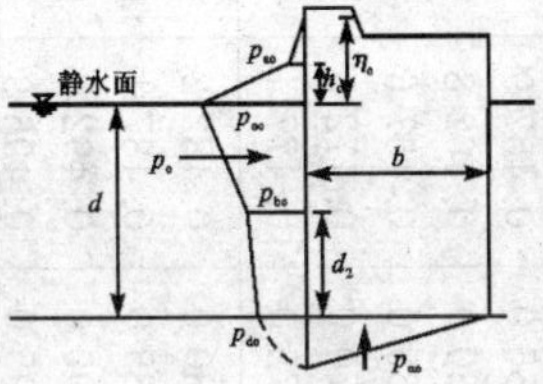	$\frac{p}{\gamma d}=A_p+B_p(H/d)^q$	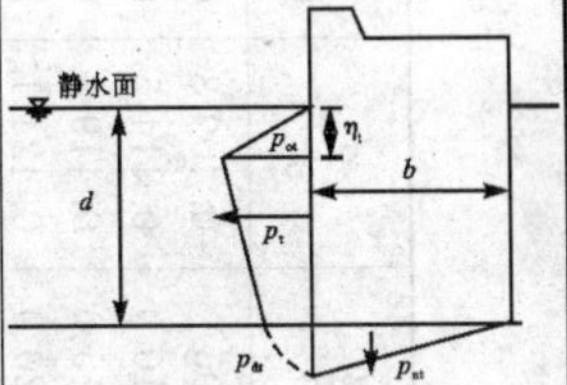
		$d\geqslant1.8H$；$d/L=0.12\sim0.139$ 内插法 [方法(2)]	$X_{T_*}=X_{T_*=8}-(X_{T_*=8}-X_{T_*=9})\times(T_*-8)$	—	—	—
	$H/L\geqslant1/30$；$d/L=0.139\sim0.2$ 森弗罗简化法 [方法(3)]		$p_s=(p_d+\gamma d)\times\left(\frac{H+h_s}{d+H+h_s}\right)$ $p_b=p_s-(p_s-p_d)\frac{d_1}{d}$	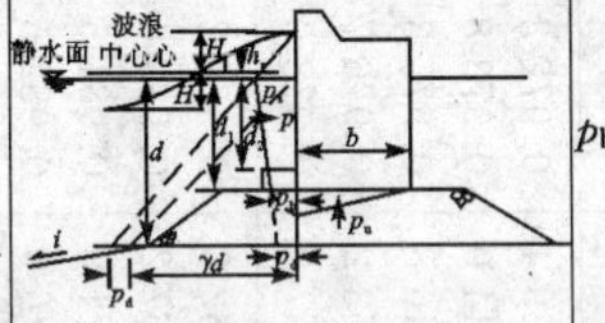	$p_s'=\gamma(H-h_s)$ $p_b'=p_s'-(p_s'-p_d')\times\frac{d_1+h_s-H}{d+h_s-H}$	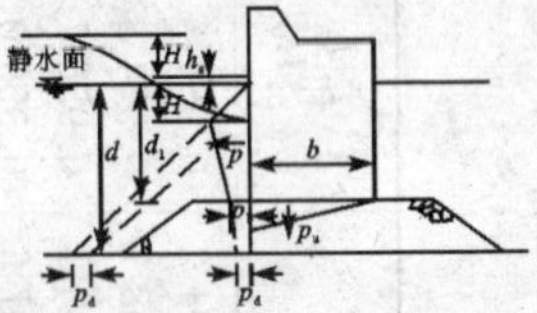
	$0.2<d/L<0.5$；$H/L\geqslant1/30$ 欧拉坐标一次近似法 [方法(4)]		$p_s=\gamma H$ $p_b=\gamma H\frac{\cosh\frac{2\pi(d-d_1)}{L}}{\cosh\frac{2\pi d}{L}}$	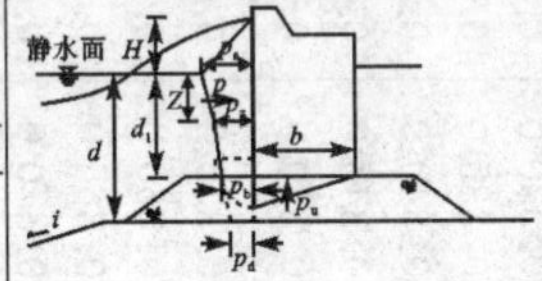	见方法(3)	见方法(3)

（续表）

<table>
<tr><th>方法</th><th colspan="2">范围</th><th>波峰作用时计算式</th><th>波峰作用时示意图</th><th>波谷作用时计算式</th><th>波谷作用时示意图</th></tr>
<tr><td rowspan="3">破波波浪力</td><td colspan="2">远破波法
[方法(5)]</td><td>$p_s=\gamma K_1 K_2 H$</td><td>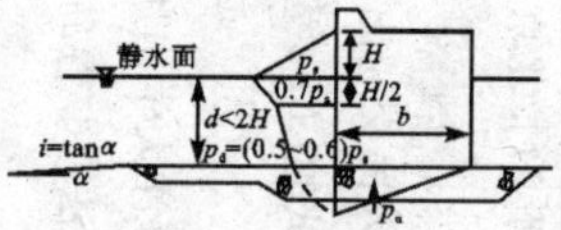
</td><td>$p=0.5\gamma H$</td><td>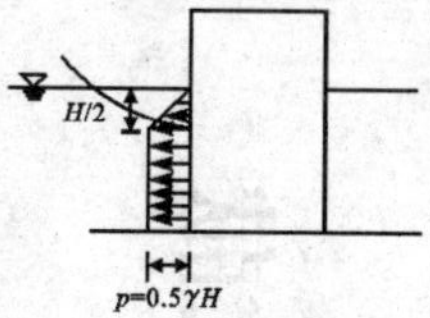
</td></tr>
<tr><td rowspan="2">近破波法
$d_1\geqslant 0.6H$
[方法(6)]</td><td>$\frac{2}{3}\geqslant\frac{d_1}{d}>\frac{1}{3}$</td><td>$p_s=1.25\gamma H$
$\times(1.8H/d_1-0.16)$
$\times(1-0.13H/d)$</td><td rowspan="2">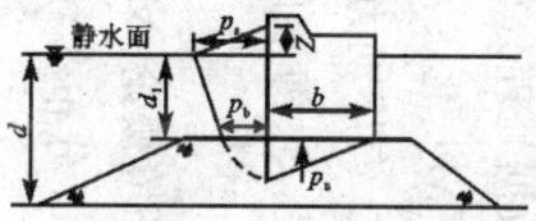
</td><td rowspan="2">—</td><td rowspan="2">—</td></tr>
<tr><td>$\frac{1}{3}\geqslant\frac{d_1}{d}>\frac{1}{4}$</td><td>$p_s=1.25\gamma H$
$\times[(13.9-36.2d_1/d)$
$\times(H/d_1-0.67)+1.03]$
$\times(1-0.13H/d_1)$</td></tr>
</table>

参考文献

[1] 曹祖德，王运洪. 水动力泥沙数值模拟[M]. 天津：天津大学出版社，1994.

[2] 曹祖德，唐士芳，李蓓. 波、流共存时床面剪切力[J]. 水道港口，2001(2)：1-9.

[3] 曹祖德，杨树森，杨华. 粉沙质海岸的界定及其泥沙运动特点[J]. 水运工程，2003，352(5)：1-4.

[4] 陈汉宝，张福然. 直立墙上波浪力的分析与研究[J]. 水道港口，2000(2)：13-19.

[5] 陈上及，马继瑞. 海洋数据处理分析方法及其应用[M]. 北京：海洋出版社，1991.

[6] 陈希孺. 数理统计引论[M]. 北京：科学出版社，1999.

[7] 陈士荫，顾家龙，吴宋仁. 海岸动力学[M]. 北京：人民交通出版社，1988.

[8] 董吉田，吕常五，曹伟民，等. 海浪的观测分析和试验[M]. 青岛：青岛海洋大学出版社，1993.

[9] 董胜，孔令双. 洋工程环境概论[M]. 青岛：中国海洋大学出版社，2005.

[10] 董胜. 工程设计 Weibull 分布参数拟合的改进方法[J]. 青岛海洋大学学报，1999，29(1)：135-140.

[11] 董胜，刘德辅，孔令双. 极值分布参数的非线性估计及其工程应用[J]. 海洋工程，2000，18(1)：50-55.

[12] 董胜，宋艳，杨志. 考虑季节变化的风暴增水随机统计分析[J]. 海洋工程，2003，21(3)：68-72.

[13] 董胜，于亚群，余海静. 海岸带风暴潮减水的统计分析[J]. 自然灾害学报，2004，13(4)：70-74.

[14] 董胜，郝小丽，李锋，等. 海岸地区致灾台风暴潮的长期分布模式[J]. 水科学进展，2005，16(1)：42-46.

[15] 董胜，郝小丽，樊敦秋. 海洋工程设计风速与波高的联合分布[J]. 海洋学报. 2005，27(3)：85-89.

[16] 董胜，冯春明，张华昌. 日照帆船港港域波高的数值计算[J]. 中国海洋大学学报，2006，36(6)：995-998.

[17] 董胜，丛锦松，孔令双. 开敞式航道粉砂骤淤的随机分析[J]. 中国海洋大学学报，2007，37(1)：147-150.

[18] 董胜，宁萌. 海洋水文数据库的开发与应用[J]. 中国造船，2007，48(B11)：450-455.

[19] 董胜，付新钰，尹春维. 龙口港极端设计水位的组合估计[J]. 中国海洋大学学报，2008，38(2)：323-326.

[20] 董胜，刘伟，宁进进. 台风波高重现值的泊松最大熵分布估计[J]. 中国造船，2009，50(4)：13-21.

[21]《风暴潮灾害防治及海堤工程技术研讨会论文集》编委会. 风暴潮灾害防治及海堤工程技术研讨会论文集[C]. 北京：中国水利水电出版社，2008.

[22] 冯士筰. 风暴潮导论[M]. 北京：科学出版社，1982.

[23] 福建省水利水电厅. 福建省围垦工程设计技术规程[S]. 福州：福建省水利水电厅，1992.

[24] 高文达. 海港水位频率的组合计算[J]. 海洋预报，1993，10(1)：59-68.

[25] 葛明达. 连云港波高周期统计分布[J]. 海洋工程，1984，(1)：48-49.

[26] 广东省水利水电科学研究院. DB44/T 182—2004 广东省海堤工程设计导则(试行)[S]. 北京：中国水利水电出版社，2004.

[27] 国家海洋局. 中国海洋灾害与减灾[J]. 中国减灾，2000，10(4)：27-32.

[28]《海堤工程设计规范》(SL 435—2008)编制组.《海堤工程设计规范》(SL 435—2008)实施指南[M]. 北京：中国水利水电出版社，2009.

[29] 侯志强，杨华. 黄骅港外航道骤淤分析[J]. 水道港口，2004，25(4)：213-215.

[30] 黄建维，黏性泥沙在静水中沉降特性的试验研究[J]. 泥沙研究，1983(2)：76-80.

[31] 交通部第一航务工程勘察设计院. JTJ 298—1998 防波堤设计与施工规范[S]. 北京：人民交通出版社，1998.

[32] 交通部第一航务工程勘察设计院. 海港工程设计手册(中册)[M]. 北京：人民交通出版社，1997.

[33] 孔令双，曹祖德，焦桂英，等. 波、流共存时的床面剪切力和泥沙运动[J]. 水动力学研究与进展，2003，18(1)：93-97.

[34] 孔令双，曹祖德，李炎保. 利用"有效波能"预报航道淤积[J]. 水道港口，2004，25(4)：209-212.

[35] 李孟国，张大错. 关于波浪缓坡方程的研究[J]. 海洋通报，1999，18(4)：70-92.

[36] 李培顺. 青岛地区的台风暴潮灾度预报研究[J]. 海洋预报，1998，15(3)：72-78.

[37] 李玉成，滕斌. 波浪对海上建筑物的作用[M]. 北京：海洋出版社，2002.

[38] 刘德辅，马逢时. 极值分布理论在计算波高多年分布中的应用[J]. 应用数学学报，1976(1)：23-37.

[39] 刘家驹. 海岸泥沙运动研究及应用[M]. 北京：海洋出版社，2009.

[40] 刘瑞新，汪远征. 李凤华. Delphi 程序设计教程[M]. 北京：机械工业出版社，2001.

[41] 马逢时，刘德辅. 海洋工程建筑中设计波高推算的新方法[J]. 科学通报，1979(1)：33-37.

[42] 潘锦嫦，陈志宏. 海浪波高与周期联合概率密度分布的研究[J]. 海洋通报，1996，15(3)：1-13.

[43] 钱宁，万兆惠. 泥沙运动力学[M]. 北京：科学出版社，1986.

[44] 邱大洪. 工程水文学[M]. 北京：人民交通出版社，1999.

[45] 曲绵旭，王文海，丰鉴章，等. 龙口湾自然环境[M]. 北京：海洋出版社，1995，51-61.

[46] 山东省水利厅. 山东省防潮堤工程若干技术问题暂行规定[S]. 济南:山东省水利厅,1998.
[47] 水利部水利水电规划设计总院. GB 50286—1998 堤防工程设计规范[S]. 北京:中国计划出版社,1998.
[48] 水利部水利水电规划设计总院,广东省水利水电科学研究院. SL435—2008 海堤工程设计规范[S]. 北京:中国水利水电出版社,2008.
[49] 文圣常,宇宙文. 海浪理论与计算原理[M]. 北京:科学出版社,1984.
[50] 吴秀杰,郭洪梅,赵炳来. 浅水海浪周期与波高联合分布函数的确定[J]. 海洋学报,1981,3(4):517-522.
[51] 许泰文. 近岸水动力学[M]. 台湾:科技图书股份有限公司,2003.
[52] 薛洪超. 海岸及近海工程[M]. 北京:中国环境科学出版社,2003.
[53] 严恺,梁其荀. 海岸工程[M]. 北京:海洋出版社,2002.
[54] 俞聿修. 随机波浪及其工程应用[M]. 大连:大连理工大学出版社,2000.
[55] 张志涌. 精通 MATLAB6. 5 版[M]. 北京:北京航空航天大学出版社,2003.
[56] 浙江省水利厅. 浙江省海塘工程技术规定[S]. 杭州:浙江省水利厅,1999.
[57] 中国建筑科学研究院. JGJ 79—2002 建筑地基处理技术规范[S]. 北京:中国建筑工业出版社,2002.
[58] 中国水利学会泥沙专业委员会. 泥沙手册[M]. 北京:中国环境科学出版社,1992.
[59] 中国水利学会围涂开发专业委员会. 中国围海工程[M]. 北京:中国水利水电出版社,2000.
[60] 中华人民共和国国家海洋局. GB/T 14914—2006 海滨观测规范[S]. 北京:中国标准出版社,2006.
[61] 中华人民共和国建设部. GB 50201—1994 防洪标准[S]. 北京:中国计划出版社,1994.
[62] 中华人民共和国交通部. JTJ/T 234—2001 波浪模型试验规程[S]. 北京:人民交通出版社,2002.
[63] 中华人民共和国交通部. JTJ 213—98 海港水文规范[S]. 北京:人民交通出版社,1998.
[64] Berkhoff J C W. Computation of combined refraction-diffraction[A]. Proc. of the 13th Conference Coastal Eng. [C], 1972, 1: 471-490.
[65] Booij N, Holthuijsen L H, Ris R C. The 'SWAN' wave model for shallow water[A]. Proc. 25th Int. Conf. Coastal Eng. [C], ASCE, 1996, 668-676.
[66] Cao Z D, Kong L S, Liu D F. Sediment movement in periodic alternating current[J]. Journal of Ocean University of Qingdao, 2002, 1(2): 201-205.
[67] Coles S G, Tawn J A. Statistical methods for multivariate extremes: an application to structural design[J]. Appl. Statist., 1994, 43(1): 1-48.
[68] Dong.S, Takayama T. Improved least square method for selecting design wave height [A]. The Proceedings of 12th International Offshore and Polar Engineering Conference [C], Kitakyushu, Japan, 2002, Ⅲ: 60-65.

[69] Dong S, Wei Y, Li F, *et al*. New design criteria of coastal engineering for disaster prevention[A]. The Proceedings of 13th International Offshore and Polar Engineering Conference[C], Hawaii, USA, 2003, Ⅰ: 208-212.

[70] Dong S, Wei Y, Hao X L, *et al*. Extreme prediction of storm surge elevation related to seasonal variation[A]. The Proceedings of 13th International Offshore and Polar Engineering Conference[C], Hawaii, USA, 2003, Ⅳ: 878-883.

[71] Dong S, Hao X L. Statistical analysis of ocean environmental conditions with PTGEVD [A]. The Proceedings of 23rd International Conference on Offshore Mechanics and Polar Engineering[C], Vancouver, Canada, 2004, 617-621.

[72] Dong S, Liu Y K, Wei Y. Combined return values estimation of wind speed and wave height with Poisson Bi-variable Lognormal distribution[A]. The Proceedings of 15th International Offshore and Polar Engineering Conference[C], Seoul, Korea, 2005, Ⅲ: 435-439.

[73] Dong S, Ning J J. Application of a compound distribution on estimating wind and wave parameters for fixed platforms design[A]. The Proceedings of 25th International Conference on Offshore Mechanics and Polar Engineering[C], Hamburg, Germany, 2006.

[74] Dong S. Combination of extreme wind speed and wave height for offshore structure design[J]. Sea Technology, 2007, 48(4): 10-13.

[75] Dong S, Liu W, Xu P J. Combination criteria of joint extreme significant wave height and wind speed at Weizhoudao offshore area[A]. The Proceedings of 27th International Conference on Offshore Mechanics and Polar Engineering[C], Estoril, Portugal, 2008.

[76] Dong S, Liu W, Zhang L Z, *et al*. Long-term statistical analysis of typhoon wave heights with Poisson-maximum entropy distribution[A]. The Proceedings of 28th International Conference on Ocean, Offshore and Polar Engineering[C], Hawaii, USA, 2009.

[77] Dong S, Fan D Q, Shi X, *et al*. Typhoon storm surge intensity grade classification in Qingdao area[A]. The Proceedings of 28th International Conference on Ocean, Offshore and Polar Engineering[C], Hawaii, USA, 2009.

[78] Dong S, Ji Q L. Prediction of storm surge intensity in coastal disaster evaluation[A]. The Proceedings of 32th International Conference on Coastal Engineering[C], Shanghai, China, 2010.

[79] Feller W. An introduction to probability theory and its applications (2nd ed) [M]. New York: John Willey, 1957.

[80] Gobbi M F, Kirby J T. Wave evolution over submerged sills: tests of a high-order Boussinesq mode[J]l. Coastal Eng., 1999, 37: 57-96.

[81] Goda Y. Random seas and design of maritime structures (2nd ed) [M]. Singapore: World Scientific, 2000.

[82] Gumbel E J. Statistics of extremes[M]. New York: Columbia University Press, 1958.
[83] Haver S. On the joint distribution of heights and periods of sea waves[J]. Ocean Engineering, 1987, 14(5): 359-376.
[84] Holthuijsen L H, Herman A, Booij N. Phase-decoupled refraction-diffraction for spectral wave model[J]. Coastal Eng., 2003, 49: 291-305.
[85] Hunt J N. Direct solution of wave dispersion equation[J], Wterway, Port, Coastal and Ocean Eng., ASCE, 1979, 105.
[86] Jelenianski C P, Chen J, Shaffer, W A. SLOSH: Sea, Lake, and Overland Surge from Hurricanes[J]. NOAA Technical Report NWS, 48, 1992.
[87] Kong L S, Cao Z D, Dong S. Statistical analysis of channel siltation amount on the silt-sandy beach[A]. The Proceedings of 26th International Conference on Offshore Mechanics and Polar Engineering[C], San Diego, California, USA, 2007.
[88] Liu D F, Dong S, Wang S Q, *et al*. System analysis of disaster prevention design criteria for coastal and estuarine cities[J]. China Ocean Engineering, 2000, 14(1): 69-78.
[89] Liu D F, Ma F S. Prediction of extreme wave heights and wind velocities[J]. J. Wtrwy., Port, Coast. and Ocn Eng., 1980, 106(WW4): 469-479.
[90] Liu D F, Wen S Q, Wang L P. Compound bivariate extreme distribution of typhoon induced sea environments and its application[A]. The Proceedings of 12th International Offshore and Polar Engineering Conference[C], Kitakyushu, Japan, 2002, Ⅰ: 130-134.
[91] Longuet-Higgins M S. On the statistical distribution of the height of sea waves[J]. J. Mar Res., 1952, 11(3): 245-266.
[92] Longuet-Higgins M S. On the joint distribution of periods and amplitudes of sea waves [J]. J. Geophys. Res., 1975, 80(18): 2688-2694.
[93] Longuet-Higgins M S. On the joint distribution of periods and amplitudes in a random wave field[J]. Proc. Roy. Soc., 1983, A389: 241-258.
[94] Madsen P A, Murray R, Sorensen O R. A new form of the Boussinesq equations with improved linear dispersion characteristics[J]. Coastal Eng., 1991, 15(4): 371-388.
[95] Madsen P A, Sorensen O R, Schaffer H A. Surf zone dynamics simulated by a Boussinesq type model, Part Ⅰ: Model description and cross-shore motion of regular waves [J]. Coastal Eng., 1997, 32: 255-287.
[96] Madsen P A, Sorensen O R, Schaffer H A. Surf zone dynamics simulated by a Boussinesq type model, Part Ⅱ: Surf beat and swash oscillations for wave groups and irregular waves[J]. Coastal Eng., 1997, 32: 289-319.
[97] Mase H. Multi-directional random wave transformation model based on energy balance equation[J]. Coastal Eng. Jour., JSCE, 2001, 43(4): 317-337.
[98] Muir L R, El-Shaarawi A H. On the calculation of extreme wave heights: a review[J].

Ocean Engineering, 1986, 13(1): 93-118.

[99] Nwogu O. A alternative form of the Boussinesq equations for nearshore wave propagation. Jour[J]. Waterway, Port, Coastal, and Ocean Engrg., ASCE, 1993, 119(6): 618-638.

[100] Ochi M. Applied probability and stochastic processes in engineering and physical science[M]. New York: John Wiley & Sons, Inc., 1990: 245.

[101] Owen M W. The effect of turbulence on the settling velocities of silt flocs[A], Proc., 14th Cong. [C], Intern. Assoc. Hyd. Res., 1971

[102] Sobey R J. The distribution of zero-crossing waves heights and periods in a stationary sea state[J]. Ocean Engineering, 1992, 19(2): 101-118.

[103] Sun F. On the joint distribution of the periods and heights of sea waves[J]. ACTA Ocean. Sin., 1987, 6(4): 503-509.

[104] Technical Advisory Committee on Water Defense. Wave run-up and wave overtopping at dikes[S]. Delft Netherlands, 2002.

[105] U. S. Army Corps of Engineers. Coastal engineering manual[S]. Vicksburg, MS: Coastal Engineering Research Center, 2003.

[106] WAMDI group. The WAM model-a third generation ocean wave prediction model[J], Jour. Physical Oceanography, 1998, 18: 1775-1810.

[107] Wei G, Kirby J T, Grilli S T, *et al*. A fully nonlinear Boussinesq model for surface waves, Part Ⅰ: Highly nonlinear unsteady waves[J]. Jour. Fluid Mech, 1995, 29(4): 71-92.

[108] Weibull W. A statistical distribution of wide applicability[J]. Journal of Applied Mechanics, 1951, 18: 293-297.

[109] Wen S C, Zhang D C, Guo P F, *et al*. Improved form of wind-wave frequency spectrum[J]. Acta Oceanologica Sinica, 1989, 8: 131-147.

[110] Wen S C, Wu K J, Guan C L, *et al*. A proposed directional function and wind-wave directional spectrum[J]. Acta Oceanologica Sinica, 1995, 14(2): 155-166.